普通高等教育电气工程与自动化类“十三五”规划教材

工程电磁场基础及应用

Engineering Electromagnetic Fields Fundamentals and Applications

第2版

主　编　刘淑琴
参　编　陈帝伊　代燕杰　胡文静

机械工业出版社

本书为普通高等教育电气工程与自动化类“十三五”规划教材。

本书在阐述电磁场基本理论的基础上，阐明电磁理论对高新技术发展的作用，重点放在电磁场工程问题的提出和应用电磁场分析计算去解决实际问题。全书共分九章：电磁场的数学物理基础、静电场、恒定电场、静磁场、时变电磁场与电磁波、准静态电磁场、平面电磁波、电磁场的数值计算法和工程电磁场应用新技术（磁悬浮、电磁兼容等）。本书还结合每章的内容编写了大量来自工业生产、实用技术等方面的例题、习题和应用实例。

本书可作为高等院校电气工程及其自动化等专业的本科及研究生教材和有关工程人员的参考用书。

图书在版编目（CIP）数据

工程电磁场基础及应用/刘淑琴主编．—2版．—北京：机械工业出版社，2019.6（2025.1重印）

普通高等教育电气工程与自动化类“十三五”规划教材

ISBN 978-7-111-62580-3

Ⅰ.①工…　Ⅱ.①刘…　Ⅲ.①电磁场-高等学校-教材
Ⅳ.①O441.4

中国版本图书馆CIP数据核字（2019）第078537号

机械工业出版社（北京市百万庄大街22号　邮政编码100037）
策划编辑：于苏华　责任编辑：于苏华　李永联　聂文君
责任校对：张　薇　封面设计：王洪流
责任印制：李　昂
北京中科印刷有限公司印刷
2025年1月第2版第7次印刷
184mm×260mm·16印张·392千字
标准书号：ISBN 978-7-111-62580-3
定价：46.80元

电话服务	网络服务
客服电话：010-88361066	机　工　官　网：www.cmpbook.com
010-88379833	机　工　官　博：weibo.com/cmp1952
010-68326294	金　　书　　网：www.golden-book.com
封底无防伪标均为盗版	机工教育服务网：www.cmpedu.com

序

随着科学技术的不断进步，电气工程与自动化技术正以令人瞩目的发展速度改变着我国工业的整体面貌。同时，对社会的生产方式、人们的生活方式和思想观念也产生了重大的影响，并在现代化建设中发挥着越来越重要的作用。随着与信息科学、计算机科学和能源科学等相关学科的交叉融合，它正在向智能化、网络化和集成化的方向发展。

教育是培养人才和增强民族创新能力的基础，高等学校作为国家培养人才的主要基地，肩负着教书育人的神圣使命。在实际教学中，根据社会需求构建具有时代特征、反映最新科技成果的知识体系是每个教育工作者义不容辞的光荣任务。

教书育人，教材先行。机械工业出版社几十年来出版了大量的电气工程与自动化类教材，有些教材十几年、几十年长盛不衰，有着很好的基础。为了适应我国目前高等学校电气工程与自动化类专业人才培养的需要，配合各高等学校的教学改革进程，满足不同类型、不同层次的学校在课程设置上的需求，由中国机械工业教育协会电气工程及自动化学科教学委员会、中国电工技术学会高校工业自动化教育专业委员会、机械工业出版社共同发起成立了“全国高等学校电气工程与自动化系列教材编审委员会”，组织出版新的电气工程与自动化类系列教材。这套教材基于**“加强基础，削枝强干，循序渐进，力求创新”**的原则，通过对传统课程内容的整合、交融和改革，以不同的模块组合来满足各类学校特色办学的需要，并力求体现：

1. 适用性：结合电气工程与自动化类专业的培养目标、专业定位，按技术基础课、专业基础课、专业课和教学实践等环节进行选材组稿。对有的特色鲜明的教材采取一纲多本的方法。注重课程之间的交叉与衔接，在满足系统性的前提下，尽量减少内容上的重复。

2. 示范性：力求教材中展现的教学理念、知识体系、知识点和实施方案在本领域中具有广泛的辐射性和示范性，代表并引导教学发展的趋势和方向。

3. 创新性：在教材编写中强调与时俱进，对原有的知识体系进行实质性的改革和发展，鼓励教材涵盖新体系、新内容、新技术，注重教学理论创新和实践创新，以适应新形势下的教学规律。

4. 权威性：本系列教材的编委由长期工作在教学第一线的知名教授和学者组成。他们知识渊博，经验丰富。组稿过程严谨细致，对书目确定、主编征集、资料申报和专家评审等都有明确的规范和要求，为确保教材的高质量提供了有力保障。

本套教材的顺利出版，先后得到了全国数十所高校相关领导的大力支持和广大骨干教师的积极参与，在此谨表示衷心的感谢，并欢迎广大师生提出宝贵的意见和建议。

本套教材的出版如能在转变教学思想、推动教学改革、更新专业知识体系、创造适应学生个性和多样化发展的学习环境、培养学生的创新能力等方面收到成效，我们将会感到莫大的欣慰。

全国高等学校电气工程与自动化系列教材编审委员会
汪槱生　陈伯时　郑大钟

第 2 版前言

本书第 2 版主要是重新编写了第 8 章电磁场的数值计算法和第 9 章工程电磁场应用新技术这两章，加强了应用部分的内容。

本书的前 7 章主要讲述电磁场的基础理论。

作为重点介绍的第 8 章电磁场数值计算法是基于工程电磁场分析研究的需要。我们知道，电磁场的解析解能够直接揭示函数的变化规律，能够用显式表达变量之间的依赖关系，不存在数值不稳定的问题，具有可被人重复导出，计算精度高等特点。但是，三维介质中的解析解仅局限于特殊的、简单的变量条件，缺乏普适性。随着计算机技术的飞速发展，多种电磁场数值计算方法不断涌现，并得到广泛的工程应用。相对于解析法而言，数值计算方法受边界形状的约束大为减少，可以解决各种类型的复杂问题。本书在数值计算方法中重点介绍了有限元法。当然，每种单一的数值计算方法也是有其局限性的，多种方法应取长补短。与本书其他各章结构相同，在第 8 章的 8.1 节介绍了“冯康与中国有限元法”引出本章内容。第 9 章工程电磁场应用新技术主要介绍了磁悬浮、电磁辐射生物效应、电磁兼容等被人们广泛关注的几项新技术。

参加本次修订工作的有刘淑琴、陈帝伊、代燕杰、胡文静，刘淑琴担任主编。

为完成本次修订，研究生赵思鹏、顾霆和刘成鹏做了大量收集、整理资料的工作，在此一并致以诚挚的谢意！

电与磁的发展、电磁场的工程应用技术的发展日新月异，书中不够完善之处在所难免，乃至或有缺点错误，敬请使用本书的师生和其他读者批评指正。

作　者

第 1 版前言

电磁场是高等学校工科电类专业的一门重要的专业基础课。随着科学技术日新月异的发展，电磁场理论和技术的研究已经渗透到医疗、生物、天文、地理等众多的领域，这也为电磁场学科的发展和应用提供了更为广阔的空间。例如将电磁场分析计算应用到磁悬浮技术的优化设计中，可得到多项指标的提升。为了使学生能够了解电磁场理论的应用和前沿知识，激发学生的学习兴趣，提高他们应用理论知识解决实际问题的能力，我们编写的《工程电磁场基础及应用》一书在系统阐述电磁场基本理论的基础上，通过已成功用于工程实际中的技术成果，介绍电磁场工程问题的提出和应用电磁场理论分析计算解决实际问题的过程。

本书的编写特点如下：首先，介绍电磁场的数学、物理基础，帮助学生在尽量不借助数学参考文献的情况下学习后续内容。其次，按传统体系逐一讲述静电场、恒定电场、静磁场、动态电磁场与电磁波、准静态电磁场、平面电磁波、计算机辅助分析及工程电磁场应用新技术。本着由简单到复杂、由浅入深、由特殊规律到普遍规律的顺序，使学生逐步加深对电磁场理论及工程应用的了解。再次，为了提高学生的学习兴趣，每一章开始都介绍和本章内容相关的电磁场发展史上的科学故事，内容涉及相关科学家的科学实验、主要贡献，发现电磁学规律的过程等。希望学生通过对电磁场学科背景知识的了解，提高兴趣，巩固知识。最后，在每一章阐述经典理论之后，都相应介绍几个与之相关的工程应用实例，希望这部分内容能帮助学生提高应用电磁场理论解决实际问题的能力。另外，每章最后都附有英文科技前沿，介绍电磁场及工程技术的最新发展动向，开阔学生眼界，扩大知识面，为激励创新提供思路。

参加本书编写的有刘淑琴、陈帝伊、代燕杰、胡文静，由刘淑琴担任主编。编写过程中得到了谭震宇教授的关心与支持，硕士生赵闻、杨洪涛对书中的图进行了整理，在此一并致以衷心的感谢。

本书可作为电气工程、自动化等专业本科及相关专业研究生的教材和有关工程人员的参考用书。

书中难免存在不足之处，敬请使用本书的师生和其他读者批评指正。

作　者

目录

序
第2版前言
第1版前言
第1章 电磁场的数学物理基础 ………… 1
1.1 电磁场基本物理量 ………… 1
1.1.1 电荷密度与电流密度 ………… 1
1.1.2 电场强度 ………… 2
1.1.3 磁感应强度 ………… 3
1.2 矢量分析 ………… 3
1.2.1 矢量代数 ………… 4
1.2.2 坐标系统 ………… 5
1.2.3 矢量积分 ………… 8
1.3 场论基础 ………… 8
1.3.1 场的基本概念 ………… 9
1.3.2 标量场的梯度 ………… 9
1.3.3 矢量场的散度和散度定理 ………… 11
1.3.4 矢量场的旋度和斯托克斯定理 ………… 12
1.3.5 格林定理和亥姆霍兹定理 ………… 14
1.3.6 场的分类 ………… 16
第2章 静电场 ………… 18
2.1 电磁学历史上第一个定量定律——库仑定律 ………… 18
2.2 真空中的静电场 ………… 19
2.2.1 库仑定律 ………… 19
2.2.2 电场强度 ………… 20
2.2.3 静电场的环路定理和电位 ………… 21
2.2.4 真空中的高斯通量定理 ………… 24
2.3 电介质中的静电场 ………… 24
2.3.1 静电场中的导体 ………… 24
2.3.2 静电场中的电介质 ………… 25
2.3.3 电介质中的高斯通量定理 ………… 26
2.4 静电场的基本方程及分界面上的衔接条件 ………… 28
2.4.1 静电场的基本方程 ………… 28
2.4.2 分界面上的衔接条件 ………… 29
2.5 静电场的边值问题及唯一性定理 ………… 30
2.5.1 静电场的边值问题 ………… 30
2.5.2 唯一性定理 ………… 32
2.6 边值问题的解法 ………… 33
2.6.1 分离变量法 ………… 33
2.6.2 镜像法和电轴法 ………… 37
2.7 电容和部分电容 ………… 44
2.7.1 电容 ………… 44
2.7.2 部分电容 ………… 45
2.7.3 静电屏蔽 ………… 48
2.8 静电场的能量和力 ………… 48
2.8.1 带电体系统中的静电场能量 ………… 49
2.8.2 静电场能量分布及其密度 ………… 49
2.8.3 静电力 ………… 51
2.9 工程应用实例 ………… 52
2.9.1 架空地线的防雷作用 ………… 52
2.9.2 换位三相输电线的每相工作电容 ………… 53
2.9.3 静电发电机 ………… 55
2.10 本章小结 ………… 56
2.11 习题 ………… 58
2.12 科技前沿 ………… 60
第3章 恒定电场 ………… 61
3.1 从电气研究的热潮到焦耳定律的建立 ………… 61
3.2 恒定电场的基本方程 ………… 62
3.2.1 电源与恒定电场 ………… 62
3.2.2 欧姆定律和焦耳定律的微分形式 ………… 63
3.2.3 恒定电场基本方程及分界面上的衔接条件 ………… 64
3.3 恒定电场的边值问题 ………… 66
3.4 静电比拟 ………… 67
3.5 电导与接地电阻 ………… 68
3.5.1 电导 ………… 68

3.5.2　多电极系统的部分电导 …… 69
3.5.3　接地电阻 …… 70
3.5.4　跨步电压 …… 72
3.6　工程应用实例 …… 73
3.6.1　电法勘探 …… 73
3.6.2　普通电阻率法测井 …… 75
3.7　本章小结 …… 76
3.8　习题 …… 77
3.9　科技前沿 …… 79
第4章　静磁场 …… 80
4.1　从奥斯特揭示电与磁的联系到安培环路定理的建立 …… 80
4.2　静磁场的基本方程 …… 81
4.2.1　安培力定律 …… 81
4.2.2　磁感应强度 …… 82
4.2.3　磁场的高斯定理 …… 83
4.2.4　媒质的磁化 …… 84
4.2.5　一般形式的安培环路定理 …… 86
4.2.6　静磁场的基本方程 …… 88
4.3　静磁场的边界条件 …… 88
4.4　边界问题的解法 …… 90
4.5　矢量磁位及其边值问题 …… 91
4.5.1　矢量磁位 …… 91
4.5.2　矢量磁位的边值问题 …… 93
4.6　标量磁位 …… 94
4.7　电感和电感器 …… 96
4.8　静磁场的能量和力 …… 97
4.8.1　用场量表示静磁能 …… 98
4.8.2　用磁场储能表示力 …… 100
4.8.3　静磁力 …… 101
4.9　磁路 …… 102
4.10　工程应用实例 …… 105
4.10.1　三相输电线的每相等效电感 …… 105
4.10.2　电力电缆路径的探测 …… 106
4.10.3　电磁炮 …… 107
4.10.4　磁力矿物分选 …… 108
4.10.5　磁流体发电机 …… 110
4.11　本章小结 …… 110
4.12　习题 …… 113
4.13　科技前沿 …… 115
第5章　时变电磁场与电磁波 …… 116
5.1　电磁场理论的集大成——麦克斯韦方程组 …… 116
5.1.1　法拉第与电磁感应定律 …… 116
5.1.2　麦克斯韦理论 …… 117
5.2　法拉第电磁感应定律 …… 118
5.2.1　时变磁场中的静止回路 …… 119
5.2.2　静磁场中的运动导体 …… 119
5.2.3　时变磁场中的运动回路 …… 119
5.3　全电流定律 …… 120
5.4　麦克斯韦方程组 …… 122
5.5　时变场的边界条件 …… 124
5.5.1　不同媒质分界面上的衔接条件 …… 124
5.5.2　两种无损耗、线性媒质之间的分界面 …… 126
5.5.3　电媒质与理想导体之间的分界面 …… 126
5.6　动态位及其波动方程 …… 126
5.6.1　动态位的定义 …… 126
5.6.2　达朗贝尔方程 …… 127
5.6.3　达朗贝尔方程的解 …… 128
5.7　坡印亭定理与坡印亭矢量 …… 130
5.7.1　坡印亭定理 …… 130
5.7.2　坡印亭矢量 …… 131
5.8　正弦电磁场 …… 132
5.9　工程应用实例——核磁共振效应 …… 135
5.10　本章小结 …… 137
5.11　习题 …… 138
5.12　科技前沿 …… 140
第6章　准静态电磁场 …… 141
6.1　麦克斯韦的革命——引导现代物理时代的到来 …… 141
6.2　电准静态场和磁准静态场 …… 142
6.2.1　电准静态场 …… 142
6.2.2　磁准静态场 …… 143
6.3　导电媒质中自由电荷的弛豫过程 …… 144
6.3.1　电荷在均匀导电媒质中的弛豫过程 …… 144
6.3.2　电荷在分块均匀导电媒质中的弛豫过程 …… 145
6.4　趋肤效应与邻近效应 …… 147
6.4.1　电磁场的扩散方程 …… 147
6.4.2　趋肤效应与透入深度 …… 148
6.4.3　邻近效应 …… 150
6.5　涡流及其损耗 …… 151

6.6 电路定律与交流阻抗 …… 153
6.7 工程应用实例 …… 155
6.7.1 电涡流传感器 …… 155
6.7.2 无损探伤 …… 156
6.7.3 变压器和自耦变压器 …… 157
6.8 本章小结 …… 160
6.9 习题 …… 161
6.10 科技前沿 …… 162
第7章 平面电磁波 …… 163
7.1 赫兹的实验与麦克斯韦理论 …… 163
7.2 自由空间中的平面波 …… 164
7.2.1 一般波动方程 …… 164
7.2.2 平面电磁波 …… 165
7.3 导电媒质中的平面波 …… 167
7.3.1 低损耗媒质中的平面波 …… 168
7.3.2 良导体中的平面波 …… 169
7.4 平面波的反射与折射 …… 170
7.5 导行电磁波和波导 …… 173
7.5.1 导行电磁波的分类 …… 173
7.5.2 电磁波在波导中的传播特性 …… 175
7.5.3 矩形金属波导 …… 176
7.5.4 谐振腔 …… 178
7.6 工程应用实例 …… 181
7.6.1 移动通信技术 …… 181
7.6.2 电磁波测距 …… 183
7.7 本章小结 …… 185
7.8 习题 …… 186
7.9 科技前沿 …… 187
第8章 电磁场的数值计算法 …… 189
8.1 冯康与中国有限元法 …… 189
8.2 电磁场数值计算常用方法 …… 190
8.2.1 有限元法 …… 190
8.2.2 有限差分法 …… 195
8.2.3 边界元法 …… 199
8.3 电磁场数值计算软件 …… 200
8.4 二维电磁场和三维电磁场分析算例 … 202
8.4.1 使用FEMM软件进行电磁场分析 …… 202
8.4.2 使用ANSYS MAXWELL软件进行电磁场分析 …… 203
8.4.3 使用SIMULATION MECHANICAL软件进行电场分析 …… 206
8.5 习题 …… 208
8.6 科技前沿 …… 208
第9章 工程电磁场应用新技术 …… 210
9.1 洛伦兹把经典电磁理论推向了最后的高峰 …… 210
9.2 磁悬浮技术 …… 212
9.2.1 磁力和磁悬浮 …… 212
9.2.2 磁悬浮原理及分类 …… 212
9.2.3 电磁悬浮轴承的电磁场分析 …… 213
9.2.4 磁悬浮人工心脏泵中的电磁场分析 …… 217
9.2.5 磁悬浮列车中的电磁系统 …… 220
9.3 电磁辐射生物效应机理研究中的计算电磁学方法 …… 223
9.3.1 电磁场与电磁辐射 …… 223
9.3.2 电磁辐射生物效应机理研究中的计算电磁学方法 …… 226
9.3.3 应用时域有限差分法计算电磁辐射在生物组织中的比吸收率 …… 227
9.4 电磁兼容技术 …… 228
9.4.1 电磁兼容的基本概念及其发展 … 228
9.4.2 电磁干扰源及电磁干扰的传播 … 229
9.4.3 电磁干扰抑制 …… 231
9.4.4 电磁兼容测试技术 …… 232
9.4.5 电磁兼容的应用 …… 233
9.5 科技前沿 …… 236
附录 …… 238
附录A 电磁量及其国际制单位 …… 238
附录B 一些常用材料的基本常量 …… 241
参考文献 …… 243

第 1 章　电磁场的数学物理基础

本章在大学普通物理电磁学的基础上，从电荷密度与电流密度的定义入手，回顾电磁场的基本物理量——电场强度和磁感应强度，并介绍电磁学的数学基础——矢量分析和场论的知识。

1.1　电磁场基本物理量

1.1.1　电荷密度与电流密度

电荷是电磁场“源”之一，由物质的结构理论可知，电荷是以电子所带电荷量为基本单位的，任何带电体的电荷量都是以电子电荷量的正或负整数倍的数值量出现的。从微观上看，电荷的分布是离散的；而从宏观上看，可以把大量电荷聚集所产生的电荷分布看成是位置的连续分布函数。电荷所在的位置称为源点，用坐标（x'，y'，z'）表示。根据电荷的分布情况不同，可分为体电荷、面电荷和线电荷，对应的电荷密度有体电荷密度、面电荷密度和线电荷密度。

1. 电荷体密度 ρ

电荷连续分布于体积 V 内，在位于（x'，y'，z'）的源点，取一无限小体积元 ΔV，若其中的电荷量为 Δq，则单位体积内所含的电荷量，即电荷体密度（简称为电荷密度），可表示为

$$\rho(x', y', z', t) = \lim_{\Delta V \to 0} \frac{\Delta q}{\Delta V} \quad (\mathrm{C/m^3}) \tag{1-1}$$

2. 电荷面密度 σ

当电荷连续地分布在一层厚度很薄的区域时，如果带电区域的厚度可以忽略不计，就可抽象为电荷在面上分布，则单位面积中的电荷量即电荷面密度，可表示为

$$\sigma(x', y', z', t) = \lim_{\Delta S \to 0} \frac{\Delta q}{\Delta S} \quad (\mathrm{C/m^2}) \tag{1-2}$$

3. 电荷线密度 τ

当电荷连续分布在一个细长的线形区域时，若线形区域的截面积可忽略不计，则可定义单位长度内的电荷量即电荷线密度可表示为

$$\tau(x', y', z', t) = \lim_{\Delta l \to 0} \frac{\Delta q}{\Delta l} \quad (\mathrm{C/m}) \tag{1-3}$$

4. 点电荷

当电荷分布在一个很小的区域时，若它占有的体积可以忽略不计，则可视为点电荷，定义为

$$q(x', y', z', t) = \lim_{\substack{V \to 0 \\ \rho \to \infty}} \int_{V'} \rho \mathrm{d}V \quad (\mathrm{C}) \tag{1-4}$$

其特点是：体积趋于零，电荷密度 ρ 趋于无穷大。

电流也是产生电磁场的“源”，电荷的有规则运动形成电流，它是单位时间内通过某截面的电荷量，定义为

$$i=\lim_{\Delta t\to 0}\frac{\Delta q}{\Delta t}=\frac{\mathrm{d}q}{\mathrm{d}t}\quad(\mathrm{A}) \tag{1-5}$$

由于在电路理论中电流沿导线流动，不考虑电流通路横截面上每一点的电荷运动情况，所以用电流这个物理量就足以说明其特性。但是在电磁场理论中，更关注在不同场点上单位时间内通过的电荷量及流向。为了描述电荷在每一点上流动的具体状态，引入电流密度的概念。与电荷密度类似，电流密度也分为电流体密度、电流面密度和电流线密度。

1. 电流体密度 $\boldsymbol{J}$

密度为 ρ 的体电荷以速度 $\boldsymbol{v}$ 运动形成体电流。电流体密度（简称电流密度）定义为

$$\boldsymbol{J}=\rho\boldsymbol{v}\quad(\mathrm{A/m^2}) \tag{1-6}$$

电流体密度在数值上为垂直于电荷运动方向的单位面积上通过的电流，电流体密度 $\boldsymbol{J}$ 的方向为该点正电荷运动的方向。如果面积元 $\mathrm{d}\boldsymbol{S}$ 的法线方向与电流密度 $\boldsymbol{J}$ 的夹角为 θ，则通过该面积元的电流元为

$$\mathrm{d}i=J\mathrm{d}S\cos\theta=\boldsymbol{J}\cdot\mathrm{d}\boldsymbol{S}$$

通过载流体中任意截面 S 的电流为其积分量，即

$$i=\int_S\boldsymbol{J}\cdot\mathrm{d}\boldsymbol{S} \tag{1-7}$$

2. 电流面密度 $\boldsymbol{K}$

若电荷在一层厚度可忽略不计的导体上流动，则可抽象为表面电流。此时，电流通过的截面可近似为一条线，可认为是由密度为 σ 的面电荷以速度 $\boldsymbol{v}$ 运动形成的。因此，电流面密度为

$$\boldsymbol{K}=\sigma\boldsymbol{v}\quad(\mathrm{A/m}) \tag{1-8}$$

电流面密度在数值上为垂直于电荷运动方向的单位截线 b 上穿过的电流，其方向受限在厚度忽略不计的曲面上。如果线元 $\mathrm{d}\boldsymbol{b}$ 的横向单位矢量 $\boldsymbol{n}$ 与电流面密度 $\boldsymbol{K}$ 的夹角为 θ，则通过该线元的电流为

$$\mathrm{d}i=K\mathrm{d}b\cos\theta=\boldsymbol{K}\cdot\mathrm{d}\boldsymbol{b}$$

通过载流面上任意截线 b 的电流为其积分量：

$$i=\int_b\boldsymbol{K}\cdot\mathrm{d}\boldsymbol{b} \tag{1-9}$$

3. 线电流

若电荷在横截面可忽略不计的导线 l 上流动，即为线电流。它可看成是密度为 τ 的线电荷以速度 $\boldsymbol{v}$ 沿导线运动形成的。因此，线电流为

$$i=\tau\boldsymbol{v}=\tau\frac{\mathrm{d}l}{\mathrm{d}t}=\frac{\mathrm{d}q}{\mathrm{d}t}\quad(\mathrm{A}) \tag{1-10}$$

电荷只能顺或逆导线运动，所以线电流不是矢量，而是标量。

1.1.2 电场强度

场是一种特殊的物质，这种物质形式和常见的由原子和分子组成的实物形式不同，它一般不能凭人们的感官直接感觉到它的存在，因此它的物质属性往往比较抽象。其实物质的任

何一种属性，总是通过它和其他物质的相互作用表现出来的。在电荷周围存在着的一种特殊形式的物质——电场，是统一的电磁场的一个方面，它的属性也是通过它和其他物质的作用表现出来的，它的表现是对于被引入场中的电荷有力的作用，于是人们引入物理量——电场强度来描述电场的这一重要特性。

把一个体积很小、电荷量足够小的试验电荷 q 静止地放在电场中某点 P，电场对它的作用力为 $\boldsymbol{F}$，则电场强度 $\boldsymbol{E}$（简称场强）定义为

$$\boldsymbol{E} = \lim_{q \to 0} \frac{\boldsymbol{F}}{q} \quad (\mathrm{V/m}) \tag{1-11}$$

电场强度 $\boldsymbol{E}$ 是一个随着空间位置变化的矢量函数，它仅与该点的电场有关，而与试验电荷量无关。在国际单位制中，$\boldsymbol{E}$ 的单位是伏/米（V/m）。电场强度是矢量，具有明确的物理意义：其大小为单位正电荷在该点所受的电场力，其方向为正电荷在该点受力的方向。

1.1.3　磁感应强度

与描述电场的方法类似，为了描述磁场，根据运动电荷在磁场中受力的性质，引入一个物理量——磁感应强度。

通过实验定量测量运动电荷所带电荷量 q、它的速度 $\boldsymbol{v}$ 和它在磁场中所受到的力 $\boldsymbol{F}$，定义磁感应强度 $\boldsymbol{B}$ 满足如下关系式：

$$\boldsymbol{F} = q(\boldsymbol{v} \times \boldsymbol{B}) \tag{1-12}$$

由式(1-12) 可知，该式是一个矢量关系式，其磁感应强度的含义如下所述。

1. $\boldsymbol{B}$ 的方向

$\boldsymbol{B}$ 的方向沿零力线（磁场中的任意一点 P 都存在一个唯一的特殊的取向，当运动电荷沿该取向通过 P 点时，无论运动电荷的电荷量和速率大小如何，运动电荷都不受力，于是把过 P 点的这个特殊取向称为零力线）的方向，磁场中任意点的零力线有两个指向，确定 $\boldsymbol{B}$ 的方向时，可以先设 $\boldsymbol{B}$ 沿其中任一指向，若（$\boldsymbol{v} \times \boldsymbol{B}$）的方向正是运动正电荷在该点所受磁力的方向，则所设方向就是 $\boldsymbol{B}$ 的方向；反之，$\boldsymbol{B}$ 的方向则与所设方向相反。

2. $\boldsymbol{B}$ 的大小

将 $\boldsymbol{B}$ 的定义式(仅考虑大小) 改写为

$$F = qvB\sin\theta$$

其中，θ 为 $\boldsymbol{v}$ 与 $\boldsymbol{B}$ 的夹角，则 $\boldsymbol{B}$ 的大小为

$$B = \frac{F}{qv\sin\theta} \tag{1-13}$$

在国际单位制中，磁感应强度 $\boldsymbol{B}$ 的单位为特斯拉（T），$\boldsymbol{B}$ 的单位有时还用高斯（G），$1\mathrm{T} = 10^4\mathrm{G}$。

1.2　矢量分析

矢量分析和场论是研究电磁场理论的重要数学工具，它对简化公式、明确概念、掌握规律很有益处，它更是学习电磁场入门的数学基础。下面将介绍这部分内容。

1.2.1　矢量代数

电磁场中遇到的绝大多数量，一般分为两类：标量和矢量。

有一类物理量，如时间、质量、温度、功和电荷等，只有大小和正负，没有方向，即只用代数值就能够完整描述的物理量，称之为标量。而另一类物理量，如位移、速度、力矩、力、电场强度等，既有大小又有方向，相加、减时遵从平行四边形运算法则，这类物理量称为矢量，通常用带箭头的字母或黑体字母来表示，以示与标量的区别。一个矢量常用一个有向线段来表示，线段的长度表示矢量大小，而箭头的指向表示矢量的方向。

矢量的运算不同于标量。例如，一个物体同时受到两个不同方向的力作用时，计算合力必须遵从平行四边形运算法则。同样，两矢量的相减和相乘也不能只对矢量大小进行处理，而且矢量除法没有意义。

1. 矢量的加法

设有两个矢量 $\boldsymbol{A}$ 和 $\boldsymbol{B}$，如图 1-1 所示。将它们相加时，可将两矢量的起点交于一点，再以这两个矢量 $\boldsymbol{A}$ 和 $\boldsymbol{B}$ 为邻边做平行四边形，从两矢量的交点做平行四边形的对角线，此对角线即代表两矢量之和 $\boldsymbol{C}$，用矢量表示为

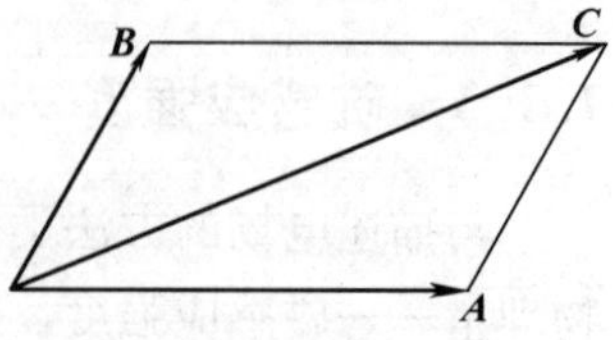

图 1-1　矢量的加法

$$\boldsymbol{C}=\boldsymbol{A}+\boldsymbol{B} \tag{1-14}$$

$\boldsymbol{C}$ 称为合矢量，而 $\boldsymbol{A}$ 和 $\boldsymbol{B}$ 则称为矢量 $\boldsymbol{C}$ 的分矢量。

2. 矢量的减法

矢量的减法是按矢量加法的逆运算来定义的。如果 $\boldsymbol{B}$ 是一个矢量，则 $-\boldsymbol{B}$ 也是一个矢量，它的大小和 $\boldsymbol{B}$ 相等，但方向相反。定义另一个矢量 $\boldsymbol{D}$，记作 $\boldsymbol{D}=\boldsymbol{A}-\boldsymbol{B}$，它为两矢量 $\boldsymbol{A}$ 和 $\boldsymbol{B}$ 的减法，如图 1-2 所示，$\boldsymbol{A}-\boldsymbol{B}$ 等于由 $\boldsymbol{B}$ 的末端到达 $\boldsymbol{A}$ 的末端的矢量，则

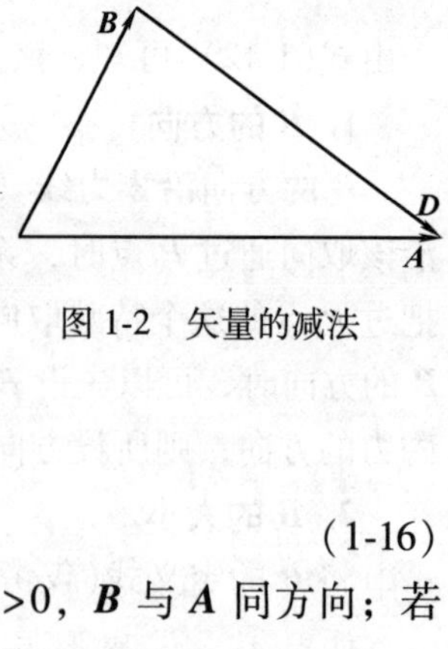

图 1-2　矢量的减法

$$\boldsymbol{D}=\boldsymbol{A}+(-\boldsymbol{B}) \tag{1-15}$$

3. 矢量的数乘

如果矢量 $\boldsymbol{A}$ 乘以一个标量 m，得到矢量 $\boldsymbol{B}$，即

$$\boldsymbol{B} = m\boldsymbol{A} \tag{1-16}$$

由式(1-16) 可知，$\boldsymbol{B}$ 的大小等于 $\boldsymbol{A}$ 的 $|m|$ 倍。而方向，若 $m>0$，$\boldsymbol{B}$ 与 $\boldsymbol{A}$ 同方向；若 $m<0$，$\boldsymbol{B}$ 与 $\boldsymbol{A}$ 反方向。

4. 矢量的点积和叉积

设 $\boldsymbol{A}$ 和 $\boldsymbol{B}$ 为任意两个矢量，它们的夹角为 θ，则它们的点积通常用 $\boldsymbol{A}\cdot\boldsymbol{B}$ 来表示，定义为此两矢量的大小与它们之间夹角的余弦之积，如图 1-3 所示，即

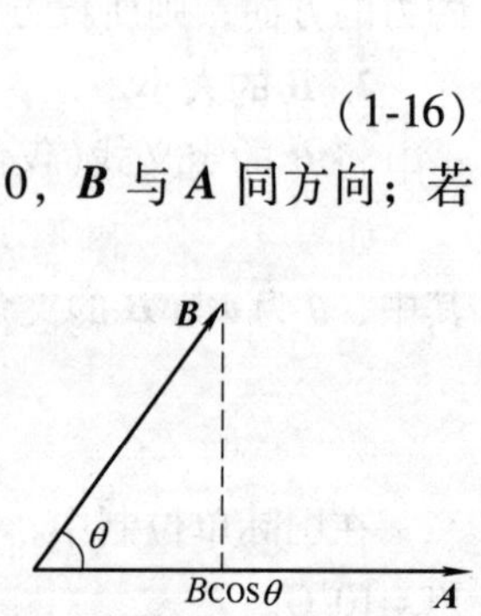

图 1-3　矢量的点积

$$\boldsymbol{A}\cdot\boldsymbol{B} = AB\cos\theta \tag{1-17}$$

$\boldsymbol{A}$ 和 $\boldsymbol{B}$ 的点积是一个标量，因此，点积也称为标积。当两矢量平行时，点积最大。而如果两非零矢量的点积为零，则两矢量是正交的。

矢量 $\boldsymbol{A}$ 和 $\boldsymbol{B}$ 的叉积设为矢量 $\boldsymbol{C}$，即

$$\boldsymbol{C} = \boldsymbol{A}\times\boldsymbol{B} \tag{1-18}$$

叉积是一个矢量，它的方向垂直于包含 $\boldsymbol{A}$ 和 $\boldsymbol{B}$ 的平面，大小等于 $\boldsymbol{A}$ 和 $\boldsymbol{B}$ 两矢量的大小

与它们之间夹角的正弦之积，即

$$\boldsymbol{A} \times \boldsymbol{B} = |AB\sin\theta|\boldsymbol{e}_{\mathrm{n}} \tag{1-19}$$

式中，$\boldsymbol{e}_{\mathrm{n}}$ 是垂直于 $\boldsymbol{A}$ 和 $\boldsymbol{B}$ 所形成的平面的单位矢量，其方向遵从由 $\boldsymbol{A}$ 到 $\boldsymbol{B}$ 的右手螺旋关系，如图 1-4 所示。

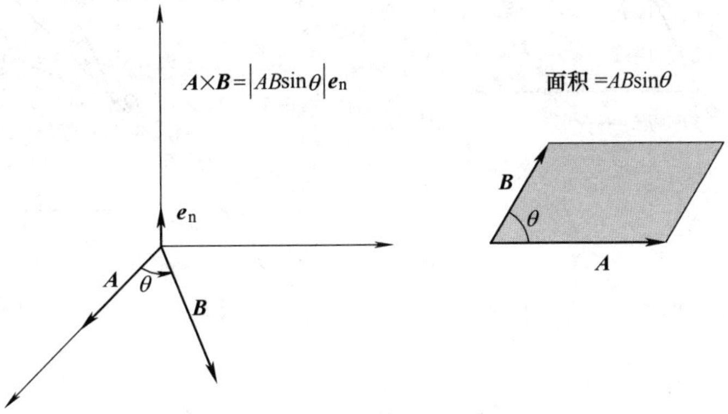

图 1-4　**A** 和 **B** 叉积示意图

1.2.2　坐标系统

为了方便计算，常从数学的观点把矢量分解成沿三个互相正交（垂直）方向的分量来处理。本节将介绍三种正交坐标系：直角坐标系（又称为笛卡儿坐标系）、圆柱坐标系和球坐标系。

1. 直角坐标系

直角坐标系是三种坐标系中最常用的一种，用来研究许多工程电磁场原理。直角坐标系由三个互相正交的直线 x、y 和 z 形成，三直线（称为轴线）的交点是原点。用 $\boldsymbol{e}_x$、$\boldsymbol{e}_y$ 和 $\boldsymbol{e}_z$ 表示分别沿 x、y 和 z 轴的单位矢量。

空间任意一点 $P(X, Y, Z)$ 可由它在三轴线上的投影唯一地确定，如图 1-5 所示。位置矢量（简称位矢）$\boldsymbol{r}$ 是一个从原点指向 P 点的矢量，可表示为

$$\boldsymbol{r} = X\boldsymbol{e}_x + Y\boldsymbol{e}_y + Z\boldsymbol{e}_z \tag{1-20}$$

式中，X、Y 和 Z 是 $\boldsymbol{r}$ 在 x、y 和 z 轴上的投影。

如果 A_x、A_y 和 A_z 是 $\boldsymbol{A}$ 在对应轴的投影，如图 1-6 所示，则 $\boldsymbol{A}$ 可以写为

$$\boldsymbol{A} = A_x\boldsymbol{e}_x + A_y\boldsymbol{e}_y + A_z\boldsymbol{e}_z \tag{1-21}$$

类似地，矢量 $\boldsymbol{B}$ 可以写成

$$\boldsymbol{B} = B_x\boldsymbol{e}_x + B_y\boldsymbol{e}_y + B_z\boldsymbol{e}_z \tag{1-22}$$

$\boldsymbol{A}$ 和 $\boldsymbol{B}$ 两矢量之和，$\boldsymbol{C}=\boldsymbol{A}+\boldsymbol{B}$，可写成

$$\begin{aligned}\boldsymbol{C} &= (A_x + B_x)\boldsymbol{e}_x + (A_y + B_y)\boldsymbol{e}_y + (A_z + B_z)\boldsymbol{e}_z \\ &= C_x\boldsymbol{e}_x + C_y\boldsymbol{e}_y + C_z\boldsymbol{e}_z\end{aligned} \tag{1-23}$$

式中，$C_x=A_x+B_x$、$C_y=A_y+B_y$ 和 $C_z=A_z+B_z$ 是 $\boldsymbol{C}$ 沿 $\boldsymbol{e}_x$、$\boldsymbol{e}_y$ 和 $\boldsymbol{e}_z$ 三个单位矢量的分量。

由于三个单位矢量是互相正交的，则其点积为

$$\boldsymbol{e}_x \cdot \boldsymbol{e}_x = \boldsymbol{e}_y \cdot \boldsymbol{e}_y = \boldsymbol{e}_z \cdot \boldsymbol{e}_z = 1 \tag{1-24a}$$

$$\boldsymbol{e}_x \cdot \boldsymbol{e}_y = \boldsymbol{e}_y \cdot \boldsymbol{e}_z = \boldsymbol{e}_z \cdot \boldsymbol{e}_x = 0 \tag{1-24b}$$

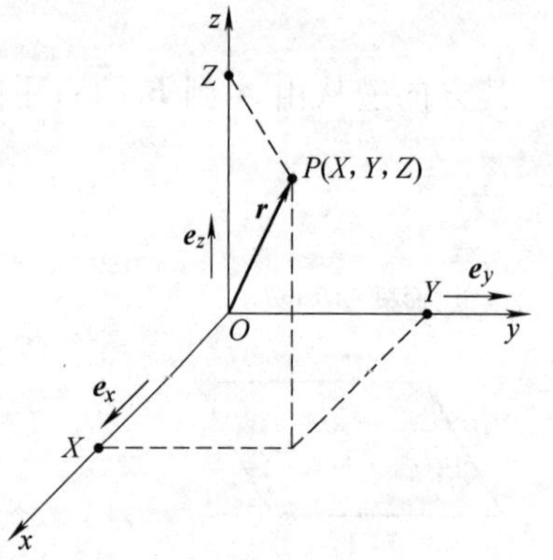

图 1-5 直角坐标系中一点的投影

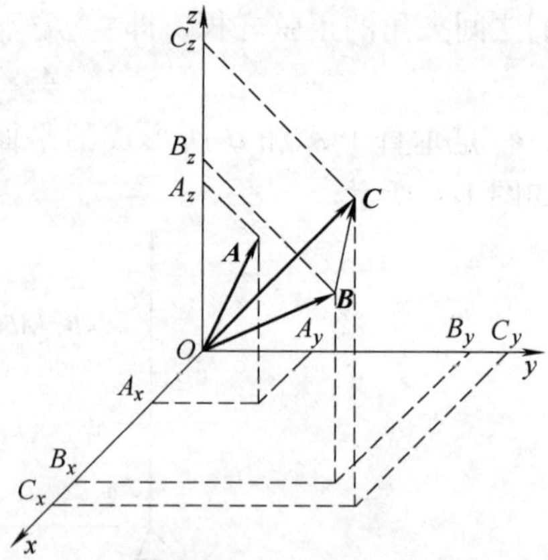

图 1-6 直角坐标系中的矢量加法

单位矢量的叉积为

$$\boldsymbol{e}_x \times \boldsymbol{e}_x = \boldsymbol{e}_y \times \boldsymbol{e}_y = \boldsymbol{e}_z \times \boldsymbol{e}_z = 0 \tag{1-25a}$$

$$\boldsymbol{e}_x \times \boldsymbol{e}_y = \boldsymbol{e}_z, \qquad \boldsymbol{e}_y \times \boldsymbol{e}_z = \boldsymbol{e}_x, \qquad \boldsymbol{e}_z \times \boldsymbol{e}_x = \boldsymbol{e}_y \tag{1-25b}$$

则矢量 $\boldsymbol{A}$ 和 $\boldsymbol{B}$ 的点积用分量表示为

$$\boldsymbol{A} \cdot \boldsymbol{B} = A_x B_x + A_y B_y + A_z B_z \tag{1-26}$$

由上式可计算 $\boldsymbol{A}$ 的大小为

$$A = \sqrt{\boldsymbol{A} \cdot \boldsymbol{A}} = \sqrt{A_x^2 + A_y^2 + A_z^2} \tag{1-27}$$

2. 圆柱坐标系

空间任意一点 P 也能够用 ρ、ϕ 和 z 完整地描绘，如图 1-7 所示。其中，ρ 是位矢 $\boldsymbol{OP}$ 在 xy 平面上的投影，ϕ 是从正 x 轴到平面 $OTPM$ 的角，OM 是 $\boldsymbol{OP}$ 在 z 轴上的投影。ρ、ϕ 和 z 即是 P 点的圆柱坐标，相应的单位矢量为 $\boldsymbol{e}_\rho$、$\boldsymbol{e}_\phi$ 和 $\boldsymbol{e}_z$。

由图 1-7 可得

$$x = \rho\cos\phi \tag{1-28}$$
$$y = \rho\sin\phi$$

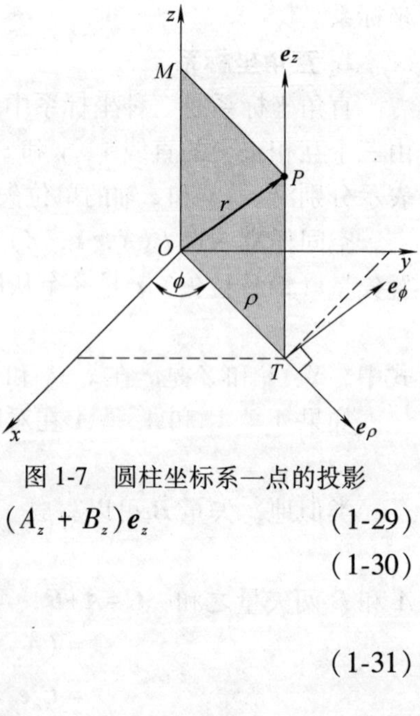

图 1-7 圆柱坐标系一点的投影

如果有两个矢量 $\boldsymbol{A}=A_\rho\boldsymbol{e}_\rho+A_\phi\boldsymbol{e}_\phi+A_z\boldsymbol{e}_z$ 和 $\boldsymbol{B}=B_\rho\boldsymbol{e}_\rho+B_\phi\boldsymbol{e}_\phi+B_z\boldsymbol{e}_z$，则它们的加和乘分别为

$$\boldsymbol{A} + \boldsymbol{B} = (A_\rho + B_\rho)\boldsymbol{e}_\rho + (A_\phi + B_\phi)\boldsymbol{e}_\phi + (A_z + B_z)\boldsymbol{e}_z \tag{1-29}$$

$$\boldsymbol{A} \cdot \boldsymbol{B} = A_\rho B_\rho + A_\phi B_\phi + A_z B_z \tag{1-30}$$

$$\boldsymbol{A} \times \boldsymbol{B} = \begin{vmatrix} \boldsymbol{e}_\rho & \boldsymbol{e}_\phi & \boldsymbol{e}_z \\ A_\rho & A_\phi & A_z \\ B_\rho & B_\phi & B_z \end{vmatrix} \tag{1-31}$$

圆柱坐标系中单位矢量的点积为

$$\boldsymbol{e}_\rho \cdot \boldsymbol{e}_\rho = \boldsymbol{e}_\phi \cdot \boldsymbol{e}_\phi = \boldsymbol{e}_z \cdot \boldsymbol{e}_z = 1 \tag{1-32a}$$

$$\boldsymbol{e}_\rho \cdot \boldsymbol{e}_\phi = \boldsymbol{e}_\phi \cdot \boldsymbol{e}_z = \boldsymbol{e}_z \cdot \boldsymbol{e}_\rho = 0 \tag{1-32b}$$

叉积为

$$\boldsymbol{e}_\rho \times \boldsymbol{e}_\rho = \boldsymbol{e}_\phi \times \boldsymbol{e}_\phi = \boldsymbol{e}_z \times \boldsymbol{e}_z = 0 \tag{1-33a}$$

$$\boldsymbol{e}_\rho \times \boldsymbol{e}_\phi = \boldsymbol{e}_z, \qquad \boldsymbol{e}_\phi \times \boldsymbol{e}_z = \boldsymbol{e}_\rho, \qquad \boldsymbol{e}_z \times \boldsymbol{e}_\rho = \boldsymbol{e}_\phi \tag{1-33b}$$

单位矢量 $\boldsymbol{e}_\rho$ 和 $\boldsymbol{e}_\phi$ 在单位矢量 $\boldsymbol{e}_x$ 和 $\boldsymbol{e}_y$ 上的投影有

$$\boldsymbol{e}_\rho = \cos\phi\boldsymbol{e}_x + \sin\phi\boldsymbol{e}_y \tag{1-34a}$$

$$\boldsymbol{e}_\phi = -\sin\phi\boldsymbol{e}_x + \cos\phi\boldsymbol{e}_y \tag{1-34b}$$

如果矢量 $\boldsymbol{A}$ 是圆柱坐标系中的任意矢量，把它投影到 x、y 和 z 轴上，便得到 $\boldsymbol{A}$ 在直角坐标系的表达式为

$$\begin{bmatrix} A_x \\ A_y \\ A_z \end{bmatrix} = \begin{bmatrix} \cos\phi & -\sin\phi & 0 \\ \sin\phi & \cos\phi & 0 \\ 0 & 0 & 1 \end{bmatrix} \begin{bmatrix} A_\rho \\ A_\phi \\ A_z \end{bmatrix} \tag{1-35}$$

类似地，一个直角坐标系中的矢量，用下列变换可以得到其在圆柱坐标系中的表达式

$$\begin{bmatrix} A_\rho \\ A_\phi \\ A_z \end{bmatrix} = \begin{bmatrix} \cos\phi & \sin\phi & 0 \\ -\sin\phi & \cos\phi & 0 \\ 0 & 0 & 1 \end{bmatrix} \begin{bmatrix} A_x \\ A_y \\ A_z \end{bmatrix} \tag{1-36}$$

3. 球坐标系

空间一点 P 也可以在球坐标系中唯一地用 r、θ 和 ϕ 表示，如图 1-8 所示。其中 r 是位矢 $\boldsymbol{OP}$ 的大小，θ 是位矢 $\boldsymbol{OP}$ 与正 z 轴构成的角，ϕ 是正 x 轴与平面 $OMPN$ 之间的角。r 在 xy 平面上的投影为 $OM=r\sin\theta$。

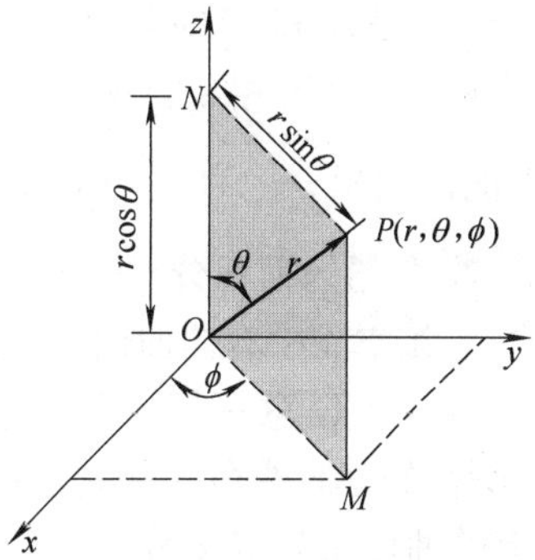

图 1-8　球坐标系中一点的投影

由图 1-8 可得

$$\left.\begin{aligned} x &= r\sin\theta\cos\phi \\ y &= r\sin\theta\sin\phi \\ z &= r\cos\theta \end{aligned}\right\} \tag{1-37}$$

ϕ 的正方向是绕 z 轴从 x 轴向 y 轴按右手旋转的方向，其值为 0~2π。θ 的正方向是从正 z 轴转向负 z 轴的方向，其值为 0~π，而 r 的变化范围为 $0 \leqslant r \leqslant \infty$。

球坐标系中单位矢量的点积和叉积如下：

$$\boldsymbol{e}_r \cdot \boldsymbol{e}_r = \boldsymbol{e}_\theta \cdot \boldsymbol{e}_\theta = \boldsymbol{e}_\phi \cdot \boldsymbol{e}_\phi = 1 \tag{1-38a}$$

$$\boldsymbol{e}_r \cdot \boldsymbol{e}_\theta = \boldsymbol{e}_\theta \cdot \boldsymbol{e}_\phi = \boldsymbol{e}_\phi \cdot \boldsymbol{e}_r = 0 \tag{1-38b}$$

$$\boldsymbol{e}_r \times \boldsymbol{e}_r = \boldsymbol{e}_\theta \times \boldsymbol{e}_\theta = \boldsymbol{e}_\phi \times \boldsymbol{e}_\phi = 0 \tag{1-39a}$$

$$\boldsymbol{e}_r \times \boldsymbol{e}_\theta = \boldsymbol{e}_\phi, \qquad \boldsymbol{e}_\theta \times \boldsymbol{e}_\phi = \boldsymbol{e}_r, \qquad \boldsymbol{e}_\phi \times \boldsymbol{e}_r = \boldsymbol{e}_\theta \tag{1-39b}$$

对于球坐标系中的任一矢量 $\boldsymbol{A}$，将其转换为直角坐标系下的矩阵形式为

$$\begin{bmatrix} A_x \\ A_y \\ A_z \end{bmatrix} = \begin{bmatrix} \sin\theta\cos\phi & \cos\theta\cos\phi & -\sin\phi \\ \sin\theta\sin\phi & \cos\theta\sin\phi & \cos\phi \\ \cos\theta & -\sin\theta & 0 \end{bmatrix} \begin{bmatrix} A_r \\ A_\theta \\ A_\phi \end{bmatrix} \tag{1-40}$$

同理，一个在直角坐标系下的矢量，可利用下列矩阵变换把它表示成球坐标系中的矢量：

$$\begin{bmatrix} A_r \\ A_\theta \\ A_\phi \end{bmatrix} = \begin{bmatrix} \sin\theta\cos\phi & \sin\theta\sin\phi & \cos\theta \\ \cos\theta\cos\phi & \cos\theta\sin\phi & -\sin\theta \\ -\sin\phi & \cos\phi & 0 \end{bmatrix} \begin{bmatrix} A_x \\ A_y \\ A_z \end{bmatrix} \tag{1-41}$$

1.2.3　矢量积分

在电磁场的分析中经常用到场矢量在区域中进行积分，如在第2章中，将用电场强度的线积分来定义位函数。因此掌握矢量函数在空间的积分对研究电磁场理论是必要的。本节将讨论电磁场中常用到的矢量的线积分、面积分和体积分。

1. 矢量的线积分

三维空间中有向曲线 $\boldsymbol{l}$，其始点和终点分别为 M_1 和 M_2，正方向定义为 M_1 指向 M_2，如图1-9所示。$\boldsymbol{l}$ 上有向线元矢量 $\mathrm{d}\boldsymbol{l}$，其大小为线元长度 $\mathrm{d}l$，其方向为所在点处有向曲线 $\boldsymbol{l}$ 的正切线方向，则矢量 $\boldsymbol{A}$ 在曲线 $\boldsymbol{l}$ 上的曲线积分定义为

$$\int_l \boldsymbol{A} \cdot \mathrm{d}\boldsymbol{l} = \int_{M_2}^{M_1} |\boldsymbol{A}| \cos\theta \mathrm{d}l \tag{1-42}$$

式中，θ 是 $\boldsymbol{A}$ 和 $\mathrm{d}\boldsymbol{l}$ 的夹角。

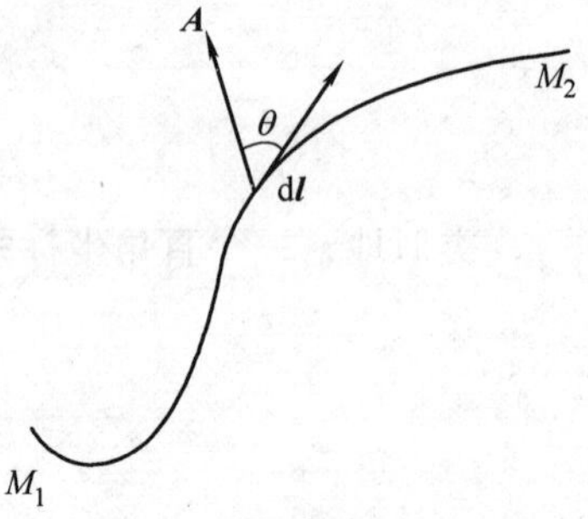

图1-9　曲线积分

若 $\boldsymbol{l}$ 是首尾相接的有向闭曲线时（环路或回路），则 $\boldsymbol{A}$ 在 $\boldsymbol{l}$ 上的曲线积分记为 $\oint_l \boldsymbol{A} \cdot \mathrm{d}\boldsymbol{l}$，称为 $\boldsymbol{A}$ 的环量。

2. 矢量的面积分

三维空间中有向曲面 $\boldsymbol{S}$，如图1-10所示。其正侧面可规定为 $\boldsymbol{S}$ 的任意一侧，$\boldsymbol{S}$ 上有向面元矢量 $\mathrm{d}\boldsymbol{S}$，其方向为 $\mathrm{d}\boldsymbol{S}$ 所在处有向曲面 $\boldsymbol{S}$ 的正法线方向 $\boldsymbol{e}_\mathrm{n}$，则矢量 $\boldsymbol{A}$ 在曲面 $\boldsymbol{S}$ 上的曲面积分定义为

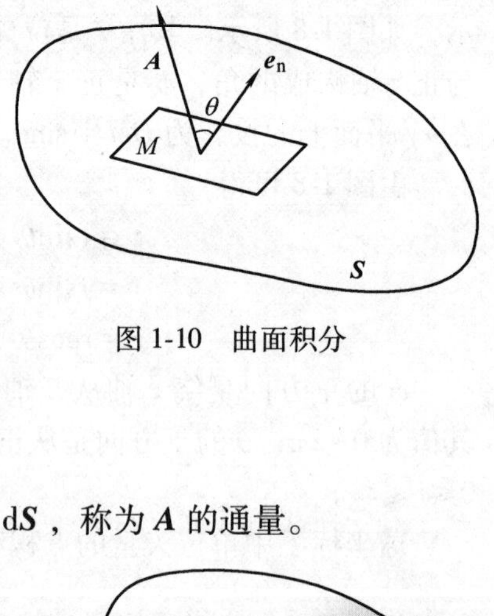

图1-10　曲面积分

$$\int_S \boldsymbol{A} \cdot \mathrm{d}\boldsymbol{S} = \int_S |\boldsymbol{A}| \cos\theta \mathrm{d}S \tag{1-43}$$

式中，θ 是 $\boldsymbol{A}$ 和 $\mathrm{d}\boldsymbol{S}$ 的夹角。

若 $\boldsymbol{S}$ 是有向闭曲面时，$\boldsymbol{A}$ 在 $\boldsymbol{S}$ 上的曲面积分记为 $\oint_S \boldsymbol{A} \cdot \mathrm{d}\boldsymbol{S}$，称为 $\boldsymbol{A}$ 的通量。

3. 体积分

为了定义体积分，将给定体积划分成 n 个小体积元，如图1-11所示。当 $n \to \infty$ 时，每个体元 $\mathrm{d}V \to 0$。计算矢量场 $\boldsymbol{A}$ 与每一体元 ΔV_i 之积并对其求和，然后对和取极限而确定体积分，即

$$\int_V \boldsymbol{A} \mathrm{d}V = \lim_{\substack{n\to\infty \\ \Delta V_i \to 0}} \sum_{i=1}^{n} \boldsymbol{A} \Delta V_i \tag{1-44}$$

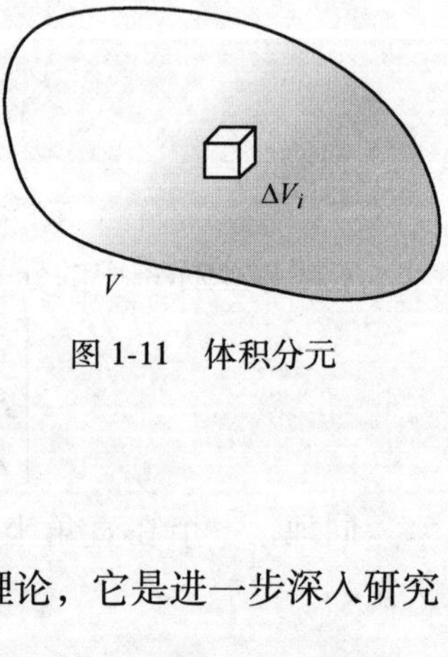

图1-11　体积分元

1.3　场论基础

场论是研究某些物理量在空间分布状态及其运动形式的数学理论，它是进一步深入研究

电磁场及流体运动规律的基础，也是学习某些后继课程的基础。本节主要介绍与电磁场理论密切相关的场论概念，例如标量场的梯度、矢量场的散度与旋度等概念，以及场论中的几个重要定理：散度定理、斯托克斯定理（旋度定理）、格林定理及亥姆霍兹定理。

1.3.1　场的基本概念

场是一个标量或一个矢量的位置函数，即场中任一个点都有确定的标量值或矢量与之对应，场可分为标量场和矢量场。例如在直角坐标系下

$$\phi(x,\ y,\ z)=\frac{1}{4\pi[(x-4)^2+(y+5)^2+z^2]}$$

是一个标量场，典型的标量场有温度场、电位场、高度场等。又如在球坐标系下

$$\boldsymbol{B}(r,\ \theta,\ \phi)=\frac{1}{4\pi}(2\cos\theta\,\boldsymbol{e}_r+\sin\theta\,\boldsymbol{e}_\theta+2r\sin\phi\,\boldsymbol{e}_\phi)$$

是一个矢量场，典型的矢量场有流速场、涡流场、电磁场等。

为了形象地描绘场的分布，可以画场线图，标量场可用等值线（面）来描述，矢量场可用矢量线来描述。如在直角坐标系下，某一物理量可表示为

$$\phi(x,\ y,\ z)=c \tag{1-45}$$

式中，c 为常量；ϕ 表示一等值面。若给不同的 c 值，即可得一族等值面。在每一等值面上，坐标不同但函数值相同，例如等温面、等位面等。等值面方程一般为 $\phi(x,\ y,\ z)=\text{constant}$（常数），如果 ϕ 只与两个坐标有关，不妨设为 x、y，$\phi(x,\ y)=\text{constant}$ 就退化为等值线。

而矢量场的场线是这样一些曲线，其上每一点的切线方向都代表该点的矢量场的方向，场线数密度表示场量的大小。一般场中的每一点都有唯一的一条矢量线通过，矢量线充满整个矢量场所在的空间，如磁力线、电力线等。方程为 $\boldsymbol{A}\times\mathrm{d}\boldsymbol{l}=0$，其中 $\mathrm{d}\boldsymbol{l}$ 为场线微元。在直角坐标系下，设

$$\boldsymbol{A}(x,\ y,\ z)=(A_x\boldsymbol{e}_x+A_y\boldsymbol{e}_y+A_z\boldsymbol{e}_z),\ \mathrm{d}\boldsymbol{l}=(\mathrm{d}x\boldsymbol{e}_x+\mathrm{d}y\boldsymbol{e}_y+\mathrm{d}z\boldsymbol{e}_z)$$

则矢量场的微分方程

在三维坐标下：
$$\frac{A_x}{\mathrm{d}x}=\frac{A_y}{\mathrm{d}y}=\frac{A_z}{\mathrm{d}z}$$

在二维坐标下：
$$\frac{A_x}{\mathrm{d}x}=\frac{A_y}{\mathrm{d}y}$$

这种描述矢量场的矢量线是一种假想的线，但它有助于形象理解电磁场空间分布特性。在当今电磁场的计算机辅助分析与设计的后处理中，它更进一步被用作场图定量分析的有效工具。

1.3.2　标量场的梯度

对于一个标量场，不仅要掌握场量在空间的分布情况，更重要的是要知道它的变化规律以及与其他物理量之间的相互关系。本节将介绍表征标量场变化规律的方向导数和梯度。

由高等数学可知，函数 φ 从 P_0 点沿路径 l 变化到 P 点的变化率称为方向导数，记作

$\frac{\partial\varphi}{\partial l}$，即

$$\frac{\partial\varphi}{\partial l}=\frac{\partial\varphi}{\partial x}\cos\alpha+\frac{\partial\varphi}{\partial y}\cos\beta+\frac{\partial\varphi}{\partial z}\cos\gamma \tag{1-46}$$

式中，$\cos\alpha$、$\cos\beta$、$\cos\gamma$ 为 $\boldsymbol{l}$ 的方向余弦，$\boldsymbol{l}$ 方向的单位矢量可以表示为

$$\boldsymbol{e}_l=\cos\alpha\boldsymbol{e}_x+\cos\beta\boldsymbol{e}_y+\cos\gamma\boldsymbol{e}_z \tag{1-47}$$

方向导数解决了标量场中 φ 在给定点处沿某一方向的变化率的问题，但是函数 φ 从给定点出发有无穷多个变化方向，于是需要进一步讨论它在哪个方向的变化率最大及最大变化率值。

设矢量 $\boldsymbol{g}=\frac{\partial\varphi}{\partial x}\boldsymbol{e}_x+\frac{\partial\varphi}{\partial y}\boldsymbol{e}_y+\frac{\partial\varphi}{\partial z}\boldsymbol{e}_z$，于是式(1-46)可写成矢量 $\boldsymbol{g}$ 与 $\boldsymbol{e}_l$ 的点积，即

$$\begin{aligned}\frac{\partial\varphi}{\partial l}&=\left(\frac{\partial\varphi}{\partial x}\boldsymbol{e}_x+\frac{\partial\varphi}{\partial y}\boldsymbol{e}_y+\frac{\partial\varphi}{\partial z}\boldsymbol{e}_z\right)\cdot(\cos\alpha\boldsymbol{e}_x+\cos\beta\boldsymbol{e}_y+\cos\gamma\boldsymbol{e}_z)\\&=\boldsymbol{g}\cdot\boldsymbol{e}_l=|\boldsymbol{g}|\cos(\boldsymbol{g},\boldsymbol{e}_l)\end{aligned} \tag{1-48}$$

式(1-48)表明：当 $\boldsymbol{l}$ 的方向与 $\boldsymbol{g}$ 的方向一致时，$\cos(\boldsymbol{g},\ \boldsymbol{e}_l)=1$，$\frac{\partial\varphi}{\partial l}=|\boldsymbol{g}|$，方向导数取得最大值，此时 φ 增加得最快；当 $\boldsymbol{l}$ 的方向与 $\boldsymbol{g}$ 的方向垂直时，$\cos(\boldsymbol{g},\ \boldsymbol{e}_l)=0$，$\frac{\partial\varphi}{\partial l}=0$；当 $\boldsymbol{l}$ 的方向与 $\boldsymbol{g}$ 的方向相反时，$\cos(\boldsymbol{g},\ \boldsymbol{e}_l)=-1$，$\frac{\partial\varphi}{\partial l}=-|\boldsymbol{g}|$，方向导数取得最小值，此时 φ 减小得最快。于是，定义矢量函数 $\boldsymbol{g}$ 为标量场 φ 的梯度，记作 $\mathrm{grad}\varphi$。由此可得，在直角坐标系中

$$\mathrm{grad}\varphi=\boldsymbol{g}=\frac{\partial\varphi}{\partial x}\boldsymbol{e}_x+\frac{\partial\varphi}{\partial y}\boldsymbol{e}_y+\frac{\partial\varphi}{\partial z}\boldsymbol{e}_z \tag{1-49}$$

由式(1-49)可知，梯度是一个矢量，它的方向是使得函数 φ 的方向导数最大的方向，其模等于这个最大方向导数的值。

梯度具有如下三个性质：

1）标量场的梯度是一个矢量，是空间坐标点的函数。

2）梯度的大小为该点标量函数的最大变化率，即该点最大方向导数。

3）梯度的方向为该点最大方向导数的方向，即与等值线（面）垂直，且指向函数增加的方向。

为了方便表达，引入两个具有矢量性质的微分算子，分别为一阶微分算子 ∇（也称为哈密顿算子）和二阶微分算子拉普拉斯算子 ∇^2。

∇ 在直角坐标系下记为

$$\nabla=\frac{\partial}{\partial x}\boldsymbol{e}_x+\frac{\partial}{\partial y}\boldsymbol{e}_y+\frac{\partial}{\partial z}\boldsymbol{e}_z \tag{1-50}$$

它可像矢量一样参与运算，同时又对其他伙伴量施以偏微分运算，例如：

$$\nabla u=\left(\frac{\partial}{\partial x}\boldsymbol{e}_x+\frac{\partial}{\partial y}\boldsymbol{e}_y+\frac{\partial}{\partial z}\boldsymbol{e}_z\right)u=\frac{\partial u}{\partial x}\boldsymbol{e}_x+\frac{\partial u}{\partial y}\boldsymbol{e}_y+\frac{\partial u}{\partial z}\boldsymbol{e}_z$$

因此函数 φ 的梯度可表示为 $\mathrm{grad}\varphi=\nabla\varphi$，同样有运算$\nabla\cdot\boldsymbol{A}$ 和$\nabla\times\boldsymbol{A}$。

拉普拉斯算子∇^2 在直角坐标系下记为

$$\nabla^2=\nabla\cdot\nabla=\frac{\partial^2}{\partial x^2}+\frac{\partial^2}{\partial y^2}+\frac{\partial^2}{\partial z^2} \tag{1-51}$$

它也可像矢量一样参与运算，例如：

$$\nabla^2 u=\nabla\cdot\nabla u=\left(\frac{\partial}{\partial x}\boldsymbol{e}_x+\frac{\partial}{\partial y}\boldsymbol{e}_y+\frac{\partial}{\partial z}\boldsymbol{e}_z\right)\cdot\left(\frac{\partial u}{\partial x}\boldsymbol{e}_x+\frac{\partial u}{\partial y}\boldsymbol{e}_y+\frac{\partial u}{\partial z}\boldsymbol{e}_z\right)=\frac{\partial^2 u}{\partial x^2}+\frac{\partial^2 u}{\partial y^2}+\frac{\partial^2 u}{\partial z^2}$$

1.3.3　矢量场的散度和散度定理

为了描述标量场在空间的变化规律，介绍了标量场的方向导数和梯度，类似地，为了描述矢量场在空间中的变化情况，揭示矢量场和源的关系，引入矢量场的散度和旋度概念。首先在这一节讨论矢量场的散度，一般从通量概念出发，推导散度的定义。

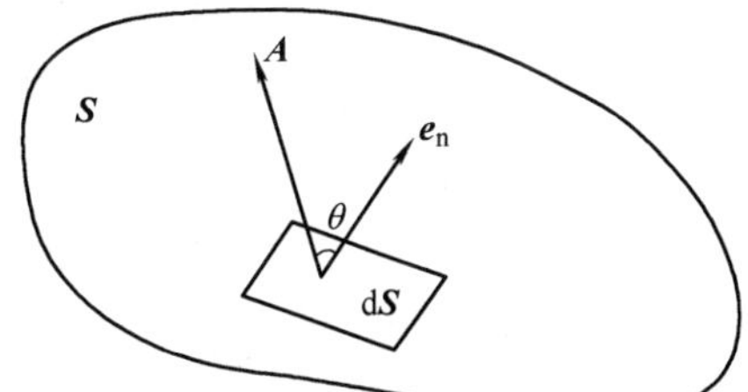

图 1-12　矢量场的通量

如图 1-12 所示，在矢量场中取一曲面 $\boldsymbol{S}$，在 $\boldsymbol{S}$ 上取一小面元 $\mathrm{d}\boldsymbol{S}$，其正法线方向的单位矢量为 $\boldsymbol{e}_\mathrm{n}$，$\mathrm{d}\boldsymbol{S}=\boldsymbol{e}_\mathrm{n}\mathrm{d}S$，计算矢量 $\boldsymbol{A}$ 在有向曲面 $\boldsymbol{S}$ 上的面积分

$$\Phi=\int_S\boldsymbol{A}\cdot\boldsymbol{e}_\mathrm{n}\mathrm{d}S=\int_S\boldsymbol{A}\cdot\mathrm{d}\boldsymbol{S} \tag{1-52}$$

若 $\boldsymbol{S}$ 为闭合曲面，则 $\Phi=\oint_S A\cdot\mathrm{d}\boldsymbol{S}$。对于闭合曲面，一般规定自曲面内向外的方向为正法线方向。另外，可据闭合面内净通量的大小判断闭合面中源的性质：$\Phi=0$，净通量源为 0；$\Phi<0$，净通量源为负；$\Phi>0$，净通量源为正。

为体现场中任意一点处通量源的分布情况，应使计算通量的闭合面 $\boldsymbol{S}$ 缩小到仅包含该点，散度即由此而来。

过矢量场 $\boldsymbol{A}$ 中任意一点 M，做一包围该点的闭合面 $\boldsymbol{S}$，并使 $\boldsymbol{S}$ 所包围的闭合面体积 ΔV 以任意方式趋向于零时，极限 $\lim\limits_{\Delta V\to 0}\dfrac{\oint_S\boldsymbol{A}\cdot\mathrm{d}\boldsymbol{S}}{\Delta V}$ 即定义为矢量 $\boldsymbol{A}$ 在 M 点的散度，记为 $\mathrm{div}\boldsymbol{A}$，

$$\mathrm{div}\boldsymbol{A}=\lim_{\Delta V\to 0}\frac{\oint_S\boldsymbol{A}\cdot\mathrm{d}\boldsymbol{S}}{\Delta V}$$

$\mathrm{div}\boldsymbol{A}$ 也称作通量密度。

矢量场的散度具有如下三个性质：

1）矢量的散度是一个标量，是空间坐标的函数。

2）散度代表矢量场的通量源的分布特性，$\mathrm{div}\boldsymbol{A}$ 不为零的点处存在 $\boldsymbol{A}$ 的通量源，它是 $\boldsymbol{A}$ 的矢量线的起点或终点。

3）在 M 点，若 $\mathrm{div}\boldsymbol{A}>0$，表示该点有正源，发出通量。若 $\mathrm{div}\boldsymbol{A}<0$，表示该点有负源，接收通量。若 $\mathrm{div}\boldsymbol{A}=0$，表示该点无源或无散，但可能有矢量线通过。

散度在直角坐标系下的计算公式为

$$\mathrm{div}\boldsymbol{A}=\nabla\cdot\boldsymbol{A}=\frac{\partial A_x}{\partial x}+\frac{\partial A_y}{\partial y}+\frac{\partial A_z}{\partial z} \tag{1-53}$$

散度定理（高斯定理）是电磁场理论中经常用到的一个重要数学定理，该定理表述如下：设一闭合面 $\boldsymbol{S}$ 包围体积 V，根据散度的定义，空间某一点上矢量 $\boldsymbol{A}$ 的散度 $\nabla\cdot\boldsymbol{A}$ 等于从包围该点的单位体积内 $\boldsymbol{A}$ 穿出的通量，因此闭合面 $\boldsymbol{S}$ 所包围的体积 V 内，对所有点取 $\boldsymbol{A}$ 的散度的代数和必定等于 $\boldsymbol{S}$ 面上 $\boldsymbol{A}$ 穿出的净通量。公式表述如下：

$$\int_V \nabla\cdot\boldsymbol{A}\mathrm{d}V=\oint_S\boldsymbol{A}\cdot\mathrm{d}\boldsymbol{S} \tag{1-54}$$

散度定理可形象地说明如下：考虑体积分 $\int_V\nabla\cdot\boldsymbol{A}\mathrm{d}V$，将散度的定义代入其中，有

$$\int_V \nabla\cdot\boldsymbol{A}\mathrm{d}V=\int_V\lim_{\Delta V\to 0}\frac{\oint_S\boldsymbol{A}\cdot\mathrm{d}\boldsymbol{S}}{\Delta V}\mathrm{d}V$$

把上式中右边积分项表示为无穷多体积微元求和的形式，即

$$\int_V \nabla\cdot\boldsymbol{A}\mathrm{d}V=\sum_k\lim_{\Delta V_k\to 0}\frac{\oint_{S_k}\boldsymbol{A}\cdot\mathrm{d}\boldsymbol{S}}{\Delta V_k}\Delta V_k$$

其中，ΔV_k 是第 k 个体积微元，表面积为 S_k。上式可解释为：$\int_V\nabla\cdot\boldsymbol{A}\mathrm{d}V$ 等于从体积 V 内每一体积微元发出的通量和。从图1-13可以看出，体积 V 内相邻体积微元发出的通量可互相抵消，因为任意相邻两体积元有一个公共表面，这个公共表面的外法线方向相反，此表面上的 $\boldsymbol{A}$ 通量对这两个体积元来说恰好是等值异号的，求和时互相抵消。在整个体积 V 中，除邻近 $\boldsymbol{S}$ 面的那些体积元外，所有这些体积元 $\boldsymbol{A}$ 的通量的总和为零。而邻近 $\boldsymbol{S}$ 面的那些体积元有部分表面是 $\boldsymbol{S}$ 面上的面元，穿过这部分表面的通量无法被抵消，其总和恰好是 $\boldsymbol{A}$ 从闭合面 $\boldsymbol{S}$ 穿出的通量。因此，有

$$\int_V \nabla\cdot\boldsymbol{A}\mathrm{d}V=\sum_k\lim_{\Delta V_k\to 0}\oint_{S_k}\boldsymbol{A}\cdot\mathrm{d}\boldsymbol{S}=\oint_S\boldsymbol{A}\cdot\mathrm{d}\boldsymbol{S}$$

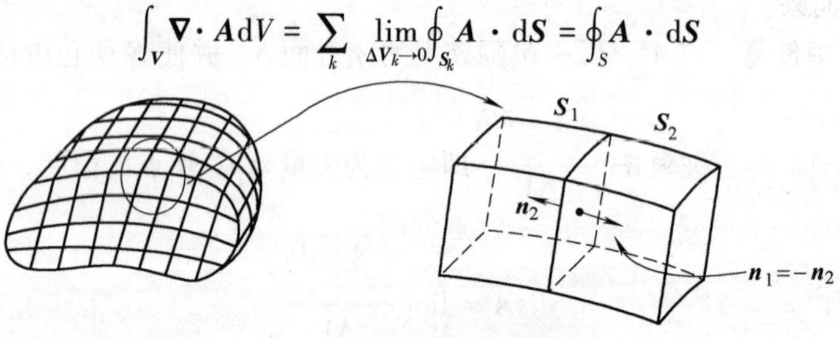

图1-13　散度定理

散度定理体现在如下两方面：

1）矢量函数的面积分和体积分的互换。

2）区域 V 中的场量 $\boldsymbol{A}$ 与曲面 $\boldsymbol{S}$ 上的场量 $\boldsymbol{A}$ 之间的关系。

1.3.4　矢量场的旋度和斯托克斯定理

本节介绍描述矢量场在空间变化情况的另一个概念“旋度”，一般从环量概念出发导出

旋度的定义。矢量 $\boldsymbol{A}$ 沿某一闭合曲线的线积分，定义为该矢量沿此路径的环量：

$$\Gamma = \oint_l \boldsymbol{A} \cdot \mathrm{d}\boldsymbol{l} = \oint_l |\boldsymbol{A}| \cos\theta \mathrm{d}l \tag{1-55}$$

式中，θ 为 $\boldsymbol{l}$ 上某点 M 上的 $\boldsymbol{A}$ 与 $\mathrm{d}\boldsymbol{l}$ 的夹角，如图 1-14 所示。

环量值与 $\boldsymbol{l}$ 所环绕的净涡旋源的值成正比，但它不能体现场中每一点处涡旋源的分布情况，因此引入环量密度的概念。单位面积上的环量称为环量面密度。设 M 为矢量场 $\boldsymbol{A}$ 中的一点，在 M 点处取一方向 $\boldsymbol{e}_n$，再过 M 点做一微小曲面 ΔS 使它在 M 点与 $\boldsymbol{e}_n$ 垂直，$\boldsymbol{e}_n$ 也称为 ΔS 的正法线方向，如图 1-15 所示。

取周界 $\boldsymbol{l}$ 的绕向与 $\boldsymbol{e}_n$ 成右手螺旋关系，极限 $\dfrac{\mathrm{d}\Gamma}{\mathrm{d}\boldsymbol{S}} = \lim\limits_{\Delta S \to 0} \dfrac{\oint_l \boldsymbol{A} \cdot \mathrm{d}\boldsymbol{l}}{\Delta S}$，即为矢量场 $\boldsymbol{A}$ 在 M 点的环量密度，$\boldsymbol{e}_n$ 即取得该环量密度值的方向。在空间环绕点 M 的微小环路可做无穷多个，因此对于 M 点可得出不同的环量密度，如图 1-15 所示，求出所有环绕方向中最大的环量密度，才能判断 M 处是否存在涡旋源。因此定义：矢量场 $\boldsymbol{A}$ 在某点 M 处的旋度为一矢量，其大小为该点环量密度的最大值，其方向即为取得最大环量密度值的方向，用 $\mathrm{rot}\boldsymbol{A}$ 表示。且 $\mathrm{rot}\boldsymbol{A} = \nabla \times \boldsymbol{A}$，它与环量密度的关系为

$$\frac{\mathrm{d}\Gamma}{\mathrm{d}\boldsymbol{S}} = \mathrm{rot}\boldsymbol{A} \cdot \boldsymbol{e}_n = (\nabla \times \boldsymbol{A})_n \tag{1-56}$$

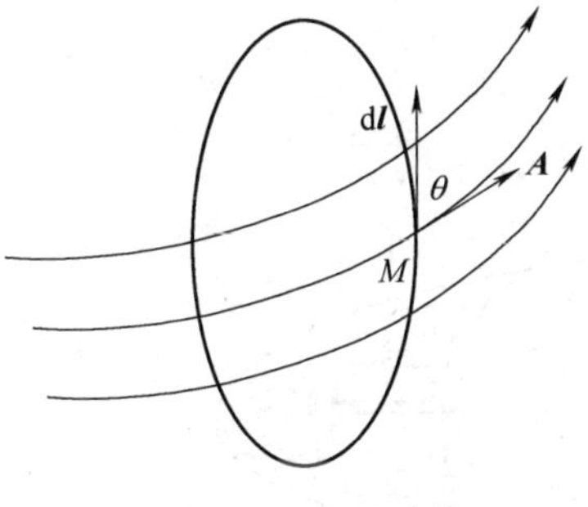

图 1-14　环量的计算

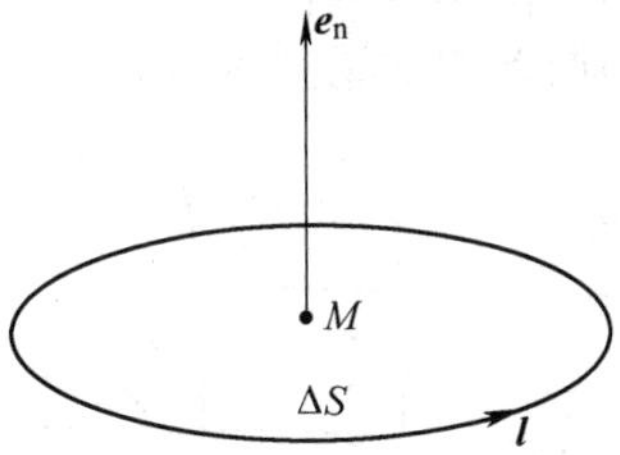

图 1-15　环量密度的计算

旋度具有如下性质：

1）矢量的旋度仍为矢量，是空间坐标点的函数。

2）M 点的旋度的大小是该点环量密度的最大值。

3）M 点的旋度的方向是该点最大环量密度的方向。

4）$\mathrm{rot}\boldsymbol{A}$ 不为零的点处存在 $\boldsymbol{A}$ 的涡旋源，存在非零旋度值的矢量场称为有旋场，若矢量场处处旋度为零，则称之为无旋场。

旋度在直角坐标系下的计算公式为

$$\mathrm{rot}\boldsymbol{A} = \nabla \times \boldsymbol{A} = \boldsymbol{e}_x\left(\frac{\partial A_z}{\partial y} - \frac{\partial A_y}{\partial z}\right) + \boldsymbol{e}_y\left(\frac{\partial A_x}{\partial z} - \frac{\partial A_z}{\partial x}\right) + \boldsymbol{e}_z\left(\frac{\partial A_y}{\partial x} - \frac{\partial A_x}{\partial y}\right) \tag{1-57}$$

除散度定理外，斯托克斯定理也是电磁场理论中经常用到的另一个重要定理，表述如下：它将矢量场在闭合曲线 $\boldsymbol{l}$ 上 $\boldsymbol{A}$ 的环量与 $\boldsymbol{l}$ 围成的曲面 $\boldsymbol{S}$ 上 $\boldsymbol{A}$ 的旋度的面积分相联系，公式表述为

$$\int_S \nabla\times \boldsymbol{A}\cdot \mathrm{d}\boldsymbol{S}=\oint_l \boldsymbol{A}\cdot \mathrm{d}\boldsymbol{l} \tag{1-58}$$

式中，$\boldsymbol{S}$ 的方向与 $\boldsymbol{l}$ 的绕向成右螺旋关系，如图 1-16 所示，斯托克斯定理可形象地说明如下：考虑面积分 $\int_S \nabla\times \boldsymbol{A}\cdot \mathrm{d}\boldsymbol{S}$，将环量密度的定义代入其中，有

$$\int_S \nabla\times \boldsymbol{A}\cdot \mathrm{d}\boldsymbol{S}=\int_S (\nabla\times \boldsymbol{A})_{\mathrm{n}}\mathrm{d}S=\int_S \lim_{\Delta l\to 0}\frac{\oint_l \boldsymbol{A}\cdot \mathrm{d}\boldsymbol{l}}{\Delta S}\mathrm{d}S$$

把上式中右边积分项表示为无穷多面元求和的形式：

$$\int_S \nabla\times \boldsymbol{A}\cdot \mathrm{d}\boldsymbol{S}=\sum_k \lim_{\Delta S_k\to 0}\frac{\oint_{l_k}\boldsymbol{A}\cdot \mathrm{d}\boldsymbol{l}}{\Delta S_k}\Delta S_k=\sum_k \lim_{\Delta S_k\to 0}\oint_{l_k}\boldsymbol{A}\cdot \mathrm{d}\boldsymbol{l}$$

其中，ΔS_k 是第 k 个面积微元，包围每个面元的环路为 $\boldsymbol{l}_k$，与 ΔS_k 成右手螺旋关系。从图1-16可以看出，任意相邻两面积元有一个公共边界，沿相邻面元边界的线积分在公共边界上的积分方向相反，此边界上 $\boldsymbol{A}$ 的环量恰好是等值异号的，求和时互相抵消。在整个面 $\boldsymbol{S}$ 上，除邻近 $\boldsymbol{l}$ 的那些面元外，所有面元 $\boldsymbol{A}$ 的环量的总和为零。而邻近 $\boldsymbol{l}$ 的那些面元有部分边界是 $\boldsymbol{l}$ 的一部分，在其上的线积分无法抵消，其总和恰好是 $\boldsymbol{A}$ 沿环路 $\boldsymbol{l}$ 的线积分。因此有

$$\int_S \nabla\times \boldsymbol{A}\cdot \mathrm{d}\boldsymbol{S}=\oint_l \boldsymbol{A}\cdot \mathrm{d}\boldsymbol{l}$$

斯托克斯定理体现在如下两方面：

1）矢量函数的线积分和面积分的互换。

2）曲面 S 中的场量 $\boldsymbol{A}$ 与边界 $\boldsymbol{l}$ 上的场量 $\boldsymbol{A}$ 之间的关系。

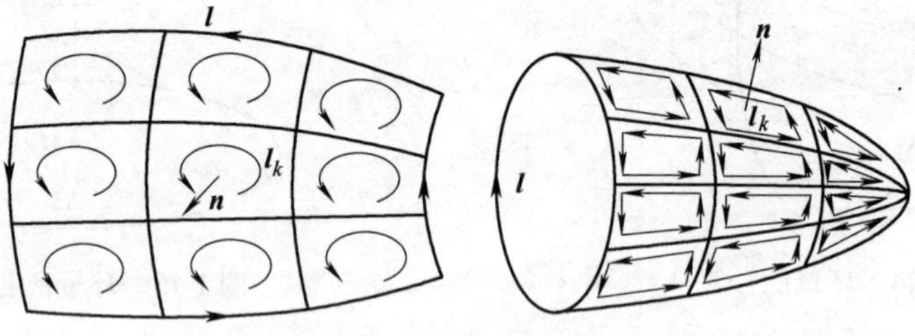

图 1-16 斯托克斯定理

1.3.5 格林定理和亥姆霍兹定理

下面介绍电磁场中常用到的两个重要定理：格林定理和亥姆霍兹定理。

1. 格林定理

设矢量场 $\boldsymbol{A}$ 在体积 V 内和它的表面 S 上是处处连续的可微单值函数。于是由散度定理有

$$\int_V \nabla\cdot \boldsymbol{A}\mathrm{d}V=\oint_S \boldsymbol{A}\cdot \mathrm{d}\boldsymbol{S} \tag{1-59}$$

若定义矢量场 $\boldsymbol{A}$ 为一标量函数 ϕ 与一矢量函数 $\nabla\varphi$ 之积，则

$$\nabla\cdot \boldsymbol{A}=\nabla\cdot(\phi\nabla\varphi)=\nabla\phi\cdot\nabla\varphi+\phi\nabla^2\varphi \tag{1-60}$$

将式(1-60) 代入式(1-59)，可得

$$\int_V \phi \nabla^2 \varphi \mathrm{d}V + \int_V \nabla\phi \cdot \nabla\varphi \mathrm{d}V = \oint_S \phi \nabla\varphi \cdot \mathrm{d}\boldsymbol{S} \tag{1-61}$$

式(1-61) 称为格林第一恒等式。互相调换 ϕ 和 φ，式(1-61) 可以写成

$$\int_V \varphi \nabla^2 \phi \mathrm{d}V + \int_V \nabla\varphi \cdot \nabla\phi \mathrm{d}V = \oint_S \varphi \nabla\phi \cdot \mathrm{d}\boldsymbol{S} \tag{1-62}$$

用式(1-61) 减去式(1-62)，可得格林第二恒等式(即格林定理) 为

$$\int_V (\phi \nabla^2 \varphi - \varphi \nabla^2 \phi) \mathrm{d}V = \oint_S (\phi \nabla\varphi - \varphi \nabla\phi) \cdot \mathrm{d}\boldsymbol{S} \tag{1-63}$$

对于特殊情况，当 $\phi=\varphi$ 时，格林第一恒等式可写成

$$\int_V \phi \nabla^2 \varphi \mathrm{d}V + \int_V |\nabla\phi|^2 \mathrm{d}V = \oint_S \phi \nabla\varphi \cdot \mathrm{d}\boldsymbol{S} \tag{1-64}$$

式(1-64) 常被用来证明唯一性定理。关于唯一性定理的证明可参考其他电磁场相关书籍。

2. 亥姆霍兹定理

任何一个物理场都必须有源，场和源一起出现，源是产生场的起因。通过上述对矢量场的散度和旋度的讨论，可以得出结论：一个矢量场 $\boldsymbol{A}$ 的散度 $\nabla \cdot \boldsymbol{A}$ 唯一地确定场中任一点的通量源密度 ρ，矢量场的旋度 $\nabla\times\boldsymbol{A}$ 唯一地确定场中任一点的旋涡源密度 $\boldsymbol{J}$。

空间中，一个发散场的旋度处处为零，但它的散度不处处为零。

$$\nabla\times\boldsymbol{A}_l = 0, \qquad \nabla\cdot\boldsymbol{A}_l = \rho \tag{1-65}$$

一个旋涡场的散度处处为零，但它的旋度不处处为零。

$$\nabla\cdot\boldsymbol{A}_S = 0, \qquad \nabla\times\boldsymbol{A}_S = \boldsymbol{J} \tag{1-66}$$

如果知道了矢量场的散度，或知道了矢量场的旋度，或矢量场的散度和旋度都知道，能否唯一地确定这个矢量场呢？亥姆霍兹定理回答了这个问题。

亥姆霍兹定理叙述如下：在有限区域 V 内的任一个矢量场 $\boldsymbol{A}$，由它的散度、旋度和边界条件（即限定体积 V 的闭合面 S 上矢量场分布）唯一确定。该定理还可表述为：在空间有限区域 V 内的任一个矢量场 $\boldsymbol{A}$，若已知它的散度、旋度和边界条件，则该矢量场被唯一确定，并可表示成一个无旋场（$\boldsymbol{A}_1=-\nabla\phi$）和一个无散场（$\boldsymbol{A}_2=\nabla\times\boldsymbol{B}$）的叠加，即

$$\boldsymbol{A} = \boldsymbol{A}_1 + \boldsymbol{A}_2 = -\nabla\phi + \nabla\times\boldsymbol{B} \tag{1-67}$$

必须指出，只有在矢量场 $\boldsymbol{A}$ 是连续的区域内，$\nabla\cdot\boldsymbol{A}$ 和 $\nabla\times\boldsymbol{A}$ 才有意义，因为它们都包含着 $\boldsymbol{A}$ 对空间坐标的导数。在区域 V 内如果存在 $\boldsymbol{A}$ 不连续的表面，则在这些表面上就不存在 $\boldsymbol{A}$ 的导数，因而也就不能使用散度和旋度来分析表面附近的场的行为。

亥姆霍兹定理表明，研究一个矢量场的性质时，需要从矢量的散度和矢量的旋度两方面去研究，一个矢量场 $\boldsymbol{A}$ 可能既有发散源，又有旋涡源，它可表示为一个只有散度而旋度为零的矢量场 $\boldsymbol{A}_1$ 和另一个只有旋度而散度为零的矢量场 $\boldsymbol{A}_2$ 之和。根据亥姆霍兹定理，一定有

$$\nabla\cdot\boldsymbol{A} = \nabla\cdot\boldsymbol{A}_1 + \nabla\cdot\boldsymbol{A}_2 = \nabla\cdot\boldsymbol{A}_1 = \rho \tag{1-68}$$

$$\nabla\times\boldsymbol{A} = \nabla\times\boldsymbol{A}_1 + \nabla\times\boldsymbol{A}_2 = \nabla\times\boldsymbol{A}_2 = \boldsymbol{J} \tag{1-69}$$

ρ 和 $\boldsymbol{J}$ 分别是散度和旋度对应的通量源和涡旋源，在电磁场中它们分别是电荷和电流。即当矢量场的散度和旋度给定后，就相当于确定了源的分布，如果场域有限，给定边界条件后，矢量场就唯一地确定了。

亥姆霍兹定理是研究电磁场理论的一条重要主线，因为无论是静态场还是时变场，都是

围绕其散度、旋度和边界条件来展开理论分析的。

1.3.6 场的分类

一个矢量场的散度和旋度是两个独立的运算，因而二者中没有一个能单独充分完整地描述场。在电磁场的研究中，可发现场有四种类型。在解场的问题时，需要首先知道处理的场是属于哪一类的，然后采取相应的解题方法。本节将分别讨论这四类场。

第一类场：第一类矢量场 $\boldsymbol{A}$ 在区域中处处有

$$\nabla\cdot\boldsymbol{A}=0 \quad 和 \quad \nabla\times\boldsymbol{A}=0$$

若矢量的旋度为零，则该矢量能够用标量函数的梯度表示，即

$$\boldsymbol{A}=-\nabla A \tag{1-70}$$

将式(1-70) 代入$\nabla\cdot\boldsymbol{A}=0$，可得

$$\nabla\cdot(-\nabla A)=-\nabla^2 A=0 \tag{1-71}$$

式(1-71) 就是拉普拉斯方程。

为了求得第一类场，必须求解拉普拉斯方程并符合区域边界条件。一旦求得 A，便可由式(1-70) 计算出矢量场 $\boldsymbol{A}$。这类场的例子有无电荷媒质中的静电场及无电流媒质中的磁场。

第二类场：此类矢量场 $\boldsymbol{A}$ 在给定区域中有

$$\nabla\cdot\boldsymbol{A}\neq 0 \quad 和 \quad \nabla\times\boldsymbol{A}=0$$

因为矢量的旋度为零，则仍有 $\boldsymbol{A}=-\nabla A$，但$\nabla\cdot\boldsymbol{A}\neq 0$，可写成

$$\nabla\cdot\boldsymbol{A}=\rho \tag{1-72}$$

其中 ρ 可以是一个常数或区域中的一个已知函数。于是有

$$\nabla^2 A=-\rho \tag{1-73}$$

式(1-73) 就是泊松方程。

为了求得第二类场，应通过求解泊松方程在边界条件约束下找到 A，然后由 $\boldsymbol{A}=-\nabla A$ 求矢量场 $\boldsymbol{A}$。这类场的例子有含电荷区域的静电场。

第三类场：此类矢量场 $\boldsymbol{A}$ 在给定区域中有

$$\nabla\cdot\boldsymbol{A}=0 \quad 和 \quad \nabla\times\boldsymbol{A}\neq 0$$

因为其散度为零，则该矢量能用另一矢量的旋度表示，可写成

$$\boldsymbol{A}=\nabla\times\boldsymbol{B} \tag{1-74}$$

式中，$\boldsymbol{B}$ 为另一矢量场。由于$\nabla\times\boldsymbol{A}\neq 0$，可将其写成

$$\nabla\times\boldsymbol{A}=\boldsymbol{J} \tag{1-75}$$

其中，$\boldsymbol{J}$ 为一已知矢量场，将式(1-74) 代入式(1-75) 得

$$\nabla\times(\nabla\times\boldsymbol{B})=\boldsymbol{J} \tag{1-76}$$

用矢量恒等式，将式(1-76) 展开为

$$\nabla(\nabla\cdot\boldsymbol{B})-\nabla^2\boldsymbol{B}=\boldsymbol{J}$$

根据唯一性定理，为使矢量场唯一，还必须定义散度。给定任意约束$\nabla\cdot\boldsymbol{B}=0$，得

$$\nabla^2\boldsymbol{B}=-\boldsymbol{J} \tag{1-77}$$

因此，第三类场也要求解矢量泊松方程，然后利用 $\boldsymbol{A}=\nabla\times\boldsymbol{B}$ 计算出矢量场 $\boldsymbol{A}$。其中的约束$\nabla\cdot\boldsymbol{B}=0$ 称为库仑规范。这类场的例子有载流导体内部的磁场。

第四类场：此类矢量场 $\boldsymbol{A}$ 在给定区域中有

$$\nabla\cdot \boldsymbol{A} \neq 0 \quad 和 \quad \nabla\times \boldsymbol{A} \neq 0$$

对于此类场，可将矢量场 $\boldsymbol{A}$ 分解为两个矢量场 $\boldsymbol{G}$ 和 $\boldsymbol{H}$，让 $\boldsymbol{G}$ 满足第二类场、$\boldsymbol{H}$ 满足第三类场的要求，则有

$$\boldsymbol{A} = \boldsymbol{G} + \boldsymbol{H} \tag{1-78}$$

由第二、三类场的要求可知

$$\nabla\times \boldsymbol{G} = 0 \quad 和 \quad \nabla\cdot \boldsymbol{G} \neq 0$$

$$\nabla\cdot \boldsymbol{H} = 0 \quad 和 \quad \nabla\times \boldsymbol{H} \neq 0$$

因此，$\boldsymbol{H}=\nabla\times\boldsymbol{B}$ 和 $\boldsymbol{G}=-\nabla A$，于是式(1-78) 可写成

$$\boldsymbol{A} = \nabla\times \boldsymbol{B} - \nabla A \tag{1-79}$$

可压缩媒质中的流体动力场就是此类的例子。

第2章 静 电 场

2.1 电磁学历史上第一个定量定律——库仑定律

人们对静电现象的观察由来已久，有记录的观察可追溯的公元前六世纪希腊学者泰勒思(Thales)，他观察到琥珀如果和布摩擦后能吸引轻微的物体。我国古代对静电现象也早有记载。西晋张华《博物志》中写有“今人梳头、脱着衣时，有随梳、解结有光者，也有咤声”。古代人们关于电的知识，主要是比较零散地停留在定性观察阶段。人们对电场的系统研究是在欧洲文艺复兴之后才逐渐开展起来的，尤其是库仑定律的发现，使人们对电的研究走上定量研究的科学道路。

在库仑之前提出电力平方反比律的当推美国人普里斯特利（Priestley，1732—1804年）。普里斯特利的好友，美国著名的电学家富兰克林（Franklin）曾观察到放在金属杯中的软木小球不受金属杯上电荷的影响。他把观察到的现象写信告诉普里斯特利，希望他重做此实验来确认这一事实。1766年，普里斯特利重做此实验，他使空腔金属容器带电，发现金属容器内表面没有电荷，并且金属容器对于放在其内部的电荷明显没有力的作用。他立刻想到该现象与万有引力的情形非常相似，即放在均匀物质球壳内的物质不会受到来自壳体本身物质的作用力。因此，他猜测电力与万有引力应该有相同的规律，即两个电荷之间的作用力应与它们之间距离的平方成反比。但是这一重要类比猜测在当时并未引起科学家们的重视，而普里斯特利本人对此猜测能否得到严格的证明也缺乏信心，所以这一重要的发现就被搁置起来了。

1769年爱丁堡的诺比森（Robison，1739—1805年）首先用直接测量方法确定电力的定律，他得到两个同号电荷的斥力与距离的2.06次方成反比，而两个异号电荷的吸引力比平方反比的方次要小些，他推断正确的电力定律是平方反比定律。他的研究结果直到1801年发表才为人所知。

1772年英国著名物理学家卡文迪什（Cavendish，1731—1810年）遵循普里斯特利的思想以实验验证电力平方反比律。如果实验测定带电的空腔导体的内表面确实没有电荷，就可以确定电力遵循平方反比律。卡文迪什的实验得出的定量结果，与13年后库仑用扭秤直接测量所得结果的精度相当。但可惜的是，他一直没有公开发表这一结果。

库仑（Coulomb，1736—1806年），法国物理学家，科学院院士，生于昂古莱姆。库仑早年曾从事毛发和金属丝扭转弹性的研究，为他在1777年发明了后人称为库仑扭秤的扭转天秤奠定了基础。库仑定律是一个实验定律，库仑扭秤实验和电摆实验起到了至关重要的作用。

1785年库仑设计制作了一台精确的扭秤，库仑的扭秤巧妙地利用了对称性原理，按实验的需要对电量进行了改变。库仑让这个可移动球和固定的球带上同量的同种电荷，并改变它们之间的距离。通过实验数据可知，同种电荷间斥力的大小与距离的平方成反比。

但是对于异种电荷之间的引力，用扭秤来测量就遇到了麻烦。原因是引力容易使两个电荷接触而造成调节困难。库仑借鉴动力学实验设计出了一种电摆，巧妙地解决了这一问题。经过长期的思考，库仑联想到地球上的物体受地球引力的大小与物体到地心的距离 r 的平方成反比。如果把地球视为一个质量集中在地心的质点，则地球上悬挂的物体绕悬点做微小摆动时，其振动周期 T 与物体到地心的距离 r 成正比。可由式

$$T = 2\pi\sqrt{\frac{l}{g}} \tag{2-1}$$

和

$$mg = \frac{GmM}{r^2} \tag{2-2}$$

联立得到

$$T = 2\pi r\sqrt{\frac{l}{GM}} \propto r \tag{2-3}$$

式中，l 为摆长；M 为地球的质量；G 为万有引力常数。

地面上悬挂的物体 m 绕悬点做微小幅度的摆动时，$\boldsymbol{F}_{12}=\boldsymbol{e}_{r12}k\dfrac{mM}{r_{12}^2}$，正是物体 m 与地球 M 之间的相互作用力满足距离平方反比律的结果。库仑由此受到启发，形成了他研究异性电荷间引力的物理思想，即异性电荷间引力是否满足距离反平方律，也可以设计一个电摆（一个电荷受另一个电荷的引力而绕悬线摆动），测定其间的距离和摆动周期 T，如果 T 正比于 r，则说明了两个异性点电荷之间的引力与距离的平方成反比。实验结果表明，经过对漏电的修正，果然 T 正比于 r，这就说明了两个异性点电荷之间的作用力与距离的平方成反比，从而建立了著名的库仑定律。库仑定律还指出，两个静止点电荷之间的作用力与点电荷电量的乘积成正比，与点电荷之间距离的平方成反比。

库仑定律是电磁学历史上第一个定量的定律，是整个电磁学的基础。此后，电磁学由定性观察走上定量研究的科学道路。在他之后的两百多年里，这个实验不断重复和改进，精度提高了十几个数量级，使它成为当今物理学中最精确的实验定律之一。这种精确检验具有非常重要的意义。原因在于，作为经典电磁场理论总结的麦克斯韦方程组，是在库仑定律、安培定律和法拉第电磁感应定律基础上建立的，但是安培定律和法拉第电磁感应定律难以直接从实验中得到验证，其精度不明。而通过库仑定律和洛伦兹（Lorentz）变换也同样可以得出麦克斯韦方程组，由于库仑定律精确度极高，确保了麦克斯韦方程组的精度，当然也在实际意义上确保了安培定律和法拉第电磁感应定律的精度，从另一个侧面证明了它是整个电磁学的基础。

2.2　真空中的静电场

2.2.1　库仑定律

库仑定律的完整表述为：两个带电体 q_1 和 q_2 的尺寸比其间的距离 r_{12} 小得多时，它们之

间相互作用力的大小与两电荷电量的乘积成正比，而与距离的平方成反比，作用力的方向是沿两电荷位置的连线方向。此外库仑还指出，异性电荷相吸引，而同性电荷相排斥。库仑定律公式如下：

$$\boldsymbol{F}_{12}=\frac{q_1q_2}{4\pi\varepsilon r_{12}^2}\boldsymbol{e}_r \tag{2-4}$$

其中，$\boldsymbol{F}_{12}$为 q_1 作用在 q_2 的矢量力；$\boldsymbol{e}_r$是 q_1 到 q_2 连线方向上的单位矢量；r_{12}是电荷 q_1 和 q_2 之间的距离；ε 为介电常数（电容率），真空中其值为 $10^{-9}/36\pi$（F/m）。

2.2.2 电场强度

库仑定律给出了两点电荷之间作用力的大小和方向，但并未说明作用力是通过什么途径来传递的。历史上围绕静电的传递问题也有过多年的争论。现在已经知道，电荷之间的作用力是通过其周围空间中存在的一种特殊物质——电场，以有限速度传递的。任何带电体周围都会产生电场。电场的一个重要特性是对处在其中的任何其他电荷都产生力的作用，在第1章已引入电场强度的概念。

根据电场强度的定义和库仑定律，可以得到位于坐标原点上的点电荷 q 在无限大真空中引起的电场强度为

$$\boldsymbol{E}=\frac{q}{4\pi\varepsilon_0r^2}\boldsymbol{e}_r \tag{2-5}$$

如果点电荷 q 所在处的坐标为 $\boldsymbol{r}'$，则它在点 $\boldsymbol{r}$ 处引起的电场强度为

$$\boldsymbol{E}(\boldsymbol{r})=\frac{q}{4\pi\varepsilon_0|\boldsymbol{r}-\boldsymbol{r}'|^2}\frac{\boldsymbol{r}-\boldsymbol{r}'}{|\boldsymbol{r}-\boldsymbol{r}'|}=\frac{q}{4\pi\varepsilon_0R^2}\boldsymbol{e}_R \tag{2-6}$$

式中，$R=|\boldsymbol{r}-\boldsymbol{r}'|$，此式说明了在电场中的任意一点，电场强度与产生电场的点电荷的电荷量成正比。场与源之间的线性关系表明了可以利用叠加定理来计算 n 个点电荷所形成的电场强度，即在电场中某一点的电场强度等于各个点电荷单独在该点产生的电场强度的矢量和。其数学表达式为

$$\boldsymbol{E}(\boldsymbol{r})=\frac{1}{4\pi\varepsilon_0}\sum_{k=1}^{n}\frac{q_k}{|\boldsymbol{r}-\boldsymbol{r}_k'|^2}\frac{\boldsymbol{r}-\boldsymbol{r}_k'}{|\boldsymbol{r}-\boldsymbol{r}_k'|}=\frac{1}{4\pi\varepsilon_0}\sum_{k=1}^{n}\frac{q_k}{R_k^2}\boldsymbol{e}_{R_k} \tag{2-7}$$

对以体密度 $\rho(\boldsymbol{r}')$ 连续分布在 V 中的体电荷，它所产生的电场强度为

$$\boldsymbol{E}(\boldsymbol{r})=\frac{1}{4\pi\varepsilon_0}\int_{V'}\frac{\rho(\boldsymbol{r}')}{|\boldsymbol{r}-\boldsymbol{r}'|^2}\frac{\boldsymbol{r}-\boldsymbol{r}'}{|\boldsymbol{r}-\boldsymbol{r}'|}\mathrm{d}V'=\frac{1}{4\pi\varepsilon_0}\int_{V'}\frac{\rho(\boldsymbol{r}')\boldsymbol{e}_R}{R^2}\mathrm{d}V' \tag{2-8}$$

同样，对于面电荷和线电荷，它们所产生的电场强度分别为

$$\boldsymbol{E}(\boldsymbol{r})=\frac{1}{4\pi\varepsilon_0}\int_{S'}\frac{\sigma(\boldsymbol{r}')\boldsymbol{e}_R}{R^2}\mathrm{d}S' \tag{2-9}$$

和

$$\boldsymbol{E}(\boldsymbol{r})=\frac{1}{4\pi\varepsilon_0}\int_{l'}\frac{\tau(\boldsymbol{r}')\boldsymbol{e}_R}{R^2}\mathrm{d}l' \tag{2-10}$$

式中，$\sigma(\boldsymbol{r}')$ 和 $\tau(\boldsymbol{r}')$ 分别是对应的电荷面密度和电荷线密度。

例 2-1　如图 2-1 所示，真空中有一以线电荷密度为 τ，沿 z 轴均匀分布的无限长线电荷，试求离其 P 处的电场。

解：在柱坐标系中取在 z' 处的元电荷 $\tau\mathrm{d}z'$ 所产生的电场为 $\dfrac{\tau\mathrm{d}z'}{4\pi\varepsilon_0 R^2}$，方向为 $\mathrm{d}\boldsymbol{E}_1$；而在 $-z'$ 处所对应的元电荷 $\tau\mathrm{d}z'$ 产生一大小相等、方向为 $\mathrm{d}\boldsymbol{E}_2$ 的电场，两者合成则得方向为径向的合成场 $\mathrm{d}\boldsymbol{E}_\rho$。故总电场的方向为径向，它是所有元电荷产生电场的矢量和，即

$$\boldsymbol{E}(\rho) = 2\int_0^\infty \frac{\tau\mathrm{d}z'\cos\theta}{4\pi\varepsilon_0 R^2}\boldsymbol{e}_\rho$$

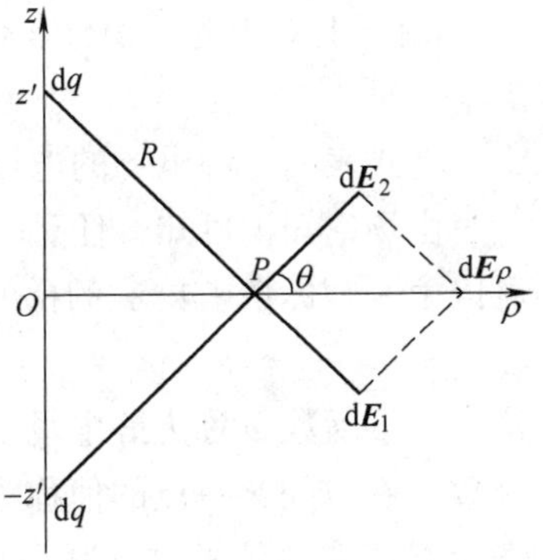

图 2-1　线电荷的电场

因为 $R=\sqrt{z'^2+\rho^2}$ 及 $\cos\theta=\dfrac{\rho}{R}$，故

$$\boldsymbol{E}(\rho) = \frac{\tau\rho}{2\pi\varepsilon_0}\int_0^\infty \frac{\mathrm{d}z'}{(z'^2+\rho^2)^{3/2}}\boldsymbol{e}_\rho = \frac{\tau}{2\pi\varepsilon_0\rho}\boldsymbol{e}_\rho$$

上面的计算结果说明了，以线密度 τ 均匀分布的无限长线电荷周围的电场垂直于线电荷，场强与坐标 z、ϕ 无关，与垂直距离 ρ 成反比。

2.2.3　静电场的环路定理和电位

现在来研究将一个正试验电荷 q_0 在静电场中沿某一路径 $\boldsymbol{l}$ 从 A 点移至 B 点时，电场力所做的功，即

$$W = \int_A^B \boldsymbol{E}\cdot\mathrm{d}\boldsymbol{l} \tag{2-11}$$

如果电场由点电荷 q 单独产生，则 $\boldsymbol{E}=\dfrac{q}{4\pi\varepsilon_0}\dfrac{\boldsymbol{e}_r}{r^2}$，从而有

$$W = \frac{q}{4\pi\varepsilon_0}\int_A^B \frac{\boldsymbol{e}_r\cdot\mathrm{d}\boldsymbol{l}}{r^2} = \frac{q}{4\pi\varepsilon_0}\int_{r_A}^{r_B}\frac{1}{r^2}\mathrm{d}r = \frac{q}{4\pi\varepsilon_0}\left(\frac{1}{r_A}-\frac{1}{r_B}\right) \tag{2-12}$$

由上式可知，这个功只与起点和终点有关，而与移动时的路径无关。

如果试验电荷在静电场中沿一闭合路径 $\boldsymbol{l}$ 从 A 点出发经过 B 点又回到 A 点，则电场力所做的功为

$$W = \oint_l \boldsymbol{E}\cdot\mathrm{d}\boldsymbol{l} = \frac{q}{4\pi\varepsilon_0}\int_{r_A}^{r_A}\frac{1}{r^2}\mathrm{d}r = \frac{q}{4\pi\varepsilon_0}\left(\frac{1}{r_A}-\frac{1}{r_A}\right) = 0$$

即在静电场中，沿闭合路径移动电荷，电场力所做功恒为零。换句话说，电场强度的环路积分恒等于零，通常写成

$$\oint_l \boldsymbol{E}\cdot\mathrm{d}\boldsymbol{l} = 0 \tag{2-13}$$

上式称为静电场的环路定理，是静电场的基本性质之一。它表明静电场是“守恒场”。对（2-13）应用斯托克斯定理，则

$$\oint_l \boldsymbol{E}\cdot\mathrm{d}\boldsymbol{l} = \int_S \nabla\times\boldsymbol{E}\cdot\mathrm{d}\boldsymbol{S} = 0$$

由于上式中的面积分在任何情况下都为零，因此被积函数必处处恒为零，即

$$\nabla \times \boldsymbol{E} = 0 \tag{2-14}$$

上式表明，静电场的电场强度 $\boldsymbol{E}$ 的旋度处处为零。因此，静电场是一个无旋场。

由场论知识可知，任意一个标量函数梯度的旋度恒等于零。因此，静电场的电场强度 $\boldsymbol{E}$ 可以由一个标量函数 φ 的梯度表示，即定义

$$\boldsymbol{E} = -\nabla\varphi \tag{2-15}$$

这个标量函数 φ 称为静电场的标量电位函数，它是表征静电场特性的另一个物理量。电位函数 φ 在空间某一点的值称为该点的电位。在 SI 中，其单位是 V(伏)。式(2-15) 中的负号表示 $\boldsymbol{E}$ 指向电位函数 φ 减小最快的方向。

这样，式(2-11) 给出了带正电的单位试验电荷在电场中移动时，电场力对电荷所做的功。将式(2-15) 代入式(2-11)，有

$$W = \int_A^B \boldsymbol{E} \cdot \mathrm{d}\boldsymbol{l} = -\int_A^B \nabla\varphi \cdot \mathrm{d}\boldsymbol{l}$$

由矢量运算得

$$\nabla\varphi \cdot \mathrm{d}\boldsymbol{l} = \mathrm{d}\varphi$$

因此

$$W = -\int_A^B \nabla\varphi \cdot \mathrm{d}\boldsymbol{l} = -\int_{\varphi_A}^{\varphi_B} \mathrm{d}\varphi = \varphi_A - \varphi_B \tag{2-16}$$

这就是说，带正电的单位试验电荷从 A 点移动到 B 点时，电场力所做的功就是两点的电位差，即

$$\varphi_A - \varphi_B = \int_A^B \boldsymbol{E} \cdot \mathrm{d}\boldsymbol{l} \tag{2-17}$$

因此电场 $\boldsymbol{E}$ 的线积分与路径无关，所以任意两点间的电位差具有确定的数值。可以把两点间的电位差定义为此两点间的电压 U，即

$$U_{AB} = \varphi_A - \varphi_B = \int_A^B \boldsymbol{E} \cdot \mathrm{d}\boldsymbol{l} \tag{2-18}$$

上式表明，静电场中两点间的电压等于由一点到另一点移动单位正点电荷时电场力所做的功。在 SI 中，电压的单位也是 V。

在工程中，电位的参考点通常选大地。而在理论分析时，只要产生电场的全部电荷都处于有限空间内，不管电荷如何分布，一般选取无限远处为参考点对电位计算将带来很大的方便。这时，任意点 P 处的电位为

$$\varphi_P = \int_P^\infty \boldsymbol{E} \cdot \mathrm{d}\boldsymbol{l} \tag{2-19}$$

将式(2-5) 代入上式，即得位于坐标原点的点电荷在 r 处产生的电位为

$$\varphi(r) = \frac{q}{4\pi\varepsilon_0 r} \tag{2-20}$$

注意：对于无限长的线电荷、无限大的面（体）电荷分布，均不能取无限远处电位为零。

例 2-2 试求电偶极子的电场强度与电位。

解： 电偶极子是指一对相距很近的等量异号电荷所组成的场源系统，如图 2-2 所示。通

常定义电偶极矩 $\boldsymbol{p}$（简称电矩，即 $\boldsymbol{p}=q\boldsymbol{d}$，$\boldsymbol{d}$ 为正负电荷间的距离矢量，且规定 $\boldsymbol{d}$ 的方向由负电荷指向正电荷）表征其特性。在工程上，感兴趣的是电偶极子远区的场，即场点至电偶极子中心的距离 $r\gg d$ 的情况。现采用球坐标系，设原点在电偶极子的中心，$\boldsymbol{d}$ 在 z 轴上，应用叠加原理，由式(2-12) 和式(2-16) 易得场中任意点 M 的电位为

$$\varphi=\frac{q}{4\pi\varepsilon_0}\left(\frac{1}{r_1}-\frac{1}{r_2}\right)=\frac{q}{4\pi\varepsilon_0}\left(\frac{r_2-r_1}{r_1r_2}\right) \tag{2-21}$$

对于远场区，当 r 很大时，r、r_1 和 r_2 三者将近乎平行，这时 $r_2-r_1\approx d\cos\theta$ 且 $r_1r_2\approx r^2$。把以上关系式代入式(2-21)，得

$$\varphi=\frac{qd\cos\theta}{4\pi\varepsilon_0r^2}=\frac{1}{4\pi\varepsilon_0}\frac{\boldsymbol{p}\cdot\boldsymbol{e}_r}{r^2} \tag{2-22}$$

应用球坐标系中的梯度表达式，便可求得远区任意点的电场强度为

$$\boldsymbol{E}=-\nabla\varphi=-\left(\frac{\partial\varphi}{\partial r}\boldsymbol{e}_r+\frac{1}{r}\frac{\partial\varphi}{\partial\theta}\boldsymbol{e}_\theta\right)=\frac{p}{4\pi\varepsilon_0r^3}(2\cos\theta\boldsymbol{e}_r+\sin\theta\boldsymbol{e}_\theta) \tag{2-23}$$

由以上式子可知，电偶极子的电位与距离平方成反比，电场强度的大小与距离的三次方成反比。此外，其电位或电场强度均与方位角 θ 相关。因此，电偶极子的电场特性明显不同于点电荷的电场。

为形象化地描述电场，法拉第提出了电场线（$\boldsymbol{E}$ 线）的概念。第 1 章已经介绍了用场线描述场分布的一般方法。这里描述电场的 $\boldsymbol{E}$ 线是这样一种曲线，曲线上每一点的切线方向与该点电场强度方向一致，如图 2-3 所示，若以 $\mathrm{d}\boldsymbol{l}$ 表示 $\boldsymbol{E}$ 线上 p 点处的单位元长度段，则由该点处 $\boldsymbol{E}$ 和 $\mathrm{d}\boldsymbol{l}$ 的共线关系得

$$\boldsymbol{E}\times\mathrm{d}\boldsymbol{l}=0 \tag{2-24}$$

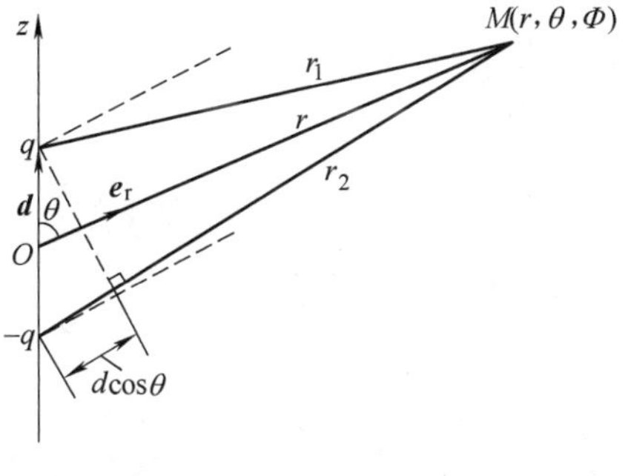

图 2-2　电偶极子

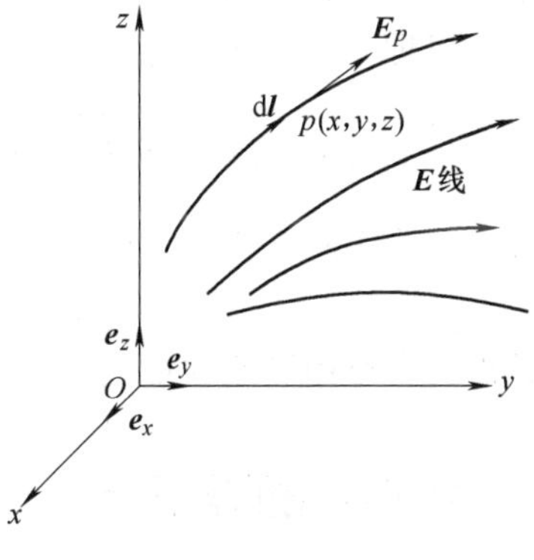

图 2-3　$\boldsymbol{E}$ 线示意图

在直角坐标系下展开上式，应有

$$\begin{aligned}&(E_x\boldsymbol{e}_x+E_y\boldsymbol{e}_y+E_z\boldsymbol{e}_z)\times(\mathrm{d}x\boldsymbol{e}_x+\mathrm{d}y\boldsymbol{e}_y+\mathrm{d}z\boldsymbol{e}_z)\\&=(E_y\mathrm{d}z-E_z\mathrm{d}y)\boldsymbol{e}_x+(E_z\mathrm{d}x-E_x\mathrm{d}z)\boldsymbol{e}_y+(E_x\mathrm{d}y-E\mathrm{d}x)\boldsymbol{e}_z=0\end{aligned} \tag{2-25}$$

由此按零矢量的定义，可得出以下三个方程，即

$$\frac{\mathrm{d}y}{E_y}=\frac{\mathrm{d}z}{E_z},\qquad\frac{\mathrm{d}x}{E_x}=\frac{\mathrm{d}z}{E_z},\qquad\frac{\mathrm{d}x}{E_x}=\frac{\mathrm{d}y}{E_y}$$

因而有

$$\frac{\mathrm{d}x}{E_x}=\frac{\mathrm{d}y}{E_y}=\frac{\mathrm{d}z}{E_z} \tag{2-26}$$

上式便是 $\boldsymbol{E}$ 线的微分方程，而该微分方程的解就是描绘 $\boldsymbol{E}$ 线的函数关系式。

静电场也可用标量电位描述，其等电位面（线）记为 $\varphi(x,\ y,\ z)=C$，取不同的 C 值，即可获得一系列等电位面的分布。当相邻两等位面间的电位差 $\Delta\varphi$ 保持相等时，同样可以直观地描绘位场 $\varphi(r)$ 的空间分布状态。此时，等电位面分布愈密处，场强愈大。同时，从电位函数 φ 的物理意义可知 $\boldsymbol{E}$ 线处处和等位面正交。

2.2.4　真空中的高斯通量定理

静电场的环路定理讨论的是电场强度 $\boldsymbol{E}$ 的环路积分，得到静电场是守恒场的结论，下面讨论电场强度 $\boldsymbol{E}$ 的闭合面积分，从而推出静电场的高斯通量定理。

在无限大真空中有一点电荷，以点电荷处为球心，做一半径为 r 的球面，则由该球面穿出的 $\boldsymbol{E}$ 通量为

$$\oint_S \boldsymbol{E}\cdot \mathrm{d}\boldsymbol{S}=\oint_S \frac{q}{4\pi\varepsilon_0 r^2}\,\boldsymbol{e}_r\cdot \mathrm{d}\boldsymbol{S}=\frac{q}{4\pi\varepsilon_0 r^2}\oint_S \mathrm{d}S=\frac{q}{\varepsilon_0}$$

如果包围点电荷的是一个任意形状的闭合面，由矢量面积分的知识可知上式仍然成立。由叠加原理可知，对闭合面内是连续分布电荷的情况，也有

$$\oint_S \boldsymbol{E}\cdot \mathrm{d}\boldsymbol{S}=\frac{\int \mathrm{d}q}{\varepsilon_0}=\frac{q}{\varepsilon_0}$$

真空中的高斯通量定理可叙述为：在真空中由任意闭合面穿出的 $\boldsymbol{E}$ 通量，等于该闭合面内的所有电荷的代数和除以真空中的介电常数。它是真空中静电场的又一基本特性。

用散度定理变换上式，得

$$\oint_S \boldsymbol{E}\cdot \mathrm{d}\boldsymbol{S}=\int_V \nabla\cdot \boldsymbol{E}\mathrm{d}V=\int_V \frac{\rho}{\varepsilon_0}\mathrm{d}V$$

由于对任意体积上式均成立，得

$$\nabla\cdot \boldsymbol{E}=\rho/\varepsilon_0$$

上式即为真空中高斯通量定理的微分形式，它表明静电场是有散场。

2.3　电介质中的静电场

前节主要讨论自由电荷在无限大真空中引起的静电场，但在工程静电场问题的场域中，多数情况下存在实体介质而不是真空。这时，场与介质之间要发生相互作用，因此有介质存在时的电场问题，必须涉及媒质的电磁性能。根据介质在静电场中的特征，可以把它们分为两大类：导电体（导体）和绝缘体（电介质）。

2.3.1　静电场中的导体

导体是一种拥有大量自由电子的物质。在外电场的作用下，导体内自由电子（自由电荷）将反电场方向产生宏观定向运动，使导体中的电荷重新分布，呈现静电感应现象。这

一过程必然使导体在其内部形成一个与原有场相互抵消的附加电场，最终使导体处于静电平衡状态。这时，将出现下列现象：

1）导体内部电场为零，$\boldsymbol{E}=0$。因为如果导体内的自由电荷受到电场力的作用而移动，就不满足静电平衡状态。

2）导体是一个等位体，因为 $\boldsymbol{E}=-\nabla\varphi=0$。

3）导体表面必与其外侧的 $\boldsymbol{E}$ 线正交。显然导体表面是等位面。

4）导体上的电荷只能分布在其表面，且其分布密度取决于导体表面的曲率（曲率越大，面电荷分布越集中）。

工程上，有不少上述导体特征的应用实例，例如，利用导体尖端放电效应的避雷针，高电压设备接电端表面光滑且曲率均匀的处理工艺，保证操作者安全进行高电压测试的法拉第笼等。

2.3.2　静电场中的电介质

与导体不同，电介质内部的带电粒子都被束缚在原子或分子结构上而不能自由运动，因此这些电荷被称为束缚电荷。在外加电场的作用下，束缚电荷可以有微小的移动，但不能离开分子的范围，其作用中心不再重合，形成一个小的电偶极子，如图 2-4 所示，这种现象称为介质极化。

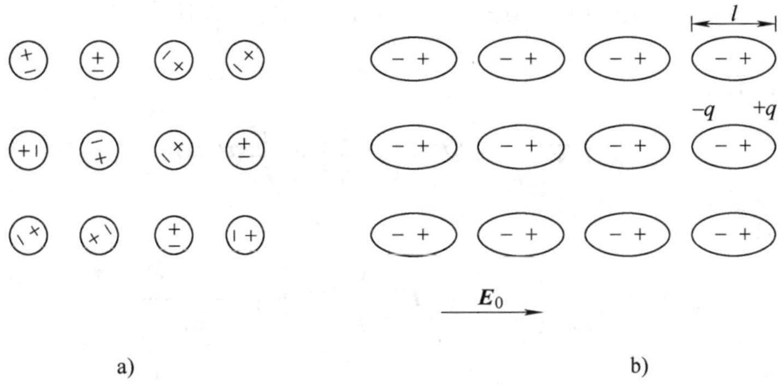

图 2-4　电介质的极化

a）极化前的介质分子　b）极化后的电偶极子

极化的电介质可视为体分布的电偶极子，电偶极子形成的电场与外加电场相叠加，便形成电介质存在时的合成电场。为表征介质的极化程度，便于分析极化电场，引入极化强度矢量 $\boldsymbol{P}$，其定义是极化后电介质每单位体积内电偶极矩的矢量和，即

$$\boldsymbol{P}=\lim_{\Delta V\to 0}\frac{\sum \boldsymbol{p}}{\Delta V}\quad (\mathrm{C/m^2}) \tag{2-27}$$

实验结果表明，对于线性、各向同性电介质，有

$$\boldsymbol{P}=\chi_e\varepsilon_0\boldsymbol{E} \tag{2-28}$$

其中χ_e是介质的电极化率，它一般与 $\boldsymbol{E}$ 无关，是一个无量纲的正实数。绝大多数电介质的极化强度 $\boldsymbol{P}$ 与电介质中的合成电场强度 $\boldsymbol{E}$ 成正比，且同方向。

关于介质有以下几种情况：

均匀介质：介质的特性不随空间位置改变。

各向同性介质：介质的特性不随场量的方向而改变；否则，为各向异性介质。

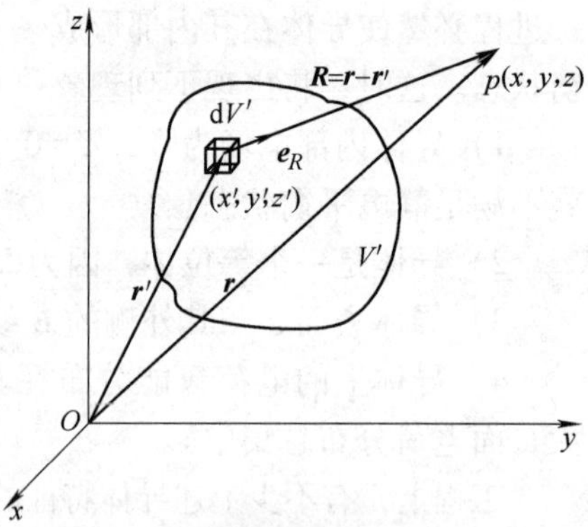

图 2-5 电介质极化建立的电位

线性介质：介质的参数不随场量的大小而改变。

如图 2-5 所示，V'是已极化的介质的体积，其内极化强度为$\boldsymbol{P}(\boldsymbol{r}')$，据式(2-27) 可知，体积元$\mathrm{d}V'$内的等效电偶极矩为 $\sum \boldsymbol{p}=\boldsymbol{P}(\boldsymbol{r}')\mathrm{d}V'$，则它在远区 p 点产生的电位为

$$\mathrm{d}\varphi=\frac{\boldsymbol{P}\mathrm{d}V'\cdot\boldsymbol{e}_R}{4\pi\varepsilon_0 R^2} \tag{2-29}$$

有矢量恒等式

$$\frac{\boldsymbol{e}_R}{R^2}=\boldsymbol{\nabla}'\frac{1}{R}=-\boldsymbol{\nabla}\frac{1}{R}$$

上式中$\boldsymbol{\nabla}'$是对“源”点求梯度，$\boldsymbol{\nabla}$是对场点求梯度，所以式(2-29) 可写成

$$\mathrm{d}\varphi=\frac{1}{4\pi\varepsilon_0}\boldsymbol{P}\mathrm{d}V'\cdot\left(\boldsymbol{\nabla}'\frac{1}{R}\right)$$

因此，体积 V'内所有电偶极矩在 p 点产生的合成电位为

$$\varphi(r)=\int\mathrm{d}\varphi=\frac{1}{4\pi\varepsilon_0}\int_{V'}\boldsymbol{P}\cdot\left(\boldsymbol{\nabla}'\frac{1}{R}\right)\mathrm{d}V' \tag{2-30}$$

根据矢量恒等式，有

$$\boldsymbol{P}\cdot\boldsymbol{\nabla}'\frac{1}{R}=\boldsymbol{\nabla}'\cdot\left(\boldsymbol{P}\frac{1}{R}\right)+\frac{1}{R}\boldsymbol{\nabla}'\cdot\boldsymbol{P}$$

代入式(2-30)，有

$$\varphi(r)=\frac{1}{4\pi\varepsilon_0}\left[\int_{V'}\boldsymbol{\nabla}'\cdot\left(\boldsymbol{P}\frac{1}{R}\right)\mathrm{d}V'+\int_{V'}\frac{\boldsymbol{\nabla}'\cdot\boldsymbol{P}}{R}\mathrm{d}V'\right] \tag{2-31}$$

应用散度定理，有

$$\varphi(r)=\frac{1}{4\pi\varepsilon_0}\oint_{S'}\frac{\boldsymbol{P}\cdot\boldsymbol{e}_{\mathrm{n}}\mathrm{d}S'}{R}+\frac{1}{4\pi\varepsilon_0}\int_{V'}\frac{-\boldsymbol{\nabla}'\cdot\boldsymbol{P}}{R}\mathrm{d}V' \tag{2-32}$$

由式(2-32) 可以看出，面积分中的 $\boldsymbol{P}\cdot\boldsymbol{e}_{\mathrm{n}}$ 相当于一种电荷面密度，体积分中的$-\boldsymbol{\nabla}'\cdot\boldsymbol{P}$ 相当于一种体电荷密度。显然，这两项源量起因于电介质在电场作用下发生极化而产生的束缚电荷。由此定义极化电荷的面密度和体密度分别为

$$\sigma_{\mathrm{P}}=\boldsymbol{P}\cdot\boldsymbol{e}_{\mathrm{n}} \tag{2-33}$$

和

$$\rho_{\mathrm{P}}=-\boldsymbol{\nabla}'\cdot\boldsymbol{P} \tag{2-34}$$

综上所述，电介质极化的结果是在其表面和内部产生极化面电荷和极化体电荷，电介质对电场的影响可归结为极化后极化电荷或电偶极子在真空中所产生的效应。也就是说，电介质极化所产生的电位可由式(2-30) 来计算，但是实际上 $\boldsymbol{P}$ 一般事先是未知的，因而常难以具体计算。下面将引入电通量密度 $\boldsymbol{D}$ 来分析有电介质存在时的静电场。

2.3.3 电介质中的高斯通量定理

由上述分析可知，电介质存在时的电场可看成是自由电荷和极化电荷共同在真空中激发

的，根据真空中的高斯通量定理的微分形式，电介质中高斯通量定理的微分形式可写成

$$\nabla \cdot \boldsymbol{E} = \frac{\rho + \rho_P}{\varepsilon_0} \tag{2-35}$$

将式(2-34) 代入式(2-35)，有

$$\nabla \cdot \boldsymbol{E} = \frac{1}{\varepsilon_0}(\rho - \nabla \cdot \boldsymbol{P})$$

即

$$\nabla \cdot (\varepsilon_0 \boldsymbol{E} + \boldsymbol{P}) = \rho \tag{2-36}$$

上式右边单纯是自由电荷体密度。显然，在自由空间中 $\boldsymbol{P}=0$ 时，上式依然成立。因此，对比之下可以确定在电介质存在的情况下，定义电位移矢量

$$\boldsymbol{D} = \varepsilon_0 \boldsymbol{E} + \boldsymbol{P} \tag{2-37}$$

以计入电介质极化的影响。由式(2-36) 可知

$$\nabla \cdot \boldsymbol{D} = \rho$$

式(2-35) 是电介质静电场的散度公式，但应注意，由散度的物理意义可知，电位移矢量 $\boldsymbol{D}$ 的源是自由电荷，而电场强度 $\boldsymbol{E}$ 的源则既可以是自由电荷，也可以是极化电荷。

据真空中的高斯通量定理，可进一步以高斯面 S 内所包围的自由电荷总量 q 表示如下：

$$\oint_S \boldsymbol{D} \cdot \mathrm{d}\boldsymbol{S} = \int_V \rho \mathrm{d}V = q \tag{2-38}$$

上式表明，介质中穿过任一闭合面 S 的电位移矢量 $\boldsymbol{D}$ 的通量等于该闭合面内自由电荷的代数和，而与极化电荷无关。因此，在对称分布的电介质的静电场问题的计算中，对电位移矢量应用高斯通量定理式(2-38) 计算场分布是十分简便有效的。式(2-38) 表明，不论高斯面内外有无介质存在，电位移 $\boldsymbol{D}$ 的闭合面积分即其通量仅与其中的自由电荷相关。但是，这绝非意味着电位移 $\boldsymbol{D}$ 的分布与介质无关，因为如式(2-37) 所示，$\boldsymbol{D}$ 本身就表征着介质极化的物理本质。

工程上常遇到均匀且各向同性的线性电介质，在这类电介质中，将式(2-28) 代入式(2-37)可得

$$\boldsymbol{D} = \varepsilon_0(1 + \chi_e)\boldsymbol{E} \tag{2-39}$$

令

$$\varepsilon = \varepsilon_0(1 + \chi_e)$$

则有

$$\boldsymbol{D} = \varepsilon \boldsymbol{E} \tag{2-40}$$

式中，ε 称为电介质的介电常数，它是介质极化特性的表征。已知极化率 χ_e 为正实数，因此，所有各向同性电介质的介电常数均大于真空的介电常数。实际中经常使用介电常数的相对值，即所谓相对介电常数 ε_r，定义为

$$\varepsilon_r = \varepsilon / \varepsilon_0 = (1 + \chi_e) \tag{2-41}$$

可见，所有各向同性电介质 $\varepsilon_r > 1$。

例 2-3　一单芯同轴电缆横截面如图 2-6 所示。设其长度 L 远大于横截面半径，已知内、外导体半径分别为 a 和 b，中间介质的介电常数为 ε。现将该电缆与一直流电压源 U_0 相连接，试求：(1) 介质中的电场强度 $\boldsymbol{E}$；(2) 介质中 $\boldsymbol{E}_{max}$ 位于哪里？其值是多少？

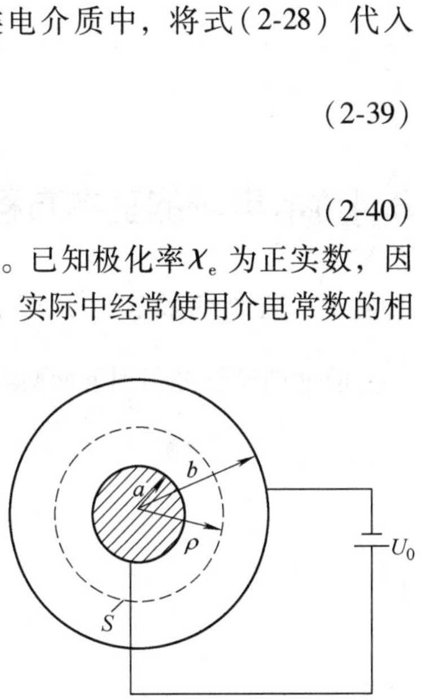

图 2-6　单芯同轴电缆

解： 设内、外导体沿轴线方向每单位长度的带电量分

别为 τ 和 $-\tau$。根据题设，本例可看作平行平面场问题，且具有圆柱对称特性。

1）应用高斯通量定理，做与电缆同轴、且半径为 ρ、高为 l 的圆柱形高斯面 S，如图中虚线所示。显然，在圆柱面上 $\boldsymbol{D}$ 的数值相同，方向为柱面的外法线方向，而在两底面上则并无 $\boldsymbol{D}$ 的法向分量，因此可得

$$\oint_S \boldsymbol{D}\cdot \mathrm{d}\boldsymbol{S} = D2\pi\rho\, l = \tau l$$

即
$$\boldsymbol{D} = \frac{\tau}{2\pi\rho}\boldsymbol{e}_\rho$$

所以
$$\boldsymbol{E} = \frac{\boldsymbol{D}}{\varepsilon} = \frac{\tau}{2\pi\varepsilon}\boldsymbol{e}_\rho \quad (a<\rho<b)$$

此时，需要给出给定电压 U_0 与所设电荷线密度 τ 之间的关系。为此，可沿 $\boldsymbol{E}$ 线由内导体表面至外导体择取路径 l，建立如下关系：

$$U_0 = \int_l \boldsymbol{E}\cdot \mathrm{d}\boldsymbol{l} = \int_a^b E\mathrm{d}\rho = \frac{\tau}{2\pi\varepsilon}\ln\left(\frac{b}{a}\right)$$

即
$$\tau = \frac{2\pi\varepsilon U_0}{\ln\left(\dfrac{b}{a}\right)}$$

将上式代入得

$$\boldsymbol{E} = \frac{U_0}{\rho\ln\left(\dfrac{b}{a}\right)}\boldsymbol{e}_\rho \quad (a<\rho<b)$$

可见，在介质中 $\boldsymbol{E}$ 值与 ρ 成反比。

2）显而易见，最大场强位于内导体表面（$\rho=a$），其值为

$$\boldsymbol{E}_{\max} = \frac{U_0}{a\ln\left(\dfrac{b}{a}\right)}\boldsymbol{e}_\rho$$

2.4　静电场的基本方程及分界面上的衔接条件

2.4.1　静电场的基本方程

前面两节已经得到下面两组基本方程：

$$\oint_S \boldsymbol{D}\cdot \mathrm{d}\boldsymbol{S} = \int_V \rho \mathrm{d}V \tag{2-42}$$

$$\oint_l \boldsymbol{E}\cdot \mathrm{d}\boldsymbol{l} = 0 \tag{2-43}$$

和
$$\nabla\cdot \boldsymbol{D} = \rho \tag{2-44}$$

$$\nabla\times \boldsymbol{E} = 0 \tag{2-45}$$

且有
$$\boldsymbol{D} = \varepsilon\boldsymbol{E} \tag{2-46}$$

式(2-42)和式(2-43)都是用积分形式来表达的，称为积分形式的静电场基本方程；式(2-44)

和式(2-45)则称为微分形式的静电场基本方程。

高斯通量定理的积分形式式(2-42) 说明，电通量密度 $\boldsymbol{D}$ 的闭合面积分等于面内所包围的总自由电荷，是静电场的一个基本性质。静电场的环路定理式(2-43)说明，电场强度 $\boldsymbol{E}$ 的环路线积分恒等于零，即静电场是一个守恒场。虽然式(2-43)是根据真空中的电场得到的，但在有电介质时，依然是成立的。这是因为有介质时，可以用极化电荷来考虑其附加作用。就产生电场这一点，极化电荷与自由电荷一样，遵守库仑的平方反比定律，引起的静电场都属于守恒场。高斯通量定理的微分形式式(2-44)表明，静电场是有散场。式(2-45)是静电场环路定理的微分形式，它表明静电场是无旋场。积分形式的基本方程描述的是每一条回路和每一个闭合面上场量的整体情况；微分形式则描述了各点及其相邻区域的场量的具体情况，也即反映了从一点到另一点场量的变化，从而可以更深刻、更精确地反映场的分布。

例 2-4　设真空中有半径为 a 的球内分布着电荷体密度为 $\rho(r)$ 的电荷。已知球内场强 $\boldsymbol{E}=(r^3+Ar^2)\,\boldsymbol{e}_r$，式中 A 为常数，求 $\rho(r)$ 及球外的电场强度。

解：采用球坐标系，此时电场强度 $\boldsymbol{E}$ 和 $\boldsymbol{r}$ 方向相同，且与 θ、ϕ 无关。

$$\rho=\nabla\cdot\boldsymbol{D}=\nabla\cdot(\varepsilon\boldsymbol{E})=\varepsilon_0\frac{1}{r^2}\frac{\partial}{\partial r}(r^2\boldsymbol{E}_r)=\varepsilon_0(5r^2+4Ar)$$

因球内的电荷分布是对称性的，故球外的电场必定也是球对称的，因此可得

$$\oint_S\boldsymbol{D}\cdot\mathrm{d}\boldsymbol{S}=\varepsilon_0\oint_S\boldsymbol{E}\cdot\mathrm{d}\boldsymbol{S}=4\pi\varepsilon_0 r^2E$$

球内的总电荷为

$$\int_V\rho\mathrm{d}V=\int_0^a\rho4\pi r^2\mathrm{d}r=4\pi\varepsilon_0(a^5+Aa^4)$$

由高斯通量定理，可得

$$\boldsymbol{E}=\frac{a^5+Aa^4}{r^2}\boldsymbol{e}_r\quad(r\geqslant a)$$

2.4.2　分界面上的衔接条件

在研究静电场的实际问题时，往往遇到两种或多种媒质（导体和电介质）紧密相邻的情况。对于两种紧密相邻的媒质，在它们分界面两侧的静电场存在着一定的关系，称为静电场中不同媒质分界面上的衔接条件。它反映了从一种媒质过渡到另一种媒质时分界面上电场的变化规律。

一般而言，由于分界面两侧的物性发生突变，经过分界面时，场量也可能随之突变，故静电场基本方程的微分形式不适用于此，必须回到积分形式的基本方程式(2-42) 和式(2-43)。先分析电通量密度 $\boldsymbol{D}$ 在两种电介质分界面上必须满足的条件。取分界面上 P 点作为观察点，围绕 P 点附近区域做一个小扁圆柱体，它的高度为 Δl，$\Delta l\to0$，但保持两个端面 ΔS 在分界面的两侧，如图 2-7 所示。应用式(2-42) 于此小扁圆柱体，有

$$-D_{1\mathrm{n}}\Delta S+D_{2\mathrm{n}}\Delta S=\sigma\Delta S \tag{2-47}$$

或

$$D_{2\mathrm{n}}-D_{1\mathrm{n}}=\sigma \tag{2-48}$$

其中 σ 是分界面上分布的自由电荷面密度。上式说明了在分界面两侧的电通量密度 $\boldsymbol{D}$ 的法向分量不连续，其不连续量就等于分界面上的自由电荷面密度。

讨论电场强度 $\boldsymbol{E}$ 必须满足的条件：仍取 P 点为观察点。应用式(2-43) 于包围 P 点的狭小矩形环路，此时它与分界面垂直的边长 $\Delta l_2 \to 0$，如图 2-8 所示。

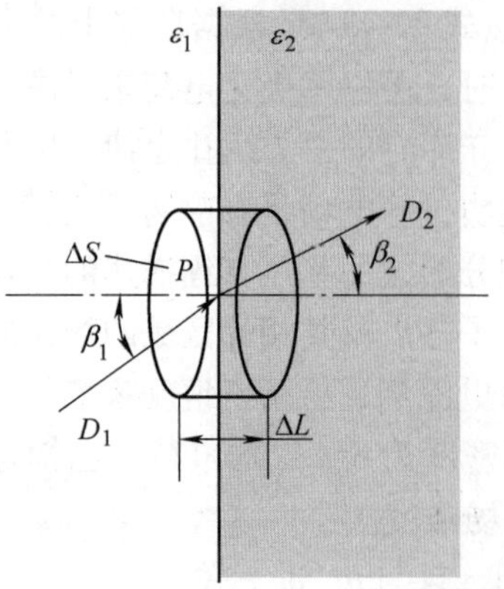

图 2-7　在电介质分界面上应用高斯通量定理

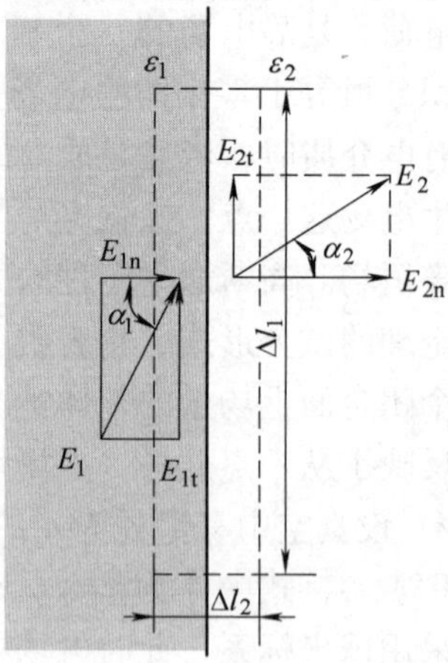

图 2-8　在电介质分界面上应用环路定律

有
$$E_{1t}\Delta l_1 - E_{2t}\Delta l_2 = 0 \tag{2-49}$$
或
$$E_{1t} = E_{2t} \tag{2-50}$$
即分界面两侧电场强度 $\boldsymbol{E}$ 的切线分量连续。

式(2-48) 和式(2-50) 称为静电场中分界面上的衔接条件。

设两种电介质皆为线性且各向同性，介电常数分别是 ε_1 和 ε_2，分界面上自由电荷面密度 $\sigma=0$，则有 $\boldsymbol{D}_1=\varepsilon_1\boldsymbol{E}_1$ 和 $\boldsymbol{D}_2=\varepsilon_2\boldsymbol{E}_2$。这样在图 2-7 和图 2-8 中，应有 $\alpha_1=\beta_1$ 和 $\alpha_2=\beta_2$。此时分界面上的衔接条件可分别写成

$$E_1\sin\alpha_1 = E_2\sin\alpha_2 \tag{2-51}$$
$$\varepsilon_1 E_1\cos\alpha_2 = \varepsilon_2 E_2\cos\alpha_2 \tag{2-52}$$

两式相除，得

$$\frac{\tan\alpha_1}{\tan\alpha_2} = \frac{\varepsilon_1}{\varepsilon_2} \tag{2-53}$$

这就是静电场中的折射定律。它适用于分界面上无自由面电荷分布的情况。

2.5　静电场的边值问题及唯一性定理

2.5.1　静电场的边值问题

前面介绍的计算电场的方法，只能适用于已知电荷分布比较简单的问题，而在工程实际中经常遇到这样一类问题：给定空间某一区域内的电荷分布（可以是零），同时给定该区域边界上的电位或电场（即边值，或称为边界条件），在这种情况下求解该区域内的电位函数或电场强度的分布。下面讨论用偏微分方程求解该类题一般的方法。

把 $\boldsymbol{D}=\varepsilon\boldsymbol{E}$ 和 $\boldsymbol{E}=-\nabla\varphi$ 代入高斯通量定理 $\nabla\cdot\boldsymbol{D}=\rho$ 中，可得

$$\nabla\cdot\boldsymbol{D} = \nabla\cdot(\varepsilon\boldsymbol{E}) = \nabla\varepsilon\cdot\boldsymbol{E} + \varepsilon\nabla\cdot\boldsymbol{E} = \nabla\varepsilon\cdot\boldsymbol{E} + \varepsilon\nabla\cdot(-\nabla\varphi) = \rho$$
$$\nabla\cdot\varepsilon(-\nabla\varphi) = \rho \tag{2-54}$$

对于均匀电介质，即 ε 为常数，得

$$\nabla^2\varphi=-\rho/\varepsilon \tag{2-55}$$

这就是电位 φ 的泊松方程。在无自由体电荷分布的场域，式(2-55) 变为拉普拉斯方程：

$$\nabla^2\varphi=0$$

泊松方程和拉普拉斯方程表明了场中各点电位的空间变化与该点自由电荷体密度之间的普遍关系，是电位函数应当满足的微分方程。所有静电场的问题都可归结为在一定条件下寻求泊松方程或拉普拉斯方程的解的过程。

寻求泊松方程或拉普拉斯方程的解的过程是一个积分过程，在所得的通解中，必然出现一些未确定的常数，这说明只由泊松方程或拉普拉斯方程不能唯一地确定静电场的解，还必须利用静电场的边界条件及电位的性质来确定通解中的常数，这一个过程称为静电场的边值问题。定解条件包括：场域的边界条件、自然边界条件、分界面上的衔接条件等。

1）已知场域的边界面 S 上各点的电位值，即给定

$$\varphi|_S=f_1(S) \tag{2-56}$$

称为第一类边界条件。这类问题称为第一类边值问题。

2）已知场域的边界面 S 上各点的电位法向导数值，即给定

$$\left.\frac{\partial\varphi}{\partial n}\right|_S=f_2(S) \tag{2-57}$$

称为第二类边界条件。这类问题称为第二类边值问题。

3）已知场域的边界面 S 上各点电位和电位法向导数的线性组合的值，即给定

$$\left.\left(\varphi+\beta\frac{\partial\varphi}{\partial n}\right)\right|_S=f_3(S) \tag{2-58}$$

称为第三类边界条件。这类问题称为第三类边值问题。

因此，静电场的边值问题就是在给定第一类、第二类或第三类边界条件下，求电位函数 φ 的泊松方程或拉普拉斯方程定解的问题。

如果场域延伸到无限远处，则必须涉及无限远处的边界条件。对于电荷分布在有限区域的情况，则在无限远处电位为有限值，即

$$\lim_{r\to\infty} r\varphi=\text{有限值} \tag{2-59}$$

称为自然边界条件。

当边值问题所定义的整个场域中的电介质并不是完全均匀的，但能分成几个均匀的电介质子区域时，按子区域分别写出泊松方程或拉普拉斯方程。作为定解条件，还必须相应地引入不同媒质分界面上的衔接条件。这时，一般要用到电位 φ 的衔接条件。下面推导电位 φ 在不同媒质分界面上满足的衔接条件。

首先，分界面两侧电位连续，即

$$\varphi_1=\varphi_2$$

如果分界面上的电位不连续，则意味着电场强度无限大，这在物理上是不可能的，与讨论的场量总是有限值相矛盾。

然后，考虑 $D_{2n}-D_{1n}=\sigma$ 和 $D_n=\varepsilon\dfrac{\partial\varphi}{\partial n}$，可得

$$\varepsilon_1 \frac{\partial \varphi_1}{\partial n} - \varepsilon_2 \frac{\partial \varphi_2}{\partial n} = \sigma$$

这是电位在分界面上的另一个衔接条件。

导体（设为第一种媒质）和电介质的分界面是一个特例，设 σ 是导体表面的面电荷密度，由于导体内的电场强度为零，得到如下衔接条件：

$$\varphi_2 = \varphi_1$$

$$\sigma = \varepsilon_2 \frac{\partial \varphi_2}{\partial n}$$

2.5.2 唯一性定理

一般来说，用直接积分法求泊松方程或拉普拉斯方程的定解问题比较困难，因此，对于某些问题，人们试图寻找间接的方法。但是，这样用不同方法求解同一问题，解答是否唯一正确呢？这便是唯一性定理要回答的问题。

静电场的唯一性定理表明，凡满足下述条件的电位函数 φ，是给定静电场的唯一解：

1）在场域 V 中满足电位微分方程 $\nabla^2\varphi=-\rho/\varepsilon$。对于分区均匀的场域 V，应满足每个分区场域中的方程。

2）在不同介质的分界面上，符合分界面上的衔接条件。

3）在场域边界面 S 上，满足给定的边界条件。

上列各项可概括为：在静电场中，凡满足电位微分方程和给定边界条件的解 φ 是给定静电场的唯一解，称为静电场的唯一性定理。

现用反证法证明唯一性定理。设有两个电位函数 φ' 和 φ'' 在场域 V 中满足泊松方程 $\nabla^2\varphi=-\rho/\varepsilon$，则差值 $u=\varphi'-\varphi''$ 必满足拉普拉斯方程

$$\nabla^2 u = \nabla^2\varphi' - \nabla^2\varphi'' = -\frac{\rho}{\varepsilon} + \frac{\rho}{\varepsilon} = 0 \tag{2-60}$$

由上式及高斯散度定理有

$$\oint_S u\nabla u \cdot \mathrm{d}\boldsymbol{S} = \int_V \nabla\cdot(u\nabla u)\mathrm{d}V = \int_V [u\nabla^2 u + (\nabla u)^2]\mathrm{d}V$$
$$= \int_V (\nabla u)^2 \mathrm{d}V \tag{2-61}$$

或写成

$$\oint_S u\frac{\partial u}{\partial n}\mathrm{d}S = \int_V (\nabla u)^2\mathrm{d}V \tag{2-62}$$

若已知第一类边界条件，则在全部边界面 S 上，$\varphi''=\varphi'=\varphi|_S$，故 $u|_S=0$；若已知第二类边界条件，则在全部边界面 S 上，$\frac{\partial\varphi'}{n}=\frac{\partial\varphi''}{n}=\left.\frac{\partial\varphi}{n}\right|_S$，故 $\left.\frac{\partial u}{n}\right|_S=0$。这样无论是第一类边界条件还是第二类边界条件，都可将式(2-62) 写成

$$\oint_S u\frac{\partial u}{\partial n}\mathrm{d}S = \int_V (\nabla u)^2\mathrm{d}V = 0 \tag{2-63}$$

通过分析易知，在场域 V 中各处恒有 $u=0$，即 $\varphi'=\varphi''$。也就是说，有两个不同的解都满足微

分方程和给定的边界条件的假设是不能成立的。

唯一性定理对求静电问题具有十分重要的意义，它指出了静电场具有唯一解的充要条件，且可用来判定得到的解的正确性。据此，可以尝试任何一种最方便的方法求解某一问题，只要这个解满足所有给定条件，它就是正确的。

2.6　边值问题的解法

基于唯一性定理，人们建立了各类边值问题的理论计算方法，主要有直接求解法、间接求解法和数值计算方法。直接求解法包括：直接积分法、分离变量法等。间接求解法包括：电轴法、镜像法、复位函数法和保角变换法等。数值计算方法包括：有限差分法、有限元法等。

其中直接积分法用高等数学的知识就可解决，即当电位只是一个坐标变量的函数时，泊松方程和拉普拉斯方程简化为一个二阶常微分方程，直接求解即可。本书中的很多例题就是用该方法求解的。数值计算方法虽计算量较大，但随着计算机技术的飞速发展，目前的求解软件也在增多，数值计算方法也已经成为电磁场分析的一种主要方法，该方法将在第 8 章中介绍。此处主要讨论分离变量法、镜像法和电轴法。

2.6.1　分离变量法

当待求的位函数是两个或两个以上坐标变量的函数时，一种经典方法是用分离变量法直接求解偏微分方程的定解问题。此方法应用于拉普拉斯方程定解问题的具体求解步骤如下：

1）按给定场域的几何形状的特征选择适当的坐标系，并给出静电场边值问题在该坐标系中的表达式。

2）设待求位函数由两个或两个以上各自仅含一个坐标变量的函数的乘积所组成，并把这样假设的函数代入拉普拉斯方程，借助于“分离”常数，这样原来的偏微分方程就可相应地转换为两个或两个以上的常微分方程。

3）求解这些常微分方程并组成拉普拉斯方程的通解。通解含有“分离”常数和待定常数。

4）由边界条件确定“分离”常数和待定常数，得到问题的唯一确定解。

下面分别讨论分离变量法在直角坐标系和圆柱坐标系中对于二维场问题的具体应用。

1. 直角坐标系中的平行平面场问题

设电位分布只是 x 和 y 的函数，沿 z 方向没有变化，则拉普拉斯方程为

$$\frac{\partial^2\varphi}{\partial x^2}+\frac{\partial^2\varphi}{\partial y^2}=0 \tag{2-64}$$

设定分离变量形式的试探解，即令

$$\varphi(x,\ y)=X(x)Y(y) \tag{2-65}$$

其中 X 仅为 x 的函数，Y 仅为 y 的函数。将式(2-65) 代入式(2-64)，并用 X、Y 除以式(2-64) 的两边，可得

$$\frac{1}{X}\frac{\mathrm{d}^2X}{\mathrm{d}x^2}=-\frac{1}{Y}\frac{\mathrm{d}^2Y}{\mathrm{d}y^2} \tag{2-66}$$

上式左边与 y 无关，右边与 x 无关。显然，在 x、y 取任意值时，等式恒成立的条件必然要求两边恒为同一常数。现将此常数写成分离常数 λ，这样原来的偏微分方程即转化为两个常微分方程：

$$\frac{\mathrm{d}^2X}{\mathrm{d}x^2}-\lambda X=0 \tag{2-67}$$

$$\frac{\mathrm{d}^2Y}{\mathrm{d}y^2}+\lambda Y=0 \tag{2-68}$$

待定常数 λ 在实数范围内取值（$\lambda=0$；$\lambda=m_n^2>0$ 和 $\lambda=-m_n^2<0$），可分别得出如下三组常微分方程式(2-67) 和式(2-68) 的通解：

当 $\lambda=0$ 时，

$$X(x)=A_{10}+A_{20}x;\qquad Y(y)=B_{10}+B_{20}y$$

当 $\lambda=m_n^2>0$ 时，

$$X(x)=A_{1n}\cosh(m_nx)+A_{2n}\sinh(m_nx);\qquad Y(y)=B_{1n}\cos(m_ny)+B_{2n}\sin(m_ny)$$

当 $\lambda=-m_n^2<0$ 时，

$$X(x)=A'_{1n}\cos(m_nx)+A'_{2n}\sin(m_nx);\qquad Y(y)=B'_{1n}\cosh(m_ny)+B'_{2n}\sinh(m_ny)$$

其中 A_{10}、A_{20}、B_{10}、B_{20}、A'_{1n}、A'_{2n}、B'_{1n}、B'_{2n}都是待定常数。

由于拉普拉斯方程是线性的，适用于叠加原理，故可按式(2-65)，在各个特定值 m_n 所对应的偏微分方程特解的基础上由其线性组合构成偏微分方程的通解。因此，位函数的一般解可记为

$$\begin{aligned}\varphi(x,y)=&(A_{10}+A_{20}x)(B_{10}+B_{20}y)+\\&\sum_{n=1}^{\infty}[A_{1n}\cosh(m_nx)+A_{2n}\sinh(m_nx)][B_{1n}\cos(m_ny)+B_{2n}\sin(m_ny)]+\\&\sum_{n=1}^{\infty}[A'_{1n}\cos(m_nx)+A'_{2n}\sin(m_nx)][B'_{1n}\cosh(m_ny)+B'_{2n}\sinh(m_ny)]\end{aligned} \tag{2-69}$$

然后，根据问题所定的定解条件，通过比较系数法或傅里叶级数展开的方法就可逐一确定式(2-69) 中的各个待定常数，最后得到待求位函数 $\varphi(x, y)$ 的唯一确定的解。

例 2-5 如图 2-9 所示，有一无限长直角金属槽，其三壁接地，另一壁与其他三壁绝缘且保持电位为 V_0，金属槽截面的长宽分别为 a 和 b，求此金属槽内的电位分布。

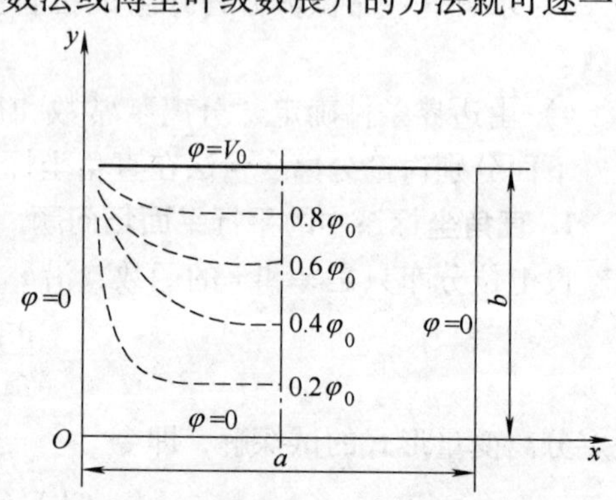

图 2-9 例 2-5 图

解：因为金属槽无限长，所以槽内电位 φ 与坐标 z 无关。又由于槽内各点上电荷密度 $\rho=0$，故槽内电位函数满足二维直角坐标系中的拉普拉斯方程，将给定的边界条件：$x=0$ 处，$\varphi=0$ 代入式(2-69)，有

$$B_0(C_0y+D_0)+\sum_{n=1}^{\infty}A_n(C_n\cos k_ny+D_n\sin k_ny)=0$$

上式对于任意 y 值均成立，必有 $B_0=0$，$A_n=0$。

在 $y=0$ 处，$\varphi=0$，故得 $D_0=0$，$C_n=0$。

在 $y=b$ 处，$\varphi=0$，故得 $A_0=0$，$C_0=0$，$\sin k_n b=0$，$k_n=\dfrac{n\pi}{b}$。把上述所得各个常数代入式(2-69)，即可得到电位 $\varphi(x, y)$ 的解为

$$\varphi(x, y)=\sum_{n=1}^{\infty} B_n D_n \operatorname{sh}\frac{n\pi x}{b}\sin\frac{n\pi y}{b}$$

在 $x=a$ 处，$\varphi=V_0$，故

$$\sum_{n=1}^{\infty} B_n D_n \operatorname{sh}\frac{n\pi a}{b}\sin\frac{n\pi y}{b}=V_0$$

上式两边同乘 $\sin\dfrac{m\pi y}{b}$，然后从 $0\to b$ 进行积分，有

$$\sum_{n=1}^{\infty}\int_0^b B_n D_n \operatorname{sh}\frac{n\pi a}{b}\sin\frac{m\pi y}{b}\sin\frac{n\pi y}{b}\mathrm{d}y=\int_0^b V_0\sin\frac{m\pi y}{b}\mathrm{d}y$$

据三角函数的正交性，有

$$B_n D_n \operatorname{sh}\frac{n\pi a}{b}=\begin{cases}\dfrac{4V_0}{n\pi} & (n\text{ 为奇数})\\ 0 & (n\text{ 为偶数})\end{cases}$$

最终得电位函数 $\varphi(x, y)$ 的解为

$$\varphi(x, y)=\sum_{n=1, 3, 5}^{\infty}\frac{4V_0}{n\pi}\operatorname{sh}\frac{n\pi x}{b}\sin\frac{n\pi y}{b}\bigg/\operatorname{sh}\frac{n\pi a}{b}$$

2. 圆柱坐标系中的平行平面场问题

在此，仅介绍在圆柱坐标系中电位函数 φ 沿 z 方向没有变化时的二维平行平面场。圆柱坐标系中平行平面场的拉普拉斯方程为

$$\nabla^2\varphi(\rho, \phi)=\frac{1}{\rho}\frac{\partial}{\partial\rho}\left(\rho\frac{\partial\varphi}{\partial\rho}\right)+\frac{1}{\rho^2}\frac{\partial^2\varphi}{\partial\phi^2}=0 \tag{2-70}$$

令试探解为

$$\varphi(\rho, \phi)=R(\rho)Q(\phi)$$

代入式(2-70)，经整理得

$$\frac{\rho^2}{R}\frac{\mathrm{d}^2R}{\mathrm{d}\rho^2}+\frac{\rho}{R}\frac{\mathrm{d}R}{\mathrm{d}\rho}=-\frac{1}{Q}\frac{\mathrm{d}^2Q}{\mathrm{d}\phi^2}=n^2$$

于是借助于分离常数 n^2，原偏微分方程式(2-70) 可转化为以下两个常微分方程：

$$\rho^2\frac{\mathrm{d}^2R}{\mathrm{d}\rho}+\rho\frac{\mathrm{d}R}{\mathrm{d}\rho}-n^2R=0$$

和

$$\frac{\mathrm{d}^2Q}{\mathrm{d}\phi^2}+n^2Q=0$$

当 $n=0$ 时，$R_0(\rho)=A_{10}+A_{20}\ln\rho$ 和 $Q(\phi)=B_{10}+B_{20}\phi$。

当 $n\neq0$ 时，$R(\rho)=A_{1n}\rho^n+A_{2n}\rho^{-n}$ 和 $Q(\phi)=B_{1n}\cos(n\phi)+B_{2n}\sin(n\phi)$。

于是，由以上这些解的相应乘积的线性组合，得到拉普拉斯方程的一般解为

$$\varphi(\rho,\ \phi) = (A_{10} + A_{20}\ln\rho)(B_{10} + B_{20}\phi) + \sum_{n=1}^{\infty}(A_{1n}\rho^n + A_{2n}\rho^n)[B_{1n}\cos(n\phi) + B_{2n}\sin(n\phi)] \tag{2-71}$$

同样，根据给定的定解条件，即可确定上式中的各个待定常数。

例 2-6 如图 2-10 所示两个同轴圆柱面，试求 $V_a=0$、$V_b=V_0\sin 2\phi$ 时的空间电位和电场分布。

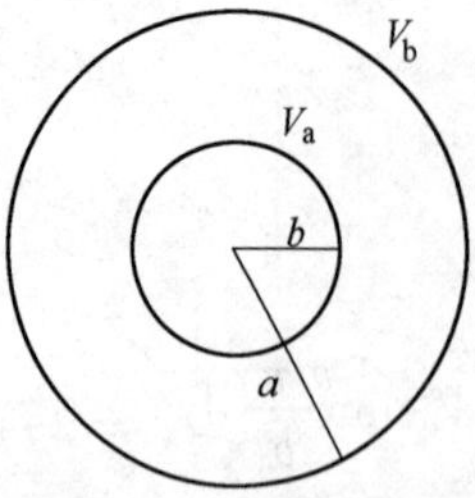

图 2-10 同轴圆柱面

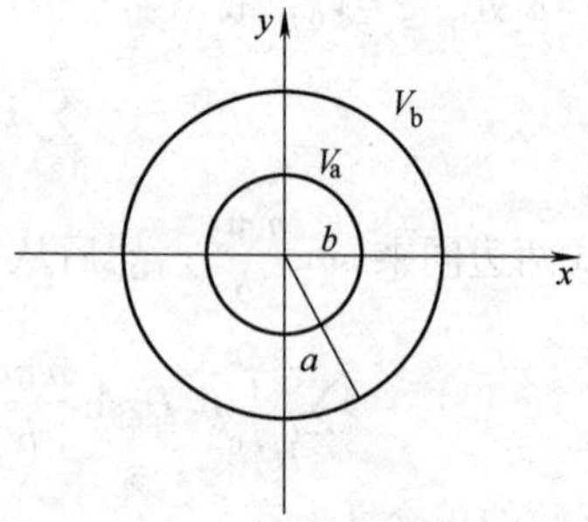

图 2-11 建立坐标系后的同轴圆柱面

解：依题意，可建立如图 2-11 所示的坐标系，选坐标原点位于同轴圆柱面的中心处，并选其轴为 z 轴，于是，两柱面将空间划分为如下三部分。

区域(1)：$0\leqslant r_c<a$；区域(2)：$a<r_c<b$；区域(3)：$r_c>b$。

设这三个区域中的电位分别为 φ_1、φ_2、φ_3。由于这三个区域中没有电荷分布，所以 $\varphi_1(\boldsymbol{r})$、$\varphi_2(\boldsymbol{r})$、$\varphi_3(\boldsymbol{r})$ 均满足拉普拉斯方程。

很容易写出边界条件：

1) $r_c=0$，φ_1 有限。

2) $r_c=a$，$\varphi_1=\varphi_2=0$。

3) $r_c=b$，$\varphi_2=\varphi_3=V_0\sin 2\phi$。

4) $r_c\to\infty$，$E_3\to 0$。

由极值定理可知，$r_c<a$，只能有 $V_a=\varphi_1=0$。

由边界条件 3) 可将解选为

$$\varphi_2 = \left(A_2 r_c^2 + \frac{B_2}{r_c^2}\right)\sin 2\phi$$

$$\varphi_3 = \left(A_3 r_c^2 + \frac{B_3}{r_c^2}\right)\sin 2\phi$$

当 $r_c\to\infty$ 时，φ_3 有限，可知 $A_3=0$，所以 $\varphi_3=\dfrac{B_3}{r_c^2}\sin 2\phi$。

当 $r_c=a$ 时，$\varphi_1=\varphi_2$，可知 $A_2a^2+\dfrac{B_2}{a^2}=0$，所以 $B_2=-A_2a^4$。

当 $r_c=b$ 时，$\varphi_2=\varphi_3=V_0\sin 2\phi$，可知 $A_2b^2+\frac{B_2}{b^2}=V_0$ 及 $\frac{B_3}{b^2}=V_0$，所以 $B_3=V_0b^2$。

由上述各方程可解得

$$A_2=\frac{V_0b^2}{b^4-a^4},\quad B_2=-\frac{V_0a^4b^2}{b^4-a^4},\quad A_3=0,\quad B_3=V_0b^2$$

所以空间的电位分布为

$$\varphi=\begin{cases}0 & (0\leqslant r_c<a)\\ \dfrac{V_0b^2}{b^4-a^4}\left(r_c^2-\dfrac{a^4}{r_c^2}\right)\sin 2\phi & (a<r_c<b)\\ \dfrac{V_0b^2}{r_c^2}\sin 2\phi & (r_c>b)\end{cases}$$

由 $\boldsymbol{E}=-\nabla\varphi$，可得电场分布为

$$\boldsymbol{E}=\begin{cases}0 & (0\leqslant r_c<a)\\ 2\dfrac{V_0b^2}{b^4-a^4}\left[\boldsymbol{i}_{r_c}\left(r_c+\dfrac{a^4}{r_c^3}\right)\sin 2\phi-\boldsymbol{i}_{\phi}\left(r_c^2-\dfrac{a^4}{r_c^2}\right)\cos 2\phi\right] & (a<r_c<b)\\ 2\dfrac{V_0b^2}{r_c}\left[\boldsymbol{i}_{r_c}\sin 2\phi-\boldsymbol{i}_{\phi}\cos 2\phi\right] & (r_c>b)\end{cases}$$

2.6.2　镜像法和电轴法

镜像法和电轴法是两种求解静电场问题的重要间接方法，它们的实质都是用虚设在求解区外适当位置的等效点电荷或线电荷，等效代替导体或电介质分界面上分布不均匀的面电荷。其优点是用简单方法使难以解决的面电荷不均匀分布问题得到解决。只要等效电荷的存在不改变电位方程且边界条件也保持不变，即满足唯一性定理。根据这一原则，用叠加原理就可以得到正确解。

1. 镜像法

一直假设电荷是独立存在的，并且在所讨论的区域内没有其他东西可以影响它们的场。然而，当电荷靠近导体或电介质时，其表面就会产生不均匀分布的面电荷，它们必会影响到区域中的总电场。该电场既无法由高斯通量定理求解，也无法由拉普拉斯方程求解。例如，大地对架空传输线所产生的电场的影响是不可忽略的。再如，发送和接收天线的场分布会因支撑它们的金属导电体而显著地改变。这些问题可用镜像法处理。下面分平面镜像和球面镜像两种情况进行讨论。

(1) 平面镜像

首先讨论点电荷在无限大导体平面上方的电场分布情况，这要用到前面讨论电偶极子时的一些结论。在电偶极子平分面上任一点的电位为零，并且电场强度垂直于此平面，因此，平分面满足导电平面的要求。也就是说，若把一导电平面放得与平分面重合，则电偶极子的电场分布保持不变；若导电平面下的负电荷被移走，平面上方区域的电场分布会依然保持不

变，而且导体表面上感应的总电荷为$-q$。如果在无穷大的导电平面上方距离为h的地方放置点电荷q，如图2-12所示，求导电平面上方的电场分布，就可以假设忽略此平面的存在，并想像在平面另一边同样的距离处有电荷$-q$，根据叠加原理，由q和$-q$来共同确定导电平面上方任一点的电位和电场。这个虚拟的电荷$-q$称为真实电荷q的镜像。因此，所谓的镜像法，就是暂时忽略导电平面的存在，并在求解区外放置镜像电荷。镜像电荷与真实电荷大小相等、极性相反，并对称于导电平面。不过，上述讨论只有在导电平面无限宽和无限厚的条件下才是正确的。应用镜像法需要注意：镜像电荷置于求解区外，且在q的镜像位置。

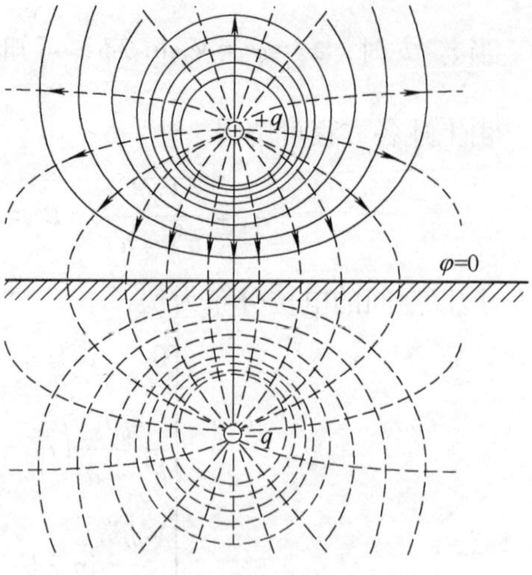

图2-12 导体平面镜像

当一点电荷置于两平行导电平面之间时，其镜像电荷数趋于无穷。而对于两相交平面，只要两个平面的夹角为360°的约数，则镜像电荷数是有限的。例如，交叉平面间的夹角为$\theta°$，当$\dfrac{360°}{\theta°}=n$（整数）时，则镜像电荷数为（$n-1$）。

例2-7 如图2-13所示，两无穷大导电平面垂直放置，电量为100nC的点电荷置于（3，4，0）点，求（3，5，0）点的电位和电场强度。

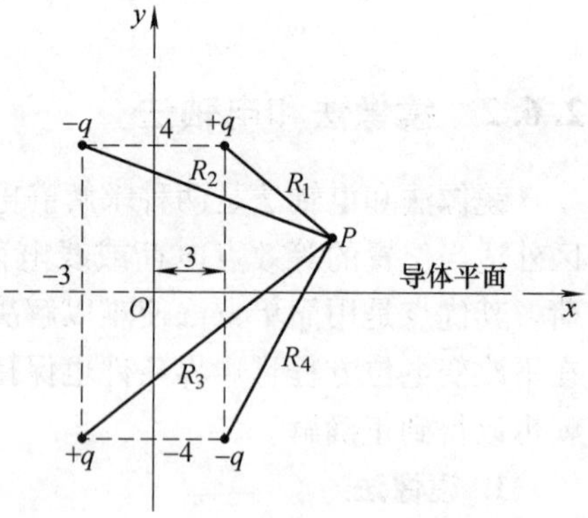

图2-13 两垂直平面间的点电荷

解：两平面的夹角为90°，则$n=\dfrac{360°}{90°}=4$，因此需要三个镜像电荷，如图2-13所示。如果(x, y, z)为P点的坐标，则有

$$R_1 = [(x-3)^2 + (y-4)^2 + z^2]^{\frac{1}{2}}$$

$$R_2 = [(x+3)^2 + (y-4)^2 + z^2]^{\frac{1}{2}}$$

$$R_3 = [(x+3)^2 + (y+4)^2 + z^2]^{\frac{1}{2}}$$

$$R_4 = [(x-3)^2 + (y+4)^2 + z^2]^{\frac{1}{2}}$$

设场域为自由空间，则$P(x, y, z)$点的电位为

$$\varphi = 9\times10^9\times100\times10^{-9}\left(\frac{1}{R_1}-\frac{1}{R_2}+\frac{1}{R_3}-\frac{1}{R_4}\right)$$

在$P(3, 5, 0)$点有

$$\varphi(3, 5, 0) = 735.2\text{V}$$

电场强度为

$$\boldsymbol{E} = -\nabla\varphi = -\frac{\partial\varphi}{\partial x}\boldsymbol{e}_x - \frac{\partial\varphi}{\partial y}\boldsymbol{e}_y - \frac{\partial\varphi}{\partial z}\boldsymbol{e}_z$$

在$P(3, 5, 0)$点有

$$\frac{\partial\varphi}{\partial x}=900\left(-\frac{x-3}{R_1^3}+\frac{x+3}{R_2^3}-\frac{x+3}{R_3^3}+\frac{x-3}{R_4^3}\right)=19.8\text{V/m}$$

同理，在 $P(3,\ 5,\ 0)$ 点有

$$\begin{cases}\dfrac{\partial\varphi}{\partial y}=-891.36\text{V/m}\\[2ex]\dfrac{\partial\varphi}{\partial z}=0\end{cases}$$

因此，$P(3,\ 5,\ 0)$ 点的电场强度 $\boldsymbol{E}$ 为

$$\boldsymbol{E}=(-19.8\boldsymbol{e}_x+891.36\boldsymbol{e}_y)\quad \text{V/m}$$

另外，如果点电荷 q 在两种电介质分界面附近（如图 2-14a 所示），使得分界面上存在不均匀分布的极化电荷，则会影响两侧电介质中电场的分布。下面将求解域分为上半空间和下半空间来讨论。

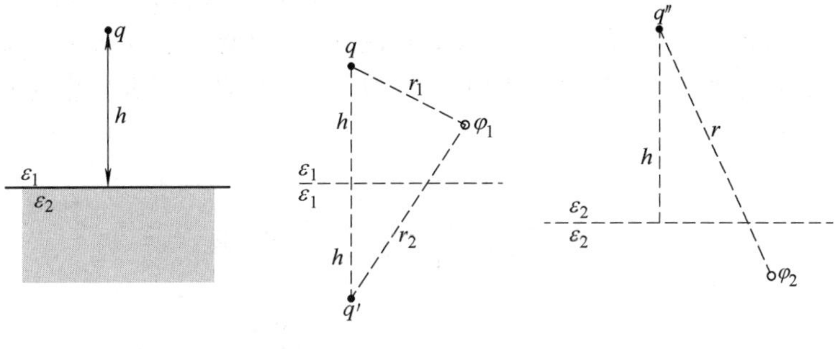

图 2-14　介质平面镜像

上半空间介质为 ε_1，除 q 所在位置外，电位 φ_1 满足拉普拉斯方程，假想撤去分界面，如图 2-14b 所示，使上、下空间都充满 ε_1，用等效电荷 q'代替分界面上的极化电荷，放在 q 的镜像位置，用 q 和 q'共同求解上半空间的电位 φ_1，这样上半空间除 q 所在位置外，仍满足拉普拉斯方程，并且

$$\varphi_1=\frac{1}{4\pi\varepsilon_1}\left(\frac{q}{r_1}+\frac{q'}{r_2}\right)$$

求解下半空间电位 φ_2 时，下半空间介质为 ε_2，电位 φ_2 满足拉普拉斯方程，假想撤去分界面，如图 2-14c 所示，使上、下空间都充满 ε_2，用等效电荷 q''代替分界面上的极化电荷 q，并放在 q 的位置，下半空间仍满足拉普拉斯方程，仅用 q''求解下半空间的电位 φ_2，并且

$$\varphi_2=\frac{1}{4\pi\varepsilon_2}\frac{q''}{r}$$

再利用 φ 在两种介质分界面上的衔接条件：

$$\varphi_1=\varphi_2\quad\text{和}\quad\varepsilon_1\frac{\partial\varphi_1}{\partial n}=\varepsilon_2\frac{\partial\varphi_2}{\partial n}$$

确定 q' 和 q'' 的大小，对于分界面上 P 点，$r_1=r_2=r=r_P$，由分界面上的衔接条件可得

$$\frac{q}{4\pi\varepsilon_1 r_P}+\frac{q'}{4\pi\varepsilon_1 r_P}=\frac{q''}{4\pi\varepsilon_2 r_P}$$

$$\frac{q}{4\pi r_P^2}\sin\theta-\frac{q'}{4\pi r_P^2}\sin\theta=\frac{q''}{4\pi r_P^2}\sin\theta$$

联立以上两式，得两个镜像电荷的大小分别为

$$\left.\begin{aligned}q'&=\frac{\varepsilon_1-\varepsilon_2}{\varepsilon_1+\varepsilon_2}q\\ q''&=\frac{2\varepsilon_2}{\varepsilon_1+\varepsilon_2}q\end{aligned}\right\}\tag{2-72}$$

（2）球面镜像

首先，讨论接地导体球外有一点电荷产生的电场，如图 2-15a 所示，由于静电感应作用，导体球面存在不均匀的面电荷，导体球外除 q 所在的位置均满足拉普拉斯方程，球面和无限远处的电位均为零。根据这个问题的特点，镜像电荷 q' 放在求解区外（导体球内），并在球心与点电荷 q 的连线上。假设它到球心的距离为 b，如图 2-15b 所示，要保证求解区边界条件不变，那么由 q 和 q' 在球面产生的电位必须为零，以此确定镜像电荷 q' 的大小。设 $q'=-q_2$，则球面上任意点的电位为

$$\varphi_R=\frac{q}{4\pi\varepsilon_0 r_1}-\frac{q_2}{4\pi\varepsilon_0 r_2}=0$$

$$\frac{q^2}{q_2^2}=\frac{r_1^2}{r_2^2}=\frac{R^2+d^2-2Rd\cos\theta}{R^2+b^2-2Rb\cos\theta}$$

即

$$q^2(R^2+b^2)-q_2^2(R^2+d^2)+2R(q_2^2 d-q^2 b)\cos\theta=0$$

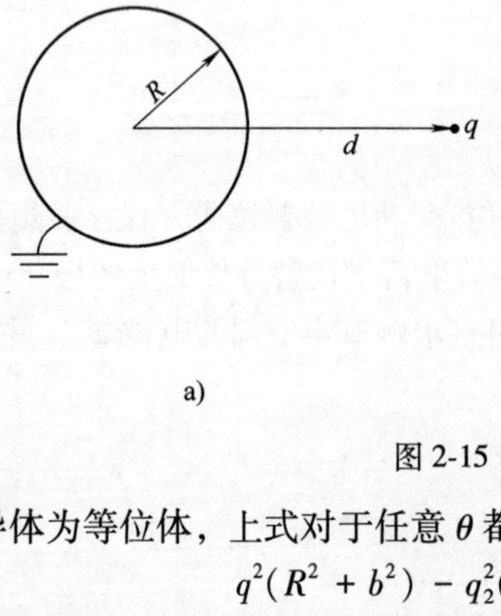

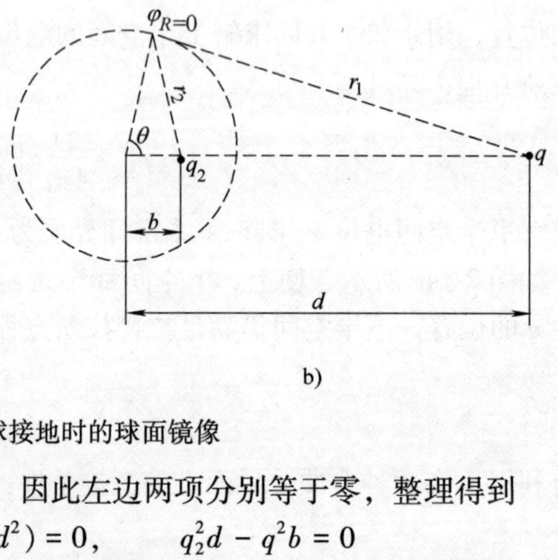

图 2-15 导体球接地时的球面镜像

由于导体为等位体，上式对于任意 θ 都成立，因此左边两项分别等于零，整理得到

$$q^2(R^2+b^2)-q_2^2(R^2+d^2)=0,\qquad q_2^2 d-q^2 b=0$$

联立上面两式，求得镜像电荷 q' 的大小及其距球心的距离 b 分别为

$$\left.\begin{aligned} q' &= -q_2 = -\frac{R}{d}q \\ b &= \frac{R^2}{d} \end{aligned}\right\} \tag{2-73}$$

这样，导体球外的电场就可由 q 和 q'产生的电场叠加求得。

图 2-16a 所示是球面镜像的另一种情况，不接地导体球外有一点电荷产生的电场，它和图 2-15 所示导体球接地的情况唯一不同的是球面电位不再等于零。设置两个镜像电荷 q'和 q''，如图 2-16b 所示，其中 q'的大小和位置与导体球接地的情况完全相同，q'与 q 在球面上产生的电位之和为零；另一镜像电荷 q''放在球心，可保持球面电位不为零。镜像电荷 q''的大小可分以下三种情况讨论。

1）若导体球面原来带电 Q，由 $\Sigma q=q'+q''=Q$ 得

$$q''=Q-q'=Q+\frac{R}{d}q$$

2）若导体球面原来不带电，则

$$q''=-q'=\frac{R}{d}q$$

3）若已知导体球面电位 φ_R，则

$$q''=4\pi\varepsilon_0R\varphi_R$$

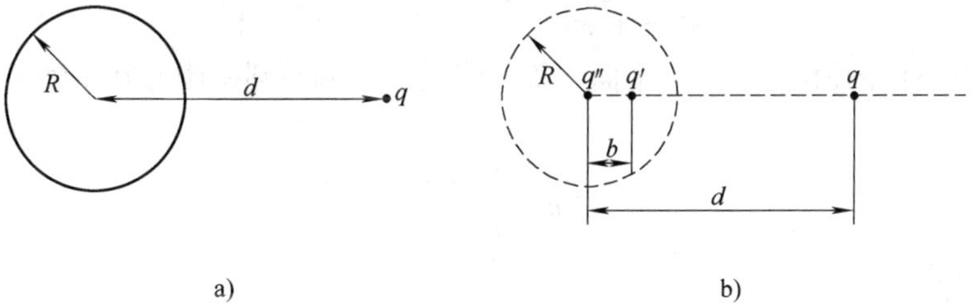

图 2-16　导体球不接地时的球面镜像

2. 电轴法

分析很长的两平行带电圆柱导体的电场是很有实际意义的，因为这种形式无论是在电力传输还是电信传输方面都有很广泛的应用。上述情况可归结为这样的边值问题：两圆柱导体外的求解域处处满足拉普拉斯方程，两导体表面为等电位面，且分别有等量异号的电荷，由于导体表面的面电荷分布不均匀，直接求解此类问题有困难，可用间接法求解，这种间接方法称为电轴法。这里有必要先讨论截面积可以忽略不计的平行放置的等量异号线电荷的电场。

设真空中，两个线电荷的密度分别为 τ 和 $-\tau$，几何轴相距为 $2b$。如图 2-17 所示，求它们的电位 φ 和场强 E。当它们很长时，则在垂直于线电荷的各个平面上电场的分布都是相同的，这类电场称为平行平面场，因此，研究一个平面上场的分布即可。

不难求出，一根线电荷在离它 r 处引起的电场强度为

$$E_r=\tau/2\pi\varepsilon_0 r$$

则线电荷±τ 产生的电位分别为

$$\varphi_{+}=\int_{P}^{Q}\boldsymbol{E}_{+}\cdot\mathrm{d}\boldsymbol{l}=\frac{\tau}{2\pi\varepsilon_0}\int_{r_{+}}^{r_{0+}}\frac{\mathrm{d}r}{r}=\frac{\tau}{2\pi\varepsilon_0}\ln\frac{r_{0+}}{r_{+}}$$

$$\varphi_{-}=\int_{P}^{Q}\boldsymbol{E}_{-}\cdot\mathrm{d}\boldsymbol{l}=\frac{\tau}{2\pi\varepsilon_0}\int_{r_{-}}^{r_{0-}}\frac{\mathrm{d}r}{r}=\frac{\tau}{2\pi\varepsilon_0}\ln\frac{r_{0-}}{r_{-}}$$

式中，r_+和r_-分别为场点P到正、负线电荷的距离；r_{0+}和r_{0-}分别为参考点到正、负线电荷的距离。如果参考点选在y轴上，$r_{0+}=r_{0-}$，上式简化为

$$\varphi=\frac{\tau}{2\pi\varepsilon_0}\ln\frac{r_{-}}{r_{+}}$$

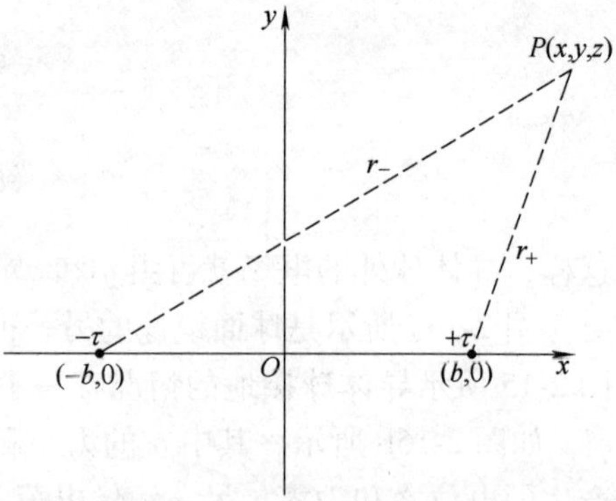

图2-17　线电荷±τ 产生的电场

直角坐标系下表示为

$$\varphi=\frac{\tau}{2\pi\varepsilon_0}\ln\frac{r_{-}}{r_{+}}=\frac{\tau}{2\pi\varepsilon_0}\frac{\sqrt{(x+b)^2+y^2}}{\sqrt{(x-b)^2+y^2}}$$

等位线方程为$r_1/r_2=k$，取平方后，得到

$$\frac{r_-^2}{r_+^2}=\frac{(x+b)^2+y^2}{(x-b)^2+y^2}=k^2$$

整理可得

$$\left(x-\frac{k^2+1}{k^2-1}b\right)^2+(y-0)^2=\left(\frac{2bk}{k^2-1}\right)^2$$

可见，k分别取不同的值时，在xy平面上等位线是一簇偏心圆，圆心在x轴上，到坐标原点的距离h为

$$h=\frac{k^2+1}{k^2-1}$$

等位圆的半径为

$$R=\frac{2bk}{k^2-1}$$

R、b和h三者具有如下关系：

$$R^2+b^2=h^2$$

如果等位圆的半径R已知，圆心到坐标原点的距离h也已知，则两个线电荷到原点的距离b可由如下公式确定：

$$b=\sqrt{h^2-R^2} \tag{2-74}$$

然后由电位梯度和叠加原理，可求得电场强度为

$$\boldsymbol{E}=-\nabla\varphi=\frac{\tau}{2\pi\varepsilon_0}\cdot\frac{-2b(y^2+b^2-x^2)\,\boldsymbol{e}_x+4bxy\,\boldsymbol{e}_y}{[(x-b)^2+y^2][(x+b)^2+y^2]}$$

由上式可得E线的微分方程为

$$\frac{\mathrm{d}y}{\mathrm{d}x}=\frac{E_y}{E_x}=\frac{4bxy}{-2b(y^2+b^2-x^2)}$$

为积分求解需要，上式可改写为

$$\frac{dy}{y}=\frac{-2xdx}{y^2+b^2-x^2},\qquad \frac{dy}{y}=\frac{d(x^2+y^2)}{(x^2+y^2)-b^2}$$

对其积分，求解得

$$\ln y+K=\ln(x^2+y^2-b^2),\qquad cy=x^2+y^2-b^2$$

式中，$K=\ln c$ 为积分常数，经整理后得电力线方程为

$$x^2+\left(y-\frac{c}{2}\right)^2=b^2+\left(\frac{c}{2}\right)^2$$

可见，c 分别取不同的值时，线电荷$\pm\tau$ 的电力线是一簇圆；圆心在 y 轴上，与原点的距离为 $y=c/2$，圆周过$\pm\tau$，并被 x 轴分为上、下两部分，均由$+\tau$ 发出，在$-\tau$ 终止，与等位面正交。如图 2-18 所示，下面的分析中称$\pm\tau$ 线电荷为电轴。

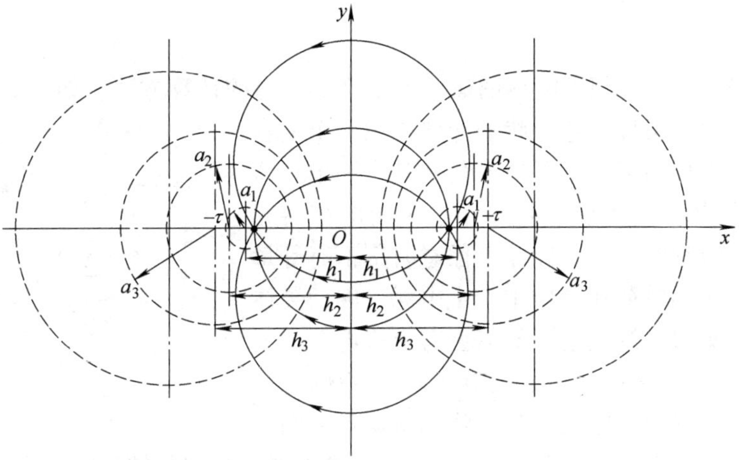

图 2-18　线电荷$\pm\tau$ 的等电位线与电力线

可利用上面的结论分析两平行带电圆柱导体的电场，如图 2-19 所示，求解域为两个圆柱导体外的区域，求解域处处满足拉普拉斯方程，两导体表面为等电位面即为边界条件。将两个圆柱面撤去，导体表面电荷用等效电轴$\pm\tau$ 代替，设坐标系原点在$\pm\tau$ 电轴中间，根据圆柱导体的半径 a 和圆心位置 h 满足式(2-74)，确定电轴位置 b：

$$b=\sqrt{h^2-a^2}$$

等效电轴可使得两圆柱导体表面（也即半径为 a）处是等电位面，从而保证边界条件不变，等效电轴$\pm\tau$ 在求解区外，可保证求解区满足拉普拉斯方程，根据唯一性定理，等效电轴产生的电场与两个圆柱导体产生的电场相同。这样，就可由等效电轴计算两平行圆柱导体外的电位：

$$\varphi=\frac{\tau}{2\pi\varepsilon_0}\ln\frac{r_2}{r_1}=\frac{\tau}{2\pi\varepsilon_0}\ln\frac{\sqrt{(x+b)^2+y^2}}{\sqrt{(x-b)^2+y^2}}$$

相应地，根据 $\boldsymbol{E}=-\nabla\varphi$ 可求出电场强度 $\boldsymbol{E}$。

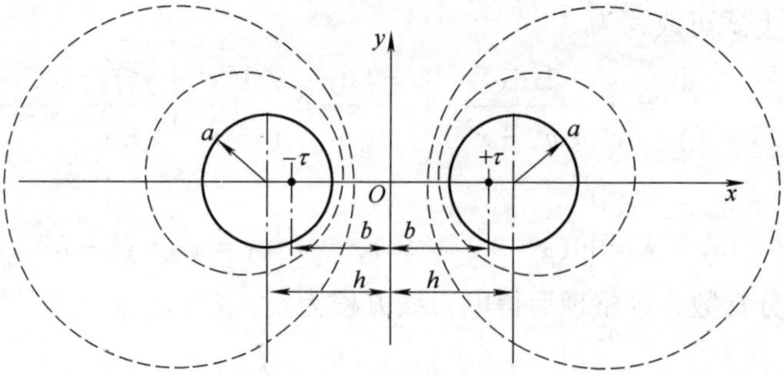

图 2-19 两平行带电圆柱导体的等电位线

2.7 电容和部分电容

2.7.1 电容

普通物理学中已经介绍了电容的概念和电容器电容的计算方法。如图 2-20 所示，相互接近而又彼此绝缘的两块任意形状的导体构成一个电容器。在外部能量的作用下，可以把电荷从其中一个导体传输到另一个导体，或者说，通过外电源给电容器充电。在整个充电过程中，两个导体上任意时刻都有等量异性电荷。分隔开的电荷在介质中产生电场，因而导体间存在电位差。如果继续充电，显然会有更多电荷从一个导体传输到另一个导体，它们之间的电位差也将越大。不难发现，导体间的电位差与传输的电荷量之间成正比关系。一个导体上的电荷量与该导体与另一个导体之间电压之比定义为电容，可表示为

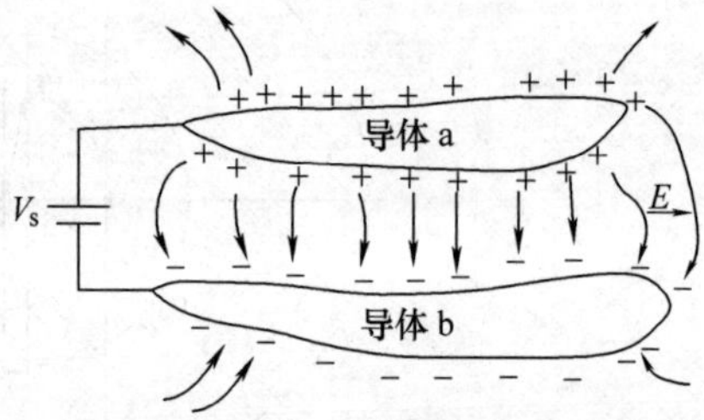

图 2-20 带电电容器

$$C=\frac{Q}{U} \tag{2-75}$$

式中，C 是电容，单位为法拉（F）；Q 是导体的电荷，单位为库仑（C）；U 表示导体之间的电压，单位为伏特（V）。

例 2-8 计算如图 2-21 所示两平行传输线的电容。

解： 应用电轴法，如图 2-22 所示，确定电轴位置为 $b=\sqrt{h^2-a^2}$，根据电场分布情况，选取位于导线表面且与两导线表面最近距离对应的点 $A_1(h-a,\ 0)$ 和点 $A_2(-(h-a),\ 0)$，即可得带有正、负电荷的两导线电位分别为

$$\varphi_{A_1}=\frac{\tau}{2\pi\varepsilon_0}\ln\left[\frac{b+(h-a)}{b-(h-a)}\right]$$

$$\varphi_{A_2}=\frac{\tau}{2\pi\varepsilon_0}\ln\left[\frac{b+(h-a)}{b-(h-a)}\right]$$

两导线间电压为

$$U=\varphi_{A_1}-\varphi_{A_2}=\frac{\tau}{\pi\varepsilon_0}\ln\left[\frac{b+(h-a)}{b-(h-a)}\right]$$

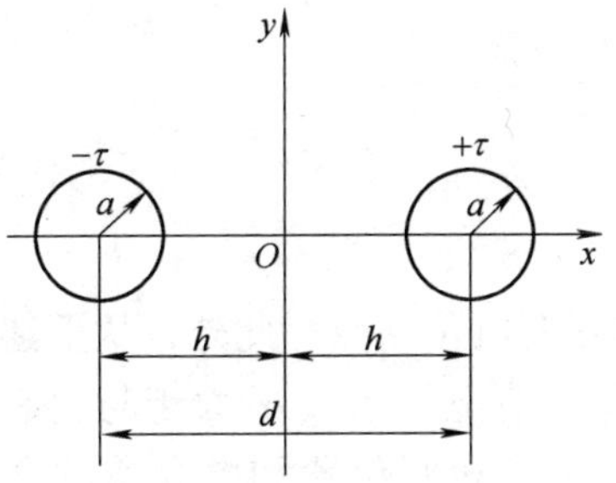

图 2-21　两平行传输线

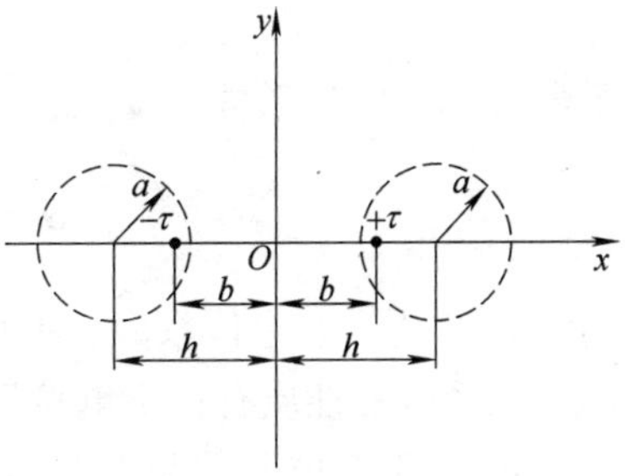

图 2-22　电轴法图示

从而可得两传输线每单位长度的电容为

$$C_l = \frac{\tau}{U} = \frac{\pi\varepsilon_0}{\ln\left[\dfrac{b+(h-a)}{b-(h-a)}\right]}$$

一般情况下 $h \gg a$，因而 $b \approx h$，所以

$$C_l = \frac{\pi\varepsilon_0}{\ln\left(\dfrac{2h}{a}\right)}$$

式中，$2h$ 为两导线间距离；a 为每一导线截面的半径。

2.7.2　部分电容

工程上，许多电气设备具有两个以上的导体而形成一个带电系统，例如三相输电线、多极电子管等，这样任意两个导体之间的电压不仅受到自身电荷的影响，还要受到其余导体上电荷的影响。此时，系统中导体间的电压与导体电荷的关系一般不能仅用一个电容来表示，需要将电容的概念加以推广，由此引入部分电容的概念。

如果一个系统，其中电场分布只与系统内各带电体的形状、尺寸、相互位置和电介质的分布有关，而与系统外的带电体无关，并且所有电通（量）密度线全部从系统内的带电体发出，又全部终止于系统内的带电体上，则称为静电独立系统。对于由（n+1）个导体构成的静电独立系统，令各导体按 0→n 顺序编号，其相应的带电量分别为 q_0、q_1、…、q_k…、q_n，则必有电荷关系

$$q_0 + q_1 + \cdots + q_k + \cdots + q_n = 0 \tag{2-76}$$

进一步，假定该静电独立系统中的空间介质是线性的，且选取 0 号导体为电位参考点，即 $\varphi_0=0$，应用叠加定理，可得每个导体电位与各个导体上电荷的关系为

$$\left.\begin{aligned}\varphi_1 &= \alpha_{11}q_1 + \alpha_{12}q_2 + \cdots + \alpha_{1k}q_k + \cdots + \alpha_{1n}q_n \\ &\vdots \\ \varphi_k &= \alpha_{k1}q_1 + \alpha_{k2}q_2 + \cdots + \alpha_{kk}q_k + \cdots + \alpha_{kn}q_n \\ &\vdots \\ \varphi_n &= \alpha_{n1}q_1 + \alpha_{n2}q_2 + \cdots + \alpha_{nk}q_k + \cdots + \alpha_{nn}q_n\end{aligned}\right\} \tag{2-77}$$

由于受式(2-76) 的约束，式(2-77) 中没有 q_0 出现。

式(2-77) 也可用矩阵形式表示为

$$\boldsymbol{\varphi}=\boldsymbol{\alpha q} \tag{2-78}$$

式中，系数 α 称为电位系数。

$$\alpha_{ij}=\left.\frac{\varphi_i}{q_j}\right|_{q_j\neq 0,\quad \text{其余导体}q_j=0} \tag{2-79}$$

下标相同的 α_{ii} 称为自有电位系数；下标互异的 α_{ij} 称为互有电位系数。此外，从上述式子也容易看出电位系数的性质有：①电位系数都是正值；②自有电位系数 α_{ii} 大于与它有关的互有电位系数 α_{ij}；③电位系数只与导体的几何形状、尺寸、相互位置和电介质的介电常数有关。

在实际工程中，一般给定的不是各导体上的电荷，而是它们的电位或各个导体之间的电压，这些电位或电压是由各导体充电的电源电动势或电压决定的。因此，通过式(2-77) 或式(2-78) 的逆问题求解，可得

$$\boldsymbol{q}=\boldsymbol{\alpha}^{-1}\boldsymbol{\varphi}=\boldsymbol{\beta\varphi} \tag{2-80}$$

即

$$\left.\begin{aligned}
q_1&=\beta_{11}\varphi_1+\beta_{12}\varphi_2+\cdots+\beta_{1k}\varphi_k+\cdots+\beta_{1n}\varphi_n\\
&\vdots\\
q_k&=\beta_{k1}\varphi_1+\beta_{k2}\varphi_2+\cdots+\beta_{kk}\varphi_k+\cdots+\beta_{kn}\varphi_n\\
&\vdots\\
q_n&=\beta_{n1}\varphi_1+\beta_{n2}\varphi_2+\cdots+\beta_{nk}\varphi_k+\cdots+\beta_{nn}\varphi_n
\end{aligned}\right\} \tag{2-81}$$

式中，系数 $\boldsymbol{\beta}$ 称为静电感应系数；β_{ii} 称为自有感应系数；$\beta_{ij}(i\neq j)$ 称为互有感应系数。这些感应系数也和导体的几何形状、尺寸、相互位置及介电常数有关。

$$\beta_{ij}=\left.\frac{q_i}{\varphi_j}\right|_{\varphi_j\neq 0,\quad \text{其余导体接地，}\varphi_j=0}$$

与上述电位系数的性质对比，可得出感应系数的性质有：①自有感应系数都是正值；②互有感应系数都是负值；③自有感应系数 β_{ii} 大于与它有关的互有感应系数的绝对值 $|\beta_{ij}|$。

在分析实际问题时，为避免使用负的感应系数，把它改变成用该导体与其他各导体间的电压来表示。为此，上述方程中的 q_1 改写如下：

$$q_1=(\beta_{11}+\beta_{12}+\cdots+\beta_{1n})(\varphi_1-0)-\beta_{12}(\varphi_1-\varphi_2)-\beta_{13}(\varphi_1-\varphi_3)-\cdots-\beta_{1n}(\varphi_1-\varphi_n)$$

令

$$C_{10}=\beta_{11}+\beta_{12}+\cdots+\beta_{1n}$$

$$C_{12}=-\beta_{12}，C_{13}=-\beta_{13}，\cdots，C_{1n}=-\beta_{1n}$$

则

$$q_1=C_{10}U_{10}+C_{12}U_{12}+C_{13}U_{13}+\cdots+C_{1n}U_{1n}$$

这样，方程式(2-81) 可转化为

$$\left.\begin{aligned}
q_1&=C_{10}U_{10}+C_{12}U_{12}+C_{13}U_{13}+\cdots+C_{1n}U_{1n}\\
&\vdots\\
q_k&=C_{k0}U_{k0}+C_{k2}U_{k2}+C_{k3}U_{k3}+\cdots+C_{kn}U_{kn}\\
&\vdots\\
q_n&=C_{n0}U_{n0}+C_{n2}U_{n2}+C_{n3}U_{n3}+\cdots+C_{nn}U_{nn}
\end{aligned}\right\} \tag{2-82}$$

式中，系数 C 称为部分电容；C_{10}、C_{20}、…、C_{k0}、…、C_{n0} 称为自有部分电容；C_{12}、C_{23}、…、

C_{kn} 等称为互有部分电容。所有部分电容都为正值，也仅与导体的形状、尺寸、相互位置及介质的介电常数有关。此外，互有部分电容还具有互易性质，即 $C_{ij}=C_{ji}$。

例 2-9　如图 2-23 所示，试求考虑大地影响时两输电线系统的各个部分电容及两输电线间的等值电容（工作电容）。设两输电线距地面的高度分别为 h_1、h_2，线间距为 d，导线半径为 a，且 $a \ll d$，$a \ll h_1$ 和 h_2。

解：根据镜像法，并设电轴与导线几何轴线重合，如图 2-24 所示，则导线电位为

$$\left.\begin{aligned}\varphi_1 &= \frac{\tau_1}{2\pi\varepsilon_0}\ln\left(\frac{2h_1}{a}\right)+\frac{\tau_2}{2\pi\varepsilon_0}\ln\left(\frac{D}{d}\right)=\alpha_{11}\tau_1+\alpha_{12}\tau_2\\ \varphi_2 &= \frac{\tau_1}{2\pi\varepsilon_0}\ln\left(\frac{D}{d}\right)+\frac{\tau_2}{2\pi\varepsilon_0}\ln\left(\frac{2h_2}{a}\right)=\alpha_{21}\tau_1+\alpha_{22}\tau_2\end{aligned}\right\}$$

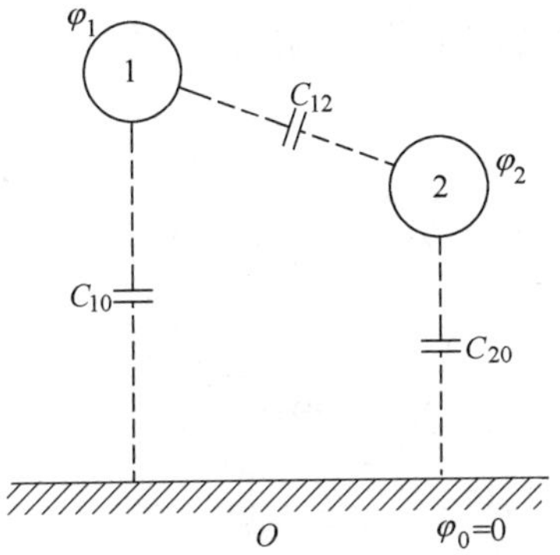

图 2-23　大地上方两传输线系统中的各个部分电容

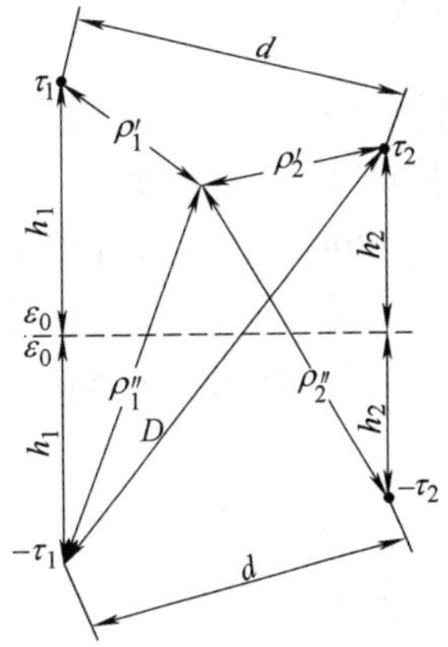

图 2-24　镜像法

各个部分电容为

$$C_{12}=C_{21}=-\beta_{21}=\frac{\alpha_{21}}{\Delta},\qquad \Delta=\begin{vmatrix}\alpha_{11} & \alpha_{12}\\ \alpha_{21} & \alpha_{22}\end{vmatrix}$$

$$C_{10}=\beta_{11}+\beta_{12}=\frac{\alpha_{22}-\alpha_{12}}{\Delta}$$

$$C_{20}=\beta_{21}+\beta_{22}=\frac{\alpha_{11}-\alpha_{21}}{\Delta}$$

通常 $h_1-h_2=h$，可简化计算过程，即有 $D=\sqrt{4h^2+d^2}$，$\ln\left(\dfrac{D}{d}\right)=\ln\left[\left(\dfrac{2h}{d}\right)^2+1\right]^{\frac{1}{2}}$，于是对应于线长为 l 的该输电线系统的各个部分电容分别为

$$C_{10}=C_{20}=\frac{2\pi\varepsilon_0 l}{\ln\left[\dfrac{2h}{a}\sqrt{\left(\dfrac{2h}{d}\right)^2+1}\right]}$$

和

$$C_{12}=C_{21}=\frac{2\pi\varepsilon_0 l\cdot\ln\left[\sqrt{\left(\frac{2h}{d}\right)^2+1}\right]}{\ln\left[\frac{2h}{a}\sqrt{\left(\frac{2h}{d}\right)^2+1}\right]\cdot\ln\left[\frac{2h}{a}\left(\sqrt{\left(\frac{2h}{d}\right)^2+1}\right)^2\right]}$$

若输电线距地面的高度足以忽略大地影响，则上式中 C_{12} 的表达式可简化为 $C_{12}=C_l l$。

关于两传输线间等值电容（工作电容）C_e 的计算，可分析由该系统部分电容组成的电网络，按电网络入端等值参数的计算方法可知

$$C_e=C_{12}+\frac{C_{10}C_{20}}{C_{10}+C_{20}}$$

2.7.3 静电屏蔽

由于部分电容表示了导体之间通过电场所体现的电耦合特性，因此运用这一概念可以简明有效地阐明静电屏蔽问题。

设有带电的电气设备以导体1表示，带电荷为 q_1，且被置于接地导体薄壳2中，它们与邻近的导体3一起组成三导体系统，如图2-25所示。将 $\varphi_2=\varphi_0=0$ 代入式(2-82)，可得

$$\left.\begin{aligned}q_1&=C_{10}\varphi_1+C_{12}\varphi_1+C_{13}(\varphi_1-\varphi_3)\\q_2&=C_{21}(-\varphi_1)+C_{20}\times 0+C_{23}(-\varphi_3)\\q_3&=C_{31}(\varphi_3-\varphi_1)+C_{32}\varphi_3+C_{30}\varphi_3\end{aligned}\right\}\quad(2\text{-}83)$$

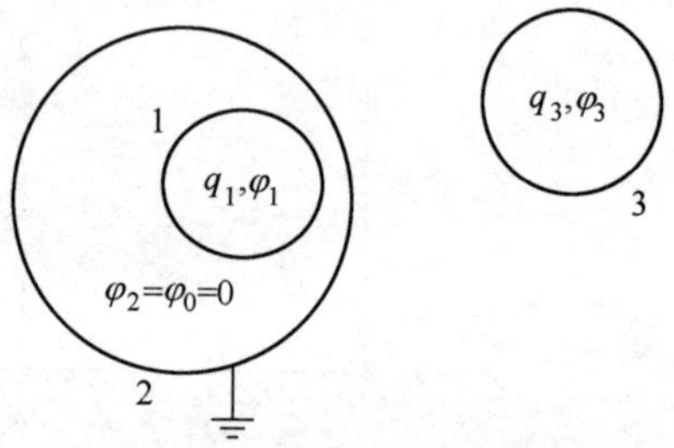

图2-25 静电屏蔽功能示意图

因上式在任何情况下均应成立，可令 $q_1=0$，此时导体2内部为等电位区，故由 $\varphi_2=0$，可知 $\varphi_1=0$。这样，方程组（2-83）中的第一式为

$$0=-C_{13}\varphi_3$$

因为 φ_3 可以不为0，所以可得 $C_{13}=0$。这样就表明了因接地导体2包围导体1后，导体1与导体3被互相隔离，而不存在静电耦合作用。如果导体1、3均带电，则应有

$$q_1=(C_{10}+C_{12})\varphi_1$$
$$q_3=(C_{32}+C_{30})\varphi_3$$

由此表明了接地导体2有静电屏蔽功能，能够使其内、外形成两个相互独立的静电系统。工程上，也有很多静电屏蔽的应用实例，如高压工作室内的接地金属网；整流电源中的变压器，在其一、二次绕组之间安放金属薄片或绕上一层漆包线并使之接地。

2.8 静电场的能量和力

静电场可以使其中的带电体受到电场力的作用移动而做功，这就说明了静电场有做功的能力，而做功必须消耗能量，由此可见，静电场是具有能量的。将静止带电体在外力作用下由无限远处移入静电场中，则外力必须反抗电场力做功，这部分功将转变为静电场的能量存储在场中，使静电场的能量增加。因此，据能量转化和守恒定律，可以从电场力做功或外力做功与静电场能量之间的关系推导出带电体系统的静电场能量的计算公式。

从场的观点来看，能量是场的物质性的基本属性之一。因此，静电场能量应分布在整个场域空间，也可以通过能量分布密度的体积分来计算静电场的能量。

2.8.1　带电体系统中的静电场能量

首先讨论电荷作任意分布时带电系统所具有的静电场能量。设电荷的体密度是 ρ，此外，假设电介质是线性的。如果在建立该带电系统电场的某一瞬时，场中某一点的电位是 $\varphi'(x,\ y,\ z)$，再将电荷增量 δq 从无穷远移至该点，外力需要做功

$$\delta W=\varphi'(x,\ y,\ z)\delta q \tag{2-84}$$

它将转化为静电场能量存储在场中。全部静电能量，可通过上式的积分而得出。

静电场是保守力场，其场能量仅取决于电荷的最终分布状态，而与电荷怎样达到该状态的过程无关。因此，可设想这样一种充电方式，使任何瞬间所有带电体的电荷密度都按同一比例增长。令此比例系数为 m（$0\leqslant m\leqslant 1$），即 m 是变量，充电开始时各处电荷密度都为零（相当于 $m=0$）；充电结束时各处电荷密度都等于其最终值（相当于 $m=1$）。由此可知，在任何中间瞬时，电荷密度的增量为

$$\delta\rho=\delta[m\rho(x,y,z)]=\rho(x,y,z)\delta m$$

将式(2-84) 进行积分，得总静电能量为

$$W_{\mathrm{e}}=\int_0^1\delta m\int_V\rho(x,\ y,\ z)\varphi'(m;\ x,\ y,\ z)\mathrm{d}V$$

由于所有电荷按同一比值 m 增长，故

$$\varphi'(m;\ x,\ y,\ z)=m\varphi(x,\ y,\ z)$$

其中，$\varphi(x,\ y,\ z)$ 是 $(x,\ y,\ z)$ 点上充电终状态所对应的电位值。因而

$$W_{\mathrm{e}}=\int_0^1 m\delta m\int_V\rho\varphi\mathrm{d}V$$

故

$$W_{\mathrm{e}}=\frac{1}{2}\int_V\rho\varphi\mathrm{d}V \tag{2-85}$$

上式就是用电荷和电位表示的连续体电荷系统的静电能量。

类似地，对于面电荷，有

$$W_{\mathrm{e}}=\frac{1}{2}\int_S\sigma\varphi\mathrm{d}S \tag{2-86}$$

对于系统只有导体的情况，则

$$W_{\mathrm{e}}=\frac{1}{2}\int_S\sigma\varphi\mathrm{d}S=\frac{1}{2}\sum_k\varphi_k\int_{S_k}\sigma_k\mathrm{d}S$$

故

$$W_{\mathrm{e}}=\frac{1}{2}\sum_k\varphi_k q_k \tag{2-87}$$

其中，q_k 和 φ_k 分别是第 k 号导体表面上分布的总电荷量和其电位值。

2.8.2　静电场能量分布及其密度

上一节讲述了静电场能量的计算，但没有说明能量的分布情况，这些公式很容易给人一

种印象，似乎静电能量集中在电荷上。其实，静电能量是分布于电场存在的整个空间中的。应用下面关系式

$$\boldsymbol{E}=-\nabla\varphi \quad 和 \quad \nabla\cdot\boldsymbol{D}=\rho$$

以及矢量恒等式

$$\nabla\cdot(\varphi\boldsymbol{D})=\varphi\nabla\cdot\boldsymbol{D}+\boldsymbol{D}\cdot\nabla\varphi$$

再应用散度定理，则式(2-85) 变为

$$W_{\mathrm{e}}=\frac{1}{2}\int_V\boldsymbol{D}\cdot\boldsymbol{E}\mathrm{d}V+\frac{1}{2}\oint_S\varphi\boldsymbol{D}\mathrm{d}\boldsymbol{S} \tag{2-88}$$

其中积分体积 V 只要包含所有电荷即可，S 是限定 V 的外表面。若把 V 扩展到整个无限空间，即 S 为半径取∞的球面。对这样一个大球面积分，由于 φ 与 $\frac{1}{r}$ 成正比、D 与 $\frac{1}{r^2}$ 成正比且 $\mathrm{d}S$ 与 r^2 成正比，则上式右边的第二个积分随 $\frac{1}{r}$ 变化。所以，对这样一个无限大的空间积分，第二项积分为零，故

$$W_{\mathrm{e}}=\frac{1}{2}\int_V\boldsymbol{D}\cdot\boldsymbol{E}\mathrm{d}V \tag{2-89}$$

上式就是用场量 $\boldsymbol{D}$ 和 $\boldsymbol{E}$ 表示的静电能量。其物理意义是：凡是静电场不为零的空间都存储着静电能量，场中任一点的静电能量密度是

$$W'_{\mathrm{e}}=\frac{1}{2}\boldsymbol{D}\cdot\boldsymbol{E} \tag{2-90}$$

到此为止，式(2-85) 和式(2-89) 都是静电能量公式，且都是体积分。但两个也有区别，式(2-85) 为电荷积分式，积分区域为有电荷分布的区域，式(2-89) 为电场体积分，积分区域为整个空间，也就是有电场分布的全部区域。

需要说明的是：式(2-88) 的积分区间中，没有计及其中存在导体的情况，如果考虑存在导体的情况，简单地说，导体在式(2-88) 中的积分项可互相抵消，因此存在导体和不存在导体得出的结论是完全一致的。这里就不再详述了。

例 2-10 计算半径为 a，带电量为 q 的孤立导体球所具有的静电能量。导体周围介质的介电常数为 ε。

解：可用两种方法求解：

1）据式(2-87)，因孤立导体球的电位 $\varphi=\frac{q}{4\pi\varepsilon a}$，代入即得

$$W_{\mathrm{e}}=\frac{1}{2}\frac{q^2}{4\pi\varepsilon a}=\frac{q^2}{8\pi\varepsilon a}$$

2）据式(2-89)，有

$$W_{\mathrm{e}}=\frac{1}{2}\int_V\boldsymbol{D}\cdot\boldsymbol{E}\mathrm{d}V=\frac{1}{2\varepsilon}\int_V D^2\mathrm{d}V=\frac{1}{2\varepsilon}\int_a^{\infty}\left(\frac{q}{4\pi r^2}\right)^2 4\pi r^2\mathrm{d}r$$

$$=\frac{q^2}{8\pi\varepsilon}\int_a^{\infty}\frac{\mathrm{d}r}{r^2}=\frac{q^2}{8\pi\varepsilon a}$$

2.8.3　静电力

如前所述，静电场对电荷的作用力即所谓的电场力或库仑力，是静电场具有能量的一种表现。对于电场力的计算，原则上可以用电场强度的定义公式，即

$$\boldsymbol{F}=q\boldsymbol{E} \tag{2-91}$$

其中，$\boldsymbol{E}$ 是除电荷 q' 外其余电荷在该电荷所在处产生的场强。而对于连续分布的电荷 q，如果用上式计算一般是相当复杂的。由于力和能量之间是有密切联系的，所以根据能量求力就要方便得多。为此，引入虚位移法，就是通过假设带电体发生一定的位移，由位移过程中电场能量的变化与外力及电场力做功之间的关系计算电场力。

为了应用虚位移法，首先要介绍广义坐标和广义力两个概念。广义坐标是确定系统中各带电体形状、尺寸和位置的一组独立几何量，而企图改变某一广义坐标的力，就称为对应于广义坐标的广义力。广义力和广义坐标间的关系，应满足一个共同的条件，即广义力乘上由它引起的广义坐标的增量应等于功。例如，如果广义坐标是长度（m），那么广义力就为一般的牛顿力（N）；如果广义坐标是面积（m^2），那么广义力为表面张力（N/m）；再如体积（m^3）对应压强（N/m^2），角度（无量纲）对应力矩（N/m）等。

现在研究（$n+1$）个导体组成的系统，对导体依次编号，并以 0 号导体为参考导体，假定除 p 号导体外其余导体都不动，且 p 号导体也只有一个广义坐标 g 发生所设想的位移（虚位移）dg。这时，该系统发生的功能过程如下：

$$\mathrm{d}W=\mathrm{d}W_{\mathrm{e}}+F\mathrm{d}g \tag{2-92}$$

其中，$\mathrm{d}W\ (=\sum\varphi_k\mathrm{d}q_k)$ 表示与各带电体相连接的电源提供的能量，等号右边两项分别表示静电能量的增量和电场力所做的功。对应于系统设定的求解条件，有以下两类电场力计算关系式。

1）常电位系统。假设各带电体的电位维持不变，当 p 号导体位移时，所有导体都接电源即可。这时 φ_k 为常量。据式(2-87) 有

$$\mathrm{d}W_{\mathrm{e}}=\mathrm{d}\left(\frac{1}{2}\sum q_k\varphi_k\right)=\frac{1}{2}\sum\varphi_k\mathrm{d}q_k$$

即静电能量的增加等于外源所提供的能量的一半。也就是说，外源提供的能量，有一半作为电场储能的增量，另一半用于机械功。

$$F\mathrm{d}g=\mathrm{d}W_{\mathrm{e}}\big|_{\varphi_k=常量}$$

由此得广义力为

$$F=\left.\frac{\mathrm{d}W_{\mathrm{e}}}{\mathrm{d}g}\right|_{\varphi_k-常量}=\left.\frac{\partial W_{\mathrm{e}}}{\partial g}\right|_{\varphi_k=常量} \tag{2-93}$$

2）常电荷系统。假设各带电体的总电荷维持不变，也就是说，当 p 号导体发生虚位移时，所有带电体都不和外源相连，因而 $\mathrm{d}q_k=0$，即 $\mathrm{d}W=0$。功能关系可写成

$$0=\mathrm{d}W_{\mathrm{e}}+F\mathrm{d}g$$

从而得

$$F=-\left.\frac{\mathrm{d}W_{\mathrm{e}}}{\mathrm{d}g}\right|_{q_k=常量}=-\left.\frac{\partial W_{\mathrm{e}}}{\partial g}\right|_{\varphi_k=常量} \tag{2-94}$$

在这种情况下，外源被隔绝，电场力做功所需的能量只有取自于系统内电场能量的减

少值。

以上两种情况所得的结果应该是相等的。因为实际上带电体并没有发生位移（即虚位移），电场的分布当然也没有变化，求得的是所论系统对应于同一状态的电荷和电位情况下的力。

例 2-11 设平行板电容器的极板面积为 S，板间距离为 h，如图 2-26 所示，忽略极板的边缘效应，试应用虚位移法计算平行板电容器两极之间的作用力。

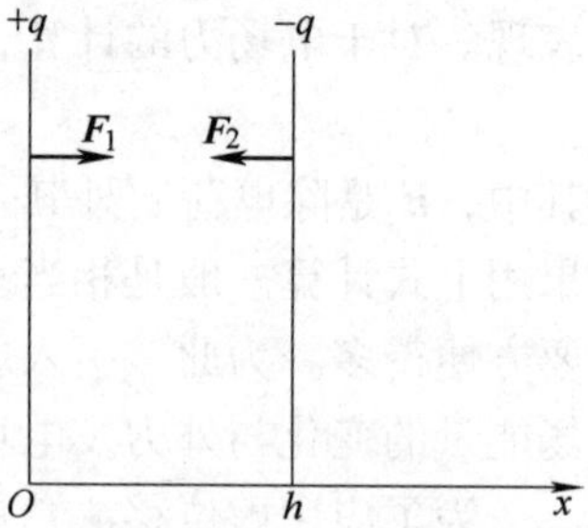

图 2-26 平行板电容器

解： 本例可在设定为常电位系统或常电荷系统的求解条件下，进行极板受力的计算。可取负极板为研究对象。

1）若设定常电位系统，即相当于给定极板间电压 U。两导体系统的电场能量为

$$W_e = \frac{1}{2}CU^2$$

平行板电容器的电容为

$$C = \frac{\varepsilon S}{h}$$

据式(2-93) 有

$$F = \left.\frac{\partial W_e}{\partial g}\right|_{\varphi_k = C} = \left.\frac{\partial}{\partial h}\left(\frac{1}{2}CU^2\right)\right|_{\varphi_k = C}$$

$$= \frac{U^2}{2}\frac{\partial C}{\partial h} = \frac{U^2}{2}\frac{\partial}{\partial h}\left(\frac{\varepsilon S}{h}\right) = -\frac{\varepsilon S U^2}{2h^2}$$

其中负号表示电场力使广义坐标减少，这里表示 x 负方向。所以

$$\boldsymbol{F}_2 = -\frac{\varepsilon S U^2}{2h^2}\boldsymbol{e}_x$$

2）若设定为常电荷系统，即给定两极板上的电荷 $+q$ 和 $-q$，该电容器的电场能量为

$$W_e = \frac{q^2}{2C}$$

据式(2-94) 有

$$F = \left.\frac{\partial W_e}{\partial g}\right|_{\varphi_k = C} = \frac{\partial}{\partial h}\left(\frac{q^2}{2C}\right) = \frac{q^2}{2}\frac{\partial}{\partial h}\left(\frac{h}{\varepsilon S}\right) = -\frac{q^2}{2\varepsilon S}$$

同理

$$\boldsymbol{F}_2 = -\frac{q^2}{2\varepsilon S}\boldsymbol{e}_x$$

2.9 工程应用实例

2.9.1 架空地线的防雷作用

三相高压输电线上方一般都平行架设两根架空地线 G（G 线与大地中接地桩之间用导线

连接)。架空地线对高压输电线的防雷保护作用总体来说有两个方面：一方面是屏蔽雷云电场在输电线上产生的感应过电压；另一方面避免雷电直接击中输电线。

为简便起见，设架空地线 G 在输电线 A 的正上方，两线离地面高度分别为 h 和 l，G 线半径为 r_0，并假设雷云与大地间形成均匀向下的电场 E_0。

若输电线 A 上方无架空地线 G，则雷云电场使 A 线电动势上升 φ_{A_1}（φ_{A_1} 为雷云在 A 线与大地之间产生的感应过电压）

$$\varphi_{A_1} = E_0 l$$

当 A 线上方有架空地线 G，G 线接地因而带有与雷云电荷异号的感应电荷。设 G 线单位长度的电荷为$-\tau$，应用镜像法时可认为等效电轴与 G 线的几何轴线重合（因为 $r_0 \ll h$），根据叠加，架空地线电动势 φ_G 可表示为

$$\varphi_G = E_0 h + \frac{\tau}{2\pi\varepsilon_0}\ln\frac{r_0}{2h} = 0$$

即

$$\frac{\tau}{2\pi\varepsilon_0} = \frac{E_0 h}{\ln\dfrac{r_0}{2h}}$$

因此，有架空地线时，输电线 A 的电动势上升值从 φ_{A_1} 降低为 φ_{A_2}。

$$\begin{aligned}\varphi_{A_2} &= E_0 l + \frac{\tau}{2\pi\varepsilon_0}\ln\frac{h-l}{h+l} \\ &= E_0 l + \frac{E_0 h}{\ln\dfrac{r_0}{2h}}\ln\frac{h-l}{h+l} < \varphi_{A_1}\end{aligned}$$

有、无架空地线情况下，雷云电场使输电线电动势升高的相对百分数为

$$\eta = \frac{\varphi_{A_2}}{\varphi_{A_1}} \times 100\% = \left(1 - \frac{h}{l}\frac{\ln\dfrac{h+l}{h-l}}{\ln\dfrac{2h}{r_0}}\right) \times 100\% < 100\%$$

若 $h=16\text{m}$，$l=15\text{m}$，$r_0=0.005\text{m}$，则

$$\eta = 58\%$$

由于架空地线上的感应电荷在输电线处产生电场的方向与雷云电场的方向相反，因此，它对雷云电场有一定的屏蔽作用。

架空地线更重要的作用体现在雷击时刻。由于架空地线表面电场强度 E 可以超过雷云电场 E_0 几十至几百倍。因此，当雷云电场高至发生雷电时，一般情况下都在架空地线上"落雷"。巨大的冲击雷电流经架空地线泄流入地，从而保护高压输电线免受直接的雷击。

2.9.2　换位三相输电线的每相工作电容

由于三相电源是工频（50Hz）交流电源，因此三相输电线的电场并不属于静电场，但因频率较低，属于准静态场（第 6 章中将详细讨论准静态场），即对某一瞬间可近似作为静电场来分析。

三相输电线如果考虑地面影响，不可能有对称的几何结构。为了使每相具有相同的工作电容，从而使输电线路处于对称三相的运行状态，各相线路经一定距离后换位，如图 2-27 所示，换位三相输电线每相有相同的电容参数和电感参数。

设在某一段距离 l 内的三相输电线如图 2-28 所示，导线很细，其半径 r_0 远小于线间距离和离地高度，据式(2-77)，三相电动势可表示为

$$\varphi_1 = \alpha_{11}\tau_1 + \alpha_{12}\tau_2 + \alpha_{13}\tau_3$$
$$\varphi_2 = \alpha_{21}\tau_1 + \alpha_{22}\tau_2 + \alpha_{23}\tau_3$$
$$\varphi_3 = \alpha_{31}\tau_1 + \alpha_{32}\tau_2 + \alpha_{33}\tau_3$$

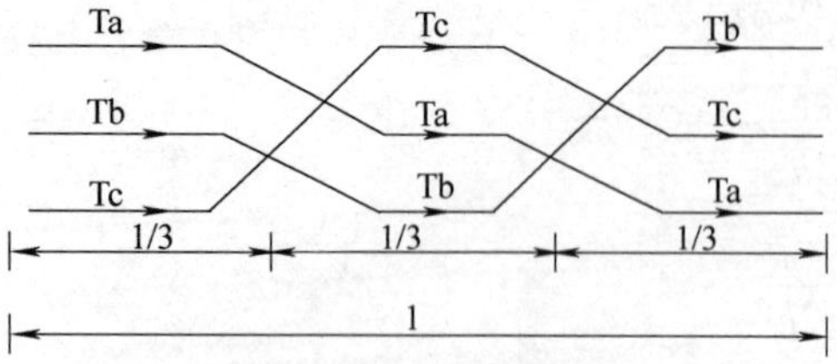

图 2-27 换位三相输电线

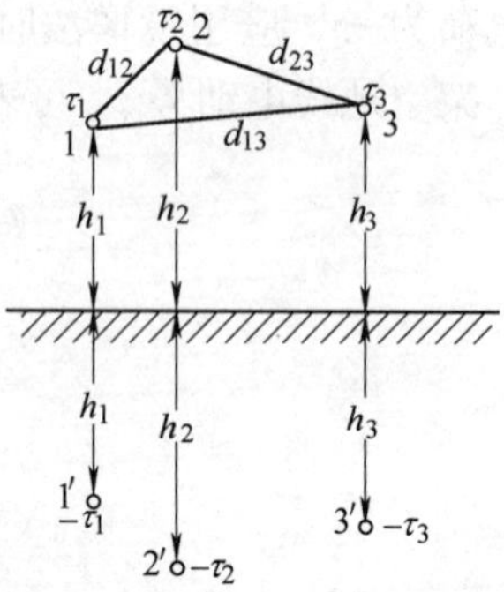

图 2-28 推导三相输电线电势系数

应用镜像法，导线 1 的电动势为

$$\varphi_1 = \frac{\tau_1}{2\pi\varepsilon_0}\ln\frac{2h_1}{r_0} + \frac{\tau_2}{2\pi\varepsilon_0}\ln\frac{d_{12'}}{d_{12}} + \frac{\tau_3}{2\pi\varepsilon_0}\ln\frac{d_{13'}}{d_{13}}$$

得到

$$\alpha_{11} = \frac{1}{2\pi\varepsilon_0}\ln\frac{2h_1}{r_0}$$

$$\alpha_{12} = \alpha_{21} = \frac{1}{2\pi\varepsilon_0}\ln\frac{2d_{12'}}{d_{12}}$$

$$\alpha_{13} = \alpha_{31} = \frac{1}{2\pi\varepsilon_0}\ln\frac{2d_{13'}}{d_{13}}$$

同理可得

$$\alpha_{22} = \frac{1}{2\pi\varepsilon_0}\ln\frac{2h_2}{r_0}$$

$$\alpha_{33} = \frac{1}{2\pi\varepsilon_0}\ln\frac{2h_3}{r_0}$$

$$\alpha_{23} = \alpha_{32} = \frac{1}{2\pi\varepsilon_0}\ln\frac{2d_{23'}}{d_{23}}$$

对于换位三相输电线，各电动势系数采用平均值，自电动势系数 α_{ii} 和互电动势系数 α_{ij} 分别为

$$\alpha_{ii} = \frac{1}{3}(\alpha_{11} + \alpha_{22} + \alpha_{33}) = \frac{1}{6\pi\varepsilon_0}\left(\ln\frac{2h_1}{r_0} + \ln\frac{2h_2}{r_0} + \ln\frac{2h_3}{r_0}\right)$$

$$= \frac{1}{2\pi\varepsilon_0}\ln\frac{2\sqrt[3]{h_1h_2h_3}}{r_0} = \frac{1}{2\pi\varepsilon_0}\ln\frac{2h}{r_0}$$

$$\alpha_{ij} = \frac{1}{3}(\alpha_{12} + \alpha_{23} + \alpha_{31}) = \frac{1}{6\pi\varepsilon_0}\left(\ln\frac{d_{12'}}{d_{12}} + \ln\frac{d_{23'}}{d_{23}} + \ln\frac{d_{31'}}{d_{31}}\right)$$

$$= \frac{1}{2\pi\varepsilon_0}\ln\sqrt[3]{\frac{d_{12'}d_{23'}d_{31'}}{d_{12}d_{23}d_{31}}} = \frac{1}{2\pi\varepsilon_0}\ln\frac{d'}{d}$$

其中，

$$h = \sqrt[3]{h_1h_2h_3}, \qquad d' = \sqrt[3]{d_{12'}d_{23'}d_{31'}}, \qquad d = \sqrt[3]{d_{12}d_{23}d_{31}}$$

h 为三相导线高度的几何平均值，d'为导线与镜像之间距离的几何平均值，d 为导线间距离的几何平均值。因此必定有

$$\varphi_1 + \varphi_2 + \varphi_3 = 0$$

$$\tau_1 + \tau_2 + \tau_3 = 0$$

易得出Y形联结每相单位长度的工作电容为

$$C_{\mathrm{p}} = \frac{\tau_1}{\varphi_1} = \frac{\tau_2}{\varphi_2} = \frac{\tau_2}{\varphi_2}$$

即

$$C_{\mathrm{p}} = \frac{1}{\alpha_{ii} - \alpha_{ij}} = \frac{2\pi\varepsilon_0}{\ln\dfrac{2h}{r_0} - \ln\dfrac{d'}{d}} = \frac{2\pi\varepsilon_0}{\ln\dfrac{2hd}{r_0d'}}$$

2.9.3 静电发电机

静电发电机是由开尔文构思，范德格拉夫实现的，又称为范德格拉夫发电机。它是由一个空心绝缘圆柱支撑的空心球状导体组成的，如图 2-29a 所示。其中的皮带绕过两个滑轮。下面的滑轮由电动机驱动，上面的滑轮是被动轮。一根有很高正电位的杆上装有许多尖端，尖端附近的空气都被电离了。正离子受到尖端排斥，其中一些离子依附于皮带表面。相似的过程也发生在空心球状导体的金属刷上。当电荷积聚时，空心球状导体的电位升高。范德格拉夫发电机可产生几百万伏的高压。其主要应用是加速带电粒子使之获得很高的动能来进行原子碰撞实验。

为了进一步阐明静电发电机的原理，可先分析一下图 2-29b 所示的一个空心的、不带电荷的导体球，其中球上有一个小孔，把一个带正电荷 q 的小球从开口处引入腔内。达到平衡状态后，罩的内表面获得净负电荷，而其外表面会感应出正电荷 q。若此时使小球接触空心导体球的内表面，小球所带的正电荷就被内表面的负电荷完全中和，然而空心导体球的外表面仍然带正电荷 q。如果小球被撤回，并充以电荷 q 后再放入空心导体球内，其内表面又得到负电荷，导致外表面的电量有同样大小的增加。让小球接触空心导体球的内表面，小球和内表面又将都失去电荷。但此时空心导体球的外面将有两倍的正电荷。换言之，通过将带电物体放入空心导体球并使之与其内表面接触，则带电体所带电荷将被转移到空心导体球的外表面。当然，该过程与空心导体球的外表面所带的初始电荷量是不相关的。

可以假设在任一瞬间，平衡状态建立之后，空心导体球内的小球所带电量为 q，空心导

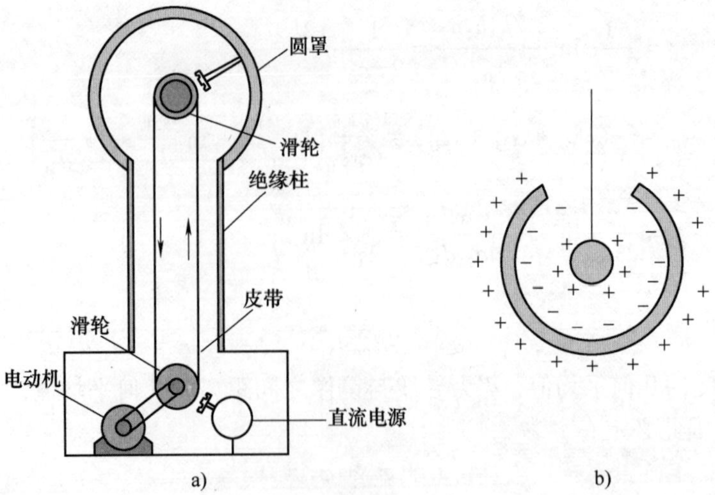

图 2-29 范德格拉夫发电机及工作原理图
a）范德格拉夫发电机 b）工作原理

体球的外表面所带电量为 Q，如果内外球的半径分别为 r 和 R，则空心导体球上任一点的电位为

$$\varphi_R = \frac{1}{4\pi\varepsilon_0}\left(\frac{Q}{R} + \frac{q}{R}\right)$$

式中，第一项是空心导体球的电荷 Q 对电位的贡献，第二项是由于小球的电荷 q 在半径 R 处建立的等位面。小球的电位为

$$\varphi_r = \frac{1}{4\pi\varepsilon_0}\left(\frac{q}{r} + \frac{Q}{R}\right)$$

其中，第一项来源于小球的电荷，第二项考虑了小球位于大球内部所受到的影响。

因此两球的电位差为

$$\varphi = \varphi_r - \varphi_R = \frac{q}{4\pi\varepsilon_0}\left(\frac{1}{r} - \frac{1}{R}\right)$$

由于有正电荷 q，内球的电位总高于空心导体球。如果这两个球有电连接，则内球的所有电荷都会流向外表面而与电荷 Q 无关。

2.10 本章小结

1）静电场是由静止电荷产生的，真空中两个电荷之间的相互作用力由库仑定律可得，即

$$\boldsymbol{F}_{21} = \frac{q_1 q_2}{4\pi\varepsilon r_{12}^2}\boldsymbol{e}_r$$

2）电场强度是电场的基本物理量，真空中体电荷、面电荷和线电荷引起的电场强度分别为

$$\boldsymbol{E} = \frac{1}{4\pi\varepsilon_0}\int_{V'}\frac{\rho(\boldsymbol{r}')}{|\boldsymbol{r}-\boldsymbol{r}'|^2}\frac{\boldsymbol{r}-\boldsymbol{r}'}{|\boldsymbol{r}-\boldsymbol{r}'|}\mathrm{d}V' = \frac{1}{4\pi\varepsilon_0}\int_{V'}\frac{\rho(\boldsymbol{r}')\,\boldsymbol{e}_R}{R^2}\mathrm{d}V'$$

$$E = \frac{1}{4\pi\varepsilon_0}\int_{S'} \frac{\sigma(\boldsymbol{r}')\ \boldsymbol{e}_R}{R^2}\mathrm{d}S'$$

$$E = \frac{1}{4\pi\varepsilon_0}\int_{l'} \frac{\tau(\boldsymbol{r}')\ \boldsymbol{e}_R}{R^2}\mathrm{d}l'$$

3）为了描述媒质的极化程度，可将极化强度表示为

$$\boldsymbol{P} = \lim_{\Delta V \to 0} \frac{\sum \boldsymbol{p}}{\Delta V}$$

电场对媒质的极化可看作使媒质产生极化电荷。极化电荷体、面密度与极化强度的关系是

$$\rho_{\mathrm{P}} = -\nabla' \cdot \boldsymbol{P}, \qquad \sigma_{\mathrm{P}} = \boldsymbol{P} \cdot \boldsymbol{e}_{\mathrm{n}}$$

4）电位移矢量是静电场中的又一个基本物理量，它与电场强度及极化强度的关系为

$$\boldsymbol{D} = \varepsilon_0 \boldsymbol{E} + \boldsymbol{P}$$

对于线性媒质，电位移矢量则等于

$$\boldsymbol{D} = \varepsilon \boldsymbol{E}$$

5）静电场基本方程的积分形式是

$$\oint_S \boldsymbol{D} \cdot \mathrm{d}\boldsymbol{S} = \int_V \rho \mathrm{d}V$$

$$\oint_l \boldsymbol{E} \cdot \mathrm{d}\boldsymbol{l} = 0$$

静电场基本方程的微分形式为

$$\nabla \cdot \boldsymbol{D} = \rho$$

$$\nabla \times \boldsymbol{E} = 0$$

从式中可以看出静电场是无旋有源场。

6）由静电场是保守场$\nabla \times \boldsymbol{E} = 0$，引出标量电位描述静电场

$$\boldsymbol{E} = -\nabla\varphi$$

把两点间的电位差定义为此两点间的电压 $\boldsymbol{U}$，即

$$\boldsymbol{U}_{AB} = \varphi_A - \varphi_B = \int_A^B \boldsymbol{E} \cdot \mathrm{d}\boldsymbol{l}$$

7）静电场场量在两种不同媒质分界面上的衔接条件为

$$E_{1\mathrm{t}} = E_{2\mathrm{t}}$$

$$D_{2\mathrm{n}} - D_{1\mathrm{n}} = \sigma$$

这说明，在两种媒质分界面上，电场强度的切线分量是连续的，而电位移矢量的切线分量是不连续的。当分界面上无面电荷时，电位移矢量的法线分量连续，但电场强度的法线分量不连续。

8）基于唯一性定理，标量电位的边值问题可由电位 φ 的泊松或拉普拉斯方程方程求解：

$$\nabla^2\varphi = -\rho/\varepsilon$$

$$\nabla^2 u = 0$$

9）在静电场中也可以用镜像法和电轴法等间接方法求解边值问题。

用镜像电荷代替分布在分界面的不均匀感应电荷的影响，从而得到满足给定边界条件的

解。设两种媒质的介电常数分别为ε_1和ε_2，在媒质ε_1中有一点电荷q，求媒质ε_1和ε_2中的电场时，可引入镜像电荷：

$$q' = \frac{\varepsilon_1 - \varepsilon_2}{\varepsilon_1 + \varepsilon_2}q, \qquad q'' = \frac{2\varepsilon_2}{\varepsilon_1 + \varepsilon_2}q$$

在点电荷置于接地金属球外的镜像法中，则镜像电荷为

$$q' = -q_2 = -\frac{R}{d}q$$

它与球心的距离为

$$b = \frac{R^2}{d}$$

用电轴法分析很长的两平行带电圆柱导体的电场时，可由下述公式确定电轴位置：

$$b = \sqrt{h^2 - a^2}$$

10）电容的定义为

$$C = \frac{Q}{U}$$

11）在线性媒质中，对于连续的体电荷分布，静电能量用电荷和电位表示为

$$W_e = \frac{1}{2}\int_V \rho\varphi \mathrm{d}V$$

静电能量的体密度为

$$W'_e = \frac{1}{2}\boldsymbol{D}\cdot\boldsymbol{E}$$

因此，静电能量还可表示为

$$W_e = \frac{1}{2}\int_V \boldsymbol{D}\cdot\boldsymbol{E}\mathrm{d}V$$

12）电场力也可用虚功原理计算，即

$$F = \left.\frac{\mathrm{d}W_e}{\mathrm{d}g}\right|_{\varphi_k=\text{常量}} = \left.\frac{\partial W_e}{\partial g}\right|_{\varphi_k=\text{常量}}$$

$$F = -\left.\frac{\mathrm{d}W_e}{\mathrm{d}g}\right|_{\varphi_k=\text{常量}} = -\left.\frac{\partial W_e}{\partial g}\right|_{\varphi_k=\text{常量}}$$

2.11 习题

复习题

1. 写出自由空间静电场基本方程的微分形式。
2. 叙述库仑定律。
3. 在什么条件下，高斯定理对计算什么样电荷分布的电场强度特别有用？
4. 如果某一点的电位为零，能说该点的电场强度也为零吗？为什么？

5. 外加电场强度和静电场强度之间的关系是什么？
6. $\nabla\cdot\boldsymbol{D}=0$ 的物理意义是什么？
7. 边界条件的意义是什么？
8. 给定电荷分布的电位移矢量和媒质的性质有关吗？电场强度呢？
9. 两种不同媒质物体之间有力的存在吗？为什么？
10. 讨论虚位移法和应用。
11. 如果电荷分布在半径为 b 的薄球壳上，那么球壳内部的 $\boldsymbol{E}$ 如何？
12. 写出 $\boldsymbol{E}$ 和 $\boldsymbol{D}$ 表示静电能量的表达式。
13. 如果把 n 个电容器并联在一起，则等效电容是多少？
14. 为什么电容串联时每个电容器的电荷是相等的？
15. 由四个离散点电荷组成的静电场的静电能量的表达式是什么？

思考题

1. 电场为零处，电位一定等于零吗？
2. 两条电力线能否相切？同一条电力线上任意两点的电位能否相等？为什么？
3. 将一个接地的导体 B 移近一带正电的孤立导体 A 时，A 的电位是升高还是降低？
4. 若把一个带正电的导体 A 移到一个中性导体 B 附近，导体 B 的电位是升高还是降低，导体 A 的电位呢？
5. 电介质的极化和导体的静电感应有何异同？
6. 说明 $\boldsymbol{E}$、$\boldsymbol{D}$、$\boldsymbol{P}$ 的物理意义。$\boldsymbol{E}$ 与介质有关，$\boldsymbol{D}$ 与介质无关，对吗？
7. 若电场中放入电介质后，自由电荷分布未变，则电介质中的场强大小是否一定比真空中的场强小？
8. 证明任何形状的空心导体当其内部无电荷时，其内场强处处为零。
9. 电缆为什么要制成多层绝缘的结构？各层介质的介电常数的选取遵循什么原则？
10. 电容量一定的电容器，它存储的电能有无上限？为什么？
11. 静电场中存储的能量可从哪几个方面来计算？
12. 应用法拉第观点说明电磁力。
13. 请归纳静电场的分析计算中存在哪些基本问题？可能遇到哪几种边界条件？解决静电场问题有哪些基本方法？
14. 举例说明叠加定理在静电场分析计算中的应用。
15. 证明一个电偶极子的电场强度描述一个保守场。

练习题

1. 一个 5nC 的电荷位于点 $P\left(2,\ \frac{\pi}{2},\ -3\right)$，另一个$-10$nC 的电荷位于点 $Q\ (5,\ \pi,\ 0)$，试计算一电荷对另一电荷的作用力，这个力的性质如何？
2. 两个无限大平面相距为 d，分别均匀分布着等面密度异性电荷，求两平面及两平面间的电场强度。
3. 证明无限长均匀带电导体的等位面为同轴圆柱面。

4. 求电偶极子的电力线的表达式。

5. 证明电偶极子的电场强度的大小为

$$E=\frac{P}{4\pi\varepsilon_0 r^3}\ (1+3\cos^2\theta)^{\frac{1}{2}}$$

6. 半径为 b 的球内体电荷密度为 $\rho=(b+r)(b-r)$ (C/m^3)，求自由空间各处的电场强度和电位。

7. 一无限长的线电荷被包围于电容率为常数的介质内，求介质中任一点的电场强度。

8. 在半径为 a 的球体中，有均匀分布的体电荷，计算系统的总能量。

9. 有一电量为 q、半径为 a 的导体球被切成两半，求两半球之间的电场力。

10. 在面积为 S 的平行板电容器中填充电容率作为线性变化的媒质，从一个极板 $y=1$ 处的 ε_1 一直变化到另一个极板 $y=6$ 处的 ε_2，求电容量。

11. 空气中平行地放置两根长直导线，半径都是6cm，轴线间距离为20cm，若导线间加电压1000V，求电场中的电位分布和导线表面电荷密度的最大值及最小值。

12. 三点电荷100nC、200nC、300nC呈等边三角形放置，边长为5cm，求系统储能。

13. 将100nC和300nC两电荷从无穷远处移至自由空间中的（0，3，3）和（4，0，3）处，需要做多少功？

14. 一长直同轴电缆外裹一薄导体层，已知内导体的半径为 a，外导体的半径为 b，内导体的面电荷密度为 k/ρ，其中 k 为常数，求空间处处的 $\boldsymbol{D}$。

15. 用拉普拉斯方程计算半径分别为 a 和 b 的两同心球壳间的电容。设内壳电位为 V_0，外壳接地，求内壳的面电荷密度是多少？推导导体系统电容的表达式。

2.12　科技前沿

A novel printing technique based upon the electrostatic deflection principle has been developed to increase the speed of the printing process and enhance the print quality. The resulting printer is called an ink-jet printer. In an ink-jet printer, a nozzle vibrating at ultrasonic frequency sprays ink in the form of very fine, uniformly sized droplets separated by a certain spacing. These droplets acquire charge proportional to the character to be printed while passing through a set of charged plates. With a fixed potential difference between the vertical deflection plates, the vertical displacement of an ink droplet is proportional to its charge. A blank space between character is achieved by having no charge imparted to the ink droplets (in this case, the ink droplets are collected by the ink receptor). In a cathode-ray oscilloscope the horizontal deflection of the electron is obtained by constantly changing the potential difference between the horizontal deflection plates. However, in an ink-jet printer the printer head is moved horizontally at a constant speed, and the characters can be formed at the rate of 100characters per second (cps).

（摘自：*Electromagnetic Field Theory Fundamentals* (Second Edition). P246.）

第3章 恒定电场

3.1 从电气研究的热潮到焦耳定律的建立

焦耳是英国著名实验物理学家。1818 年他出生于英国曼彻斯特市近郊，是富有的酿酒厂主的儿子。他从小由家庭教师授课，16 岁起与其兄弟一起到著名化学家道尔顿（John Dalton，1766—1844 年）那里学习，这在焦耳的一生中起了关键作用，使他对科学发生了浓厚的兴趣，后来他就在家里做起了各种实验，成为一名业余科学家。

时值电磁力和电场感应现象发现不久，电机——当时称为磁电机刚刚出现，人们对电磁现象的内在规律还不大了解，也缺乏对电路的深刻认识，只是感到磁电机非常新奇，有可能代替蒸汽机成为效率更高、管理方便的新动力，于是一股电气热潮席卷了欧洲，甚至波及美国。焦耳当时刚 20 岁，正处于敏感的年龄，家中又有很好的实验条件，对革新动力设备很感兴趣，于是就投入到电气热潮之中，开始研究起磁电机来。

从 1838 年到 1842 年的 4 年中，焦耳一共写了 8 篇有关电机的通信和论文，以及 1 篇关于电池、3 篇关于电磁铁的论文。他通过磁电机的各种试验注意到电机和电路中的发热现象，认为这和机件运转中的摩擦现象一样，都是动力损失的根源。于是，他开始进行电流的热效应研究。

1841 年他在《哲学杂志》上发表文章《电的金属导体产生的热和电解时电池组中的热》，叙述了他的实验：为了确定金属导线的热功率，让导线穿过一根玻璃管，再将它密缠在管上，每圈之间留有空隙，线圈终端分开。然后将玻璃管放入盛水的容器中，通电后用温度计测量水的温度变化。实验时，他先用不同尺寸的导线，继而又改变电流的强度，结果判定“在一定时间内电流通过金属导体产生的热与电流强度的平方及导体电阻的乘积成正比。”这就是著名的焦耳定律，又称 I^2R 定律。

随后，他又以电解质做了大量实验，证明上述结论依然正确。I^2R 定律的发现使焦耳对电路中电流的作用有了明确的认识。他仿照动物体中血液的循环，把电池比作心肺，把电流比作血液，指出：“电可以看成是携带、安排和转变化学热的一种重要媒介”，并且认为，在电池中“燃烧”一定量的化学“燃料”，在电路中（包括电池本身）就会发出相应大小的热，这和燃料在氧气中点火直接燃烧所得应是一样多。请注意，这时焦耳已经用上了“转变化学热”一词，说明他已建立了能量转化的普遍概念，他对热、化学作用和电的等价性已有了明确的认识。

然而，这种等价性的最有力证据莫过于热功当量的直接实验数据。正是由于探索磁电机中热的损耗，促使焦耳进行了大量的热功当量实验。1843 年焦耳在《磁电的热效应和热的机械值》一文中叙述了他的目的，写道：“我相信理所当然的是：磁电机的电力与其他来源产生的电流一样，在整个电路中具有同样的热性质。当然，如果我们认为热不是物质，而是一种振动状态，就似乎没有理由认为它不能由一种简单的机械性质的作用所引起，例如像线圈在永久磁铁的两极间旋转的那种作用。与此同时，也必须承认，迄今尚未有实验能对这个非常有趣的问题做出判决，因为所有这些实验都只限于电路的局部，这就留下了疑问，究竟热是生成的，还是从感应出磁电流的线圈里转移出来的？如果热是线圈里转移出来的，线圈本身就要变冷。……所以，我决定致力于清除磁电热的不确定性。”

焦耳把磁电机放在作为量热器的水桶里，旋转磁电机，并将线圈的电流引到电流计中进行测量，同时测量水桶的水温变化。实验表明，磁电机线圈产生的热也与电流的平方成正比。焦耳又把磁电机作为负载接入电路，电路中另接一电池，以观察磁电机内部热的生成，这时，磁电机仍放在作为量热器的水桶里，焦耳继续写道：“我将轮子转向一方，就可使磁电机与电流反向而接，转向另一方，可以借磁电机增大电流。前一情况，仪器具有磁电机的所有特性，后一情况适得其反，它消耗了机械力。”

比较磁电机正反接入电路的实验，焦耳得出结论：“我们从磁电得到了一种媒介，用它可以凭借简单的机械方法，破坏热或产生热。”至此，焦耳已经从磁电机这个具体问题的研究中领悟到了一个具有普遍意义的规律，这就是热和机械功可以互相转化，在转化过程中一定有当量关系。他写道：“在证明了热可以用磁电机生成，用磁的感应力可以随意增减由于化学变化产生的热之后，探求热和得到的或失去的机械功之间是否存在一个恒定的比值，就成了十分有趣的课题。为此目的，只需要重复以前的一些实验并同时确定转动仪器所需的机械力。”焦耳在磁电机线圈的转轴上绕两条细线，相距约27.4m处置两个定滑轮，跨过滑轮挂有砝码，砝码约几磅重（1b=0.45359kg），可随意调整。线圈浸在量热器的水中，从温度计的读数变化可算出热量，从砝码的质量及下落的距离可算出机械功。

在1843年的论文中，焦耳根据13组实验数据取平均值得到如下结果：“能使1磅的水温度升温华氏1度的热量等于（可转化为）把838b重物提升1ft的机械功。”838磅·英尺相当于1135J，这里得到的热功当量838b·ft/Btu等于4.511J/cal（现代公认值为4.187J/cal）。焦耳并没有忘记测定热功当量的实际意义，就在这篇论文中他指出，最重要的实际意义有两点：①可用于研究蒸汽机的出力；②可用于研究磁电机作为经济的动力的可行性。可见，焦耳研究这个问题始终没有离开他原先的目标。焦耳还用多孔塞置于水的通道中，测量水通过多孔塞后的温升，得到热功当量为770b·ft/Btu（4.145J/cal）。这是焦耳得到的与现代热功当量值最接近的数值。

3.2 恒定电场的基本方程

本节首先讨论维持恒定电场所需要的电源，然后讨论欧姆定律和焦耳定律的微分形式，最后再推导出恒定电场的基本方程及其分界面上的衔接条件。

3.2.1 电源与恒定电场

电源是一种能将其他形式的能量，如热能、机械能和化学能等转换成电能的装置，它能把电源内导体分子或原子中的正、负电荷分开。如果正、负电极之间的电压维持恒定，与它们相连接的导体之间的电压也恒定，并在周围维持一恒定电场，即电场的分布将不随时间改变。电源中能将正、负电荷分离开来的力称为局外力，把作用于单位正电荷上的局外力设想为一等效场强，称为局外场强，用 $\boldsymbol{E}_e$ 表示，方向由电源负极指向正极。于是，可用局外场强来描述电源的特性，电源电动势 e 与局外场强的关系为

$$e = \int_l \boldsymbol{E}_e \cdot d\boldsymbol{l} \tag{3-1}$$

在电源内部，除由两极上电荷所引起的库仑电场强度 $\boldsymbol{E}$ 外，还有局外场强 $\boldsymbol{E}_e$，因此其中的合成场强应为两者之和，即 $\boldsymbol{E}+\boldsymbol{E}_e$，其中 $\boldsymbol{E}$ 和 $\boldsymbol{E}_e$ 方向相反，$\boldsymbol{E}$ 由正极指向负极，$\boldsymbol{E}_e$ 由负极指向正极，如图 3-1所示。

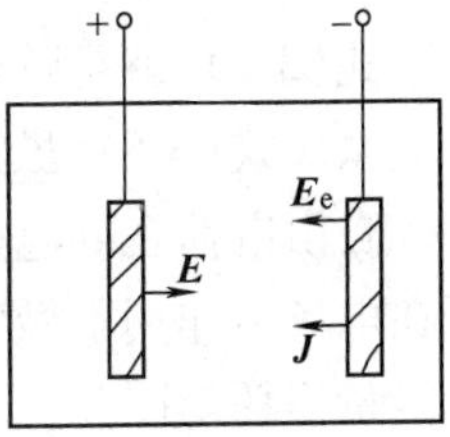

图 3-1　电源示意图

通过含源导电媒质的电流密度为

$$\boldsymbol{J} = \gamma(\boldsymbol{E} + \boldsymbol{E}_e) \tag{3-2}$$

在电源以外区域中，则只存在库仑电场。库仑场强 $\boldsymbol{E}$ 不是由静止电荷产生的，而是由处于动态平衡下的恒定电荷（即电荷的分布不随时间改变）产生的。

对于恒定电场，主要考虑两种情况：一种是导电媒质中的恒定电场，另一种是通有恒定电流的导体周围电介质或空气中的恒定电场。由于电介质中的恒定电场是导体上的恒定电荷所引起的，所以这类场也是保守场，可以用电位函数表征其特性，用求解静电场的方法来处理。虽然严格地说，如果导体中通有电流，导体就不是等位体，其表面也不是等位面。然而在很多实际问题中，紧挨导体表面的电介质内电场强度的切线分量较法线分量小得多，往往可以忽略其切线分量。这样，导体表面上的边界条件就可以认为与静电场相同。因此，在研究有恒定电流通过的导体周围电介质中的恒定电场，可以应用与静电场对应的解。因此本章主要讨论导电媒质中的电场。

3.2.2　欧姆定律和焦耳定律的微分形式

在第 1 章介绍了电流密度，电流密度的概念应用相当广泛，一般把电流密度矢量在各处都不随时间变化的电流称为恒定电流。而要在导体媒质中维持恒定电流，必须存在一个恒定电场。因此，电流密度与电场强度一定存在某种函数关系。

由电路理论可知，导体两端的电压与流过的电流成正比，即

$$U = IR \tag{3-3}$$

式(3-3) 称为欧姆定律，其中 R 为导体电阻。

对于均匀截面的导体，有

$$R = \frac{l}{\gamma S} \tag{3-4}$$

式中，γ 为电导率，单位是西/米（S/m），它的倒数称为电阻率，用 ρ_r 表示，单位是欧 · 米（Ω · m）。

在场论中，对各向同性导电媒质中任选一段长度为 $d\boldsymbol{l}$ 元电流管，管的横截面 $d\boldsymbol{S}$ 在此长度上可认为是均匀的，如图 3-2 所示。

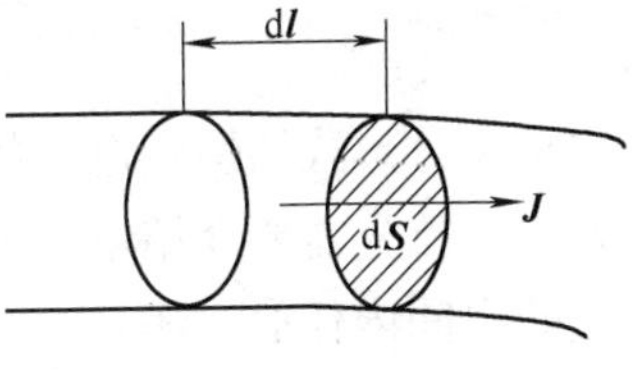

图 3-2　元电流管

由图可知，流过该管的电流为

$$di = \boldsymbol{J} \cdot d\boldsymbol{S}$$

而 $d\boldsymbol{l}$ 段两端的电压为 dU，$dU=\boldsymbol{E} \cdot d\boldsymbol{l}$。利用欧姆定律式(3-3)，有

$$\boldsymbol{E}\cdot \mathrm{d}\boldsymbol{l}=\boldsymbol{J}\cdot \mathrm{d}S\frac{\mathrm{d}l}{\gamma \mathrm{d}S}$$

由图 3-2 可知，d$\boldsymbol{l}$ 的方向就是 d$\boldsymbol{S}$ 的法线方向，故有

$$\boldsymbol{J}=\gamma\boldsymbol{E} \tag{3-5}$$

式(3-5) 就是欧姆定律的微分形式，表明了导电媒质中任一点的电流密度与电场强度间的关系。式(3-5) 虽然是在恒定情况下推导出的，但对非恒定情况也适用。

自由电荷在导电媒质中移动时，必然会与其他质点发生碰撞。比如金属导体中的自由电子在电场力作用下做定向移动时，会不断与晶格发生碰撞，将动能转变为原子的热振动，造成能量损耗。因此，若要在导体内维持恒定电流，必须持续地对电荷提供能量，这些能量最终都转化为热能。

设导体每单位体积内有 N 个自由电子，平均速度为 $\boldsymbol{v}$，则式(1-6) 可写成

$$\boldsymbol{J}=N(-e)\boldsymbol{v} \tag{3-6}$$

如果导体中存在电场强度 $\boldsymbol{E}$，则每一电子所受的力为 $\boldsymbol{F}=-e\boldsymbol{E}$。在 d$t$ 时间内，电场力对每一电子所做的功为

$$\mathrm{d}A_{\mathrm{e}}=\boldsymbol{F}\cdot \mathrm{d}\boldsymbol{l}=-e\boldsymbol{E}\cdot \boldsymbol{v}\,\mathrm{d}t$$

移动元体积 dV 内的所有电子，需要做的功为

$$\mathrm{d}A=(N\mathrm{d}V)\,\mathrm{d}A_{\mathrm{e}}=N(-e)\,\boldsymbol{v}\cdot \boldsymbol{E}\mathrm{d}V\mathrm{d}t \tag{3-7}$$

将式(3-6) 代入式(3-7) 可得

$$\mathrm{d}A=\boldsymbol{J}\cdot \boldsymbol{E}\mathrm{d}V\mathrm{d}t \tag{3-8}$$

式(3-8) 给出了 dt 时间内，导体体积元 dV 内由于电子运动而转换成的热能，由此可得功率密度为

$$p=\frac{\mathrm{d}P}{\mathrm{d}V}=\frac{\mathrm{d}A/\mathrm{d}t}{\mathrm{d}V}=\boldsymbol{J}\cdot \boldsymbol{E} \tag{3-9}$$

式(3-9) 就是焦耳定律的微分形式。功率密度的单位是瓦/米^3 (W/m^3)。式(3-9) 表明了导体内任一点单位体积的功率损耗与该点的电流密度和电场强度间的关系。电路理论中的焦耳定律 $P=I^2R$ 可由它积分而得到。

3.2.3 恒定电场基本方程及分界面上的衔接条件

本章主要讨论导电媒质中的恒定电场，如果电场强度的环路积分路径完全在电源外部闭合，由于恒定电荷产生的库仑电场 $\boldsymbol{E}$ 是保守场，因此

$$\oint_l \boldsymbol{E}\cdot \mathrm{d}\boldsymbol{l}=0 \tag{3-10}$$

这是积分形式的恒定电场的基本方程之一。下面给出关于恒定电场的另一个重要物理量 $\boldsymbol{J}$ 的方程。首先需要介绍电荷守恒原理，电荷既不能产生也不能消灭，不失一般性，在存在体电流的空间内任取一闭合面 $\boldsymbol{S}$，那么单位时间内从 $\boldsymbol{S}$ 面流出的电流，必然等于 $\boldsymbol{S}$ 面所包围的体积中单位时间内总电荷的减少量，即

$$\oint_S \boldsymbol{J}\cdot \mathrm{d}\boldsymbol{S}=-\frac{\partial q}{\partial t}=-\int_V \frac{\partial \rho}{\partial t}\mathrm{d}V$$

对于恒定电流来说，电荷在空间保持动态平衡，要确保导电媒质中的电场恒定，任意闭

合面内不能有电荷的增减，即$\frac{\partial q}{\partial t}=0$，否则会引起电场的变化。这种情况下上式变为

$$\oint_S \boldsymbol{J} \cdot \mathrm{d}\boldsymbol{S} = 0 \tag{3-11}$$

它就是电源外导电媒质中恒定电场的另一个基本方程。由斯托克斯定理和散度定理，可得到两个基本方程的微分形式：

$$\nabla \times \boldsymbol{E} = 0 \tag{3-12}$$

$$\nabla \cdot \boldsymbol{J} = 0 \tag{3-13}$$

式(3-12) 表明电场强度的旋度等于零，恒定电场是一个保守场。式(3-13) 表明电流线是无头无尾的闭合曲线，恒定电流只能在闭合电路中流动。电流密度 $\boldsymbol{J}$ 与电场强度 $\boldsymbol{E}$ 的关系为欧姆定律的微分形式：

$$\boldsymbol{J} = \gamma \boldsymbol{E}$$

在两种不同导电媒质的分界面上，由于电导率发生突变，电流密度也会随之突变。因此，与静电场相同，需要补充适合于分界面上的衔接条件。由于导电媒质中的恒定电场与没有体电荷分布的静电场的基本方程相似，故恒定电场分界面上的衔接条件的推导与静电场相似。

在电源外导电媒质中，由于$\oint_l \boldsymbol{E} \cdot \mathrm{d}\boldsymbol{l} = 0$，与静电场类似，可得

$$\boldsymbol{E}_{t1} = \boldsymbol{E}_{t2} \tag{3-14}$$

式(3-14) 说明电场强度 $\boldsymbol{E}$ 在分界面上的切线分量是连续的。

再由电流连续性方程$\oint_S \boldsymbol{J} \cdot \mathrm{d}\boldsymbol{S}=0$可知，$\boldsymbol{J}$ 与静电场无荷区的 $\boldsymbol{D}$ 满足同样的关系，类似可得

$$\boldsymbol{J}_{n1} = \boldsymbol{J}_{n2} \tag{3-15}$$

式(3-15) 说明电流密度在分界面上的法线分量是连续的。

由于在线性、各向同性的导电媒质中有 $\boldsymbol{J}=\gamma\boldsymbol{E}$，即 $\boldsymbol{J}$ 与 $\boldsymbol{E}$ 的方向一致，如图 3-3 所示。

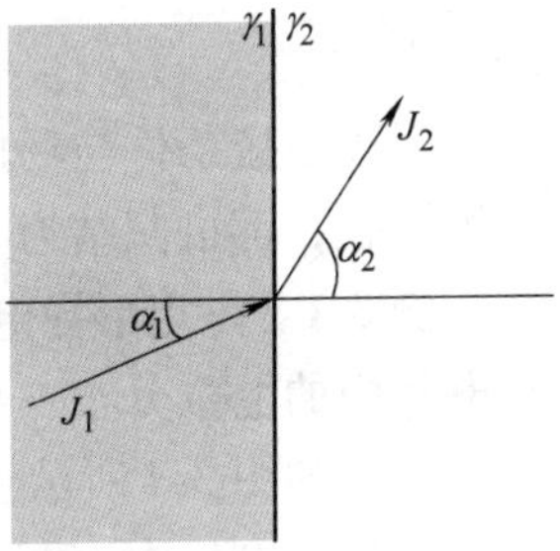

图 3-3　电流线的折射

因此，式(3-14) 和式(3-15) 可分别写成

$$E_1\sin\alpha_1 = E_2\sin\alpha_2 \tag{3-16}$$

$$\gamma_1 E_1\cos\alpha_1 = \gamma_2 E_2\cos\alpha_2 \tag{3-17}$$

式(3-16) 与式(3-17) 相除得

$$\frac{\tan\alpha_1}{\tan\alpha_2} = \frac{\gamma_1}{\gamma_2} \tag{3-18}$$

式(3-18) 就是恒定电场中电场强度矢量线和电流密度矢量线的折射定律。

接下来，应用不同导电媒质分界面上电场强度和传导电流密度的衔接条件来分析导电媒质中的情况。在两种不同媒质的分界面处，设区域 1 的电导率为 γ_1，介电常数为 ε_1，区域 2 中的电导率为 γ_2，介电常数为 ε_2，则其衔接条件既满足介电性质，又满足导电性质，即

$$D_{2n} - D_{1n} = \sigma$$

$$J_{2n} - J_{1n} = 0$$

或

$$\varepsilon_2 E_{2n} - \varepsilon_1 E_{1n} = \sigma$$

$$\gamma_2 E_{2n} - \gamma_1 E_{1n} = 0$$

因此，分界面上的电荷密度为

$$\sigma = \varepsilon_2 E_{2n} - \varepsilon_1 E_{1n} = \left(\varepsilon_2 - \varepsilon_1 \frac{\gamma_2}{\gamma_1}\right) E_{2n} = \left(\varepsilon_2 \frac{\gamma_1}{\gamma_2} - \varepsilon_1\right) E_{1n} \tag{3-19}$$

由式(3-19) 可知，只有当两种导电媒质参数满足$\dfrac{\gamma_2}{\gamma_1}=\dfrac{\varepsilon_2}{\varepsilon_1}$时，$\sigma=0$。

在恒定电场下对于金属导体来说，可以近似认为其介电常数 $\varepsilon=\varepsilon_0$，因此式(3-19) 可写成

$$\sigma = \left(1 - \frac{\gamma_2}{\gamma_1}\right)\varepsilon_0 E_{2n} = \left(\frac{\gamma_1}{\gamma_2} - 1\right)\varepsilon_0 E_{1n} \tag{3-20}$$

3.3 恒定电场的边值问题

在恒定电场中，由于$\nabla\times\boldsymbol{E}=0$，因此电场强度 $\boldsymbol{E}$ 仍然可以用标量电位函数来表示：

$$\boldsymbol{E} = -\nabla\varphi \tag{3-21}$$

由式(3-5) 和式(3-13) 可得

$$\nabla\cdot\boldsymbol{J} = \nabla\cdot(\gamma\boldsymbol{E}) = \gamma\nabla\cdot\boldsymbol{E} + \boldsymbol{E}\cdot\nabla\gamma = 0$$

对于均匀媒质有$\nabla\gamma=0$，再将式(3-21) 代入，从而得

$$\nabla^2\varphi = 0 \tag{3-22}$$

由式(3-22) 可知，恒定电场的电位函数与静电场的无荷区相似，也满足拉普拉斯方程。在两种不同导电媒质的分界面上，用电位函数表示的衔接条件为

$$\varphi_1 = \varphi_2 \tag{3-23}$$

$$\gamma_1\frac{\partial\varphi_1}{\partial n} = \gamma_2\frac{\partial\varphi_2}{\partial n} \tag{3-24}$$

上述衔接条件与场域边界上给定的边界条件共同构成了恒定电场的边界条件。很多恒定电场问题，都可归结为在一定条件下求解拉普拉斯方程的解，称为恒定电场的边值问题。

例 3-1 一矩形导电片长为 b，宽为 a，其底边及两侧的电位为零，上边电位为 φ_0，求导电片内的电位分布（导电片沿 z 轴方向的厚度很小）。

解：如图 3-4 所示建立坐标系。

矩形导电片中，电位满足拉普拉斯方程，即

$$\nabla^2\varphi=0$$

而待求恒定电场满足的边界条件为

$$\varphi\big|_{y=0}=0$$

$$\varphi\big|_{y=a}=\varphi_0$$

$$\left.\frac{\partial\varphi}{\partial x}\right|_{x=0}=\left.\frac{\partial\varphi}{\partial x}\right|_{x=b}=0$$

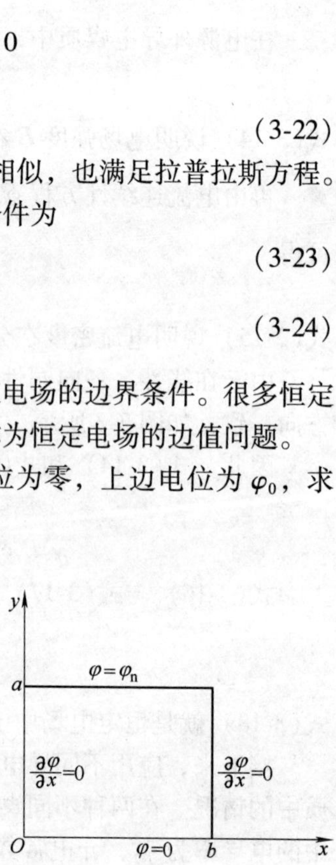

图 3-4 例 3-1 图

由边界条件分析可知，电位函数 φ 仅与坐标 y 有关，故满足的方程为

$$\frac{\partial^2 \varphi}{\partial y^2}=0$$

其解为

$$\varphi=C_1 y+C_2$$

代入边界条件得

$$C_1=\frac{\varphi_0}{a}, \qquad C_2=0$$

于是得到该问题的解为

$$\varphi=\frac{\varphi_0}{a}y$$

3.4　静电比拟

比较导电媒质中电源外的恒定电场与无电荷区的静电场可以发现，表征两类场的基本物理量有对应，基本方程也有相似的形式，因此引出一种方法。在一定条件下，可以把一种场的计算或实验结果推广应用于另一种场，这种方法称为静电比拟。如果两个场的边界条件也一样的话，只要通过对一个场求解，就可以应用对应量的关系进行置换，便可立即得到另一个场的解。

表 3-1 列出了两种场对应的基本物理量。

表 3-1　两种场对应的基本物理量

静电场（$\rho=0$ 处）	$\boldsymbol{E}$	φ	$\boldsymbol{D}$	q	ε
导电媒质中恒定电场（电源外）	$\boldsymbol{E}$	φ	$\boldsymbol{J}$	I	γ

表 3-2 列出了两种场所满足的基本方程或重要关系式。

表 3-2　两种场所满足的基本方程或重要关系式

静电场（$\rho=0$ 处）	导电媒质中恒定电场（电源外）
$\nabla\times\boldsymbol{E}=0$ 或 $\boldsymbol{E}=-\nabla\varphi$	$\nabla\times\boldsymbol{E}=0$ 或 $\boldsymbol{E}=-\nabla\varphi$
$\nabla\cdot\boldsymbol{D}=0$	$\nabla\cdot\boldsymbol{J}=0$
$\boldsymbol{D}=\varepsilon\boldsymbol{E}$	$\boldsymbol{J}=\gamma\boldsymbol{E}$
$\nabla^2\varphi=0$	$\nabla^2\varphi=0$
$q=\int_S \boldsymbol{D}\cdot \mathrm{d}\boldsymbol{S}$	$I=\int_S \boldsymbol{J}\cdot \mathrm{d}\boldsymbol{S}$

例如，对于图 3-5a 所示两种不同导电媒质中置有电极的问题，也可以用镜像法来计算。对于第一种媒质中的电场，可按图 3-5b 计算，而对于第二种媒质中的电场，可按图 3-5c计算。其中镜像电流 I'和 I''由静电场中的介质平面镜像的静电比拟关系可知，即有

$$I'=\frac{\gamma_1-\gamma_2}{\gamma_1+\gamma_2}I \tag{3-25}$$

$$I'' = \frac{2\gamma_2}{\gamma_1 + \gamma_2} I \tag{3-26}$$

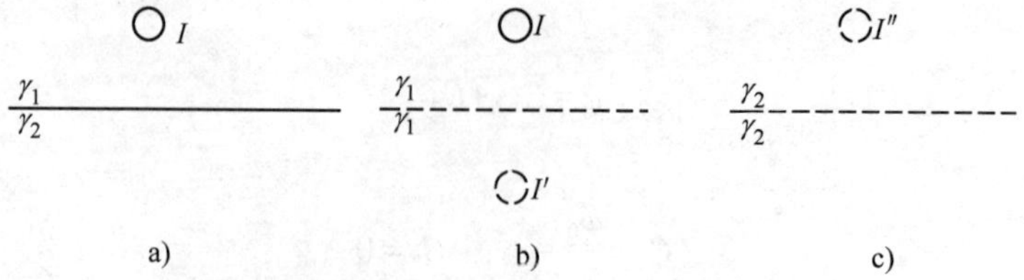

图 3-5　线电流对无限大导电媒质分界平面的镜像

如果第一种媒质为土壤，第二种媒质为空气，即 $\gamma_2=0$，则由式(3-25) 和式(3-26) 可得

$$I' = I, \qquad I'' = 0$$

静电比拟原理在实验中也经常用到，由于在恒定电场中进行测量比在静电场中容易得多，故在实验室研究静电场时常用恒定电流模拟静电场。它还可用于轴对称场的模拟，如电缆头电场、高压套管电场和棒子式绝缘子电场等。

3.5　电导与接地电阻

工程上，为了计算能量损耗，常常需要计算两电极间媒质的电导或非理想介质的绝缘电阻，这是恒定电场中的一个重要问题。为此介绍几种计算电导的方法。

3.5.1　电导

流经导电媒质的电流与导电媒质两端的电压之比定义为电导，即

$$G = \frac{I}{U} \tag{3-27}$$

而

$$I = \int_S \boldsymbol{J} \cdot \mathrm{d}\boldsymbol{S} \tag{3-28}$$

$$U = \int_S \boldsymbol{E} \cdot \mathrm{d}\boldsymbol{l} \tag{3-29}$$

由以上两式可知，求解电导的关键是求解电场强度，相应与电场强度的计算，电导一般可由以下三种方法计算：

1）当导体的形状有某种对称关系或规则时，可以先假设一电流 I，然后按 $I \to \boldsymbol{J} \to \boldsymbol{E} \to U \to G$ 的步骤求得电导。或先假设一电压 U，然后按 $U \to \boldsymbol{E} \to \boldsymbol{J} \to I \to G$ 的步骤求得电导。

2）一般情况下，从拉普拉斯方程入手来计算电位，然后按 $\varphi \to \boldsymbol{E} \to \boldsymbol{J} \to I \to G$ 的步骤求电导。

3）当恒定电场与静电场两者的边界条件相同时，可利用电导与电容计算公式的相似性，利用静电比拟法求得电导。静电比拟关系为

$$\frac{C}{G} = \frac{\varepsilon}{\gamma} \tag{3-30}$$

例 3-2　一厚度为 d 的法拉第感应盘的外径为 R_2，中心孔的半径为 R_1，试求解孔与圆盘

外边缘的电阻。

解： 设圆盘内从内孔流向圆盘外边缘的电流为 I，由对称性可知，在半径为 ρ 处的电流密度的方向沿径向方向，其大小为

$$J=\frac{I}{S}=\frac{I}{2\pi\rho d}$$

故电场强度为

$$E=\frac{J}{\gamma}=\frac{I}{2\pi\gamma\rho d}$$

孔到圆盘外边缘间的电压为

$$U=\int_{R_1}^{R_2}E\mathrm{d}\rho=\int_{R_1}^{R_2}\frac{I}{2\pi\gamma\rho d}\mathrm{d}\rho=\frac{I}{2\pi\gamma d}\ln\frac{R_2}{R_1}$$

从而得电导为

$$G=\frac{I}{U}=\frac{2\pi\gamma d}{\ln\frac{R_2}{R_1}}$$

相应的电阻为

$$R=\frac{1}{G}=\frac{\ln\frac{R_2}{R_1}}{2\pi\gamma d}$$

3.5.2　多电极系统的部分电导

和静电场中的多导体系统相类似，在导电媒质中也存在三个及以上的良导体电极组成的多电极系统，任意两个电极之间的电流不仅要受到其自身电压的影响，还要受到其他电极间电压的影响。这时，可和静电场引入部分电容相类似，需将电导的概念加以扩充，引入部分电导的概念。

设在线性各向同性导电媒质中有（$n+1$）个电极，它们的电流分别为 I_0、I_1、…、I_k、…、I_n，且有关系

$$I_0+I_1+\cdots+I_k+\cdots+I_n=0 \tag{3-31}$$

则根据叠加原理可得各电极与0号电极间的电压与各电极的电流之间有如下关系：

$$\left.\begin{aligned}U_{10}&=R_{11}I_1+R_{12}I_2+\cdots+R_{1k}I_k+\cdots+R_{1n}I_n\\&\vdots\\U_{k0}&=R_{k1}I_1+R_{k2}I_2+\cdots+R_{kk}I_k+\cdots+R_{kn}I_n\\&\vdots\\U_{n0}&=R_{n1}I_1+R_{n2}I_2+\cdots+R_{nk}I_k+\cdots+R_{nn}I_n\end{aligned}\right\} \tag{3-32}$$

由于受式(3-31）的约束，式(3-32）中没有出现 I_0。在式(3-32）中，等号右边中电流的系数可以分为两类：一类下标相同，称为自有电阻系数，如 R_{11}、…R_{kk}、…R_{nn}；另一类下标不同，称为互有电阻系数，如 R_{12}、…R_{23}、…R_{kn}、…电阻系数只与电极的几何形状、相互位置及导电媒质的电阻率有关，且 $R_{jk}=R_{kj}$。

由式(3-32）求解各极电流与电极间电压的关系，用线性方程表示为

$$\left.\begin{aligned}I_1 &= G_{10}U_{10} + G_{12}U_{12} + \cdots + G_{1k}U_{1k} + \cdots + G_{1n}U_{1n}\\&\vdots\\I_k &= G_{k1}U_{k1} + G_{k2}U_{k2} + \cdots + G_{k0}U_{k0} + \cdots + G_{kn}U_{kn}\\&\vdots\\I_n &= G_{n1}U_{n1} + G_{n2}U_{n2} + \cdots + G_{nk}U_{nk} + \cdots + G_{nn}U_{n0}\end{aligned}\right\} \tag{3-33}$$

式(3-33) 中，G_{10}、G_{20}、$\cdots G_{k0}$、$\cdots G_{n0}$称为自有部分电导，即各电极与0号电极间的部分电导，而G_{kj}称为多极系统中电极间的部分电导，即相应两个电极间的部分电导，如G_{12}、$\cdots G_{23}$、$\cdots G_{kn}$、$\cdots$。所有的部分电导都为正值，且$G_{kj}=G_{jk}$。在（n+1）个电极组成的多电极系统中，共有$\frac{n\ (n+1)}{2}$个部分电导。图3-6表示了处在导电媒质中的三个电极与地间的六个部分电导。可见，多电极系统的部分电导与静电系统的部分电容两者之间可以互相比拟。

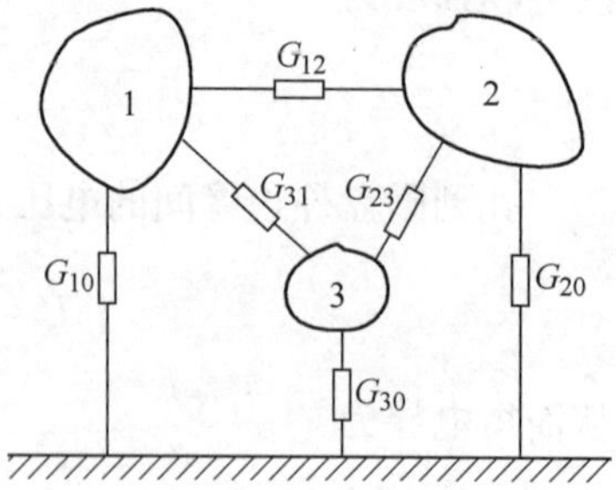

图3-6 部分电导

3.5.3 接地电阻

在电力系统中，将设备和用电装置的中性点、外壳或支架与接地装置用导体做良好的电气连接称为接地。根据接地的作用不同，可将接地分为两类：保护接地和工作接地。如果为了保护工作人员及电气设备的安全而接地，则称为保护接地。如果是以大地为导线或为消除电气设备导电部分对地电压升高而接地，则称为工作接地。

为了接地而将金属导体埋入地下，而设备中需要接地的部分与该导体相连，这种埋在地下的导体或导体系统称为接地体。接地装置是指埋设在地下的接地体与由该接地体到设备之间的连接导线的总称。

接地电阻就是电流由接地装置流入大地，再经大地流向另一接地体或向远处扩散所遇到的电阻。它包括接地线的电阻、接地体本身的电阻、接地体与大地之间的接触电阻以及两接地体之间大地的电阻或接地体到无限远处的大地电阻。其中前三部分电阻值比最后部分小得多，因此，接地电阻主要是指大地电阻。

计算接地电阻，必须研究地中电流的分布。由于在远离接地体处电流流过的面积大而电流密度很小，只有在接地体附近电流流过的面积最小，所以接地电阻主要集中在接地体附近。在计算时，可认为电流从接地体流至无限远处，把接地体视为电极，离它无限远处作为零电位，于是先求出地中电流的分布，然后再求出电场的分布。接地电阻为

$$R=\frac{U}{I} \tag{3-34}$$

式中，U为接地体相对零电位点的电压；I为经接地体流入大地的电流。

对于深埋地中半径为a的接地导体球，此时可以不考虑地面的影响，其$\boldsymbol{J}$线的分布如图3-7所示。

设接地电流为I，则有

$$J=\frac{I}{4\pi r^2},\qquad E=\frac{J}{\gamma}=\frac{I}{4\pi\gamma r^2}$$

接地球电位为

$$U=\int_a^{\infty}\frac{I}{4\pi\gamma r^2}\mathrm{d}r=\frac{I}{4\pi\gamma a}$$

接地电阻为

$$R=\frac{U}{I}=\frac{1}{4\pi\gamma a} \tag{3-35}$$

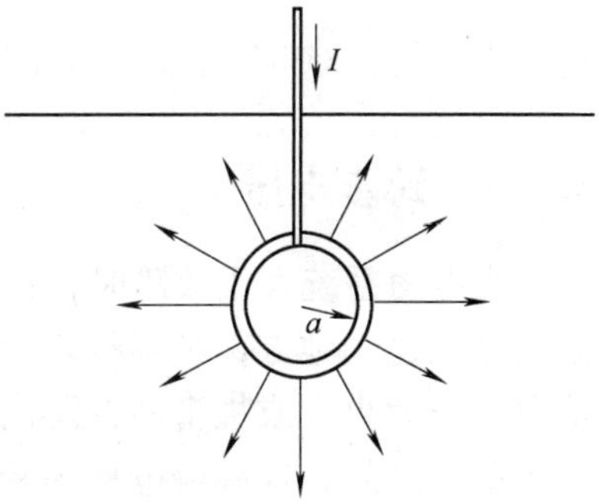

图 3-7　深埋接地导体球的 J 线分布

在接地电阻的计算中，也常用静电比拟方法。如对于图 3-7 所示的深埋地中半径为 a 的接地导体球，由于可忽略地面的影响，而且 $\gamma_{导体}\gg\gamma_{土壤}$，其可与均匀介质中孤立导体球相比拟。球的电容为 $C=4\pi\varepsilon a$，故利用$\frac{G}{C}=\frac{\gamma}{\varepsilon}$可得电导为 $G=4\pi\gamma a$，接地电阻为 $R=\frac{1}{G}=\frac{1}{4\pi\gamma a}$。

而对于浅埋地中的接地体，如图 3-8 所示，必须考虑地面的影响。可利用镜像法求解，由叠加原理可得接地球电位为

$$\varphi_R=\frac{I}{4\pi\gamma R}+\frac{I}{4\pi\gamma 2h}$$

$$R=\frac{\varphi_R}{I}=\frac{1}{4\pi\gamma}\left(\frac{1}{R}+\frac{1}{2h}\right) \tag{3-36}$$

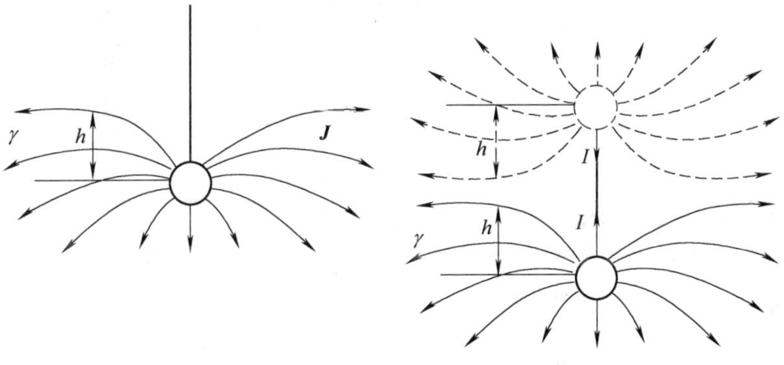

图 3-8　浅埋于地中的导体与其镜像法

也可利用镜像法先求出形状、尺寸、相对位置均相同的导体间的电容，再利用$\frac{G}{C}=\frac{\gamma}{\varepsilon}$求出相应的接地电阻。如图 3-9 所示的紧靠地面的半球形接地体，先用镜像法得到一个均匀媒质中的孤立导体球，其电容 $C=4\pi\varepsilon a$，则相应的电导 $G=4\pi\gamma a$。由于孤立球相当于两个半球的并联，故半球的接地电阻应为全球

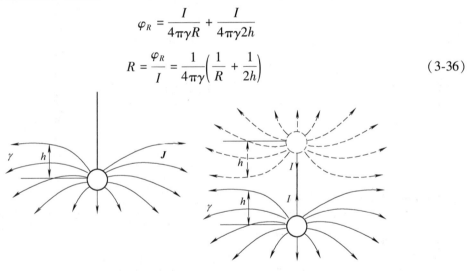

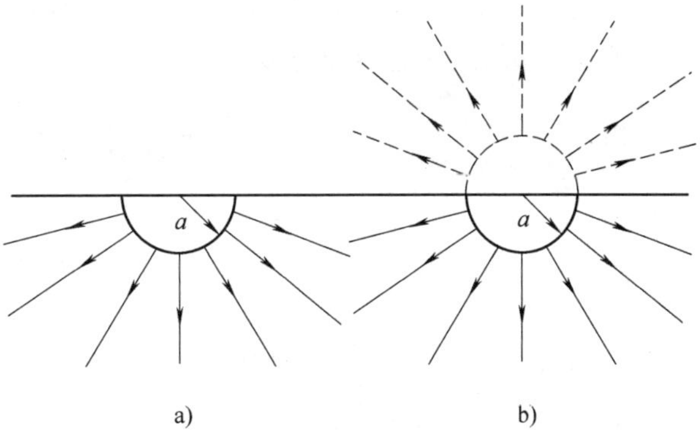

图 3-9　半球形接地体

电阻的2倍，即得所求的接地电阻 $R=2\times\frac{1}{G}=\frac{1}{2\pi\gamma a}$。

3.5.4 跨步电压

当电力系统发生故障时，接地装置使电流向大地流散，在地面上形成电位差，这时如果人站在这个地方，则两脚之间的电位差就称为跨步电压。一般情况下，如果人或牲畜站在距离电线落地点8～10m以内，就可能发生触电事故，这种触电称为跨步电压触电。由于人受到较高的跨步电压作用时，双脚会抽筋，使身体倒在地上。经实验证明，人倒地后电流在体内持续作用2s，这种触电就会致命，应十分重视。

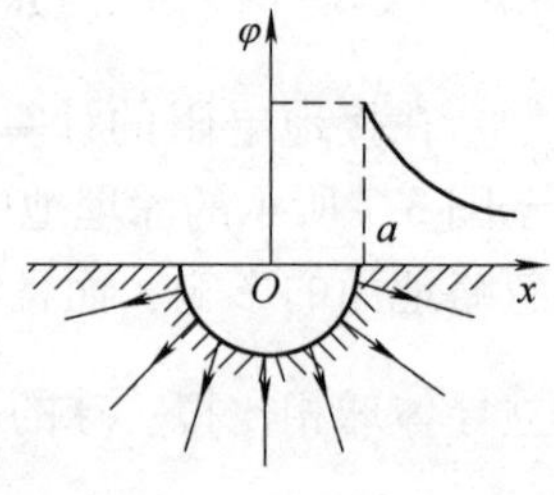

图3-10　跨步电压

假设有一半径为 a 的半球形接地体，如图3-10所示。

由接地体流入大地的电流为 I，则在距球心 r 处的电流密度为

$$J=\frac{I}{2\pi r^2}$$

场强为

$$E=\frac{J}{\gamma}=\frac{I}{2\pi\gamma r^2}$$

电位为

$$\varphi(a)=\int_a^{\infty}\frac{I}{2\pi\gamma r^2}\mathrm{d}r=\frac{I}{2\pi\gamma a}$$

其电位分布曲线如图3-10所示。

设人的两脚 A、B 两点之间的距离为 b，设 A 点与接地体中心的距离为 l，B 点与接地体中心的距离为 $l-b$，则跨步电压为

$$U_{BA}=\int_{l-b}^{l}\frac{I}{2\pi\gamma r^2}\mathrm{d}r=\frac{I}{2\pi\gamma}\left(\frac{1}{l-b}-\frac{1}{l}\right)$$

设对人体危险的安全电压为 U_0，当 $U_{BA}=U_0$ 时，A 点就成为危险区的边界，即危险区就是以 O 点为圆心、l 为半径的圆。

由
$$U_0=\frac{I}{2\pi\gamma}\left(\frac{1}{l-b}-\frac{1}{l}\right)\approx\frac{Ib}{2\pi\gamma l^2}$$

可得

$$l=\sqrt{\frac{Ib}{2\pi\gamma U_0}}\tag{3-37}$$

由式(3-37)即可求得危险区半径。

应当指出，实际上直接危及人体安全的不是电压，而是通过人体的电流。当通过人体的工频电流超过8mA时，有可能发生危险，当超过30mA时，就会危及人的生命。

3.6　工程应用实例

3.6.1　电法勘探

电法勘探是以矿（岩）石间电磁及电化学性质的差异为基础，探测地下状况的工程技术。通常用以勘探天然气、煤田和石油地质构造，寻找金属与非金属矿产，进行城市环境、建筑基础、工程地址与地下管线铺设的勘察等。由于勘探对象所处自然条件的多样性，因此电法勘探的应用方法很多，这里仅介绍最基本的勘探方法——电阻率法。

电阻率法勘探是基于地下三维空间中各种矿石、岩石不同的电阻率，通过观测地面上电流场的电位分布，以此推测地下地质情况。

设在野外观测时电流 I 由位于地面正负电极的 A、B 送入地下，并在另两点电极 M、N 处测量电位差，而地下空间全为同一电阻率 ρ 的均匀媒质，则 M、N 两点间的电位差为

$$\begin{aligned}\Delta\varphi = \varphi_M - \varphi_N &= \frac{\rho I}{2\pi}\left(\frac{1}{r_{AM}} - \frac{1}{r_{BM}}\right) - \frac{\rho I}{2\pi}\left(\frac{1}{r_{AN}} - \frac{1}{r_{BN}}\right)\\ &= \frac{\rho I}{2\pi}\left(\frac{1}{r_{AM}} - \frac{1}{r_{BM}} - \frac{1}{r_{AN}} + \frac{1}{r_{BN}}\right)\end{aligned} \tag{3-38}$$

式中，r_{AM}、r_{BM}、r_{AN}、r_{BN}分别为测点与点电极间的距离。

于是得

$$\rho = \frac{\Delta\varphi}{I}\frac{2\pi}{\dfrac{1}{r_{AM}} - \dfrac{1}{r_{BM}} - \dfrac{1}{r_{AN}} + \dfrac{1}{r_{BN}}} = K\frac{\Delta\varphi}{I} \tag{3-39}$$

式中，K 称为电极系数，它只与电极排列形式和距离有关，且

$$K = \frac{2\pi}{\dfrac{1}{r_{AM}} - \dfrac{1}{r_{BM}} - \dfrac{1}{r_{AN}} + \dfrac{1}{r_{BN}}} \tag{3-40}$$

根据式(3-39) 和式(3-40)，利用四极装置测算地下均匀岩石的电阻率，如图 3-11 所示。

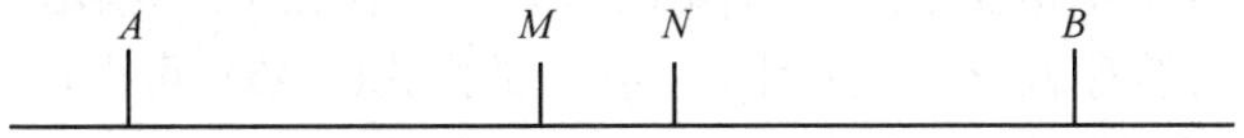

图 3-11　四极电阻率法的电流和电位电极的排列

当地下空间由不同电阻率的多种岩石组成时，则由四极装置得到的结果将是各种岩石电阻率的综合反应，称之为视电阻率，用符号 ρ_a 表示，即

$$\rho_a = K\frac{\Delta\varphi}{I} \tag{3-41}$$

视电阻率虽然不是岩石的真正电阻率，但确是地下电性不均匀体的综合反映，故可利用其变化规律来发现和探查地下电性不均匀体，以此达到找矿和解决其他地址问题的目的。视电阻率的变化反映了地下电性不均匀岩石中电场的分布情况，为揭示电阻率与地下电场分布之间的关系，现做如下讨论。

测点间的电压还可以表示为

$$\Delta\varphi_{MN} = \int_M^N E_{MN}\mathrm{d}l = \int_M^N J_{MN}\rho_{MN}\mathrm{d}l \tag{3-42}$$

式中，J_{MN}为测量电极间任意点沿 MN 方向的电流密度分量；ρ_{MN}为测量电极间的岩石电阻率；$\mathrm{d}l$ 为测量电极间任意点沿 MN 方向的元长度。

将式(3-42) 代入式(3-41) 可得

$$\rho_a = \frac{K}{I}\int_M^N J_{MN}\rho_{MN}\mathrm{d}l \tag{3-43}$$

式(3-43) 对任何电极排列形式、电极间距离和地下不均匀体均适用。式(3-43) 还表明，视电阻率在数值上与 M、N 间沿地表电流密度和电阻率分布有关，而地表电流的分布既受地表电阻率的影响，又受地下电性不均匀体的影响。所以，在电极排列一定的条件下，ρ_a 的变化取决于地表和地下电阻率的分布。

当 MN 很小时，可近似认为 M、N 区域内的 ρ_{MN} 和 J_{MN} 均为常数，于是式(3-43) 可简化为

$$\rho_a = \frac{K \cdot MN}{I}J_{MN}\rho_{MN} \tag{3-44}$$

当地表水平、地下为半无限均匀岩石时，有 $J_{MN}=J_0$，$\rho_{MN}=\rho_1$，$\rho_a=\rho_1$。于是，由式(3-44) 可得

$$\frac{K \cdot MN}{I} = \frac{1}{J_0} \tag{3-45}$$

将式(3-45) 代入式(3-44) 即得

$$\rho_a = \frac{J_{MN}}{J_0}\rho_{MN} \tag{3-46}$$

式(3-46) 称为视电阻率的微分形式，在定性分析视电阻率曲线与地面断面的关系时经常用到。

图 3-12 描绘了视电阻率与地面断面性质及其电流密度分布间的关系。对于图 3-12a 所示地下电阻率为 ρ_1 的各向同性均匀的单一岩石，由式(3-46) 可知，视电阻率 ρ_a 等于岩石的真电阻率 ρ_1。图 3-12b 所示是在电阻率为 ρ_1 的岩石中，存在一个电阻率为 ρ_2 的良导体。由于电流汇集于导体，必然有 $J_{MN}<J_0$。又因 $\rho_{MN}=\rho_1$，故由式(3-46) 可得 $\rho_a<\rho_1$。图 3-12c 所示是在电阻率为 ρ_1 中，埋藏有一局部隆起的电阻率为 ρ_3 的高阻基岩。由于电流受高阻岩体的排

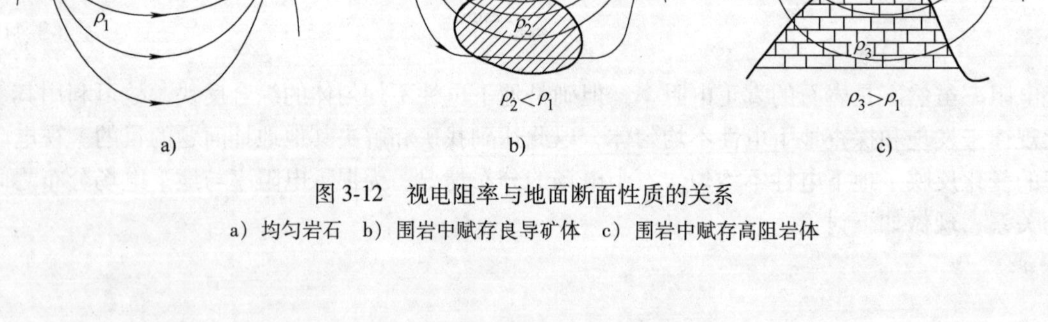

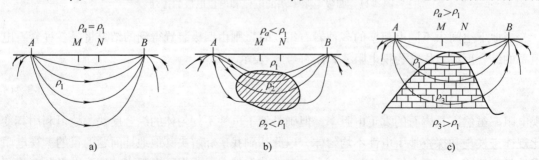

图 3-12 视电阻率与地面断面性质的关系

a）均匀岩石 b）围岩中赋存良导矿体 c）围岩中赋存高阻岩体

斥，所以有 $J_{MN}>J_0$。同理，因 $\rho_{MN}=\rho_1$，所以由式(3-46) 可得 $\rho_a>\rho_1$。

基于上述原理，工程上按照观测目的及装置特点，电阻率法可分为电测深法和电剖面法两类。电测深法探测电阻率随深度的变化情况，以此了解某些标准层的埋藏深度及起伏情况；而电剖面法探测电阻率沿水平方向变化的情况，用以寻找和确定矿体、岩性界面的位置和断层等。

电测深法通常采用的是对称四极装置，观测时原则上保持测量电极距 MN 不变，而使供电电极距 AB 按一定的规律不断增大，每改变一次进行一次观测，如图 3-13 所示。因为地中电流分布主要集中在供电电极附近，而当电极距 AB 增大时，电流分布的范围和深度都随之加大。因此，极距越大，勘探深度越深，这样，由电探测法可依次获得从表层到深处不同深度范围内的视电阻率，并了解和判断测点所在处由浅到深的地质情况。

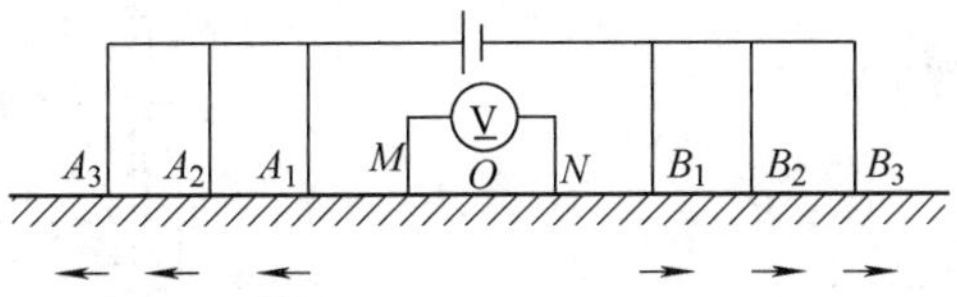

图 3-13　对称四极电测深法装置示意图

电剖面法一般是让供电电极距 AB 和测量电极距 MN 保持不变，并且四个电极同时移动，沿着所布置的测线在每一测点依次进行观测，获得 ρ_a 值，如图 3-14 所示。由于极距 AB 和 MN 都与勘探深度有关，在保持它们不变时，勘探深度也近似不变。所以，可以认为电剖面法所了解的是沿剖面方向地下某一深度范围内不同电性物质的分布情况。

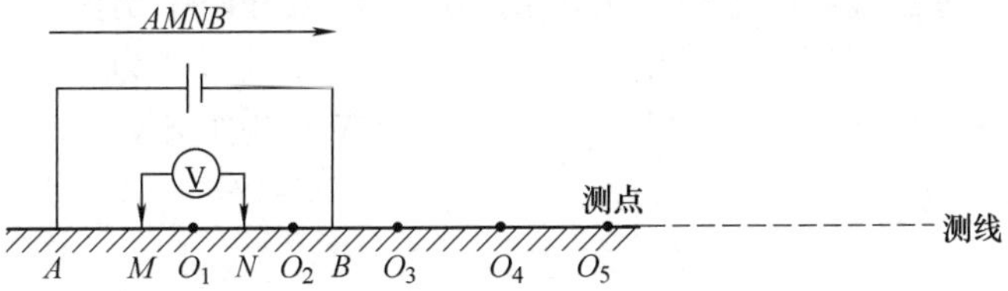

图 3-14　对称四极电剖面法装置示意图

3.6.2　普通电阻率法测井

电法测井是根据岩石间电性的差异，在钻孔中研究岩层性质和予以区分的方法。而电阻率法测井则是应用最早、最基本的一种方法。到目前为止，此方法仍然是石油及其他钻井中地球物理测井的主要方法之一。

为寻找石油储集层，当钻到一定深度后便停钻测井。测井是将下井仪器沿着井身放下，以便探测该口井是否穿过储油层的技术，如图 3-15a 所示。如果探测到储油层，测井分析人员再根据探测器的读数就能够估算出油的储量。

电阻率法测井仪器是测量围绕井眼的岩层的电阻率。由于怀疑有石油储量的地质结构通常由多空隙的沙岩组成，而充满这些空隙的液体可以是导电性能良好的盐水或电阻率很高的石油。因此，当电阻率探测器通过储油层时，在两个浸透着盐水的岩层之间的储油夹层会表现出相当高的电阻率。

当电阻率测井仪器按图 3-15b 所示安装时，恒定电流 I 从地面通过一根绝缘电缆流到井

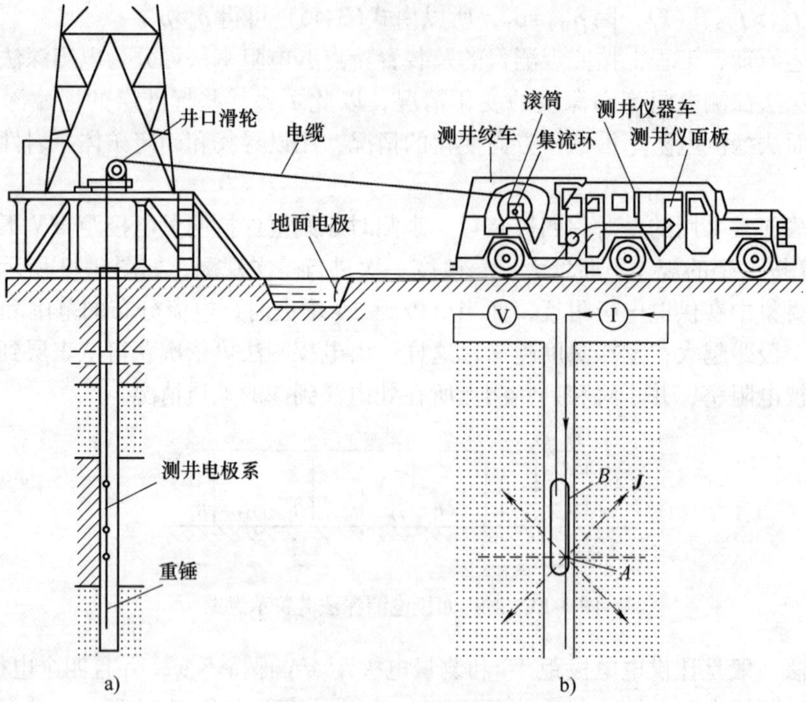

图 3-15 电法测井

a）测井现场 b）电阻率法测井原理示意图

下的电极 A，大地即为电流返回电极。为简化问题，假设井眼中出现的泥浆的电导率等于井眼周围岩层的电导率，所以，可近似认为电极位于均匀各向同性的无限大媒质中，从而在与电极 A 相距 d 处的电位电极 B 测得的电位为

$$\varphi_B = \frac{I}{4\pi\gamma d} \tag{3-47}$$

故该处岩层的电阻率为

$$\rho = \frac{1}{\gamma} = 4\pi d \cdot \frac{\varphi_B}{I} \tag{3-48}$$

由式(3-48) 计算出的电阻率记作井深的函数，称为电阻率测井曲线，如图 3-16 所示。由图可见，在 1540～1550m 之间的岩层中，呈现含有石油或天然气的有力证据。

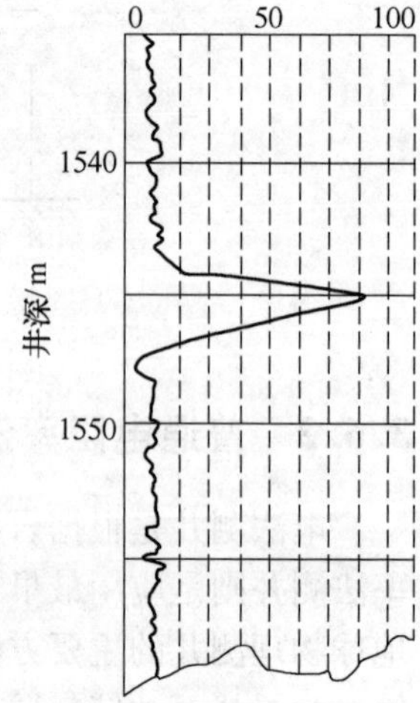

图 3-16 电阻率法测井曲线

3.7 本章小结

1）要在导电媒质中维持一恒定电流，必须与电源相连，而电源的特性可用它的局外场强 $\boldsymbol{E}_e$ 表示，局外场强与电源电动势之间的关系为

$$e = \int_l \boldsymbol{E}_e \cdot d\boldsymbol{l}$$

2）对于传导电流，电流密度与电场强度间的关系为

$$\boldsymbol{J}=\gamma\boldsymbol{E}$$

3）导电媒质中有电流时，必然伴随有功率损耗，其体密度为

$$p=\boldsymbol{J}\cdot\boldsymbol{E}$$

4）导电媒质中恒定电场（电源外）基本方程的积分形式和微分形式分别为

$$\begin{cases}\oint_l \boldsymbol{E}\cdot \mathrm{d}\boldsymbol{l}=0\\ \oint_S \boldsymbol{J}\cdot \mathrm{d}\boldsymbol{S}=0\end{cases} \quad \text{和} \quad \begin{cases}\nabla\times\boldsymbol{E}=0\\ \nabla\cdot\boldsymbol{J}=0\end{cases}$$

5）由微分形式的基本方程可得拉普拉斯方程为

$$\nabla^2\varphi=0$$

6）两种不同媒质分界面上的衔接条件为

$$\boldsymbol{E}_{t1}=\boldsymbol{E}_{t2} \quad \text{和} \quad \boldsymbol{J}_{n1}=\boldsymbol{J}_{n2}$$

7）导电媒质中恒定电场（电源外）和静电场有相似关系，其对应量为

静电场（$\rho=0$ 处）	$\boldsymbol{E}$	φ	$\boldsymbol{D}$	q	ε
导电媒质中恒定电场（电源外）	$\boldsymbol{E}$	φ	$\boldsymbol{J}$	I	γ

静电比拟法常用于电路参数和电场的计算及实验研究中。

8）电导的计算原则与第 2 章中电容相仿。计算接地电阻，首先要分析地中电流的分布，而在电力系统的接地体附近要注意危险区。

3.8　习题

复习题

1. 在恒定电场中，局外场强与电源电动势的关系是什么？
2. 在恒定电场中，库仑场强与局外场强是否都满足保守场条件？
3. 什么是焦耳定律？
4. 为什么通有恒定电流的导体中电场强度不为零？
5. 恒定电场基本方程的积分形式是什么？
6. 恒定电场基本方程的微分形式表明了恒定电场的什么性质？
7. 静电比拟的理论依据是什么？
8. 静电比拟的条件是什么？
9. 两种不同媒质分界面上的衔接条件是什么？
10. 接地电阻是怎样形成的？

思考题

1. 具有相同长度和横截面的铝线和铜线两端施加了相同的电压，试问流过的电流是否相等？
2. 当导电媒质中有恒定电流时，导电媒质外部的电介质中的电场应遵循什么规律？
3. 如果导电媒质不均匀，媒质中的电位是否满足方程 $\nabla^2\varphi=0$？

4. 什么情况下可以用拉普拉斯方程求取通过恒定电流的导电媒质中的电位分布？

5. 在两种导电媒质的分界面两侧，$\boldsymbol{E}$ 和 $\boldsymbol{J}$ 要具有同一个入射角和折射角应满足什么条件？

6. 加有恒定电压的输电线有电流通过与没有电流通过情况下，导线周围媒质中的电场有哪些相异？

7. 有恒定电流流过两种不同导电媒质的分界面，如果要使两种导电媒质分界面处的电荷面密度为零，则它们各自的介电常数和电导率应满足什么条件？

8. 在电流密度 $\boldsymbol{J}\neq 0$ 处，电荷体密度是否可能等于零？

9. 由钢和铜分别制成形状和尺寸相同的两个接地体，当埋入地下时它们的接地电阻是否相同？（$\gamma_{钢}=0.6\times10^7\text{S/m}$，$\gamma_{铜}=5.8\times10^7\text{S/m}$）

10. 什么是接地装置附近的危险区？跨步电压与哪些量有关？

练习题

1. 一直径为 2mm 的导线，流过它的电流为 20A，且电流密度均匀，导线的电导率为 $\frac{1}{\pi}\times10^8\text{S/m}$，试求导线内部的电场强度。

2. 一平板电容器的面积为 10cm^2，间距为 0.2cm，其中媒质的电导率为 $4\times10^{-5}\text{S/m}$，施加于电容器两板间的电位差为 120V，求电场强度和功率密度。

3. 一同轴线内外导体半径分别为 a 和 b，其间充满导电率为 γ 的导电媒质，内、外导体间的电压为 U_0，求同轴线单位长度的功率损耗。

4. 球形电容器的内、外半径分别为 R_1 和 R_2，中间非理想媒质的电导率为 γ，若在内、外导体间施加的电压为 U_0，求非理想媒质中各点的电位和电场强度。

5. 在无限大导体平板上方放一半径为 a 的长直圆柱导体，圆柱轴线距平板的距离为 h，空间充满了电导率为 γ 的不良导电媒质。若导体平板的电导率远远大于 γ，试用静电比拟法计算圆柱和平板间单位长度的电阻。

6. 一半球形电极置于一个直而深的陡壁附近，如图 3-17 所示，已知半径 $R=0.3\text{m}$，半球中心距陡壁 $h=10\text{m}$，土壤的电导率为10^{-2}S/m，求接地电阻。

7. 半径分别为 a 和 b、厚度为 d 的扇形，如图 3-18 所示，内、外电极间充满电导率 $\gamma=\gamma_0\frac{\beta}{r}$（其中 β 为扇形所对圆心角）的材料，其中 $a\gg d$，$b\gg d$，试求两电极间的电导。

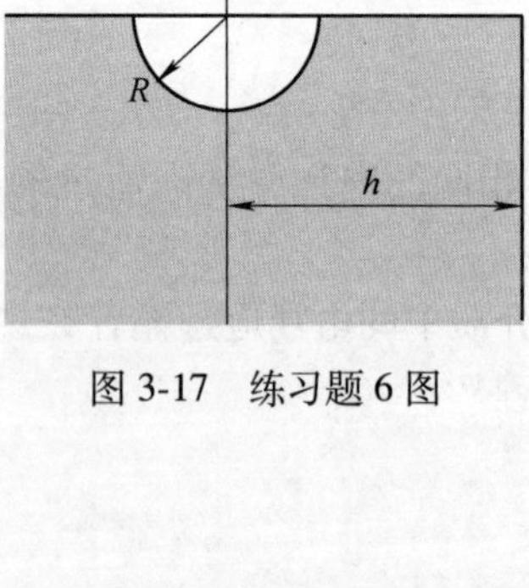

图 3-17　练习题 6 图

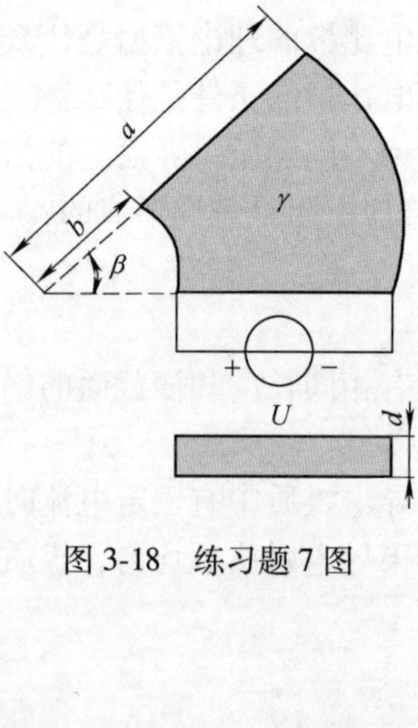

图 3-18　练习题 7 图

8. 一个由钢条组成的接地体系统，已知其接地电阻为 100Ω，土壤的电导率为10^{-2}S/m，设短路电流 500A 从钢条流入地中，求人的前脚距钢条中心 2m、跨步距离为 0.6m 的跨步电压。

3.9　科技前沿

An electric current flows continuously out of the synaptic region of rat lumbrical muscle fibres. It is generated apparently as a result of a non-uniform Cl-conductance (GCl), with GCl being lowest at the end-plate. We investigated the effects of denervation on this current. The current persisted with little change after denervation. This was somewhat unexpected, since GCl falls dramatically after denervation, and in acute experiments on normal muscles, the steady current is greatly reduced by agents which block GCl. The steady current was blocked in denervated muscle, as in normal muscle, by low-Cl-solutions, Na+-free and K+-free solutions, and treatment with furosemide and 9-anthracene-carboxylic acid. The current in denervated muscle appears to be generated by the same general mechanism as in normal muscle. The results suggest that the [Cl-] i is significantly higher in denervated than in normal muscle fibres. Preliminary experiments with Cl-selective micro-electrodes have confirmed this: [Cl-] i rises from about 12 mm to about 23 mm after denervation. This has the effect of moving the Cl-equilibrium potential (ECl) in a positive direction, so that the driving force for passive Cl-efflux is increased. The increased driving force compensates for the reduced GCl, allowing the steady current to persist in denervated fibres.

（摘自：W J Betz, J H Caldwell, G L Harris *Effect of Denervation on A Steady Electric Current Generated at The End-plate Region of Rat Skeletal Muscle.*）

第4章　静　磁　场

4.1　从奥斯特揭示电与磁的联系到安培环路定理的建立

发现磁现象最早的国家是中国，而且有许多发明创造远远超过同时期的世界水平。中国四大发明之一的指南针最早记载在沈括的《梦溪笔谈》中“方家以磁石磨成针，则能指南……”，12世纪初已被用于航海。后又发现了磁力、磁偏角和磁倾角，到明末清初又有磁屏蔽的发现。但磁学作为一门科学，现在公认为是从英国科学家吉伯（Gilberf，William，1544—1603年）开始的。吉伯最先对磁的现象和摩擦起电的现象进行了系统的研究，获得了许多重要的发现，从而奠定了磁学的基础，并开创了研究电的领域，然而认识电和磁之间联系的研究到18世纪才开始。

1819年冬，奥斯特（Oersted）在哥本哈根大学给事先已熟悉一些自然哲学原理的听众们讲授电、伽伐尼电和磁的课程。在组织讲稿时，其中要处理电和磁的相似性，他推测，如果由电产生任何磁效应是可能的话，这个效应不会是沿着电流的方向，因为经常这样试过都无效；但它必须是由横向作用产生的。他设计了一个实验，使一个小伽伐尼电池的电流通过一条很细的铂丝，该铂丝跨过用玻璃盖住的罗盘。在上课时，他感到这个实验成功的可能性很大，于是便在听众面前做了这个实验。磁针尽管在盒子里，还是被扰动了；但由于效应很弱，而且在其规律被发现之前，必定是显得没有规则的，实验并没有给听众留下强烈的印象。事后，他用更灵敏的仪器进行了很多核实的实验，对这种现象进行了多方面的研究，最后于1820年7月21日，用拉丁文写出了只有4页的论文《关于电的冲击对磁针的影响的实验》（*Experimenta Circa Effectum Conflictus Electrici in Acum Magneticam*），宣布了他的这一重大发现。文中总结了实验规律，得出：电流的作用仅存在于载流导线的周围；沿着螺纹方向垂直于导线；电流对磁针的作用可以穿过各种不同的媒质；作用的强弱决定于媒质，也决定于导线到磁针的距离和电流的强弱；铜和其他一些材料制作的针不受电流作用；通电的环形导体相当于一个磁针，具有两个磁极；等等。不久，奥斯特发表文章指出，实验表明磁石也有力作用在载流导线上。奥斯特电流的磁效应的发现，使人类研究了两千多年的电和磁第一次显示出直接联系。奥斯特发现电流的磁效应是在1820年，解开了长期以来一直认为彼此独立的磁现象和电现象之间联系的问题。这一发现震动了整个学术界，从而迎来了电磁学领域引人注目的发展。

1820年8月，瑞士科学家德拉莱夫（DeLa Rive，1770—1834年）邀请法国科学院院士阿喇果（Arago，1786—1853年）到日内瓦观看他们演示电流磁效应的实验。阿喇果看到后，感到这个新发现很重要，在9月11日的法国科学院的会议上报告了奥斯特的发现，并演示了电流磁效应的实验。善于接受新的研究成果的安培（Andre Ampere），怀着极大的兴趣，第二天就重做了奥斯特的实验，并于 9 月 18 日向法国科学院提交了第一篇论文，报告他发现磁针受到电流的作用时，N 极转动的方向是电流的右手螺旋方向。这个规律后来就被称为右手定则或安培定则。他还提到，载流螺线管的磁性将会像磁棒那样。

9 月 25 日，安培又向法国科学院宣读论文，报告他发现两个电流之间存在相互作用力，并做了两条平行载流导体间相互作用的演示实验：当电流方向相同时它们相互吸引，而方向相反时则互相排斥。在这天的会议上，阿喇果也宣读了论文，报告他发现钢铁在电流作用下磁化的现象，并演示了用载流螺线管使钢条磁化的实验。10 月 9 日，安培再次向法国科学院宣读论文，报告他对于闭合电流和载流螺线管的性质以及它们之间相互作用力等方面的研究成果。

根据载流螺线管与磁棒的相似性，安培提出了分子电流的假说，他认为，磁棒的磁性是棒内的电流产生的，该电流来自棒内铁分子之间的接触，如同伏打用实验表明的金属之间的接触产生电流那样。安培认为，磁来源于电流，一切磁的作用本质上都是电流与电流之间的作用；因此，电流与电流之间的作用力是电磁作用的基本力，他把这种力称为“电动力”，研究电动力的学科称为“电动力学”（Electrodynamique）。在掌握了一些基本实验事实和有了上述概念以后，安培便着手建立电流与电流之间相互作用力的公式。经过数年（1821—1825 年）的努力，他完成了这一艰巨的使命，最后发表了重要的总结性论文《关于唯一地用实验推导的电动力学现象的数学理论的论文》（*Memoire Sur La Theórie Mathématique Des Phénomènes **É**—Lectrodynamiques Uniquement Déduite De Lexpérience*）。安培把电流分解为许多电流元，电流元与电流元之间的相互作用力是最基本的电动力。他通过四个巧妙的实验，得出电流与电流之间相互作用力的一些规律，再做一些假定，从而推导出电流元之间相互作用力的公式。1827 年安培出版了《电动力学理论》一书，用数学理论描述和总结了电磁现象，得出了著名的安培环路定理。

4.2 静磁场的基本方程

4.2.1 安培力定律

安培所进行的绝大多数实验是确定一个载流导体所受到的另一个载流导体的作用力。设 l' 和 l 为真空中由细导线组成的两个回路，分别通以恒定电流 I' 和 I，l' 是一个引起场的源回路，l 是试验回路。在两个回路上选元电流 $I'\mathrm{d}\boldsymbol{l}'$ 和 $I\mathrm{d}\boldsymbol{l}$，$\mathrm{d}\boldsymbol{l}'$ 和 $\mathrm{d}\boldsymbol{l}$ 的方向分别对应于 I' 和 I 流动的方向，r 是 $I'\mathrm{d}\boldsymbol{l}'$ 至 $I\mathrm{d}\boldsymbol{l}$ 的距离，如图 4-1 所示。通过实验测得电流回路 $\boldsymbol{l}'$ 对电流回路 $\boldsymbol{l}$ 的作用力为

$$\boldsymbol{F}=\frac{\mu_0}{4\pi}\oint_l\oint_{l'}\frac{I\mathrm{d}\boldsymbol{l}\times(I'\mathrm{d}\boldsymbol{l}'\times\boldsymbol{e}_R)}{r^2} \tag{4-1}$$

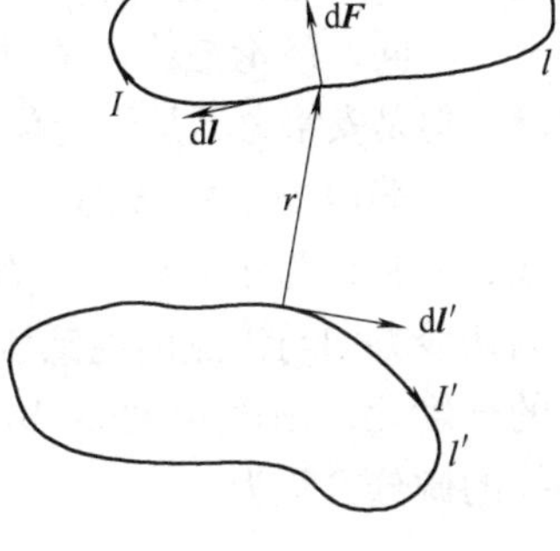

图 4-1 两个电流回路

上式就是真空中的安培力定律，它给出两个电流回路之间的作用力表达式。式中 μ_0 是真空中的磁导率，在国际单位制中 $\mu_0=4\pi\times10^{-7}$ 亨/米（H/m）；$\boldsymbol{e}_R$ 为沿 r 方向的单位矢量。

安培力方向用左手定则判定，$\boldsymbol{F}$ 始终与 $I\mathrm{d}\boldsymbol{l}$ 和 $\boldsymbol{B}$ 所确定的平面垂直。安培力对载流导体做功。

4.2.2 磁感应强度

式(4-1) 还可以写为

$$\boldsymbol{F} = \oint_l I\mathrm{d}\boldsymbol{l} \times \left(\frac{\mu_0}{4\pi}\oint_{l'} \frac{I'\mathrm{d}\boldsymbol{l}' \times \boldsymbol{e}_R}{R}\right) \tag{4-2}$$

从场的观点考虑，式(4-2) 括号中的量代表电流 I'在 $I\mathrm{d}\boldsymbol{l}$ 处产生的效应，用 $\boldsymbol{B}$ 表示为

$$\boldsymbol{B} = \frac{\mu_0}{4\pi}\oint_{l'} \frac{I'\mathrm{d}\boldsymbol{l}' \times \boldsymbol{e}_R}{R^2} \tag{4-3}$$

上式称为毕奥-萨伐尔定律。$\boldsymbol{B}$ 称为磁感应强度（又称为磁通密度），它是表征磁场特性的基本场量，单位是特斯拉（T）。

元电流段除了 $I\mathrm{d}\boldsymbol{l}$，还有 $\boldsymbol{J}\mathrm{d}V$ 和 $\boldsymbol{K}\mathrm{d}S$，相应地，毕奥-萨伐尔定律还可分别表示为

$$\boldsymbol{B}(x,\ y,\ z) = \frac{\mu_0}{4\pi}\int_{V'} \frac{\boldsymbol{J}(x',\ y',\ z') \times \boldsymbol{e}_R}{R^2}\mathrm{d}V' \tag{4-4}$$

和

$$\boldsymbol{B}(x,\ y,\ z) = \frac{\mu_0}{4\pi}\int_{S'} \frac{\boldsymbol{K}(x',\ y',\ z') \times \boldsymbol{e}_R}{R^2}\mathrm{d}S' \tag{4-5}$$

若在磁场中有电流为 I 的线电流回路，则磁场对该电流回路的作用力可以写为

$$\boldsymbol{F} = \oint_l I\mathrm{d}\boldsymbol{l} \times \boldsymbol{B} \tag{4-6}$$

这就是一般形式的安培力定律。

若有一电荷 q 在磁场中以速度 $\boldsymbol{v}$ 运动，则磁场对它的作用力即磁场作用于运动电荷的力（又称为洛伦兹力）为

$$\boldsymbol{F} = q\boldsymbol{v} \times \boldsymbol{B} \tag{4-7}$$

由上式可看出，静止的电荷在磁场中不会受到磁场的作用力，运动的电荷所受到的力总与运动的速度方向相垂直，它只能改变速度的方向，而不能改变速度的量值，因此与库仑力不同，洛伦兹力不做功。洛伦兹力是安培力的微观现象，但是安培力不是洛伦兹力的简单叠加。

与静电场中的 $\boldsymbol{E}$ 线类似，在静磁场中也可以做出 $\boldsymbol{B}$ 线，通常称为磁力线。磁力线是一种曲线，曲线上每一点的切线方向与该点的磁感应强度方向一致，若 $\mathrm{d}\boldsymbol{l}$ 为磁力线的长度元，则该 $\mathrm{d}\boldsymbol{l}$ 处的 $\boldsymbol{B}$ 矢量将与 $\mathrm{d}\boldsymbol{l}$ 的方向一致。磁力线的微分方程为

$$\boldsymbol{B} \times \mathrm{d}\boldsymbol{l} = 0 \tag{4-8}$$

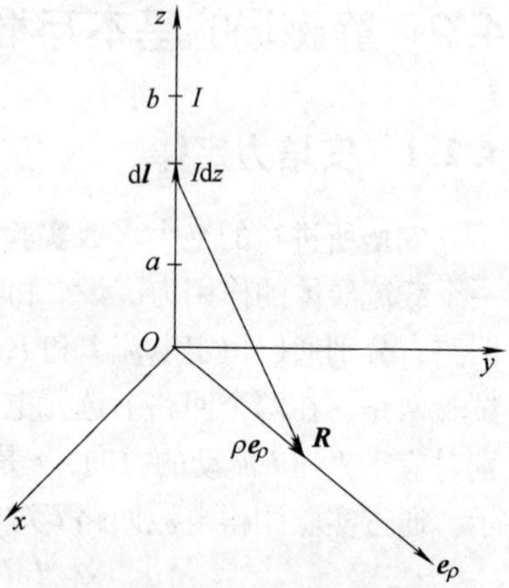

图 4-2　导线产生的磁感应强度

例 4-1　一根由 $z=a$ 到 $z=b$ 确定的有限长细导线，如图 4-2 所示，求在 xy 平面上任意点 P 的磁感应强度。若 $a\to-\infty$ 和 $b\to\infty$，则 P 点的磁感应强度又怎样?

解：据 $I\mathrm{d}\boldsymbol{l}=I\mathrm{d}z\boldsymbol{e}_z$ 和 $\boldsymbol{R}=\rho\boldsymbol{e}_\rho-z\boldsymbol{e}_z$，有

$$I\mathrm{d}\boldsymbol{l} \times \boldsymbol{R} = I_\rho\mathrm{d}z\boldsymbol{e}_\phi$$

代入式(4-3) 有

$$\boldsymbol{B}=\frac{\mu_0 I\rho}{4\pi}\int_a^b\frac{dz}{[\rho^2+b^2]^{3/2}}\boldsymbol{e}_\phi=\frac{\mu_0 I}{4\pi\rho}\left(\frac{b}{\sqrt{\rho^2+b^2}}-\frac{a}{\sqrt{\rho^2+a^2}}\right)\boldsymbol{e}_\phi$$

将 $a\to-\infty$ 和 $b\to\infty$ 代入上式，并通过对上式取极限，可得当导线为无限长时在一点产生的 $\boldsymbol{B}$ 为

$$\boldsymbol{B}=\frac{\mu_0 I}{2\pi\rho}\boldsymbol{e}_\phi \tag{4-9}$$

由式(4-9) 可知，磁感应强度与 ρ 成反比，在与导线垂直的平面中，磁力线是围绕它的圆。

由例 4-1 可知，在真空中，若磁场是由一根载流为 I 的长直细导线引起的，则距离导线 ρ 远处的磁感应强度为式(4-9)。如果在垂直于导线的任一平面内取一闭合回路 l 作为积分回路，如图 4-3 所示且积分回路上的元长度 $\mathrm{d}\boldsymbol{l}$ 到导线的距离为 ρ，轴向张角为 $\mathrm{d}\phi$，与 $\boldsymbol{B}$ 的夹角为 α，则有 $\rho\mathrm{d}\phi=\mathrm{d}l\cos\alpha$。于是得到

$$\oint_l \boldsymbol{B}\cdot\mathrm{d}\boldsymbol{l}=\oint_l\frac{\mu_0 I}{2\pi\rho}\boldsymbol{e}_\phi\cdot\mathrm{d}\boldsymbol{l}=\oint_l\frac{\mu_0 I}{2\pi\rho}\rho\mathrm{d}\phi=\frac{\mu_0 I}{2\pi}\int_0^{2\pi}\mathrm{d}\phi=\mu_0 I$$

如果积分回路没有与电流相交链，如图 4-4 所示，则 $\int_0^0\mathrm{d}\phi=0$， 所以$\oint_l\boldsymbol{B}\cdot\mathrm{d}\boldsymbol{l}=0$。

如果积分回路所交链的电流不止一个，如图 4-5 所示，则有

$$\oint_l \boldsymbol{B}\cdot\mathrm{d}\boldsymbol{l}=\mu_0(I_1+I_2-I_3)$$

由上可知，在真空的磁场中沿任一路径取 $\boldsymbol{B}$ 的线积分，其值等于真空中的磁导率与穿过该回路所限定面积上的电流代数和的乘积，即

$$\oint_l \boldsymbol{B}\cdot\mathrm{d}\boldsymbol{l}=\mu_0\sum I \tag{4-10}$$

式(4-10) 就是真空中的安培环路定理。当电流的方向与积分回路的绕行方向符合右手螺旋关系时为正，否则为负。

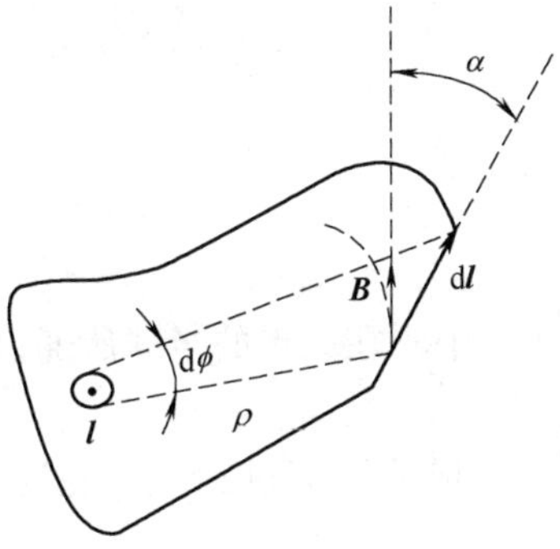

图 4-3　垂直于导线的平面

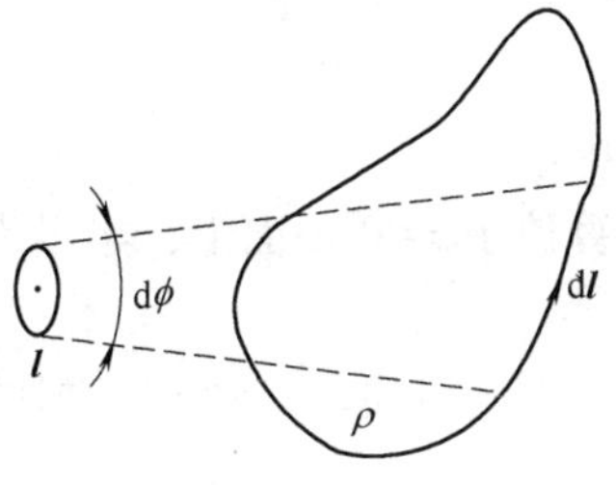

图 4-4　积分回路与电流无交链

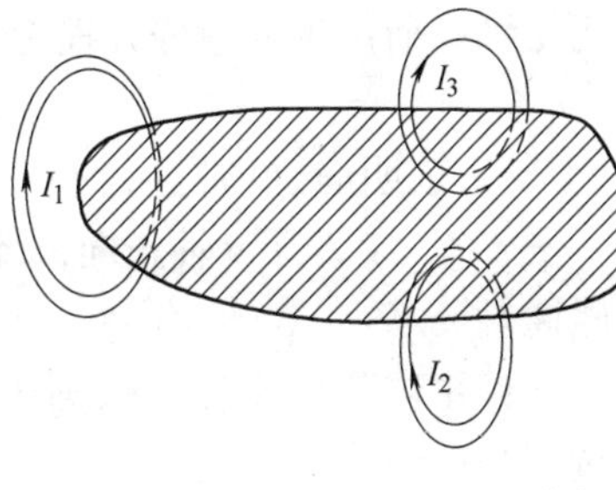

图 4-5　积分回路与多个电流交链

4.2.3　磁场的高斯定理

磁场的高斯定理是恒定磁场的两个基本定理之一。如图 4-6 所示是通过周界为 $\boldsymbol{C}$ 的开表面 $\boldsymbol{S}$ 的磁力线，磁通密度 $\boldsymbol{B}$ 在整个表面可以是均匀或不均匀分布的。将此表面分成 n 个非

常小的单元面积，如图4-7所示，假定通过每一个单元的 $\boldsymbol{B}$ 场是均匀的，则通过 $\Delta\boldsymbol{S}_i$ 面的磁通元为

$$\Delta\Phi_i = \boldsymbol{B}_i \cdot \Delta\boldsymbol{S}_i$$

此处 $\boldsymbol{B}_i$ 为通过 $\Delta\boldsymbol{S}_i$ 的磁通密度。通过 $\boldsymbol{S}$ 面的总磁通为

$$\Phi = \sum_{i=1}^{n} \boldsymbol{B}_i \cdot \Delta\boldsymbol{S}_i$$

当单元面积趋于零时，将上式换成积分形式。这样，穿过开表面 $\boldsymbol{S}$ 的磁通 Φ_m 为

$$\Phi_m = \int_S \boldsymbol{B} \cdot \mathrm{d}\boldsymbol{S} \tag{4-11}$$

在国际单位制中，磁通的单位是Wb（韦伯）。

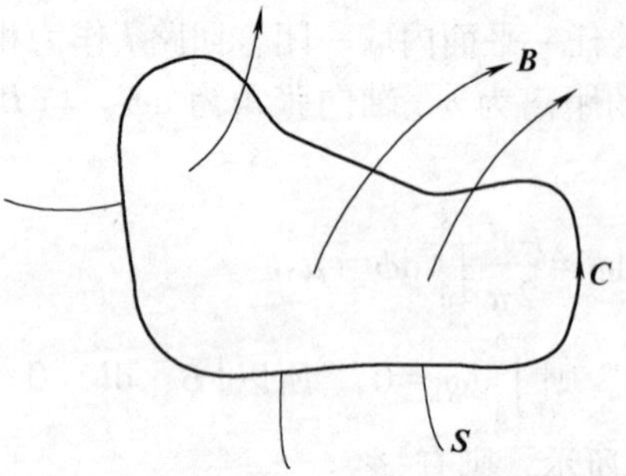

图4-6　通过一个开表面的磁力线

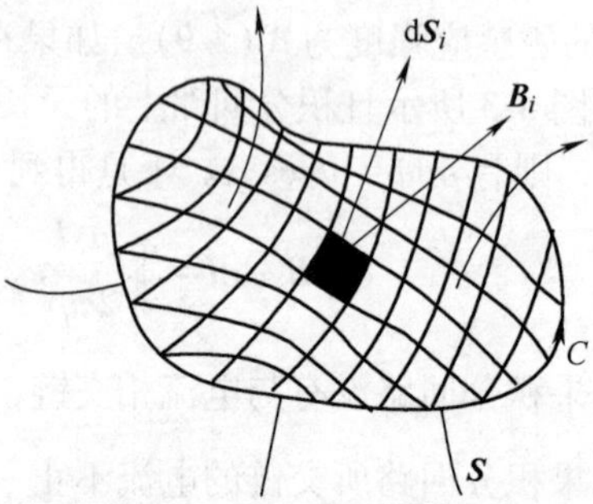

图4-7　被分为 n 个单元面的开表面的磁力线

由于磁感应线是闭合的，既无始端又无终端，因此也就没有供 $\boldsymbol{B}$ 线发出或终止的源。这样，对于任意闭合面，都有

$$\oint_S \boldsymbol{B} \cdot \mathrm{d}\boldsymbol{S} = 0 \tag{4-12}$$

上式即为高斯定理的积分形式。

由高斯散度定理可得

$$\oint_S \boldsymbol{B} \cdot \mathrm{d}\boldsymbol{S} = \int_V \nabla \cdot \boldsymbol{B} \mathrm{d}V = 0$$

从而得到高斯定理的微分方程为

$$\nabla \cdot \boldsymbol{B} = 0 \tag{4-13}$$

式(4-13）表明静磁场是一个无散场。

例4-2　设 $\boldsymbol{B}$ 沿 z 轴正向，计算位于 $z=0$ 平面上，半径为 R，中心在原点的半球所通过的磁通。

解： 半球和半径为 R 的圆盘形成封闭面，则通过半球的磁通应等于穿过圆盘的磁通。穿过圆盘的磁通为

$$\Phi = \int_S \boldsymbol{B} \cdot \mathrm{d}\boldsymbol{S} = \int_0^R \int_0^{2\pi} B\rho \mathrm{d}\rho \mathrm{d}\phi = \pi R^2 B$$

建议读者通过对半球表面的积分证明上述结果。

4.2.4　媒质的磁化

当空间存在其他物质即不是真空时，物质会在外加磁场作用下被磁化，并因此产生一个

附加磁场，使原来的磁场改变。

媒质的磁化和电介质的极化一样，也是和物质的结构紧密相关的。根据原子的模型，电子沿圆形轨道围绕原子核旋转，其作用相当于一个小电流环，这个微观电流会产生磁效应，也就是说，它具有一定的磁矩，该磁矩称为轨道磁矩。此外，电子及原子核本身还要自旋，因而也相当于磁偶极子（一个面积很小的任意形状的平面载流回路），也产生一个磁矩，称为自旋磁矩。把分子或原子看成一个整体，分子或原子中各个电子对外所产生的磁效应的总和，可用一个等效的环形电流来表示，称为分子电流，又称为束缚电流或安培电流。它们不引起电荷的迁移，但它和发生电荷迁移的自由电流一样能产生磁感应强度。

通常情况下，在没有外磁场作用时，由于热运动的结果，分子磁矩排列是随机的，因而总的磁矩等于零，整个物质对外不显磁性。当存在外磁场时，物质中这些处于运动状态的带电粒子受到磁场力的作用。因而这些带电粒子的运动方向将发生变化，甚至产生新的电流，导致整个磁矩重新排列，使得磁矩的排列比较有序化。这样就导致总的磁矩不再等于零，整个物质便呈现磁性，这种现象称为媒质的磁化。

根据媒质的磁化过程不同，可以把媒质的磁性能分为抗磁性、顺磁性、铁磁性及亚铁磁性四种。

1）抗磁性：这种媒质在正常情况下，原子中的合成磁矩为零。当外加磁场时，电子除了自旋及轨道运动外，轨道还要围绕外加磁场发生运动，这种运动方式称为进动。分析表明，电子进动产生的附加磁矩方向总是与外加磁场的方向相反，导致物质中合成磁场减弱。因此，这种磁性能称为抗磁性，如银、铜、锌及铅等。

2）顺磁性：这种媒质在正常情况下，原子中的合成磁矩并不为零，只是由于热运动结果，宏观的合成磁矩为零。在外加磁场的作用下，除了引起电子进动，从而产生磁性以外，磁偶极子的磁矩方向朝着外加磁场方向旋转，使得合成磁场加强。因此，这种磁性能称为顺磁性，如铝、镁及钨等。

3）铁磁性：这种磁性物质在外磁场作用下，会发生显著的磁化现象。这种物质内部存在“磁畴”，磁畴是非常小的区域，每个磁畴中所有的磁矩方向相同，但是各个磁畴的磁矩方向仍然杂乱无章，这时材料处于非磁化状态，对外不显示磁性。在有外磁场作用时，大量磁畴的磁矩发生转动，按照外磁场方向趋于一致，产生较强的磁性。这种磁性能称为铁磁性，如铁、钴及镍等。

磁场的工程应用大多是在非真空铁磁性媒质中，因此，求解磁场必须知道铁磁性媒质的磁性能，而铁磁性媒质的磁性能具有非线性特性，且存在磁滞及剩磁现象。可参阅磁性材料书籍中磁化曲线的相关内容。

4）亚铁磁性：这一类金属氧化物的磁化现象比铁磁媒质稍弱一些，但剩磁小，且导电率很低。由于其导电率很低，高频电磁波可以进入内部，具有高频下涡流损耗小等可贵的特性，使得亚铁磁性物质在高频和微波器件中获得了广泛的应用。这类亚铁磁性的媒质有铁氧体等。

上述无论哪一种媒质，磁化结果实质都是在媒质中产生了磁矩。为了描述媒质磁化的状态程度，定义一个称为磁化强度的矢量，用 $\boldsymbol{M}$ 表示，单位为安/米（A/m）。它表示媒质中每单位体积内所有分子磁矩矢量和，即

$$\boldsymbol{M}=\lim_{\Delta V\to 0}\frac{\sum_{i=1}^{N}\boldsymbol{m}_i}{\Delta V} \tag{4-14}$$

其中，$\boldsymbol{m}_i$ 为 ΔV 中第 i 个磁偶极子具有的磁矩；ΔV 为物理无限小体积，其尺寸远小于分子、原子的间距。

媒质发生磁化后，在媒质中便会产生宏观的附加电流，这种电流称为磁化电流。由于磁化电流是媒质内的电子的运动方向发生改变，或者产生新的运动方式形成的，但形成磁化电流的电子仍然被束缚在原子或分子的周围，所以磁化电流又称为束缚电流。

为计算磁化电流，在媒质内任取一面 $\boldsymbol{S}$，其周界为 $\boldsymbol{l}$，如图 4-8a 所示。可以看出，只有分子电流与 $\boldsymbol{S}$ 面相交链，对 $\boldsymbol{S}$ 面的电流才有贡献。与 $\boldsymbol{S}$ 面相交链的分子电流有两种情况：其一是在面内相交链，分子电流穿入和穿出 $\boldsymbol{S}$ 面各一次，对 $\boldsymbol{S}$ 面的总电流没有贡献；另一种是与 $\boldsymbol{S}$ 面的边界线 $\boldsymbol{l}$ 交链的分子电流，它们只通过 $\boldsymbol{S}$ 面一次，因此对 $\boldsymbol{S}$ 面的总电流有贡献。在 $\boldsymbol{S}$ 面的边界线 $\boldsymbol{l}$ 上取元长度 $\mathrm{d}\boldsymbol{l}$，$\mathrm{d}\boldsymbol{l}$ 的方向沿边界 $\boldsymbol{l}$ 的环绕方向，如图 4-8b 所示。在 $\mathrm{d}\boldsymbol{l}$ 附近磁化可看成是均匀的。设分子电流的面积为 a，则选以 $\boldsymbol{a}$ 为底，$\mathrm{d}\boldsymbol{l}$ 为轴的圆柱体，柱内的分子均与 $\mathrm{d}\boldsymbol{l}$ 交链，且通过 $\boldsymbol{S}$ 面一次。柱中的分子数为 $N\boldsymbol{a}\cdot\mathrm{d}\boldsymbol{l}$，$N$ 为单位体积内的分子数。当 $\boldsymbol{a}$ 与 $\mathrm{d}\boldsymbol{l}$ 的夹角为锐角时，电流沿 $\boldsymbol{S}$ 面的法线流出；当 $\boldsymbol{a}$ 与 $\mathrm{d}\boldsymbol{l}$ 的夹角为钝角时，电流逆 $\boldsymbol{S}$ 面的法线流入。因此，圆柱内的分子对 $\boldsymbol{S}$ 面贡献的磁化电流为

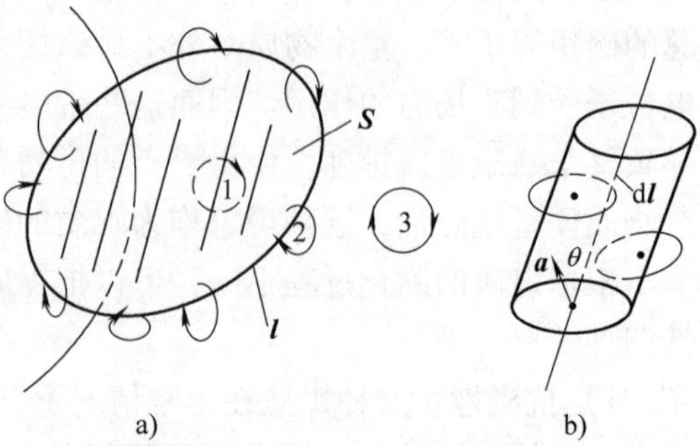

图 4-8 媒质中的磁化电流

$$\mathrm{d}I_{\mathrm{m}}=IN\boldsymbol{a}\cdot\mathrm{d}\boldsymbol{l}=N\boldsymbol{m}\cdot\mathrm{d}\boldsymbol{l}=\boldsymbol{M}\cdot\mathrm{d}\boldsymbol{l}$$

穿过 $\boldsymbol{S}$ 面的总磁化电流为

$$I_{\mathrm{m}}=\oint_l \boldsymbol{M}\cdot\mathrm{d}\boldsymbol{l} \tag{4-15}$$

将 $\boldsymbol{S}$ 面的磁化电流用磁化电流密度表示，则

$$\int_S \boldsymbol{J}_{\mathrm{m}}\cdot\mathrm{d}\boldsymbol{S}=\oint_l \boldsymbol{M}\cdot\mathrm{d}\boldsymbol{l}$$

利用斯托克斯定理，有

$$\int_S \boldsymbol{J}_{\mathrm{m}}\cdot\mathrm{d}\boldsymbol{S}=\int_S \nabla\times\boldsymbol{M}\cdot\mathrm{d}\boldsymbol{S}$$

由于 $\boldsymbol{S}$ 面是任取的，因此上式要成立，只有被积函数相等，即

$$\boldsymbol{J}_{\mathrm{m}}=\nabla\times\boldsymbol{M} \tag{4-16}$$

式(4-15) 表示媒质内通过任意面 $\boldsymbol{S}$ 的磁化电流是磁化强度沿该面周界的线积分。式(4-16) 表示媒质内任一点的磁化电流密度是该点磁化强度的旋度。

4.2.5 一般形式的安培环路定理

由 4.2.2 节真空中的安培环路定理可知，在具有导磁媒质的磁场中，任取一闭合路径 $\boldsymbol{l}$，

则磁感应强度沿此回路的线积分应为

$$\oint_l \boldsymbol{B}\cdot \mathrm{d}\boldsymbol{l} = \mu_0(I + I_{\mathrm{m}})$$

式中，I 为自由电流；I_{m} 为磁化电流。

将式(4-15) 代入上式，则有

$$\oint_l \boldsymbol{B}\cdot \mathrm{d}\boldsymbol{l} = \mu_0\left(I + \oint_l \boldsymbol{M}\cdot \mathrm{d}\boldsymbol{l}\right)$$

整理得

$$\oint_l \left(\frac{\boldsymbol{B}}{\mu_0} - \boldsymbol{M}\right)\cdot \mathrm{d}\boldsymbol{l} = I \tag{4-17}$$

令

$$\boldsymbol{H} = \frac{\boldsymbol{B}}{\mu_0} - \boldsymbol{M} \tag{4-18}$$

定义 $\boldsymbol{H}$ 为磁场强度，则式(4-17) 成为

$$\oint_l \boldsymbol{H}\cdot \mathrm{d}\boldsymbol{l} = I \tag{4-19}$$

若穿过回路 $\boldsymbol{l}$ 所限定面积的自由电流不止一个，则

$$\oint_l \boldsymbol{H}\cdot \mathrm{d}\boldsymbol{l} = \sum I_k \tag{4-20}$$

这就是一般形式的安培环路定理表达式。它表明，磁场中磁场强度沿任一闭合路径的线积分等于穿过该回路所包围面积的自由电流的代数和；还表明，磁场强度的环路积分只与自由电流有关，而与磁化电流无关，也就是与导磁媒质的分布无关，故它对媒质中和真空中的磁场都适用。在国际单位制中，磁场强度的单位为安/米（A/m）。

对于各向同性的线性媒质，磁化强度与磁场强度成正比，即

$$\boldsymbol{M} = \chi_{\mathrm{m}}\boldsymbol{H} \tag{4-21}$$

式中，χ_{m} 为磁化率，是一个无量纲的常数。

由式(4-18) 和式(4-21)，可得

$$\boldsymbol{B} = \mu_0(1 + \chi_{\mathrm{m}})\boldsymbol{H} = \mu_0\mu_{\mathrm{r}}\boldsymbol{H} = \mu\boldsymbol{H} \tag{4-22}$$

式中，μ 是媒质的磁导率，单位是亨/米（H/m）；μ_{r} 为相对磁导率，无量刚。

例 4-3　有一半径为 a 的长直圆柱形导线，z 轴为此圆柱体导线的轴线，导线内通有电流密度为 $\boldsymbol{J}=J_0\dfrac{\rho}{a}\boldsymbol{e}_z$ 的恒定电流，试求导体内外的磁场强度。

解：由对称性分析，电流产生的磁场为对称的平行平面场，可用安培环路定理求解。选择以 z 轴为中心的圆环安培环路，则当 $0\leqslant\rho\leqslant a$ 时，有

$$\oint_l \boldsymbol{H}\cdot \mathrm{d}\boldsymbol{l} = \oint_S \boldsymbol{J}\cdot \mathrm{d}\boldsymbol{S} = \int_0^{\rho} J_0 \frac{2\pi\rho^2}{a}\mathrm{d}\rho = \frac{2\pi J_0\rho^3}{3a}$$

$$2\pi\rho H = \frac{2\pi J_0\rho^3}{3a}$$

$$H = \frac{J_0\rho^2}{3a}$$

方向沿圆环回路的切线方向，即 $\boldsymbol{e}_\phi$ 方向。故

$$H = \frac{J_0\rho^2}{3a}e_\phi$$

当 $a \leqslant \rho$ 时，有

$$\oint_l H \cdot dl = \int_0^a J_0 \frac{2\pi\rho^2}{a} d\rho = \frac{2\pi J_0 a^2}{3}$$

$$H = \frac{J_0 a^2}{3\rho}e_\phi$$

4.2.6 静磁场的基本方程

磁通的高斯定理和安培环路定理表征了静磁场的基本性质。不论导磁媒质分布情况如何，凡是静磁场，都具有这两个基本特性。其表达式重新列出

$$\oint_S B \cdot dS = 0 \tag{4-23}$$

$$\oint_l H \times dl = I \tag{4-24}$$

式(4-23) 和式(4-24) 并称为静磁场的（积分形式的）基本方程。

将式(4-24) 应用斯托克斯定理，并用 J 的面积分表示自由电流，得

$$\oint_l H \cdot dl = \int_S (\nabla \times H) \cdot dS = \int_S J \cdot dS$$

对以 l 为边界的任何面积上式均成立，所以有

$$\nabla \times H = J \tag{4-25}$$

式(4-25) 就是安培环路定理的微分形式。

式(4-13) 即

$$\nabla \cdot B = 0$$

和式(4-25) 并称为静磁场基本方程的微分形式，可知静磁场是无源有旋场。

4.3 静磁场的边界条件

在分析磁路和讨论磁场的应用之前，必须首先知道在不同磁导率的两种媒质边界间的磁场性质。边界也就是分界面，表示一个区域终端和另一个区域起端之间，厚度为无限小的面积。这一节主要推导磁感应强度和磁场强度在两种不同媒质分界面上必须满足的衔接条件。

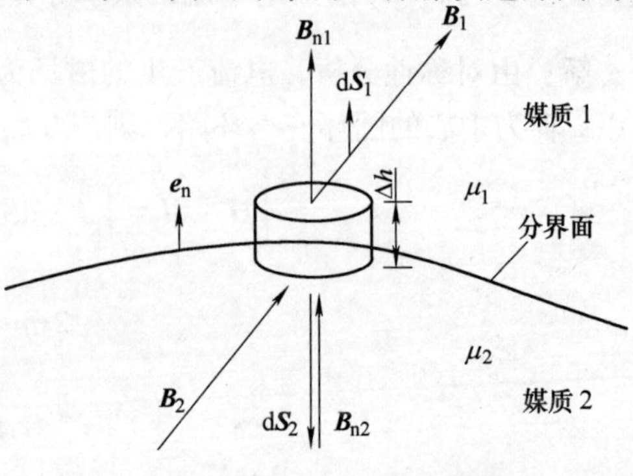

图 4-9 磁感应强度法向分量

首先分析在两个区域分界面处磁感应强度法向分量的边界条件，做一个很小的扁平圆柱体，如图 4-9 所示，且令 $\Delta h \to 0$。由磁通连续性原理可得 $\oint_S B \cdot dS = 0$，其中 S 为小圆柱体的总面积。

忽略穿过小圆柱体边缘面的磁通量，上式可变为

$$\int_{S_1} \boldsymbol{B} \cdot d\boldsymbol{S} + \int_{S_2} \boldsymbol{B} \cdot d\boldsymbol{S} = 0$$

若 $\boldsymbol{e}_n$ 是分界面处指向区域1的法线分量，则 $B_{n1}=\boldsymbol{e}_n \cdot \boldsymbol{B}_1$ 和 $B_{n2}=\boldsymbol{e}_n \cdot \boldsymbol{B}_2$ 为两个区域分界面处磁感应强度的法向分量，$d\boldsymbol{S}_1=\boldsymbol{e}_n dS_1$ 和 $d\boldsymbol{S}_2=-\boldsymbol{e}_n dS_2$ 为微分面，于是上式可变为

$$\int_{S_1} B_{n1} dS_1 - \int_{S_2} B_{n2} dS_2 = 0$$

而对于圆柱体，其上、下表面相等，因此有

$$\int_{S_1} (B_{n1} - B_{n2}) dS = 0$$

因为所考虑的表面是任意的，因此可用标量形式表示如下：

$$B_{n1} = B_{n2} \tag{4-26}$$

还可写成

$$\mu_1 H_{n1} = \mu_2 H_{n2} \tag{4-27}$$

式(4-26) 也可用矢量形式表示为

$$(\boldsymbol{B}_1 - \boldsymbol{B}_2) \cdot \boldsymbol{e}_n = 0 \tag{4-28}$$

由上面这些相关式可知，磁感应强度的法向分量是连续的，而磁场强度的法向分量则不连续。

为了确定在两个区域分界面处磁场强度切向分量的边界条件，在媒质分界面上取一闭合路径，如图4-10所示。令 $\Delta l \to 0$，对这个矩形回路应用安培定律可得 $\oint_l \boldsymbol{H} \cdot d\boldsymbol{l} = I$。如果分界面上存在自由面电流，则有

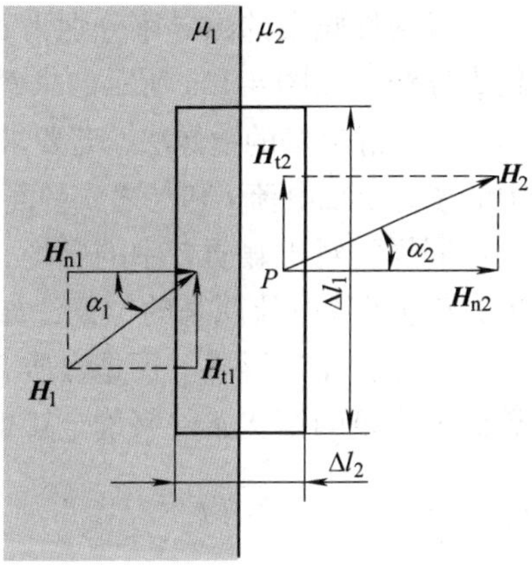

图4-10　磁场强度的切向分量

$$H_{t1}\Delta l_1 - H_{t2}\Delta l_1 = K\Delta l_1$$

即

$$H_{t1} - H_{t2} = K \tag{4-29}$$

还可以写为

$$\frac{B_{t1}}{\mu_1} - \frac{B_{t2}}{\mu_2} = K \tag{4-30}$$

式(4-29) 也可用矢量形式表示为

$$(\boldsymbol{H}_1 - \boldsymbol{H}_2) \times \boldsymbol{e}_n = \boldsymbol{K} \tag{4-31}$$

上式表明，磁场强度在分界面处的切向分量是不连续的。当分界面上无面电流时，即 $K=0$，此时有

$$H_{t1} = H_{t2}$$

上式表明，当两种媒质的分界面上没有电流时，磁场强度的切线分量连续。

例4-4　试证明在电导率有限的两种媒质的分界面处 $\dfrac{\tan\alpha_1}{\tan\alpha_2}=\dfrac{\mu_1}{\mu_2}$，其中 α_1 和 α_2 为磁场与法线所成的夹角，如图4-11所示。

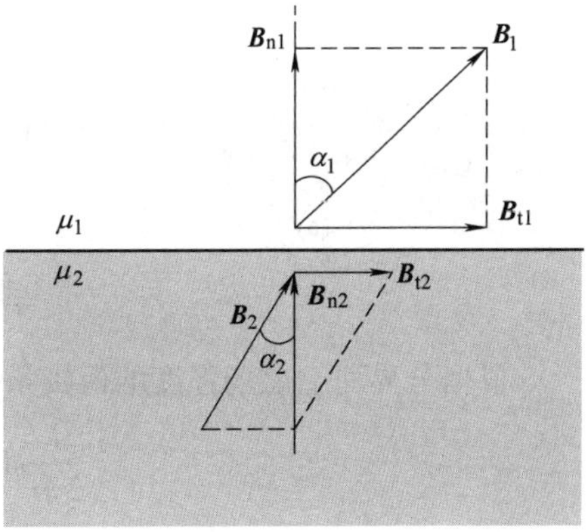

图4-11　例4-4图

解： 根据磁感应强度法向分量的连续性，可得

$$B_1\cos\,\alpha_1 = B_2\cos\,\alpha_2 \tag{4-32}$$

由于分界面上无电流密度，因此

$$H_{t1} = H_{t2}$$

即

$$B_1\sin\,\alpha_1 = \frac{\mu_1}{\mu_2}B_2\sin\,\alpha_2 \tag{4-33}$$

由式(4-32) 和式(4-33) 可得到

$$\frac{\tan\alpha_1}{\tan\alpha_2} = \frac{\mu_1}{\mu_2} \tag{4-34}$$

上式表明，磁场从一种媒质进入另一种媒质时，它的方向要发生折射。

4.4 边界问题的解法

在求解静电场时，一般归结为求解给定边值条件的泊松方程或拉普拉斯方程的问题，同样在静磁场中，根据磁场问题解的唯一性，应用与静电场相似的镜像法来求解静磁场问题。

设两种媒质的磁导率分别为 μ_1 和 μ_2，在媒质 1 内置有电流为 I 的平行于分界面的无限长直导线，如图 4-12a 所示，求解两种媒质内的磁场。

参考静电场的镜像法，若要求解媒质 1 中的磁场，可考虑整个场都充满导磁媒质 1，而其中的场是由线电流 I 和与之成平面镜像的位置放置的镜像电流 I' 共同产生的，如图 4-12b 所示。

同样，对于媒质 2 中的磁场，可考虑整个场都充满导磁媒质 2，其中的场由像电流 I'' 产生，I'' 位于线电流原来的位置，如图 4-12c 所示。

这样，无论媒质 1 还是媒质 2 区域，位函数所满足的方程都没有改变。根据两种媒质分界面上满足的衔接条件来确定镜像电流大小，则原来场中的一切条件都得到满足。

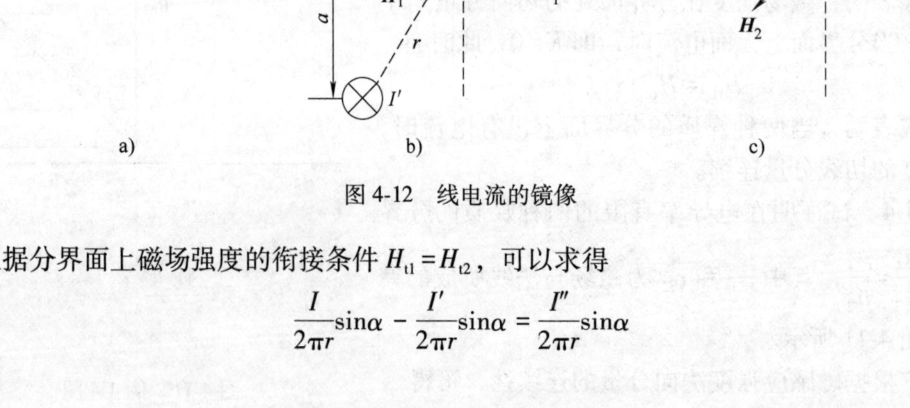

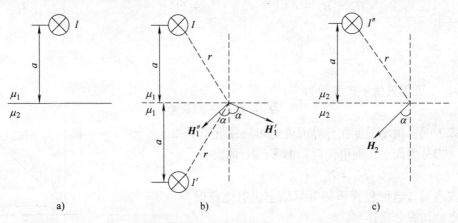

图 4-12 线电流的镜像

根据分界面上磁场强度的衔接条件 $H_{t1}=H_{t2}$，可以求得

$$\frac{I}{2\pi r}\sin\alpha - \frac{I'}{2\pi r}\sin\alpha = \frac{I''}{2\pi r}\sin\alpha$$

即

$$I - I' = I'' \tag{4-35}$$

再由磁感应强度的衔接条件 $B_{n1} = B_{n2}$，可以求得

$$\frac{\mu_1 I}{2\pi r}\cos\alpha + \frac{\mu_1 I'}{2\pi r}\cos\alpha = \frac{\mu_2 I''}{2\pi r}\cos\alpha$$

即

$$\mu_1(I + I') = \mu_2 I'' \tag{4-36}$$

联立解式(4-35) 和式(4-36)，可得

$$I' = \frac{\mu_2 - \mu_1}{\mu_2 + \mu_1} I \tag{4-37}$$

$$I'' = \frac{2\mu_1}{\mu_2 + \mu_1} I \tag{4-38}$$

在式(4-37) 与式(4-38) 中，I'和I''的参考方向都规定与 I 的参考方向一致。可见，I''的方向总与 I 的方向一致，即总是正的；而 I'的方向要由 $\mu_2 - \mu_1$ 的正负而定。现在讨论两种特殊情况。

1）设载流导线置于空气媒质中 $\mu_1 = \mu_0$，媒质 2 为铁磁物质 $\mu_2 \to \infty$。则由式(4-37) 和式(4-38) 可得

$$I' = \frac{\mu_2 - \mu_1}{\mu_2 + \mu_1} I \approx I$$

$$I'' = \frac{2\mu_1}{\mu_2 + \mu_1} I \approx 0$$

由上式可知，铁磁媒质内的磁场强度将处处为零，但磁感应强度并不处处为零。

2）设载流导线置于铁磁媒质中 $\mu_1 \to \infty$，媒质 2 为空气 $\mu_2 = \mu_0$，同样由式(4-37) 和式(4-38) 可以得到

$$I' = \frac{\mu_2 - \mu_1}{\mu_2 + \mu_1} I \approx -I$$

$$I'' = \frac{2\mu_1}{\mu_2 + \mu_1} I \approx 2I$$

可知，空气中的磁感应强度与铁磁物质不存在（即整个空间充满空气）时相比，增大了一倍（设两种情况下导线中的电流相等）。

静磁场中边界条件的其他解法可参考静电场中的方法，这里不再赘述。

4.5　矢量磁位及其边值问题

由 4.4 节可知，磁通密度是无散的（连续的），它的散度是零，即$\nabla \cdot \boldsymbol{B} = 0$。在静电场中，因为$\nabla \times \boldsymbol{E} = 0$，曾经引入电位函数来表征静电场的特性使得电场的分析计算得到简化。根据矢量恒等式，一个矢量求旋度后，再求散度，其值恒为零。据此本节引入一个称为矢量磁位的位函数来讨论静磁场的边值问题。

4.5.1　矢量磁位

根据静磁场的基本方程之一的$\nabla \cdot \boldsymbol{B} = 0$ 及矢量恒等式，有

$$\nabla \cdot (\nabla \times \boldsymbol{A}) = 0$$

因此，可引入一个矢量位函数 $\boldsymbol{A}$，将磁感应强度表示为其旋度：

$$\boldsymbol{B} = \nabla \times \boldsymbol{A} \tag{4-39}$$

把满足式(4-39) 的矢量函数 $\boldsymbol{A}$ 称为静磁场的矢量磁位，也称为磁矢位。在国际单位制中，它的单位是韦/米（Wb/m）。

显然，$\boldsymbol{B}=\nabla\times\boldsymbol{A}$ 满足静磁场的基本方程中的 $\nabla\cdot\boldsymbol{B}=0$，现在只要分析 $\boldsymbol{A}$ 满足基本方程式(4-25)。

在线性各向同性的均匀媒质中 $\boldsymbol{B}=\mu\boldsymbol{H}$，$\nabla\times\boldsymbol{H}=\boldsymbol{J}$，因此有

$$\nabla \times \boldsymbol{B} = \mu \boldsymbol{J} \tag{4-40}$$

把式(4-39) 代入式(4-40)，可得

$$\nabla \times \nabla \times \boldsymbol{A} = \mu \boldsymbol{J}$$

应用矢量恒等式

$$\nabla \times \nabla \times \boldsymbol{A} = \nabla(\nabla \cdot \boldsymbol{A}) - \nabla^2 \boldsymbol{A}$$

则有

$$\nabla(\nabla \cdot \boldsymbol{A}) - \nabla^2 \boldsymbol{A} = \mu \boldsymbol{J} \tag{4-41}$$

根据矢量分析理论可知，在矢量场中要确定一个矢量，不仅要规定它的旋度，还必须规定它的散度。为了简便，在静磁场中可令

$$\nabla \cdot \boldsymbol{A} = 0 \tag{4-42}$$

式(4-42) 称为库仑规范条件，将其代入式(4-41) 可得

$$\nabla^2 \boldsymbol{A} = -\mu \boldsymbol{J} \tag{4-43}$$

上式表明，矢量磁位 $\boldsymbol{A}$ 满足矢量形式的泊松方程或拉普拉斯方程。

一个矢量形式的泊松方程相当于三个标量形式的泊松方程，在直角坐标系中的分量方程为

$$\left.\begin{aligned} \nabla^2 A_x &= -\mu J_x \\ \nabla^2 A_y &= -\mu J_y \\ \nabla^2 A_z &= -\mu J_z \end{aligned}\right\} \tag{4-44}$$

这三个方程的形式和静电场电位 φ 的泊松方程形式上完全一样。参照静电场中泊松方程的解的形式，当电流分布在有限空间，且矢量磁位选择无限远处为参考点时，可得矢量磁位各分量泊松方程的解分别是

$$A_x = \frac{\mu}{4\pi}\int_{V'} \frac{J_x \mathrm{d}V'}{R}$$

$$A_y = \frac{\mu}{4\pi}\int_{V'} \frac{J_y \mathrm{d}V'}{R}$$

$$A_z = \frac{\mu}{4\pi}\int_{V'} \frac{J_z \mathrm{d}V'}{R}$$

以上三式可合并为

$$\boldsymbol{A} = \frac{\mu}{4\pi}\int_{V'} \frac{\boldsymbol{J} \mathrm{d}V'}{R} \tag{4-45}$$

由于元电流段还有 $I\mathrm{d}\boldsymbol{l}$ 和 $\boldsymbol{K}\mathrm{d}S$ 形式，因此由这两种电流分布的整个电流引起的矢量磁位应为

$$\boldsymbol{A}=\frac{\mu}{4\pi}\int_{l'}\frac{I\mathrm{d}\boldsymbol{l}'}{R} \tag{4-46}$$

$$\boldsymbol{A}=\frac{\mu}{4\pi}\int_{S'}\frac{\boldsymbol{K}\mathrm{d}S'}{R} \tag{4-47}$$

由式(4-45)、式(4-46)和式(4-47)可知，每个元电流产生的矢量磁位与此元电流的方向一致。

考虑到各种电流，则矢量磁位为

$$\boldsymbol{A}=\frac{\mu}{4\pi}\int_{V'}\frac{\boldsymbol{J}\mathrm{d}V'}{R}+\frac{\mu}{4\pi}\int_{S'}\frac{\boldsymbol{K}\mathrm{d}S'}{R}+\frac{\mu}{4\pi}\int_{l'}\frac{I\mathrm{d}\boldsymbol{l}'}{R} \tag{4-48}$$

例 4-5　两根无限长直细导线相距 $2a$，两导线中通有大小相等、方向相反的电流 I（如图 4-13 所示），求空间中任一点的矢量磁位 $\boldsymbol{A}$。

解：两根导线产生的矢量磁位，可以认为是单根导线产生的叠加。设导线长度为 $2L$，在导线的中点处做 xOy 平面，选择如图 4-13 所示的坐标系。

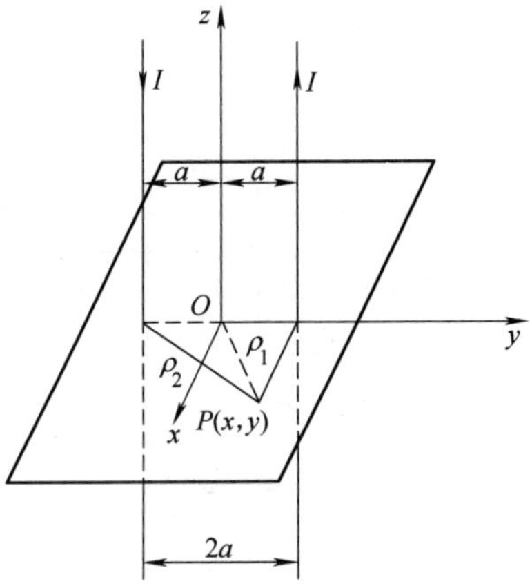

图 4-13　两长直导线的矢磁

当 $L \gg a$ 时，单根导线在 P 点产生的矢量磁位为

$$A_1=\frac{\mu_0 I}{4\pi}\int_{-L}^{L}\frac{\mathrm{d}z}{\sqrt{\rho_1^2+L^2}}=\frac{\mu_0 I}{2\pi}\ln\frac{L+\sqrt{\rho_1^2+L^2}}{\rho_1}$$

当 $L\to\infty$ 时，有

$$A_1=\frac{\mu_0 I}{2\pi}\ln\frac{2L}{\rho_1}$$

方向沿 $\boldsymbol{e}_z$ 正方向。

同理，另一根导线产生的矢量磁位为

$$A_2=\frac{\mu_0 I}{2\pi}\ln\frac{2L}{\rho_2}$$

方向沿 $\boldsymbol{e}_z$ 负方向。

由此可得 P 点的矢量磁位为

$$\boldsymbol{A}=\boldsymbol{A}_1+\boldsymbol{A}_2=\frac{\mu_0 I}{2\pi}\left(\ln\frac{2L}{\rho_1}-\ln\frac{2L}{\rho_2}\right)\boldsymbol{e}_z=\frac{\mu_0 I}{2\pi}\ln\frac{\rho_2}{\rho_1}\boldsymbol{e}_z=\frac{\mu_0 I}{2\pi}\ln\frac{x^2+(a+y)^2}{x^2+(y-a)^2}\boldsymbol{e}_z$$

4.5.2　矢量磁位的边值问题

矢量磁位满足泊松方程或拉普拉斯方程。与静电场一样，当场中电流分布已经知道时，可以通过建立微分方程和相关的边界条件建立起静磁场中矢量磁位的边值问题。

首先推导媒质分界面上用 $\boldsymbol{A}$ 表示的边界条件。在媒质分界面上任一点 P 处取一矩形回路，回路所包围的面积上通过的磁通量 $\boldsymbol{\Phi}_{\mathrm{m}}=\int_S\boldsymbol{B}\cdot\mathrm{d}\boldsymbol{S}=\int_S(\nabla\times\boldsymbol{A})\cdot\mathrm{d}\boldsymbol{S}=\oint_l\boldsymbol{A}\cdot\mathrm{d}\boldsymbol{l}$，如图 4-14 所示。令 $\Delta l_2\to 0$，则 $\boldsymbol{\Phi}_{\mathrm{m}}=0$，因此 $\oint_l\boldsymbol{A}\cdot\mathrm{d}\boldsymbol{l}=0$，可得

$$A_{\mathrm{t1}}=A_{\mathrm{t2}} \tag{4-49}$$

即矢量磁位的切线分量在分界面上连续。又因为 $\nabla\cdot\boldsymbol{A}=0$（库仑规范），可在分界面 P 点做

一个小圆柱，如图4-15所示，利用$\oint_S \boldsymbol{A}\cdot d\boldsymbol{S}=\int_V \nabla\cdot\boldsymbol{A}dV=0$。当圆柱高$\Delta h\to 0$时，得到

$$A_{n1}=A_{n2} \tag{4-50}$$

即矢量磁位的法线分量在分界面上也连续。因此，由式(4-49)和式(4-50)可得

$$\boldsymbol{A}_1=\boldsymbol{A}_2 \tag{4-51}$$

式(4-51)说明媒质在分界面上矢量磁位连续。

另外，由式(4-30)和式(4-39)可得

$$\left(\frac{1}{\mu_1}\nabla\times\boldsymbol{A}_1-\frac{1}{\mu_2}\nabla\times\boldsymbol{A}_2\right)\times\boldsymbol{e}_n=\boldsymbol{K} \tag{4-52}$$

对于平行平面磁场，分界面上的衔接条件是

$$\boldsymbol{A}_1=\boldsymbol{A}_2$$

$$\frac{1}{\mu_1}\frac{\partial\boldsymbol{A}_1}{\partial n}-\frac{1}{\mu_2}\frac{\partial\boldsymbol{A}_2}{\partial n}=\boldsymbol{K}$$

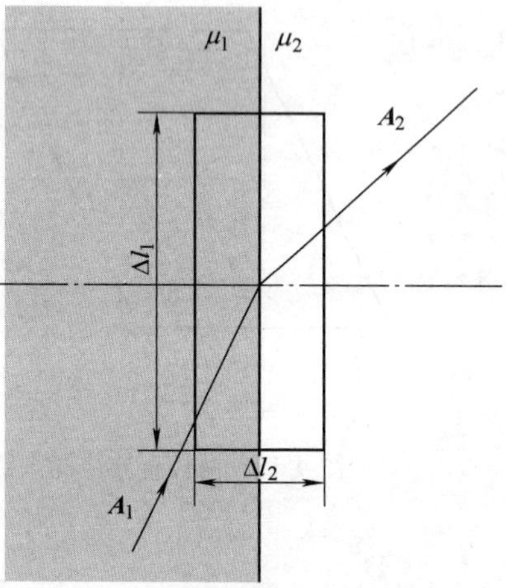

图4-14 媒质分界面上矩形回路

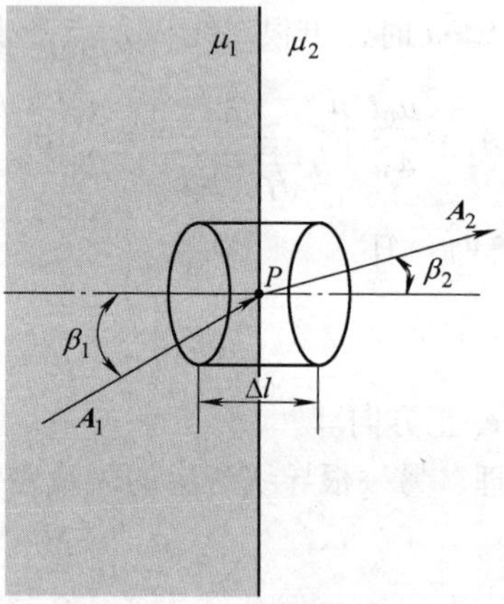

图4-15 媒质分界面上做的小圆柱

以上给出的是矢量磁位在媒质分界面上所满足的衔接条件。它和矢量磁位所满足的微分方程$\nabla^2\boldsymbol{A}=-\mu\boldsymbol{J}$及场域边界上给定的边界条件（如气球边界条件、对称边界条件及加强边界条件等）一起构成了描述静磁场的边值问题。

4.6 标量磁位

在4.5节中介绍了用矢量磁位求解静磁场的方法，从原则上讲这种方法是普遍的，但由于它是矢量形式的，在计算具体问题时往往比较复杂，不像静电场中的电位函数那样能给计算带来方便。因此，在一定条件下，是否可以引入类似的标量函数来描述磁场?

在静电场中曾引入标量电位φ，使得$\boldsymbol{E}=-\nabla\varphi$，从而得到泊松方程$\nabla^2\varphi=-\rho/\varepsilon$或拉普拉斯方程$\nabla^2\varphi=0$。而对于静磁场，由基本方程$\nabla\times\boldsymbol{H}=\boldsymbol{J}$可知静磁场不是一个无旋场，因此不能用一个标量函数来表征磁场的特性。但在没有电流分布的区域内$\nabla\times\boldsymbol{H}=0$，故可以有条件地定义标量磁位。

在无电流的区域内，由于$\nabla\times\boldsymbol{H}=0$，可假设

$$\boldsymbol{H}=-\nabla\varphi_{\mathrm{m}} \tag{4-53}$$

式中，φ_{m} 称为标量磁位，也简称磁位。在国际单位制中，单位是 A（安）。标量磁位的引入完全是为了使某些情况下磁场的计算简化，并无物理意义。

磁位相等的各点形成的曲面称为等磁位面，其方程是 $\varphi_{\mathrm{m}}=$常数。等磁位面与磁场强度 H 线互相垂直，因此在磁导率很大的铁磁材料表面是近似的“等磁位面”。标量磁位可以通过磁场强度的线积分得到

$$\varphi_{\mathrm{m}}=\int_{P}^{Q}\boldsymbol{H}\cdot\mathrm{d}\boldsymbol{l} \tag{4-54}$$

磁场中两点间的磁压定义为

$$U_{\mathrm{mAB}}=\int_{A}^{B}\boldsymbol{H}\cdot\mathrm{d}\boldsymbol{l}=-\int_{\varphi_{\mathrm{m}A}}^{\varphi_{\mathrm{m}B}}\mathrm{d}\varphi_{\mathrm{m}}=\varphi_{\mathrm{m}A}-\varphi_{\mathrm{m}B} \tag{4-55}$$

式(4-55) 的定义与静电场中的电压相似，但却有很大不同。在静电场中，两点间的电压只与该两点的位置有关，而与积分路径无关。电位 φ 表示将单位电荷从参考点移到场点电场力所做的功，即只要选定参考点，场中各点都有确定的电位值。但在磁场中，情况就不同了，两点间的磁压随积分路径而变。

如图 4-16 所示，取一围绕电流的闭合路径 $AlBmA$ 来求磁场强度的线积分，则根据安培环路定理，应有 $\oint_{AlBmA}\boldsymbol{H}\cdot\mathrm{d}\boldsymbol{l}=I$，可以写成

$$\int_{AlB}\boldsymbol{H}\cdot\mathrm{d}\boldsymbol{l}=\int_{AmB}\boldsymbol{H}\cdot\mathrm{d}\boldsymbol{l}+I$$

若取积分回路围绕电流 k 次，由 $\oint_{AlBmA}\boldsymbol{H}\cdot\mathrm{d}\boldsymbol{l}=kI$ 可得

$$\int_{AlB}\boldsymbol{H}\cdot\mathrm{d}\boldsymbol{l}=\int_{AmB}H\cdot\mathrm{d}\boldsymbol{l}+kI$$

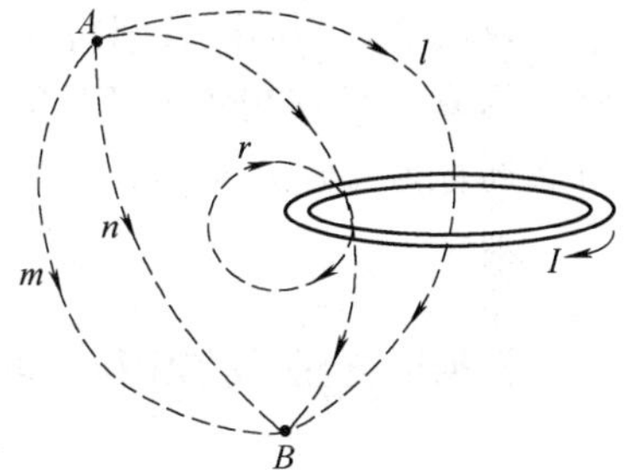

图 4-16　磁位与积分路径的关系

可见，对于磁场中任意一点，即使参考点已选定，其磁位仍然是一个多值函数，随积分路径的不同而改变。磁位的多值性对于计算磁场强度和磁感应强度并没有影响。可以做一些规定来消除多值性。例如，在电流回路引起的磁场中，可以规定积分路径不准穿过电流回路所限定的面，即所谓的磁屏障面，使磁场中各点的磁位成为单值函数，两点间的磁压也就与积分路径无关了。

例 4-6　有三条相互平行的长直细导线，三条导线中通有电流的大小均为 I，电流方向如图 4-17 所示，求空间中任意一点 P 的标量磁位。

解： 如图 4-17 所示选择坐标，利用 x 轴为磁屏障面。设每条电流从所在位置沿 x 轴正向的直线上 $\varphi_{\mathrm{m}}=0$，P 点的磁位可用每条电流在该点产生的磁位叠加来计算。最左边导线在 P 点产生的磁位为

$$\varphi_{\mathrm{m}1}=\int_{P}^{x}\boldsymbol{H}\cdot\mathrm{d}\boldsymbol{l}=\int_{a_1}^{0}\frac{I}{2\pi\rho_1}\rho\mathrm{d}a=-\frac{I}{2\pi}a_1$$

同理，可求得

$$\varphi_{\mathrm{m}2}=\int_{P}^{x}\boldsymbol{H}\cdot\mathrm{d}\boldsymbol{l}=\int_{a_2}^{0}-\frac{I}{2\pi\rho_2}\rho\mathrm{d}a=\frac{I}{2\pi}a_2$$

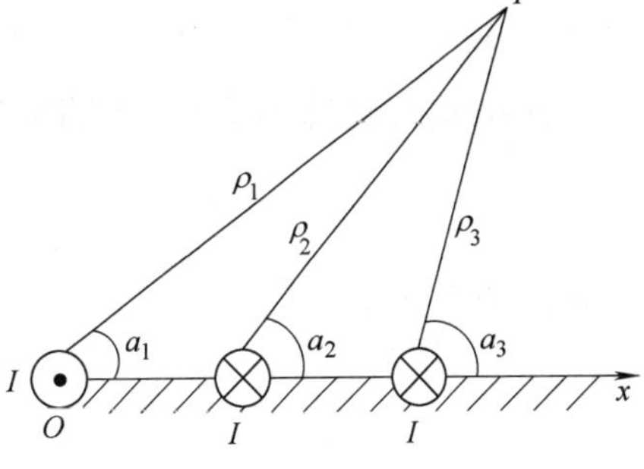

图 4-17　三条相互平行的长直细导线

$$\varphi_{m3}=\frac{I}{2\pi}a_3$$

由此可得

$$\varphi_m=\varphi_{m1}+\varphi_{m2}+\varphi_{m3}=\frac{I}{2\pi}(a_2+a_3-a_1)$$

4.7 电感和电感器

电感器是用绝缘导线绕制而成的电磁感应元件，它阻止电流的变化，又称为扼流圈，是电子电路中常用的元器件之一。电感器能够把电能转化为磁能而储存起来。电感器具有一定的电感，而电感又有自感和互感之分。本节从磁链的观点出发介绍电感。

根据电路和电磁学的实验已知，当一个导线回路中的电流随时间变化时，在此回路中要产生感应电动势，这种现象称为自感现象。如果在空间有两个或两个以上的回路，当其中一个回路中的电流随时间变化时，则将在其他回路上产生感应电动势称为互感现象。自感和互感现象都是电磁感应现象，法拉第从实验中总结出了电磁感应定律。

设两个相邻的闭合回路 C_1 和 C_2，它们分别环绕表面 S_1 和 S_2，C_1 中电流 I_1 产生的磁感应强度为 $\boldsymbol{B}_1$，C_2 中电流 I_2 产生的磁感应强度为 $\boldsymbol{B}_2$。由 $\boldsymbol{B}_1$ 产生的部分磁通会与 C_2 交链，把这部分磁通称为互磁通 Φ_{m12}，有

$$\Phi_{m12}=\int_{S_2}\boldsymbol{B}_1\cdot d\boldsymbol{S}_2 \tag{4-56}$$

根据毕奥-萨伐尔定律，可知 $\boldsymbol{B}_1$ 正比于 I_1，因此 Φ_{m12} 也正比于 I_1，所以有

$$\Phi_{m12}=L_{12}I_1 \tag{4-57}$$

其中的比例常数 L_{12} 称为回路 C_1 和 C_2 之间的互感，在国际单位制中，其单位是亨利（H）。如果 C_2 有 N 匝时，那么 Φ_{m12} 产生的磁链数是

$$\Psi_{12}=N\Phi_{m12} \tag{4-58}$$

此式可化为

$$\Psi_{12}=L_{12}I_1 \tag{4-59}$$

可见，两个电路之间的互感是一电路通过单位电流时另一电路所交链的磁链数。在上面推导的式子中，隐含着媒质的磁导率不随 I_1 而变，即上述公式只适用于理想媒质。

L_{12} 的普遍定义是

$$L_{12}=\frac{d\Psi_{12}}{dI_1}\quad(\mathrm{H}) \tag{4-60}$$

回路 C_1 的自感定义为在回路本身通以单位电流时所产生的磁链数，对理想媒质，可得

$$L_{11}=\frac{\Psi_{11}}{I_1}\quad(\mathrm{H})$$

更普遍的定义为

$$L_{11}=\frac{d\Psi_{11}}{dI_1}\quad(\mathrm{H}) \tag{4-61}$$

由以上公式分析可知，一个回路的自感取决于构成这个回路的导体的几何形状和实际排

列以及媒质的磁导率。在线性媒质中，自感及互感与回路中的电流无关。

例 4-7　有两根无限长导线，半径为 a，轴心距为 d，两导线中通有大小相等的电流 I，电流方向相反，如图 4-18 所示，求此无限长平行双导线单位长度的外自感。

解：设导线中电流为 I，由无限长导线的磁场公式，可得两导线之间轴线所在平面上的磁感应强度为

$$B=\frac{\mu_0 I}{2\pi x}+\frac{\mu_0 I}{2\pi(d-x)}$$

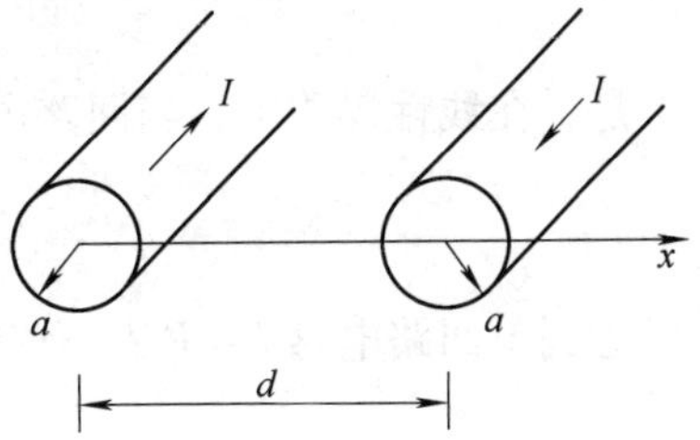

图 4-18　平行双导线

磁场的方向与导线回路平面垂直。单位长度上的外磁链为

$$\Psi=\int_a^{d-a}B\mathrm{d}x=\frac{\mu_0 I}{\pi}\ln\frac{d-a}{a}$$

所以单位长外自感为

$$L=\frac{\mu_0}{\pi}\ln\frac{d-a}{a}$$

例 4-8　求如图 4-19 所示的导电三角形回路和长直导线之间的互感。

解：据安培环路定理，可求出长直导线中的电流 I_2 产生的 B_2 的表达式为

$$B_2=\frac{\mu_0 I_2}{2\pi\rho}$$

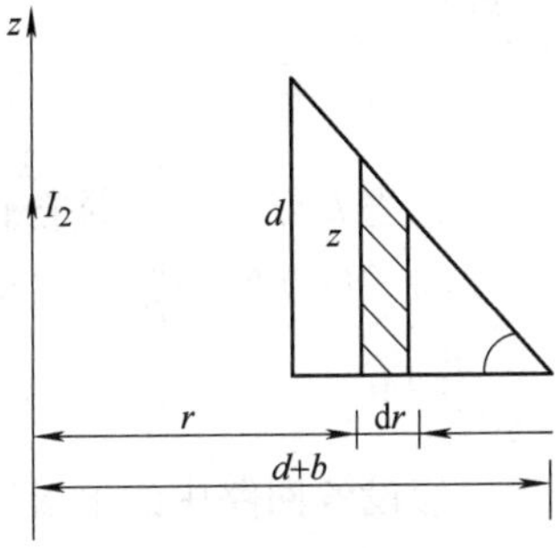

图 4-19　例 4-8 图

由于只有一匝，所以有

$$\Psi_{21}=\int_{S_1}B_2\mathrm{d}S_1$$

其中

$$\mathrm{d}S_1=z\mathrm{d}\rho$$

在三角形斜边上，z 和 ρ 之间的关系是

$$z=[-\rho+(d+b)]\tan\left(\frac{\pi}{3}\right)=\sqrt{3}[-\rho+(d+b)]$$

综上可得

$$\Psi_{21}=\frac{\sqrt{3}\mu_0 I_2}{2\pi}\int_d^{d+b}\frac{1}{\rho}[-\rho+(d+b)]\mathrm{d}\rho=\frac{\sqrt{3}\mu_0 I_2}{2\pi}\left[(d+b)\ln\left(1+\frac{b}{d}\right)-b\right]$$

所以，互感为

$$L_{21}=\frac{\Psi_{21}}{I_2}=\frac{\sqrt{3}\mu_0}{2\pi}\left[(d+b)\ln\left(1+\frac{b}{d}\right)-b\right]\quad(\mathrm{H})$$

4.8　静磁场的能量和力

在 2.8 节中曾讨论过，将一群电荷组合起来需要做功，而这种功是以电能形式存储起来的。现在当然可预想到，将电流送进导体回路也需要消耗功，并将功以磁能形式存储起来。电流回路系统的能量是在建立电流的过程中由电源供给的。设回路电流从零开始缓慢地增长到终值 I，因而回路磁通链也由零值逐渐缓慢地增加到终值，并引起感应电动势 $e=\mathrm{d}\Psi/\mathrm{d}t$ 阻

碍电流的增长。因此，外电源必须克服该感应电动势做功，对应于 $\mathrm{d}t$ 时间间隔，电源做功 $\mathrm{d}W=ui\mathrm{d}t$。假设所有的电流回路都固定不变，即没有机械能，且忽略导线中流过电流时的焦耳损耗，这样电源所做的功将全部转换为磁场存储的能量，即

$$\mathrm{d}W_{\mathrm{m}}=\mathrm{d}W=i\mathrm{d}\Psi=iL\mathrm{d}i \tag{4-62}$$

于是，在线性媒质中，当回路电流增至终止 I 时，单个载流回路的磁场能量为

$$W_{\mathrm{m}}=\int\mathrm{d}W_{\mathrm{m}}=\int_0^I iL\mathrm{d}i=\frac{1}{2}LI^2 \tag{4-63}$$

考虑到单回路电感 $L=\Psi/I$，代入上式，得

$$W_{\mathrm{m}}=\frac{1}{2}\Psi I \tag{4-64}$$

式中，Ψ 为电流 I 与回路相互交链的磁通链。

如果系统中包括 N 个回路，则磁场能量为

$$\mathrm{d}W_{\mathrm{m}}=\mathrm{d}W=\sum_{k=1}^{n}i_k(t)\mathrm{d}\Psi_k(t) \tag{4-65}$$

回路的磁链为

$$\Psi_k(t)=\sum_{j=1}^{n}L_{kj}i_j \tag{4-66}$$

其中，当 $k=j$ 时，L_{kj} 是自感；当 $k\neq j$ 时，L_{kj} 是互感。

将式(4-66) 代入式(4-65)，可得

$$\mathrm{d}W_{\mathrm{m}}=\sum_{k=1}^{n}\sum_{j=1}^{n}i_kL_{kj}\mathrm{d}i_j \tag{4-67}$$

假设各回路中的电流同时从零开始增加，且在任意时刻 t，每个回路中的电流都等于其终值的同一个百分数 α，即 $i_k(t)=I_k\alpha(t)$（其中 α 从 $0\rightarrow1$），则 $\mathrm{d}i_j=I_j\mathrm{d}\alpha$，所以有

$$\mathrm{d}W_{\mathrm{m}}=\sum_{j=1}^{n}\sum_{k=1}^{n}I_jL_{kj}I_k\alpha\mathrm{d}\alpha \tag{4-68}$$

对上式进行积分，可得

$$W_{\mathrm{m}}=\frac{1}{2}\sum_{j=1}^{n}\sum_{k=1}^{n}L_{kj}I_jI_k\quad(\mathrm{J}) \tag{4-69}$$

4.8.1 用场量表示静磁能

前面用与载流回路相关的电磁能量，给出了关于磁场能量的各计算公式。基于能量是场的物质性的基本属性之一，可以确认，磁场能量应分布在整个场域空间中，从而也就可以通过能量分布密度的体积分来计算磁场能量。

将式(4-69) 加以推广，就可以计算体积内连续分布电流的磁能。将式(4-66) 代入式(4-69)，可得

$$W_{\mathrm{m}}=\frac{1}{2}\sum_{k=1}^{n}I_k\Psi_k \tag{4-70}$$

若各载流回路均设为单匝线形载流回路，则以 k 号回路为例，其磁链为

$$\Psi_k=\oint_{l_1}\boldsymbol{A}\cdot\mathrm{d}\boldsymbol{l}_k \tag{4-71}$$

式中，$\boldsymbol{A}$ 是各回路电流在 k 号回路长度元 $\mathrm{d}l_k$ 处产生的合成矢量磁位。将上式代入式(4-70)，即得 n 个线形载流回路系统的磁场能量为

$$W_{\mathrm{m}} = \frac{1}{2}\sum_{k=1}^{n} I_k \oint_{l_1} \boldsymbol{A}\cdot \mathrm{d}\boldsymbol{l}_k \tag{4-72}$$

若载流回路中为体电流分布，则由元电流 $I_k\mathrm{d}\boldsymbol{l}_k = \boldsymbol{J}\mathrm{d}V$，并在电流所在体积 V_k 中积分。然后，再将式(4-72) 中的和式化为体积分，并进一步扩展积分域至整个场空间。这样，n 个载流回路系统的磁场能量也可用矢量磁位 $\boldsymbol{A}$ 表示为

$$W_{\mathrm{m}} = \frac{1}{2}\int_V \boldsymbol{A}\cdot \boldsymbol{J}\mathrm{d}V \tag{4-73}$$

已知 $\boldsymbol{J}=\nabla\times\boldsymbol{H}$，代入上式，得

$$W_{\mathrm{m}} = \frac{1}{2}\int_V \boldsymbol{A}\cdot(\nabla\times\boldsymbol{H})\mathrm{d}V \tag{4-74}$$

应用矢量恒等式 $\nabla\cdot(\boldsymbol{H}\times\boldsymbol{A})=\boldsymbol{A}\cdot(\nabla\times\boldsymbol{H})-\boldsymbol{H}\cdot(\nabla\times\boldsymbol{A})$ 及散度定理，上式变为

$$W_{\mathrm{m}} = \frac{1}{2}\int_V \nabla\cdot(\boldsymbol{H}\times\boldsymbol{A})\mathrm{d}V + \frac{1}{2}\int_V \boldsymbol{H}\cdot(\nabla\times\boldsymbol{A})\mathrm{d}V = \frac{1}{2}\oint_S (\boldsymbol{H}\times\boldsymbol{A})\mathrm{d}S + \frac{1}{2}\int_V \boldsymbol{H}\cdot\boldsymbol{B}\mathrm{d}V$$

式中，S 为包围场空间 V 的表面，可等同地看作位于无限远处的无限大球面。这样，根据 $H\propto\frac{1}{r^2}$，$A\propto\frac{1}{r}$，而面积 $S\propto r^2$，故当 $r\to\infty$ 时第一项积分应等于零。所以有

$$W_{\mathrm{m}} = \frac{1}{2}\int_V \boldsymbol{H}\cdot\boldsymbol{B}\mathrm{d}V \tag{4-75}$$

上式积分遍及整个场空间 V。由此可见，磁场能量分布于整个磁场空间中，而式中的被积函数显然表征着磁场能量的分布密度，若记为 w'_{m}，则有

$$w'_{\mathrm{m}} = \frac{1}{2}\boldsymbol{H}\cdot\boldsymbol{B} \tag{4-76}$$

对于各向同性的线性媒质，$\boldsymbol{B}=\mu\boldsymbol{H}$，因此磁场能量密度可以表示为

$$w'_{\mathrm{m}} = \frac{1}{2}\mu H^2 = \frac{B^2}{2\mu} \tag{4-77}$$

上式表明，由于磁场能量与磁场强度平方成正比，因此与电场能量一样，磁场能量也不符合叠加原理。

例 4-9　有一同轴电缆，设它的载流为 I，内、外导体半径分别为 a、b，绝缘层为空气，且忽略不计外导体厚度，如图 4-20 所示，计算此同轴电缆每单位长度内的磁场能量。

解： 基于场分布的计算式(4-75)，由于内导体中的磁场强度为

$$H_{\mathrm{i}} = \frac{I_\rho}{2\pi a^2}$$

因而内导体中单位长度内的磁场能量为

$$W_{\mathrm{m}} = \frac{1}{2}\int_V \mu_0 H_{\mathrm{i}}^2\mathrm{d}V = \int_0^a\int_0^{2\pi}\frac{\mu_0}{2}\left(\frac{I_\rho}{2\pi a^2}\right)^2\rho\mathrm{d}\varphi\mathrm{d}\rho = \frac{\mu_0 I^2}{16\pi}$$

又因内外导体之间的磁场强度为

$$H_{\mathrm{o}} = \frac{I}{2\pi\rho}$$

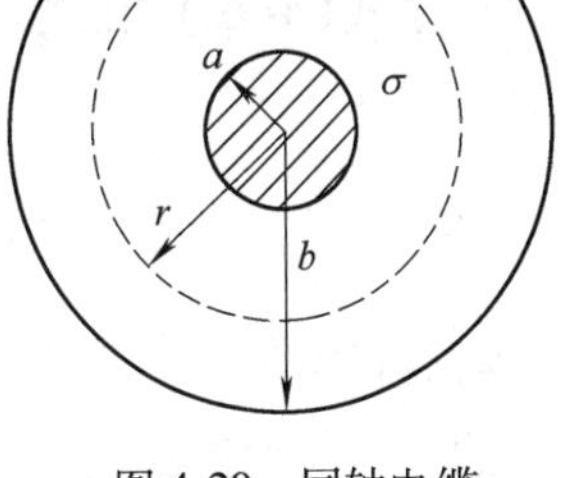

图 4-20　同轴电缆

故内外导体之间单位长度内的磁场能量为

$$W_m = \int_a^b \left(\frac{1}{2}\mu_0 H_o^2\right) 2\pi\rho \mathrm{d}\rho = \frac{\mu_0 I^2}{4\pi}\ln\left(\frac{b}{a}\right)$$

4.8.2 用磁场储能表示力

事实上，无论是孤立的载流回路、载流回路之间，磁铁之间，还是电流与磁铁之间的磁场力计算问题，原则上，虽然均可归结为利用安培力定律来计算磁场作用于电流元的力，但是由于其计算涉及矢量积分，通常计算繁琐。为此，如同电场力计算一样，应用虚位移法求磁场力，将在许多问题中简化计算。

类比于静电场中虚位移法的功能平衡方程，对于静磁场的虚位移法的功能平衡方程为

$$\mathrm{d}W = \mathrm{d}W_m + F\mathrm{d}g \tag{4-78}$$

式中，$\mathrm{d}W$ 表示外源送入系统的能量；$\mathrm{d}W_m$ 为相应于某一广义坐标变化（$\mathrm{d}g$）而引起系统的磁场能量的增量；$F\mathrm{d}g$ 则为在 $\mathrm{d}g$ 方向上磁场力所做的功。这里考虑两种情况：第一，具有稳定电流的电路系统，即常电流系统；第二，具有恒定磁链数的电路系统，即常磁链系统。

（1）常电流系统

设定各回路中的电流保持不变，即 $I_k=$常量，据式(4-70）有

$$\mathrm{d}W_m\Big|_{I_k=\text{常量}} = \frac{1}{2}\sum_{k=1}^{n} I_k \mathrm{d}\Psi_k = \frac{1}{2}\mathrm{d}W$$

这表明了外源提供的能量一半作为磁场能量的增量，另一半则作为机械功，即

$$F\mathrm{d}g = \mathrm{d}W_m\Big|_{I_k=\text{常量}}$$

所以广义力为

$$F = \frac{\mathrm{d}W_m}{\mathrm{d}g}\Bigg|_{I_k=\text{常量}} = \frac{\partial W_m}{\partial g}\Bigg|_{I_k=\text{常量}} \tag{4-79}$$

（2）常磁链系统

设定与各回路相交链的磁链保持不变，即 $\Psi_k=$常量，$\mathrm{d}\Psi_k=0$，所以 $\mathrm{d}W=0$，表明外源不提供能量。据式(4-71）有

$$F\mathrm{d}g = \mathrm{d}W_m\Big|_{\Psi_k=\text{常量}}$$

从而广义力为

$$F = \frac{\mathrm{d}W_m}{\mathrm{d}g}\Bigg|_{\Psi_k=\text{常量}} = \frac{\partial W_m}{\partial g}\Bigg|_{\Psi_k=\text{常量}} \tag{4-80}$$

上式表明，磁场力做功所需的能量取自于系统磁场能量的减少。

由于式(4-79）和式(4-80）所求的是对应于同一状态下电流和磁链情况下的力，所以有

$$F = \frac{\partial W_m}{\partial g}\Bigg|_{I_k=\text{常量}} = \frac{\partial W_m}{\partial g}\Bigg|_{\Psi_k=\text{常量}}$$

需要指出的是，在实际情况中，有时候只求某一系统中的相互作用力，这样只要写出该系统的相互作用能的表达式，然后按广义力公式通过对相应广义坐标求偏导即可。

例 4-10 设两导体平面的长为 l，宽为 b，间隔为 d，上、下面分别有大小相等、方向相

反的面电流 J_{S0}（如图 4-21 所示）。设 $b \gg d$，$l \gg d$，求上面一片导体板面电流所受的力。

解： 考虑到间隔远小于其尺寸，故可以看成无限大面电流。由安培环路定理，可以求出两导体板之间磁场为 $B = e_x \mu_0 J_{S0}$，导体外磁场为零。当用虚位移法计算上面的导体板受力时，假设两板间隔为一变量 z。磁场能为

$$W_m = \frac{1}{2}\mu_0 BHV = \frac{1}{2}\mu_0 J_{S0}^2 lbz$$

假定上导体板位移时，电流不变，则此时的力为

$$\boldsymbol{F} = \boldsymbol{e}_z \frac{\partial W_m}{\partial z} = \boldsymbol{e}_z \frac{1}{2}\mu_0 J_{S0}^2 lb$$

这个力为斥力。

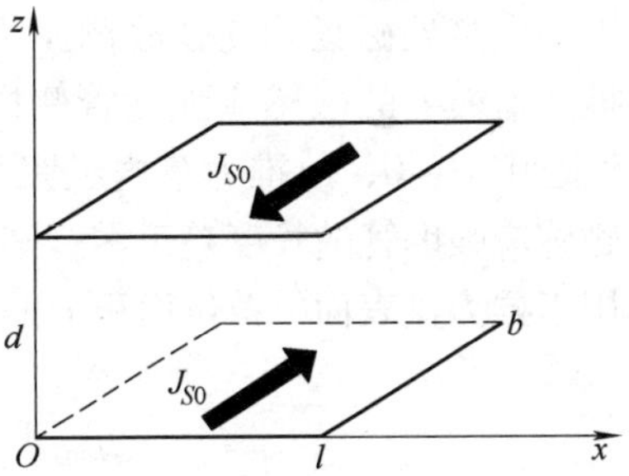

图 4-21　平行面电流的磁场力

4.8.3　静磁力

在 4.2.2 节给出基本场矢量——磁感应强度 $\boldsymbol{B}$ 的定义时指出，磁场作用于运动电荷的磁场力（即洛伦兹力）为 $\boldsymbol{F} = q\boldsymbol{v} \times \boldsymbol{B}$，而磁场作用于载流回路 l 的力为 $\boldsymbol{F} = \oint_l I\mathrm{d}\boldsymbol{l} \times \boldsymbol{B}$。

如果磁场是由另一个载流回路所激发的，则根据 4.2.2 节中提出的毕奥-萨伐尔定律，将该回路电流产生的磁场 $\boldsymbol{B}$ 代入 $\boldsymbol{F} = \oint_l I\mathrm{d}\boldsymbol{l} \times \boldsymbol{B}$，就可得到两个任意形状载流回路之间的作用力。如图 4-22 所示，载流回路 $\boldsymbol{l}_1$ 中电流 I_1 产生的磁场 $\boldsymbol{B}_1$ 对于整个载流回路 $\boldsymbol{l}_2$ 的作用力为

$$\boldsymbol{F}_{21} = \frac{\mu_0}{4\pi}\oint_{l_2}\oint_{l_1} \frac{I_2\mathrm{d}\boldsymbol{l}_2 \times [I_1\mathrm{d}\boldsymbol{l}_1 \times (\boldsymbol{r}_2 - \boldsymbol{r}_1)]}{|\boldsymbol{r}_2 - \boldsymbol{r}_1|^3} \tag{4-81}$$

同理，可以求出回路电流 I_2 产生的磁场 $\boldsymbol{B}_2$ 对于整个回路 $\boldsymbol{l}_1$ 的作用力为

$$\boldsymbol{F}_{12} = \frac{\mu_0}{4\pi}\oint_{l_1}\oint_{l_2} \frac{I_1\mathrm{d}\boldsymbol{l}_1 \times [I_2\mathrm{d}\boldsymbol{l}_2 \times (\boldsymbol{r}_1 - \boldsymbol{r}_2)]}{|\boldsymbol{r}_1 - \boldsymbol{r}_2|^3} \tag{4-82}$$

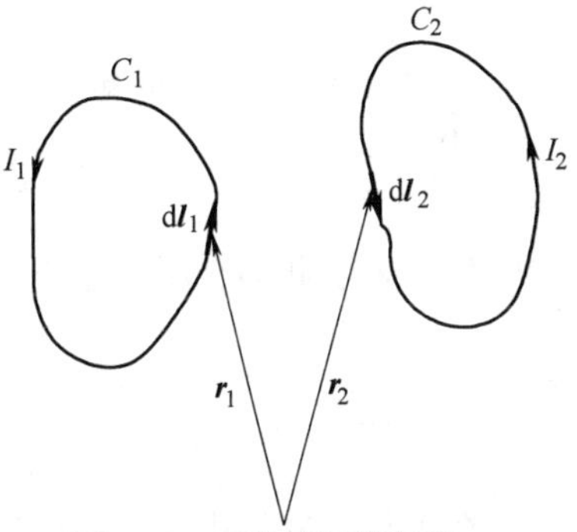

图 4-22　两载流回路间的磁场力的计算

式(4-81) 和式(4-82) 就是这两个载流回路之间的安培力定律。容易证明，$\boldsymbol{F}_{12} = \boldsymbol{F}_{21}$，符合牛顿定律。

最后，介绍法拉第对静磁力的看法。磁场中每一磁感应强度管沿其轴线方向受到纵张力，而在垂直于轴线方向受到侧压力作用。纵张力和侧压力的量值相等，都是 $\frac{1}{2}B \cdot H = \frac{B^2}{2\mu}$，单位是 $\mathrm{N/m^2}$（牛/米^2）。因此，利用上述观点，结合场图可对磁场力分布做出简明的分析。

例 4-11　如图 4-23 所示是磁悬浮推力轴承的结构示意图，求电磁铁铁心对推力盘的吸力。设铁心的截面积为 S，空气隙长度为 l，忽略空气隙处的边缘效应，并认为气隙中磁场的分布是均匀的。

解： 解法一：应用法拉第观点求解磁场力。

分析气隙处位于推力盘面上磁感应强度管的受力状况，设该管横截面积为 ΔS。显然，

因为气隙处磁场均匀，故侧压力 $F'=F''$，这表明推力盘面上的磁感应强度管侧向受力平衡。已知铁心中 $H\approx0$，故推力盘内纵张力 $F_2\approx0$。令所取磁感应强度管的长度趋于零，则纵张力 F_1 即为作用于推力盘表面每单位面积上的磁场力，其值为

$$F_1=\frac{B^2}{2\mu_0}$$

因而每一表面积为 S 的磁极所呈现的吸力为

$$F'_0=SF_1=\frac{B^2}{2\mu_0}S$$

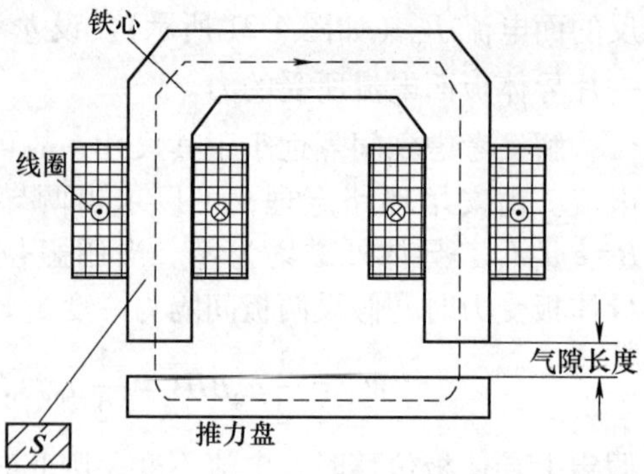

图 4-23 铁心对推力盘的吸力

故总吸力为

$$F=2F'_0=\frac{B^2}{\mu_0}S$$

解法二：应用虚位移法。

基于工程分析观点，该磁悬浮推力轴承的磁场能量可以近似等同于在两气隙处储存的磁场能量，即有

$$W_m=\frac{B^2}{2\mu_0}\cdot2Sl=\frac{B^2}{\mu_0}Sl=\frac{\Phi^2}{\mu_0S}l$$

从而由式(4-80) 可知，改变气隙的广义力为

$$F=-\left.\frac{\partial W_m}{\partial l}\right|_{\Psi=\text{常量}}=-\frac{\Phi^2}{\mu_0S}=-\frac{B^2}{\mu_0}S$$

式中负号表示此力企图减小空气隙的长度，即 F 是铁心作用于推力盘的吸力。

4.9 磁路

在工程电磁场中经常存在磁导率极高的铁磁材料，它的 $\mu\gg\mu_0$，对磁场的分布起了决定性的作用。如果用基本场的方程求解一般颇为复杂，在工程实际中，仿照电路的分析方法，常可把磁场转化为磁路来处理，这种近似计算在工程中是可行的。

在传导电路中，电流完全在导线内流动，在导线外没有任何泄漏。如果磁性材料的磁导率远高于包围它的物质的磁导率，则磁通的绝大部分（主磁通）将集中在磁性材料内，如图 4-24 所示，可忽略漏磁通的影响。所以，磁通在高导磁性材料中流通与电流在导体内流通非常相似，可将磁通在磁性材料流动的闭合路径称为磁路。

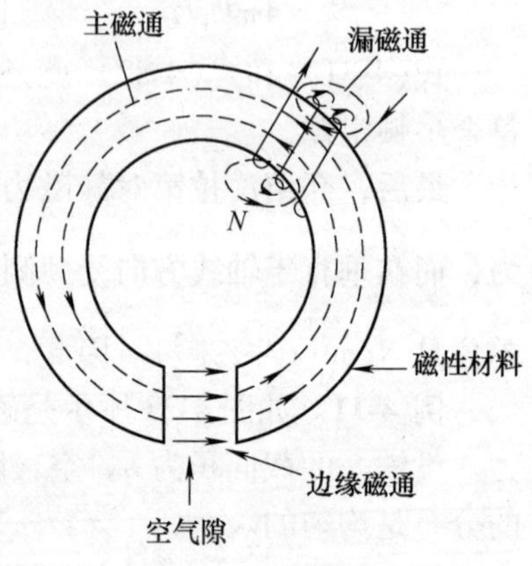

图 4-24 磁路

磁路与电路的对应概念为：磁路中的磁通 Φ 对应于电路中的电流，因为前者是磁通密度的通量而后者是电流密度的通量，磁通密度线和恒定电流的电流密度线都是连续曲线。在电路中有电动势和电阻，在磁路中对应为磁动势和磁阻。因此，磁路近似计算的磁路定律的形式也与电路

的电路定律相同。

在许多工程实际问题中，用磁路方法计算铁心内的主磁通或磁通密度是很重要的，通常做如下假设：

1）磁通限制在磁性材料内流动，没有漏磁。

2）在空气隙区磁通没有扩散或边缘效应。

3）在磁性材料内的磁通密度是均匀的。

以简单的无分支闭合铁心磁路为例，如图 4-25 所示。根据安培环路定理，有

$$\oint_l \boldsymbol{H} \cdot \mathrm{d}\boldsymbol{l} = NI \tag{4-83}$$

式中，I 和 N 分别是线圈中的电流和匝数。

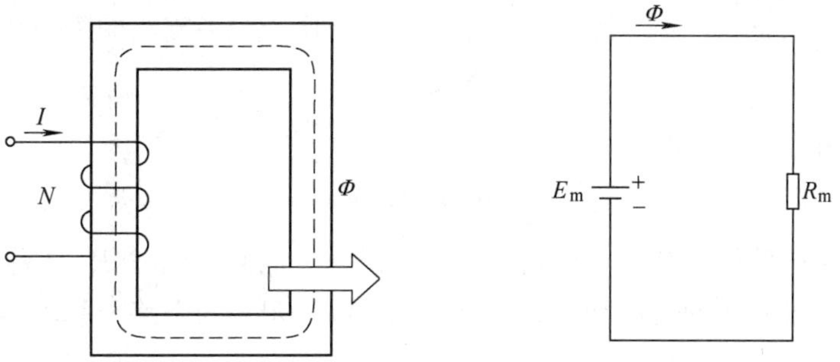

图 4-25　无分支闭合磁路

因为积分路径上各点的 $\boldsymbol{H}$ 与 $\mathrm{d}\boldsymbol{l}$ 平行，所以被积函数为

$$\boldsymbol{H} \cdot \mathrm{d}\boldsymbol{l} = \frac{\boldsymbol{B}}{\mu} \cdot \mathrm{d}\boldsymbol{l} = \frac{B}{\mu}\mathrm{d}l = \Phi \frac{1}{\mu} \frac{\mathrm{d}l}{S}$$

其中 S 是铁心横截面积。把上式代入式(4-83)，得

$$\Phi \cdot \oint_l \frac{1}{\mu} \frac{\mathrm{d}l}{S} = NI \tag{4-84}$$

对比电场中一般导体的电阻公式 $R = \int_l \frac{1}{\gamma} \frac{\mathrm{d}l}{S}$，自然地把 $\oint_l \frac{1}{\mu} \frac{\mathrm{d}l}{S}$ 称为该闭合磁路的磁阻，记作

$$R_{\mathrm{m}} = \oint_l \frac{1}{\mu} \frac{\mathrm{d}l}{S} \tag{4-85}$$

其中磁导率 μ 与电导率 γ 相对应。把上式代入式(4-84)，得

$$\Phi R_{\mathrm{m}} = NI$$

与电路欧姆定律 $IR=E$ 相对应，自然地把 NI 称为磁路的磁动势，记作

$$e_{\mathrm{m}} = NI \tag{4-86}$$

所以，磁路的欧姆定律为

$$\Phi R_{\mathrm{m}} = e_{\mathrm{m}} \tag{4-87}$$

可见，磁路中磁通、磁动势和磁阻三者之间的关系与电路中的欧姆定律完全相似。图 4-25中的铁心电感线圈的磁路对应于最简单的电路——无分支闭合回路。

当磁路存在分支时，一般各分支的磁通不相同。图 4-26 是一个有分支的磁路，它对应

于一个两节点、三支路的电路。若忽略从铁心侧面漏出的磁感应线，由磁通连续性原理可得，对同一节点，流入的磁通等于流出的磁通，即

$$\Phi = \Phi_1 + \Phi_2 \tag{4-88}$$

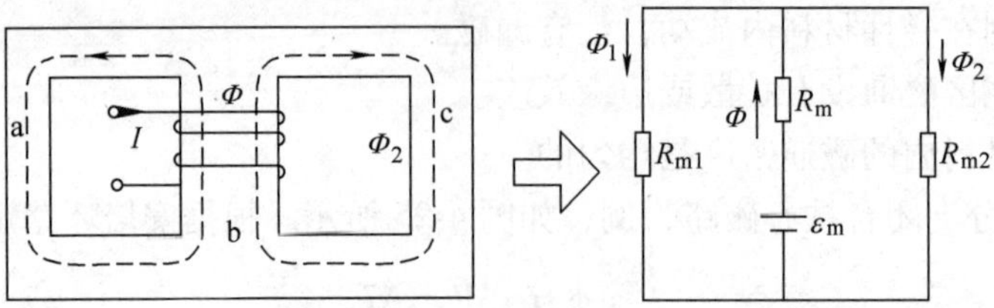

图 4-26 磁路的并联

对于任意复杂的磁路，在磁路的每一个分支点上所连接各支路的磁通代数和等于零，继

$$\sum \Phi_i = 0 \tag{4-89}$$

而对于每一个闭合回路，则有

$$\sum \Phi_i R_{mi} = \sum e_{mi} \tag{4-90}$$

上式表明，在磁路的任意闭合回路中，各段磁路上的乘积值 $\Phi_i R_{mi}$（称作磁压）的代数和等于闭合回路中磁动势的代数和。式(4-89) 和式(4-90) 与电路中基尔霍夫电压和电流定律对应。

例 4-12 一均匀闭合铁心线圈（如图 4-27 所示），匝数为 300，铁心中磁感应强度为 0.9T，磁路的平均长度为 45cm，试求：

1）铁心材料为铸铁（$\mu_1 = 10^{-4}$H/m）时线圈中的电流；

2）铁心材料为硅钢片（$\mu_2 = 3.46 \times 10^{-3}$H/m）时线圈中的电流。

解：由公式 $\boldsymbol{B} = \mu \boldsymbol{H}$ 可得

铸铁的磁场强度 $H_1 = 9000$A/m

硅钢片的磁场强度 $H_2 = 260$A/m

由磁路定律可得

$$I_1 = \frac{H_1 l}{N} = \frac{9000 \times 0.45}{300} = 13.5\text{A}$$

$$I_2 = \frac{H_2 l}{N} = \frac{260 \times 0.45}{300} = 0.39\text{A}$$

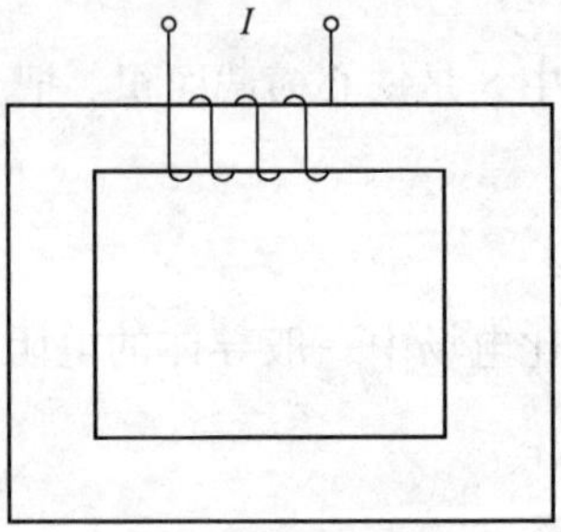

图 4-27 例 4-12 图

可见，由于所用铁心材料不同（μ 值不同），要得到相同的磁感应强度，则所需要的磁动势或励磁电流是不同的。因此，采用高磁导率的铁心材料可降低励磁电流，可使得线圈的用铜量大为降低。

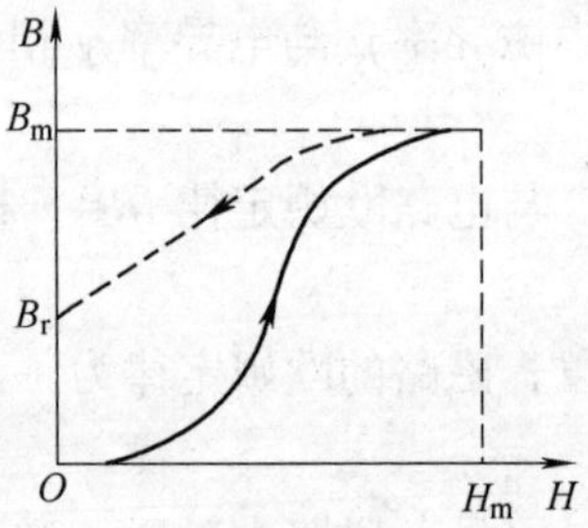

图 4-28 磁性材料的磁化特性曲线

由例 4-12 可知，在实际工程问题中，材料的磁导率对工程结构设计有很大的影响。而材料的磁导率是材料磁性能的表现，是由材料的磁化曲线（如图 4-28 所示）描述的。可以发现，当 H 增加时最初 B 增加缓慢，继而快速增长，然后越来越慢，直至最后变成平坦的。如果再使 H 减少直至零，

此时 B 也逐渐减少，然而并不沿原轨迹返回，而是沿虚线下降到 B_r，这种现象称为磁滞，B_r 称为剩磁。磁化曲线实际上描绘了磁性材料外加的磁场强度与磁感应强度的关系，即 B-H 的关系，故磁化特性曲线简称为 B-H 曲线。

当磁导率随磁感应强度而变化时，磁路为非线性的，所有用到铁磁材料的器件都形成非线性磁路，μ 随 H 值的不同而异。如果知道 B 要求 μ（或者 H），需查 B-H 曲线或表格。

在实际工程问题中，因为铁磁材料的非线性使得无法在确定其工作状态（H 或 B）之前确定其 μ 值，解决这类非线性磁路问题可以用迭代法来确定其磁通量。

4.10　工程应用实例

4.10.1　三相输电线的每相等效电感

在 2.9.2 节讨论过三相输电线的每相工作电容，这里用类似的方法讨论等效电感。在三相输电线的磁场中，每一相等效电感定义为该相导线交链的总磁通与该相电流之比。在三相输电线之间位置对称的情况下（三相导线分别布置在等边三角形的顶点上），每相参数是相等的，包括每相的等效电感，即

$$L_A = L_B = L_C$$

当三相输电线之间的位置不对称时，如图 4-29 所示，每相参数不等。为使三相输电线三相的参数接近相等，工程中常采用循环换位的方法，如图 4-30 所示。设每一次完全换位输电线的长度是 l，每隔 $l/3$ 换位一次，每次换位距离远大于导线之间距离 d，导线半径 R 远小于导线之间距离 d。

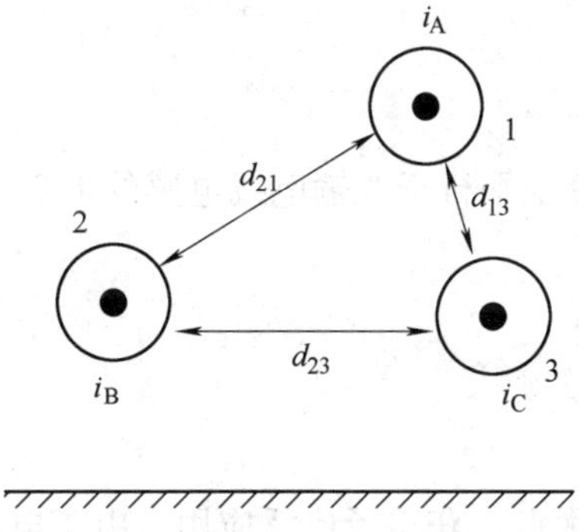

图 4-29　不对称三相输电线

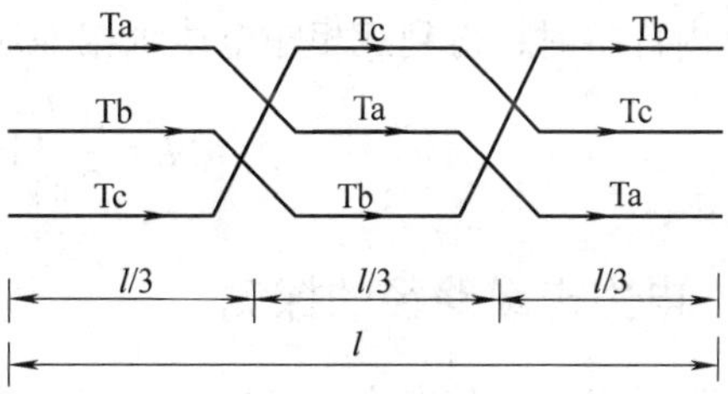

图 4-30　三相输电线循环换位

设三相输电线距地面较远，不考虑大地影响。如图 4-29 所示，给出了循环各相电流的位置。计算 A 相等效电感 L_A 时，可由矢量磁位 $\boldsymbol{A}$ 计算该相导线交链的总磁链 Ψ_A，根据平行双输电线电感计算公式，此处仍可认为在无限远处 $\boldsymbol{A}=0$。A 相导线处的矢量磁位 $\boldsymbol{A}$ 可用该段导线中点附近的 $\boldsymbol{A}$ 近似。由于

$$\Phi = \oint_l \boldsymbol{A} \cdot \mathrm{d}\boldsymbol{l}$$

$$\boldsymbol{A} = \frac{\mu_0 I}{2\pi} \ln \frac{2L}{r} K$$

那么A相导线在第一个 $l/3$ 长度内交链的磁通为

$$\Phi_{A1}=\frac{l}{3}\cdot\frac{\mu_0 i_A}{2\pi}\ln\frac{l/3}{R}+\frac{l}{3}\cdot\frac{\mu_0 i_B}{2\pi}\ln\frac{l/3}{d_{12}}+\frac{l}{3}\cdot\frac{\mu_0 i_C}{2\pi}\ln\frac{l/3}{d_{31}}$$

$$=\frac{\mu_0 l}{6\pi}\left(i_A\ln\frac{l/3}{R}+i_B\ln\frac{l/3}{d_{12}}+i_C\ln\frac{l/3}{d_{31}}\right)$$

类似地，A相导线在第二、三个 $l/3$ 长度内交链的磁通分别为

$$\Phi_{A2}=\frac{\mu_0 l}{6\pi}\left(i_A\ln\frac{l/3}{R}+i_B\ln\frac{l/3}{d_{23}}+i_C\ln\frac{l/3}{d_{12}}\right)$$

$$\Phi_{A3}=\frac{\mu_0 l}{6\pi}\left(i_A\ln\frac{l/3}{R}+i_B\ln\frac{l/3}{d_{31}}+i_C\ln\frac{l/3}{d_{23}}\right)$$

因此，考虑三相输电线三相电流 $i_A+i_B+i_C=0$，A相导线在 l 长度内完全换位交链的总磁通为

$$\Psi_A=\Phi_{A1}+\Phi_{A2}+\Phi_{A3}$$

$$=\frac{\mu_0 l}{2\pi}\left(i_A\ln\frac{l/3}{R}+i_B\ln\frac{l/3}{\sqrt[3]{d_{12}d_{23}d_{31}}}+i_C\ln\frac{l/3}{\sqrt[3]{d_{12}d_{23}d_{31}}}\right)$$

$$=\frac{\mu_0 l}{2\pi}\left[i_A\ln\frac{l/3}{R}+(i_B+i_C)\ln\frac{l/3}{\sqrt[3]{d_{12}d_{23}d_{31}}}\right]$$

令 $d=\sqrt[3]{d_{12}d_{23}d_{31}}$，则

$$\Psi_A=\frac{\mu_0 l}{2\pi}\left(i_A\ln\frac{l/3}{R}-i_A\ln\frac{l/3}{d}\right)=\frac{\mu_0 l i_A}{2\pi}\ln\frac{d}{R}$$

所以A相等效电感为

$$L_A=\frac{\Psi_A}{i_A}=\frac{\mu_0 l}{2\pi}\ln\frac{d}{R}$$

考虑内自感时，得到三相输电线每相等效电感 L，等于平行于双输电线电感的1/2，即

$$L=\frac{\mu_0 l}{2\pi}\left(\ln\frac{d}{R}+\frac{1}{4}\right)$$

4.10.2 电力电缆路径的探测

电力电缆供电以其安全、可靠、有利于美化城市等优点，获得了广泛应用。由于电力电缆多埋于地下，一旦发生故障，则寻找故障点困难。本节对电力电缆的磁场进行简单的分析，并介绍探测电缆路径的方法。

（1）相地连接时电力电缆的磁场

相地连接是指将信号源接到待测电缆的一相导体与电缆的金属护套外皮之间，经电缆末端的短路环或故障点形成回路，如图4-31所示。电缆周围的磁场可以看成是由导体与外皮之间流动的电流 I 产生的磁场 B 以及金属外皮与大地之间的电流 I' 产生的磁场 B' 叠加而成的。

由于电缆的导体包在金属外皮里面，电流 I 在电缆上方地面上产生的磁场很小，地面上的磁场主要由金属外皮与大地之间的电流 I' 产生。大地和地面上空气的磁导率接近真空中磁

导率μ_0，电缆周围的磁场可以近似看成电流为I'、距离为h的上下平行的载流导体产生的磁场，其磁力线在与电缆垂直的横断面上从电缆的一侧越过电缆形成闭合。如果电缆与地面平行铺设，那么在电缆的上方磁力线穿过土壤进入空气中再穿过空气进入土壤，在地面部分磁力线分布如图4-32所示。磁场强度在电缆正上方达到最大值。

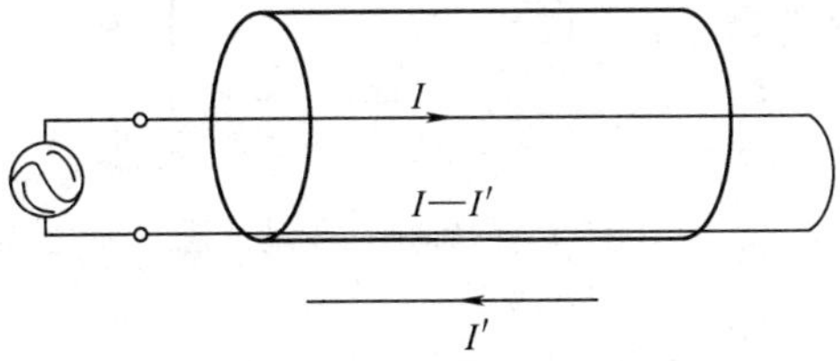

图4-31 相地连接电力电缆

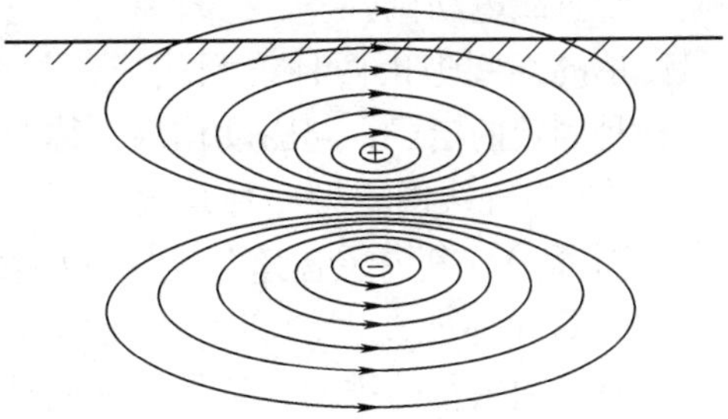

图4-32 相地连接电力电缆地面磁场分布

（2）相相连接时电缆的磁场

相相连接是把信号源接到待测电缆的两相导体之间，两个相导体与电缆末端的短路环或故障点形成回路。

由4.10.1节可知，为了保证电缆三相阻抗参数的平衡，减少对外电磁的影响，一般均采用循环换位的方法。也就是说，电缆的三相导体实际上是扭绞式前进的，两导体之间的相对位置是沿电缆变化的，如图4-33所示。两个导体所在平面与地面平行时，地面上的磁场分布如图4-34所示。电缆正上方磁场强度达到最大值。

在实际应用中，往往并不需要精确地知道地面上某一点磁场的具体数值，只是通过测量地面上不同点的磁场的相对数值及其方向的变化来达到探测电力电缆路径或故障点的目的。

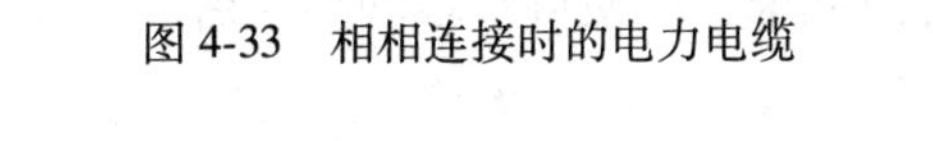

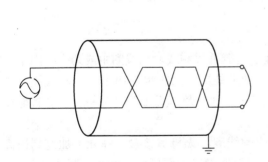

图4-33 相相连接时的电力电缆

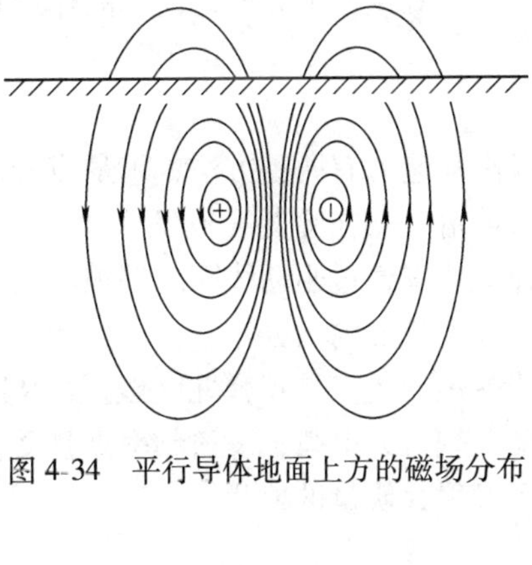

图4-34 平行导体地面上方的磁场分布

4.10.3 电磁炮

电磁炮是借助电磁力推进射弹的电磁发射器。电磁炮可作为战术武器使用，可使弹丸产生极大的动能用来摧毁目标。一般弹丸的速度只能达到2km/s，这是受火药燃烧后分子膨胀速度的限制。20世纪70年代初澳大利亚试验的电磁炮，成功地将10g重的弹丸加速到5.9km/s，20世纪80年代美国使50g重的弹丸的速度达到4.2km/s，并利用它击穿了坦克的装甲。

电磁炮一般有三种类型：导轨炮、线圈炮和重接炮。本节主要介绍线圈炮。

线圈炮一般是指用脉冲或交变电流产生磁行波来驱动带有线圈的弹丸或磁性材料弹丸的发射装置。它利用驱动线圈和弹丸线圈之间的耦合机制工作，本质上如同一台直线电动机。

最简单的线圈炮由两种线圈构成，如图4-35所示，一种是固定的定子，起驱动作用，称为驱动线圈（d），也称为炮管线圈；另一种是被驱动的电枢，称为弹丸线圈（p），其内装有弹丸或其他发射体。

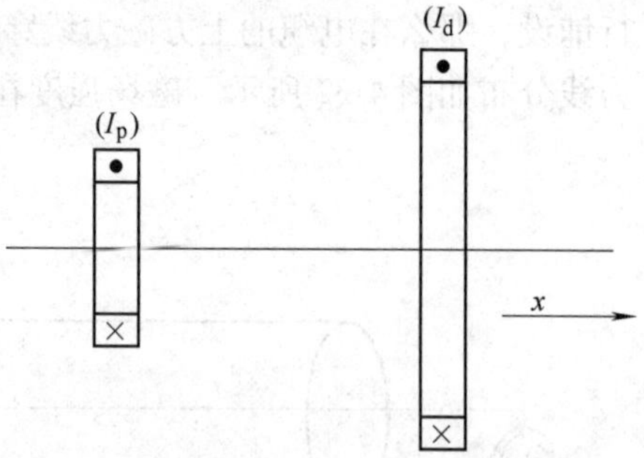

图4-35 同轴排列驱动线圈和弹丸线圈

驱动线圈和弹丸线圈的相对位置排列有两种形式：一种是轴向单行的排列，第二种是同轴排列，如图4-35所示。本节只介绍同轴型线圈炮。当驱动线圈带有电流 I_d，弹丸线圈携带电流 I_p时，由经典电磁理论可知，两线圈电流的磁场与两电流相互作用产生电磁力。由于驱动线圈是固定的，则弹丸线圈在电磁力作用下沿 x 坐标方向运动。

对线圈炮弹丸加速力的计算，原则上有两种方法，即安培力方法和电感方法。在概念分析中用安培力方法，而用电感方法分析作用在弹丸线圈上的加速力。计算的依据是：力是存储能量在运动中的变化率，即在运动方向上的能量梯度。存储在载流导体系统中的磁能与系统的电感有关，而电感是电路中每单位电流交链的磁通。在弹丸线圈和驱动线圈极靠近的系统中，此电感包括三项：驱动线圈的自感 L_d、弹丸线圈的自感 L_p和它们之间的互感 M。因此，线圈炮系统的总能量为

$$W_m = \frac{1}{2}L_d I_d^2 + \frac{1}{2}L_p I_p^2 + MI_d I_p$$

由于弹丸线圈仅沿 x 方向运动，故作用在弹丸线圈上的 x 方向的加速力为

$$F_P = \frac{dW_m}{dx} = I_d I_p \frac{dM}{dx}$$

提高加速力有两种方法：①最直接的方法是，在弹丸线圈或驱动线圈中或两个线圈中同时增大电流。②在弹丸（或发射体）上使用多个弹丸线圈，同时也使用多个驱动线圈，当每个弹丸线圈通过驱动线圈时都被驱动，这样就不必增加线圈横截面积和加衬套，并且能使推力沿弹丸长度均匀分布。

线圈炮的优点是：弹丸（线圈）与炮管（驱动线圈）无机械接触，弹丸可加速到极高的速度；炮口无电弧；发射频率高且受控，甚至前弹丸未出膛便可装填和加速后面的弹丸；适用于发射大质量的射弹。

4.10.4 磁力矿物分选

磁力选矿在矿山工业中用于分离磁性矿物和非磁性矿物。其原理是磁性矿物在磁场中被磁化后等效于一个磁偶极子，该磁偶极子在不均匀的磁场中除受到力矩的作用发生自旋外，还受到磁场力的作用产生吸附运动。

为了简便起见，在磁偶极子范围内，外磁场分量可视为均匀的，设其磁感应强度为 $\boldsymbol{B}$，

磁偶极子的磁矩方向与 $\boldsymbol{B}$ 的夹角为 α，磁偶极子与外磁场的互感磁链为 ψ，则磁偶极子与外磁场相互作用能为

$$W_{\mathrm{m}} = I_0\psi = I_0 B\Delta S\cos\alpha$$

所求转矩为

$$T = \left.\frac{\partial W}{\partial\alpha}\right|_{I=\text{常量}} = -BI_0\Delta S\sin\alpha = -Bm\sin\alpha$$

式中，负号表示该力矩促使夹角 α 减小，向外磁场方向偏转。

图 4-36 给出了一台磁力选矿机的示意图，图中 M 为矿料，D 为电磁铁，A 中为非铁矿石，B 中为铁矿石。

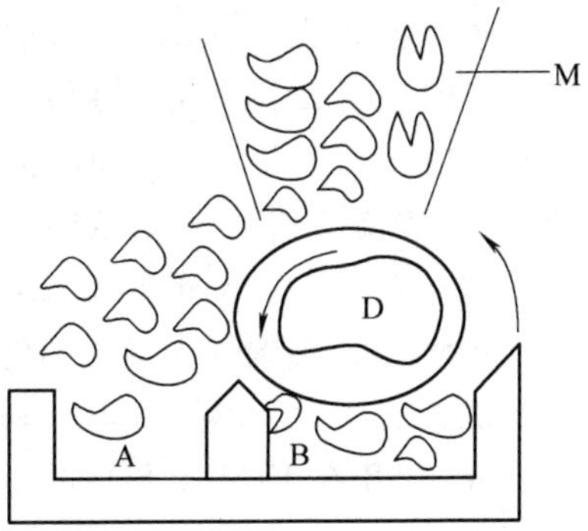

图 4-36　磁力选矿机示意图

磁性矿物和非磁性矿物的混合物从进料斗进入后，非磁性矿物几乎没有受到磁场的作用力，在分离隔板的左边就从转鼓上掉下。而磁性矿物受到磁场力的作用被吸附在转鼓上，直至无磁场区域才往下掉，从而达到分离的目的。

磁性矿物受到的磁场力分析如下。

设磁性矿粒的体积为 V，并假设 V 较小，V 内磁场分布视为均匀。当体积 V 内没有磁性矿粒时，其储能为

$$W_{\mathrm{m1}} = \frac{1}{2}\mu_0 H^2 V$$

当体积 V 全部被磁性矿粒填充后，并假定矿粒磁性不太强，原有磁场的磁场强度不变，则磁性矿粒所占体积内的磁场能量为

$$W_{\mathrm{m2}} = \frac{1}{2}\mu H^2 V$$

式中，μ 为磁性矿粒的磁导率。

以上两式相减，得磁性矿粒存在时磁场能量的增量为

$$\Delta W_{\mathrm{m}} = W_{\mathrm{m1}} - W_{\mathrm{m2}} = \frac{1}{2}(\mu - \mu_0)H^2 V$$

此能量可理解为磁性矿粒在磁场中所具有的能量。

假定磁性矿粒受到磁场力做微小位移后，与其等效的磁偶极子的电流不变，因此可利用虚位移计算公式

$$F = \left.\frac{\partial W_{\mathrm{m}}}{\partial g}\right|_{I=\text{常量}}$$

来计算磁性矿粒所受到的磁场力。

则在直角坐标系中三个方向上所受到的力分别为

$$F_x = \frac{1}{2}(\mu - \mu_0)V\frac{\partial(H^2)}{\partial x}$$

$$F_y = \frac{1}{2}(\mu - \mu_0)V\frac{\partial(H^2)}{\partial y}$$

$$F_z = \frac{1}{2}(\mu - \mu_0)V\frac{\partial(H^2)}{\partial z}$$

写成矢量形式为

$$\boldsymbol{F}=\frac{1}{2}(\mu-\mu_0)V\boldsymbol{\nabla}(H^2)$$

由上式可知，只有磁性矿粒在不均匀磁场中，即$\mu\neq\mu_0$时，才会受到磁场力的作用，μ愈大，磁场强度愈大，则受磁场力也愈大。

4.10.5 磁流体发电机

水力发电是利用水流的力量推动发电机涡轮进行发电的；火力发电是通过燃料燃烧，将锅炉里的水变成水蒸气，再利用水蒸气的力量带动发电机发电。传统的发电机都是利用线圈相对磁场转动来发电的。而磁流体发电，则是将带电的流体（离子气体或液体）以极高的速度喷射到磁场中，利用磁场对带电的流体产生的作用来发电。由此，利用磁流体发电的发电机就称为磁流体（Magneto Hydro Dynamic，MHD）发电机（Generator）。

1959年，美国阿夫柯公司建造了第一台磁流体发电机，功率为115kW。美苏联合研制的磁流体发电机u—25B在1978年8月进行了第四次试验，共运行了50h。

磁流体发电机的工作原理简单地说就是利用霍尔效应，其工作原理示意图如图4-37所示。

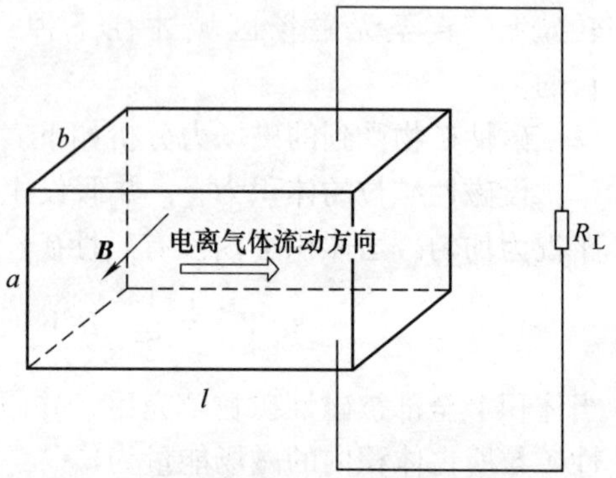

图4-37 磁流体发电机工作原理示意图

图中长方体是发电导管，其中空部分的长、高、宽分别是l、a、b。前、后两个侧面均是绝缘体，上、下两个侧面是电阻可忽略的导体电极，这两个电极与负载电阻R_L相连。磁场从后面穿过前面，磁感应强度为$\boldsymbol{B}$。发电导管内有电阻率为ρ的高温高速电离气体沿导管向右流动，并通过专用管道导出。且不存在磁场时，电离气体流速为v。电离气体所受摩擦阻力总与流速成正比，发电导管两端电离气体压强差ΔP维持恒定。

虽然磁流体发电机是新兴的、很有前途的发电工具，但在现在磁流体发电机制造中的主要问题是：发电通道效率低，目前只有10%；通道和电极的材料都要求耐高温、耐碱腐蚀、耐化学烧蚀等，目前所用材料的寿命都比较短，因而使磁流体发电机不能长时间运行。

4.11 本章小结

1）静磁场是由恒定电流产生的，在真空中两个细导线构成的电流回路之间的相互作用力，可由安培力定律得到

$$\boldsymbol{F}=\frac{\mu_0}{4\pi}\oint_l\oint_{l'}\frac{I\mathrm{d}\boldsymbol{l}\times(I'\mathrm{d}\boldsymbol{l}'\times\boldsymbol{e}_R)}{R^2}$$

2）磁感应强度是磁场的基本物理量，由毕奥-萨伐尔定律可知，真空中线电流、面电流和体电流引起的磁感应强度为

$$\boldsymbol{B}=\frac{\mu_0}{4\pi}\oint_{l'}\frac{I'\mathrm{d}\boldsymbol{l}'\times\boldsymbol{e}_R}{R^2}$$

$$\boldsymbol{B}(x, y, z)=\frac{\mu_0}{4\pi}\int_{S'}\frac{\boldsymbol{K}(x', y', z')\times\boldsymbol{e}_R}{R^2}\mathrm{d}S'$$

$$\boldsymbol{B}(x, y, z)=\frac{\mu_0}{4\pi}\int_{V'}\frac{\boldsymbol{J}(x', y', z')\times\boldsymbol{e}_R}{R^2}\mathrm{d}V'$$

3）为了描述媒质的磁化程度，可用磁化强度表示为

$$\boldsymbol{M}=\lim_{\Delta V\to 0}\frac{\sum_{i=1}^{N}\boldsymbol{m}_i}{\Delta V}$$

媒质对磁场的磁化可看成是磁化电流产生的磁感应强度所致的。磁化电流面密度与磁化强度的关系为

$$\boldsymbol{J}_{\mathrm{m}}=\nabla\times\boldsymbol{M}$$

4）磁场强度是静磁场中的又一个基本物理量，它与磁感应强度及磁化强度的关系为

$$\boldsymbol{H}=\frac{\boldsymbol{B}}{\mu_0}-\boldsymbol{M}$$

对于线性媒质，磁感应强度则等于

$$\boldsymbol{B}=\mu\boldsymbol{H}$$

5）静磁场基本方程的积分形式为

$$\oint_S\boldsymbol{B}\cdot\mathrm{d}\boldsymbol{S}=0$$

$$\oint_l\boldsymbol{H}\cdot\mathrm{d}\boldsymbol{l}=I$$

静磁场基本方程的微分形式为

$$\nabla\cdot\boldsymbol{B}=0$$

$$\nabla\times\boldsymbol{H}=\boldsymbol{J}$$

由此可以看出静磁场是无源有旋场。

6）由磁通连续性原理$\nabla\cdot\boldsymbol{B}=0$，引出矢量磁位来描述静磁场

$$\boldsymbol{B}=\nabla\times\boldsymbol{A}$$

$$\nabla\cdot\boldsymbol{A}=0$$

当空间充满均匀媒质，对于不同形式的元电流段，电流分布在有限空间时，矢量磁位的计算式分别为

$$\boldsymbol{A}=\frac{\mu}{4\pi}\int_{V'}\frac{\boldsymbol{J}\mathrm{d}V'}{R}$$

$$\boldsymbol{A}=\frac{\mu}{4\pi}\int_{l'}\frac{I\mathrm{d}\boldsymbol{l}'}{R}$$

$$\boldsymbol{A}=\frac{\mu}{4\pi}\int_{S'}\frac{\boldsymbol{K}\mathrm{d}S'}{R}$$

7）在没有电流分布的区域，由于$\nabla\times\boldsymbol{H}=0$，引入磁位

$$\boldsymbol{H}=-\nabla\varphi_{\mathrm{m}}$$

8）在两种不同媒质分界面上的衔接条件为

$$B_{\mathrm{n}1}=B_{\mathrm{n}2}$$

$$H_{t1} - H_{t2} = K$$

上式表明，在两种媒质分界面上，磁感应强度的法线分量是连续的，而磁场强度的法线分量是不连续的。当分界面上无面电流时，磁场强度的切线分量连续，但磁感应强度的切线分量不连续。

9）在静磁场中也可以用镜像法，用镜像电流来代替分布在分界面的磁化电流的影响，从而得到满足给定边界条件的解。设两种媒质的磁导率分别为 μ_1 和 μ_2，在媒质 μ_1 中有一无限长直电流 I，当求媒质 μ_1 和 μ_2 中的磁场时，可引入镜像电流

$$I' = \frac{\mu_2 - \mu_1}{\mu_2 + \mu_1} I$$

$$I'' = \frac{2\mu_1}{\mu_2 + \mu_1} I$$

10）电感可分为自感和互感，它们的定义分别为

$$L_{11} = \frac{\mathrm{d}\Psi_{11}}{\mathrm{d}I_1}$$

$$L_{12} = \frac{\mathrm{d}\Psi_{12}}{\mathrm{d}I_1}$$

11）在线性媒质中，电流回路系统的磁场能量为

$$W_m = \frac{1}{2}\sum_{j=1}^{n}\sum_{k=1}^{n} L_{kj} I_j I_k$$

对于连续的电流分布，磁场能量用矢量磁位表示为

$$W_m = \frac{1}{2}\int_V \boldsymbol{A} \cdot \boldsymbol{J}\mathrm{d}V$$

磁场能量的体密度为

$$W'_m = \frac{1}{2}\boldsymbol{H} \cdot \boldsymbol{B}$$

因此，磁场能量还可表示为

$$W_m = \frac{1}{2}\int_V \boldsymbol{H} \cdot \boldsymbol{B}\mathrm{d}V$$

12）运动电荷在磁场中的受力可由洛伦兹力公式计算

$$\boldsymbol{F} = q\boldsymbol{v} \times \boldsymbol{B}$$

载流导线在磁场中的受力可由安培定律计算

$$\boldsymbol{F} = \oint_l I\mathrm{d}\boldsymbol{l} \times \boldsymbol{B}$$

磁场力也可用虚功原理计算

$$F = \left.\frac{\mathrm{d}W_m}{\mathrm{d}g}\right|_{I_k=\text{常量}} = \left.\frac{\partial W_m}{\partial g}\right|_{I_k=\text{常量}}$$

$$F = \left.\frac{\partial W_m}{\partial g}\right|_{I_k=\text{常量}} = \left.\frac{\partial W_m}{\partial g}\right|_{\Psi_k=\text{常量}}$$

4.12　习题

思考题

1. 移动的电荷能产生电场吗？静止的电荷能产生磁场吗？
2. 一个带电粒子通过磁场，未受到任何力，你对磁场有何结论？
3. 在均匀磁场中，能否证明通电电流 I 的闭合线圈所受合力为零？
4. 何时可用安培环路定理来确定磁场？
5. 一般来说，磁场是守恒场吗？
6. 磁矢位和磁标位有何区别？
7. 在自由空间和磁性物质交界处，存在 $\boldsymbol{J}$ 的条件是什么？
8. 磁通与磁阻之间是什么关系？它们是线性关系吗？
9. 我们可以用力的方程定义电流吗？如果能，如何定义？
10. 当恒定磁通建立后，需要一些能量来维持它吗？试解释之。
11. 当磁通密度增加时，铁磁材料的磁阻将如何变化？（提示：可以将 $\boldsymbol{B}$ 分段讨论）
12. 非磁性材料的磁导率是否随磁通密度变化？对磁阻的影响如何？
13. 在磁路中，对铁磁材料可以用欧姆定律吗？
14. 当我们说磁性材料已经饱和，代表什么意思？当磁性材料饱和时，它的磁导率将如何变化？
15. 一种称为波明伐（Perminvar）的镍—钴—锰合金，它的磁导率在广阔的磁通密度范围内是常数。这种材料有什么用途？

练习题

1. 一个质量为 m 的正点电荷 q 以速度 v（沿 y 轴正向）射入 $y>0$ 的区域，区域内存在均匀磁场 $\boldsymbol{B}$（沿 x 轴正向），求电荷的运动方程，并描述电荷所走过的路径。

2. 电流 I 流过无限长同轴线的内导体，沿外导体流回，内导体的半径为 d，外导体的内、外半径分别为 b 和 c，求所有区域中的磁通密度 $\boldsymbol{B}$，并画出 $|\boldsymbol{B}|$ 随 ρ 的变化曲线。

3. 把一个圆形环状导线沿直径折起来，使两个半圆成一个直角，环内有电流 I 流过，试求两个半圆的圆心处磁感应强度的大小和方向。

4. 下面的矢量函数中哪些可能是磁感应强度？如果是，求其源变量 $\boldsymbol{J}$。

（1）$\boldsymbol{F}=-ay\boldsymbol{e}_x+ax\boldsymbol{e}_y$

（2）$\boldsymbol{F}=ar\boldsymbol{e}_r$

5. 一根长直细导线，通有电流 I_0，旁边一矩形回路，它的尺寸及它与长直导线的相对位置如图 4-38 所示，计算穿过矩形回路的磁通。

6. 如图 4-39 所示，通过均匀电流密度的长圆柱导体中有一平行的圆柱形空腔，计算各区域的磁感应强度。证明：空腔内的磁场是均匀的。

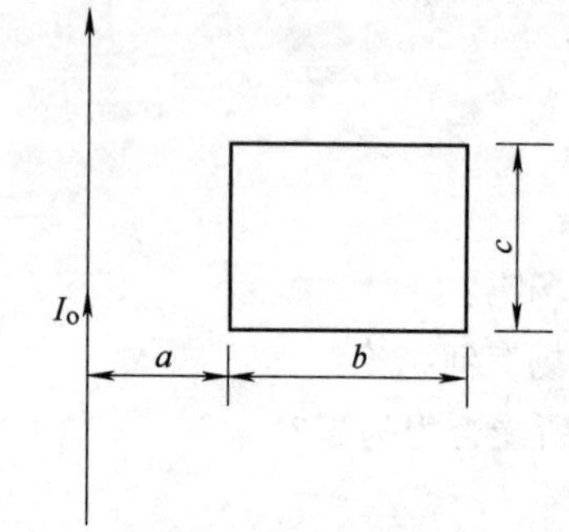

图 4-38 长直导线旁外的矩形回路的磁通

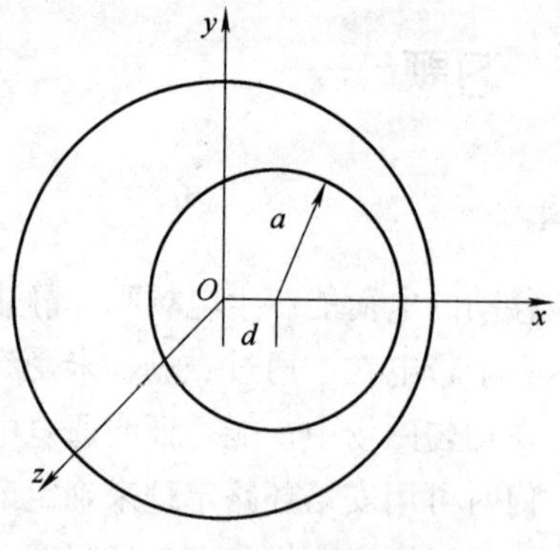

图 4-39 内有空腔的长圆柱形导体的截面

7. 细导线回路的毕奥-萨伐尔定律的表示式是

$$\boldsymbol{B}(r)=\frac{\mu_0}{4\pi}\oint_{l'}\frac{I\mathrm{d}\boldsymbol{l}'\times(\boldsymbol{r}-\boldsymbol{r}')}{|\boldsymbol{r}-\boldsymbol{r}'|^3}$$

试证明：$\nabla\cdot\boldsymbol{B}=0$

8. 均匀分布体电荷 ρ 的球，半径为 a，以角速度 ω 绕其一直径旋转，求磁矩。

9. 试表述在两种不同的磁性媒质的分界面处，标量磁位必须满足的条件。

10. 有一内、外半径分别为 a、b 的长直空心圆柱导体，沿轴向通有电流 $J\boldsymbol{e}_z$，请写出磁矢位 $\boldsymbol{A}$ 在圆柱内、外区域所满足的微分方程及边界条件。

11. 一对平行传输线的半径 $a=1.6\text{cm}$，通过的电流 $I=3\text{kA}$，试求当两导线轴线间距 $D=10\text{cm}$时，每单位长度导体之间的磁通 Φ。

12. 一对平行传输线 $d=0.5\text{m}$，传输线的半径 $a=0.005\text{m}$，在传输线下方 $h=0.1\text{m}$ 处有一平行的无限大铁磁平板，其相对磁导率 $\mu_r\to\infty$，试求平行传输线单位长度的外自感 L。

13. 长直导线旁有一个不共面的单匝矩形线圈（如图 4-40 所示），图中 $d=(R^2-C^2)^{1/2}$，试证明互感是：

$$L_{12}=\frac{\mu_0 a}{2\pi}\ln\frac{R}{\left[2b\left(R^2-C^2\right)^{1/2}+b^2+R^2\right]^{1/2}}$$

14. 如图 4-41 所示的长直螺线管，单位长度内有 N 匝线圈，通过电流 I，插入其内的铁心磁导率为 μ，截面积为 S，求作用在它上面的磁场力。

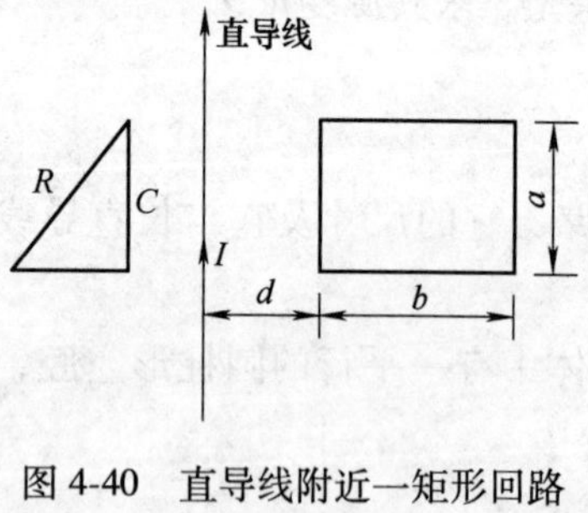

图 4-40 直导线附近一矩形回路

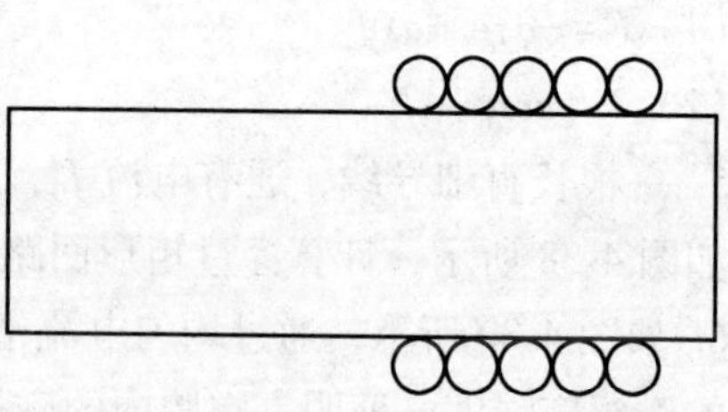

图 4-41 抽出部分铁心的长直螺线管

15. 在充满整个空间磁导率为 μ 的均匀导磁媒质中，有一个半径为 a 的长直圆柱形空腔。在该空腔内，与空腔轴线对称地安置两根长直细导线，导线中通有同向平行电流 I，若要使作用在这两根导线上的力达到平衡，问导线与空腔轴线间的距离 b 应该为多少？

16. 导磁媒质环的平均半径 $R=10\text{cm}$，圆环横截面的半径 $a=0.5\text{cm}$，磁导率 $\mu=100\mu_0$，环上绕有 $N=1000$ 匝的线圈，如要求磁介质中的磁通量 $\Phi=3.14\times10^{-5}\text{Wb}$，忽略漏磁，且认为圆环内磁场分布均匀，问需要多大的励磁电流？

4.13 科技前沿

An electromagnetic pump

The magnetic force exerted by the magnetic field on a moving charge has also led to the development of a pumping device without any moving parts, commonly referred to as an electromagnetic pump. The only thing that moves in this device is the liquid itself that is to be circulated from one place to another. It has been used in the transfer of heat from the core of a nuclear reactor to a place where it can be utilized via liquid metals such as lithium, sodium, bismuth, etc. It has also been found useful in pumping blood without causing any damage to blood cells in the heart-lung and artificial kidney machines.

In its simplest form, an electromagnetic pump consists of a channel that is placed in a magnetic field, as shown in Figure 4-42. The channel may carry liquid metal or blood, depending upon its application. When a current is passed in the transverse direction as indicated in the figure, the resulting magnetic force drives the liquid along the channel.

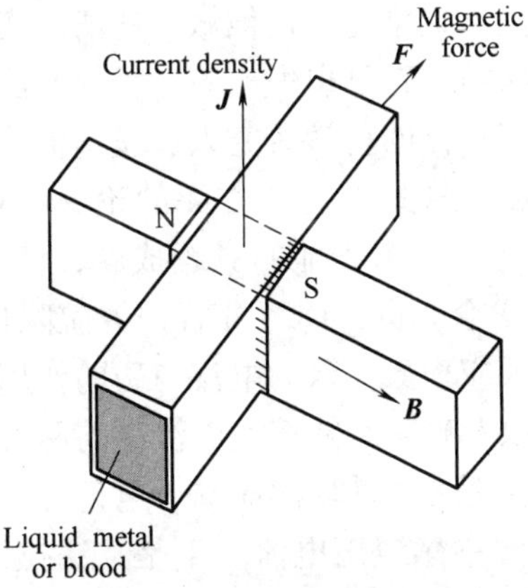

图 4-42　原理示意图

（摘自 *Electromagnetic Field Theory Fundamentals*（Second Edition），P265.）

第 5 章　时变电磁场与电磁波

5.1　电磁场理论的集大成——麦克斯韦方程组

5.1.1　法拉第与电磁感应定律

法拉第（Michael Faraday，1791—1867 年）是英国著名的化学家、物理学家和电磁学实验大师，是近代电磁学伟大的奠基人。

法拉第家境非常贫寒，小学未毕业就上街卖报，还在装订商和图书商处当过 7 年学徒。一次，在装订《大不列颠百科全书》时，法拉第无意间看到了一篇介绍电的文章，他被这篇文章深深地吸引了，一口气将它读完。接着，他找到了一个旧的平底锅、一个玻璃药水瓶，还有几样简单的工具，便开始做起实验。

他的这种求知欲深深地感动了一位顾客，这位顾客把法拉第带去听著名化学家汉弗莱·戴维的精彩讲座。随后，法拉第鼓足勇气给这位伟大的科学家写了一封信，同时把他做的讲座笔记送给戴维先生审阅。随后不久的一个晚上，法拉第收到戴维先生的邀请书，请法拉第在第二天早上拜访他。

法拉第如约拜访了戴维先生，戴维先生请他做一些清洗实验仪器和搬运设备的工作，在这里他无时无刻不认真观察和学习，自己也做实验。很快，法拉第以其超凡脱俗的悟性取得了突飞猛进的成绩，于是，许多一流的科学研究人员邀请他去做讲座。

法拉第在 1816 年发表了第一篇关于化学方面的论文，1820 年开始物理方面的研究，1821 年出任皇家研究院实验室主任。由于他的卓越成就，他被任命为五尔韦奇皇家学院的教授，1824 年被选为英国皇家学会会员，1825 年任研究院院长。

法拉第仔细分析电流的磁效应现象，认为电流与磁的作用应包括以下几个方面：电流对磁的作用，电流对电流的作用以及磁是否能产生电流。前两者已被发现，问题在于后者。当时，法拉第认为既然磁铁可以使近旁的铁块感应磁，电荷可以使近旁的导体感应出电荷，那么电流也应当可以在近旁的线圈中感应出电流。于是，法拉第简单地认为用强磁铁靠近导线，导线中就会出现稳定的电流；或在导线中通以强电流，附近导线就会产生稳定的电流。但是，由这些想法而进行的探索都以失败而告终。安培也做过类似的实验进行探索，但由于都是在稳态条件下做的实验，也都以失败而告终。

经过多次失败以后，法拉第再次回到磁产生电流的课题上。1831 年 8 月 29 日，法拉第在日记中记录了他的第一次成功。他在一个软铁圆环上绕了两个彼此绝缘的线圈 A 和 B，线圈 A 和电池组相连，连接开关时，形成另一个闭合回路，线圈 B 的两端用铜导线连接，形成闭合回路，并在铜线下面平行放置一小磁针。在线圈 A 的开关合上时有电流通过的瞬间，磁针发生了偏转，随后又停在原来的位置上；而开关断开，电流切断的瞬间，磁针方向偏转。法拉第意识到在线圈 B 中出现了感应电流，这就是他寻找十年之久的磁产生电的现象。

法拉第接着又做了几十个类似的实验，终于认识到电磁感应是一种非稳恒的暂态效应。1831 年 11 月，法拉第撰写了一篇关于可以产生感应电流的五种类型的论文，这五种类型分别为：变化着的电流、变化着的磁场、运动的稳恒电流、运动的磁铁和在磁场中运动的导体。法拉第还指出：感应电流与原电流的变化有关，而不是与原电流本身有关。法拉第还提出了“电张力”的概念来解释电磁感应现象。但直到 1851 年，法拉第才将这种现象正式命名为“电磁感应”。

法拉第电磁感应现象的发现，不但进一步揭示了电和磁的紧密联系，更重要的是为人类打开了进入电气化时代的大门。他凭借惊人的想象力对场的物理模型进行了直观的描述，类比流体提出了场是由力线和力管组成的，创造性地把场的概念和力线的图像引入电磁学。1852 年，法拉第引入电力线（即电场线）、磁力线（即磁感应线）的概念，用铁粉显示磁棒周围的磁力线形状。场和力线的观点对整个物理学的发展影响深远，为麦克斯韦电磁理论的建立奠定了基础。

5.1.2　麦克斯韦理论

到 1850 年前后，有关电和磁的理论和研究都取得了很大的发展，积累了大量但又不全面的成果，而且当时人们受牛顿力学观的影响，认为电力和磁力的作用与引力一样是“超距作用”的，阻碍了电和磁的统一。虽然法拉第提出场的概念对“超距作用”传统观点是一个重大的突破，但法拉第思想却不被当时大多数科学家接受，因此迫切要求在更加普遍的观点下对电和磁加以概括和总结。

1854 年麦克斯韦从剑桥大学毕业后不久，就读到了法拉第的名著《电学实验研究》。书中，法拉第把他数十年研究电磁现象的心得归结为“力线”的概念。麦克斯韦完全被书中的实验和新颖的见解所吸引，使他无比神往。但是，麦克斯韦发现在全书中竟然没有一个数学公式，于是，在其老师威廉·汤姆逊的启发和帮助下，麦克斯韦决心用自己的数学才能来弥补法拉第的学说缺乏严密的理论这一缺陷。

1855 年麦克斯韦发表了第一篇论文《论法拉第的力线》。在论文中，他通过数学方法，把法拉第的直观力学图像用数学形式表达出来，文中给出了电流和磁场之间的微分关系式。1862 年，麦克斯韦在英国《哲学杂志》第 4 卷 23 期上发表了第二篇电磁学论文《论物理的力线》。这是一篇划时代的论文，文章一经刊登立即引起了强烈的反响。

《论物理的力线》这篇论文不再是法拉第观点单纯的数学解释，而是有了创造性的发展。其中具有决定意义的是麦克斯韦从理论上引出了“位移电流”的概念，这是电磁学上继法拉第电磁感应提出后的又一项重大突破。这以前人们讨论电流产生磁场的时候，指的总是在导体中自由电子运动形成的电流即传导电流。麦克斯韦在研究中发现这个旧概念存在很多矛盾，于是他通过严密的数学推导，求出了磁场的另一种电流类型——位移电流的方程式。

麦克斯韦利用其高超的数学技能，把电磁理论概括成一组偏微分方程，即麦克斯韦方程组。根据方程组，麦克斯韦明确指出：任何一个带电体引起的电磁扰动，都会像波一样以一定速度向外传播，即任何变化的电场都会在它的周围产生变化的磁场，这个变化的磁场又会在它周围产生变化的电场，新产生的这个变化的电场再在它的周围产生变化的磁场……从而形成了统一的电磁场。变化的电场和变化的磁场总是交替着产生，并由近及远的向外扩散，这种电磁场由近及远的传播，就是电磁波。

经过麦克斯韦创造性的总结，电磁现象的规律终于被他用明确的数学形式揭示出来，把电和磁统一在电磁场这一特殊的物质上，电磁学从此开始成为一种科学的理论。1864 年 12 月 8 日，麦克斯韦在英国皇家学会的集会上宣读了题为《电磁场的动力学理论》的重要论文，提出了联系着电荷、电流和电场、磁场的基本微分方程组。该方程组后来经赫兹、洛伦兹等人的整理和改写，成为了经典电动力学主要基础的麦克斯韦方程组。该理论预言了电磁波的存在，并证明电磁波传播的速度与真空中的光速相同；交变电磁场以光速和横波的形式在空间传播，即电磁波；光是频率介于某一范围之内的电磁波。正因为如此，人们认为麦克斯韦把光学和电磁学统一起来了，这被认为是 19 世纪科学史上最伟大的结合之一。

麦克斯韦系统地总结了库仑、奥斯特、安培、法拉第以及他自己对电磁现象的研究成果，提出了旋涡电场、位移电流和电磁波的概念，并建立了统一的电磁场理论，于 1873 年出版了他的巨著《电磁学通论》，这是一部电磁学理论的经典著作，内容丰富、形式完备，体现出理论和实验的一致性，成为经典物理学的重要支柱之一，被认为可以和牛顿的《自然哲学的数学原理》交相辉映。

《电磁学通论》的出版成了当时物理学界的一件大事，人们争先恐后到书店购买，第一版几天就卖完了。但任何新理论的问世，都要接受严峻的考验。《电磁学通论》虽然被抢购，但真正能读懂它的人却不多。不久就有人批评它的深奥，在相当长时间里，未得到科学界和社会的承认。直到 1888 年，麦克斯韦的预言被赫兹所做的实验证明，证明了电磁波的存在，人们这时才意识到他是自牛顿以来最伟大的理论物理学家。正如科学巨匠普朗克所说："麦克斯韦的光辉名字将永远铭刻在经典物理学的门上，永放光芒。从出生地来说，他属于爱丁堡；从个性上讲，他属于剑桥大学；从功绩上讲，他属于全世界！"

5.2 法拉第电磁感应定律

1831 年法拉第在实验中发现：当穿过某一闭合导体回路的磁通发生变化时，在导体回路中就会出现电流。这种现象称为电磁感应现象，出现的电流称为感应电流，从而促进了电磁理论的重大发展，后来的科学家将法拉第的发现总结为定律，称为法拉第电磁感应定律。

当闭合回路环绕的磁通随时间发生变化时，在回路中将引起感应电动势和感应电流。闭合回路中的感应电动势 e 与穿过此回路的磁通 Φ_m 随时间的变化率$\frac{\mathrm{d}\Phi_m}{\mathrm{d}t}$成正比。这就是电磁感应定律。用数学形式表达为

$$e=-\frac{\mathrm{d}\Phi_m}{\mathrm{d}t}=-\frac{\mathrm{d}}{\mathrm{d}t}\int_S \boldsymbol{B}\cdot\mathrm{d}\boldsymbol{S} \tag{5-1}$$

规定感应电动势的参考方向与穿过该回路磁通 Φ_m 的参考方向符合右手螺旋关系。其中 S 是由闭合回路的周线 $\boldsymbol{l}$ 所限定的面积，面积的正法线方向和 $\boldsymbol{l}$ 的绕向符合右手螺旋关系。

下面将分别讨论在时变磁场中的静止回路、在磁场中的运动导体以及在时变磁场中的运动回路的情形。

5.2.1　时变磁场中的静止回路

对于静止回路，周线 $\boldsymbol{l}$ 和曲面 S 不随时间变化，式(5-1) 中面积分前的求导运算可以移到积分当中，因此得到

$$e=-\int_S \frac{\partial \boldsymbol{B}}{\partial t}\cdot \mathrm{d}\boldsymbol{S} \tag{5-2}$$

这种在静止回路中产生的感应电动势称为感生电动势，变压器就是利用这一原理制成的，因此也称这一感应电动势为变压器电动势。变压器电动势就是 S 不变，而 $\boldsymbol{B}$ 随时间变化的感应电动势。

5.2.2　静磁场中的运动导体

在静磁场中，当导体回路的某一部分以速度 $\boldsymbol{v}$ 运动时，则随导体一起运动的自由电荷将受到洛伦兹力作用，磁场对运动电荷的作用力为

$$\boldsymbol{F}=q\boldsymbol{v}\times\boldsymbol{B} \tag{5-3}$$

将作用在单位电荷上的洛伦兹力等效为电场强度，就可认为运动导体中产生了感应电场，其电场强度为

$$\boldsymbol{E}=\boldsymbol{v}\times\boldsymbol{B} \tag{5-4}$$

因此，在回路中产生的感应电动势为

$$e=\oint_l(\boldsymbol{v}\times\boldsymbol{B})\cdot \mathrm{d}\boldsymbol{l} \tag{5-5}$$

若将磁场用磁力线表示，则运动的导体将切割磁感应强度线。所以，静磁场中运动导体回路的感应电动势称为动生电动势或切割电动势。因为这种感应电动势类似于发电机运动线圈中的感应电动势，因此又称为发电机电动势。

以上是从洛伦兹力角度导出的感应电动势，实际上，运动回路中产生感应电动势的原因也是回路中的磁通发生变化。

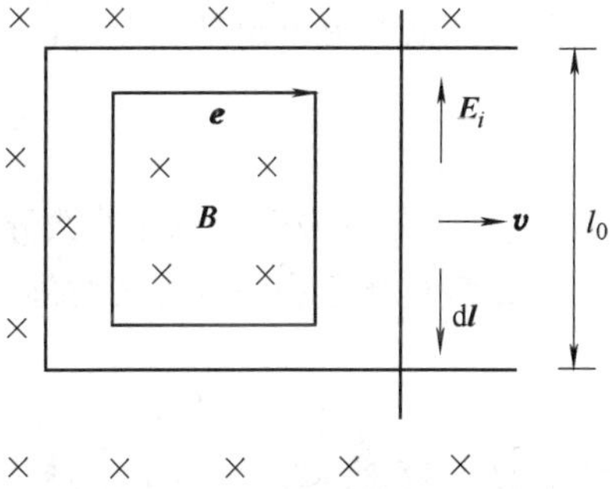

图 5-1　运动线框的感应电动势

如图 5-1 所示，在均匀静磁场中，当导体以速度 $\boldsymbol{v}$ 在导线框上运动时，回路增大，穿过回路的磁通也增大。

$$e=-\frac{\partial \Phi_{\mathrm{m}}}{\partial t}=-B\frac{\partial S}{\partial t}=-B\frac{\partial}{\partial t}(S_0+l_0vt)=-Bl_0v=\oint_l(\boldsymbol{v}\times\boldsymbol{B})\cdot \mathrm{d}\boldsymbol{l}$$

式中，S_0 是 t 为零时回路围成的面积；l_0 是运动导体的长度。

5.2.3　时变磁场中的运动回路

当 $\boldsymbol{B}$ 随时间变化且闭合回路也有运动，即为时变场中的运动回路时，这种情况更具普遍性，根据法拉第电磁感应定律，闭合回路 l 中的感应电动势为

$$e=-\frac{\mathrm{d}\Phi_{\mathrm{m}}}{\mathrm{d}t}=-\frac{\mathrm{d}}{\mathrm{d}t}\int_S \boldsymbol{B}\cdot \mathrm{d}\boldsymbol{S} \tag{5-6}$$

这时，磁通 $\boldsymbol{\Phi}_{\mathrm{m}}$ 中有两个变化因素：一个是磁感应强度 $\boldsymbol{B}$，另一个是回路所包围的曲面 $\boldsymbol{S}$。每一个因素各自单独变化时的感应电动势在前面两种情况中已经得出，根据多元函数求导的法则，这两种因素都变化时的感应电动势为

$$e=-\frac{\mathrm{d}}{\mathrm{d}t}\int_S \boldsymbol{B}\cdot\mathrm{d}\boldsymbol{S}=-\int_S\frac{\partial\boldsymbol{B}}{\partial t}\cdot\mathrm{d}\boldsymbol{S}+\oint_l(\boldsymbol{v}\times\boldsymbol{B})\cdot\mathrm{d}\boldsymbol{l}\tag{5-7}$$

式(5-7) 称为电磁感应定律的积分形式。

由电动势的定义可知，回路中的感应电动势为

$$e=\oint_l \boldsymbol{E}_i\cdot\mathrm{d}\boldsymbol{l}\tag{5-8}$$

由式(5-7) 和式(5-8) 可得

$$\oint_l \boldsymbol{E}_i\cdot\mathrm{d}\boldsymbol{l}=-\frac{\mathrm{d}\boldsymbol{\Phi}_{\mathrm{m}}}{\mathrm{d}t}=-\frac{\mathrm{d}}{\mathrm{d}t}\int_S \boldsymbol{B}\cdot\mathrm{d}\boldsymbol{S}=-\int_S\frac{\partial\boldsymbol{B}}{\partial t}\cdot\mathrm{d}\boldsymbol{S}+\oint_l(\boldsymbol{v}\times\boldsymbol{B})\cdot\mathrm{d}\boldsymbol{l}\tag{5-9}$$

式(5-9) 就是感应电场与变化磁场的定量关系。它表明：感应电场的环量不等于零，是非保守场，它的力线是一些无头无尾的闭合曲线，故感应电场又称为涡旋电场。这一特性与静电场中电力线不能自行闭合有很大区别。

一般情况下，空间中既存在电荷产生的电场，也有感应电场，麦克斯韦将上述关系推广，对任何电磁场都有

$$\oint_l \boldsymbol{E}\cdot\mathrm{d}\boldsymbol{l}=-\frac{\mathrm{d}\boldsymbol{\Phi}_{\mathrm{m}}}{\mathrm{d}t}=-\frac{\mathrm{d}}{\mathrm{d}t}\int_S \boldsymbol{B}\cdot\mathrm{d}\boldsymbol{S}=-\int_S\frac{\partial\boldsymbol{B}}{\partial t}\cdot\mathrm{d}\boldsymbol{S}+\oint_l(\boldsymbol{v}\times\boldsymbol{B})\cdot\mathrm{d}\boldsymbol{l}\tag{5-10}$$

式中，$\boldsymbol{E}$ 表示空间中总场强。

应用斯托克斯定理，由式(5-10) 可得

$$\nabla\times\boldsymbol{E}=-\frac{\partial\boldsymbol{B}}{\partial t}+(\boldsymbol{v}\times\boldsymbol{B})\cdot\mathrm{d}\boldsymbol{S}\tag{5-11}$$

式(5-11) 是电磁感应定律的微分形式。

在静止媒质中，场点相对静止，$\boldsymbol{v}=0$，则有

$$\nabla\times\boldsymbol{E}=-\frac{\partial\boldsymbol{B}}{\partial t}\tag{5-12}$$

麦克斯韦将式(5-12) 作为电磁场的基本方程之一。它揭示了变化磁场产生电场的物理本质，从而把电场与磁场更紧密地联系在一起。由于感应电动势与材料的特性无关，可把它推广到任何介质和真空。本书研究静止媒质中的电磁场，因此法拉第电磁感应定律简化为式(5-12)。

5.3　全电流定律

感应电场揭开了电场与磁场联系的一个方面——变化的磁场要产生电场。麦克斯韦在研究从库仑到法拉第等前人成果的基础上，为解决把安培环路定理应用到非恒定电流电路时所遇到的矛盾，提出了“位移电流”的假说：随时间变化的电场将激发磁场，从而揭开了电场与磁场联系的另一个方面。

由静磁场的安培环路定理可得

$$\oint_l \boldsymbol{H} \cdot \mathrm{d}\boldsymbol{l} = \int_S \boldsymbol{J} \cdot \mathrm{d}\boldsymbol{S} = I \tag{5-13}$$

如图 5-2 所示，一个电容器与交变电流相连。将安培环路定理应用于闭合曲线 l，对于 S_1 面有

$$\oint_l \boldsymbol{H} \cdot \mathrm{d}\boldsymbol{l} = \int_{S_1} \boldsymbol{J} \cdot \mathrm{d}\boldsymbol{S} = i \tag{5-14}$$

而对 S_2 面有

$$\oint_l \boldsymbol{H} \cdot \mathrm{d}\boldsymbol{l} = \int_{S_2} \boldsymbol{J} \cdot \mathrm{d}\boldsymbol{S} = 0 \tag{5-15}$$

式(5-14) 和式(5-15) 是互相矛盾的，这个矛盾的直接根源就是传导电流不连续。也就是说，在恒定情况下得到的安培定律式(5-13) 一般不能直接用到时变情况，必须加以修正。

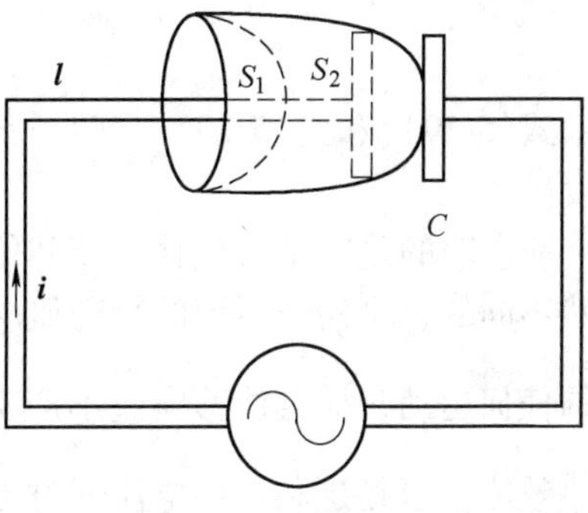

图 5-2　在非恒定情况用安培环路定理

麦克斯韦发现电容器极板处传导电流的不连续引起极板上电荷量的变化，从而产生变化电场，存在 $\dfrac{\partial \boldsymbol{D}}{\partial t}$。设想在电容器极板间有某种“电流”流过，这种“电流”与电场的变化率 $\dfrac{\partial \boldsymbol{D}}{\partial t}$ 相联系，且在量值上与同时刻电路中的传导电流相等，即保持“电流”闭合，形式上就解决了这个矛盾。麦克斯韦把电位移 $\boldsymbol{D}$ 的变化率看成是一种等效电流密度，称为位移电流密度。于是，在传导电流中断的地方，就有位移电流接上去。传导电流与位移电流的总和，称为全电流。若用 $\boldsymbol{J}_{\mathrm{d}}$ 表示位移电流的密度，则

$$\oint_S (\boldsymbol{J} + \boldsymbol{J}_{\mathrm{d}}) \cdot \mathrm{d}\boldsymbol{S} = 0 \tag{5-16}$$

式(5-16) 就是麦克斯韦关于位移电流的假设。他认为，磁场对任意闭合曲线的积分取决于通过该路径所包围面积的全电流，即

$$\oint_l \boldsymbol{H} \cdot \mathrm{d}\boldsymbol{l} = \oint_S (\boldsymbol{J} + \boldsymbol{J}_{\mathrm{d}}) \cdot \mathrm{d}\boldsymbol{S} \tag{5-17}$$

由式(5-16) 所示，全电流具有闭合性，因此有

$$\int_S \boldsymbol{J} \cdot \mathrm{d}\boldsymbol{S} = -\oint_S \boldsymbol{J}_{\mathrm{d}} \cdot \mathrm{d}\boldsymbol{S}$$

由电荷守恒定律

$$\oint_S \boldsymbol{J} \cdot \mathrm{d}\boldsymbol{S} = -\frac{\mathrm{d}q}{\mathrm{d}t}$$

及高斯定理

$$\oint_S \boldsymbol{D} \cdot \mathrm{d}\boldsymbol{S} = q$$

可得

$$\oint_S \boldsymbol{J}_{\mathrm{d}} \cdot \mathrm{d}\boldsymbol{S} = \frac{\mathrm{d}q}{\mathrm{d}t} = \frac{\mathrm{d}}{\mathrm{d}t}\oint_S \boldsymbol{D} \cdot \mathrm{d}\boldsymbol{S} = \oint_S \frac{\partial \boldsymbol{D}}{\partial t} \cdot \mathrm{d}\boldsymbol{S}$$

因为 S 为任意形状的封闭曲面，所以被积函数相同，则

$$\boldsymbol{J}_{\mathrm{d}}=\frac{\partial \boldsymbol{D}}{\partial t} \tag{5-18}$$

即位移电流密度等于电位移矢量的变化率，这与前面的定性分析结果相符。于是，对于非恒定电流，安培环路定理可修改为

$$\oint_{l}\boldsymbol{H}\cdot \mathrm{d}\boldsymbol{l}=\int_{S}\boldsymbol{J}\cdot \mathrm{d}\boldsymbol{S}+\int_{S}\frac{\partial \boldsymbol{D}}{\partial t}\cdot \mathrm{d}\boldsymbol{S} \tag{5-19}$$

式(5-19) 称为全电流定律。其微分形式为

$$\nabla\times\boldsymbol{H}=\boldsymbol{J}+\frac{\partial \boldsymbol{D}}{\partial t} \tag{5-20}$$

式(5-19) 和式(5-20) 表明，不但传导电流能激发磁场，而且位移电流也以相同的方式激发磁场。

应说明的是，虽然位移电流和传导电流都是按相同的规律激发磁场的，但其他方面则是截然不同的，是两个不同的物理概念。真空中的位移电流只对应于电场的变化，而不伴有电荷的任何运动，而且位移电流不产生焦耳热。在电介质中由于$\frac{\partial \boldsymbol{D}}{\partial t}$项的存在，位移电流会产生热效应，但是这和传导电流通过导体产生焦耳热不同，它遵从完全不同的规律。

例 5-1 求图 5-3 所示平行板电容器中的位移电流密度和位移电流。

解： 设电容器极板的面积为 S，极板间距离为 d，电介质介电常数为 ε，电容器之间加随时间变化的电压为 u。

电容器中电场强度 $E=\frac{u}{d}$，电位移矢量 $D=\varepsilon E=\frac{\varepsilon u}{d}$。故位移电流密度为

$$J_{\mathrm{d}}=\frac{\partial D}{\partial t}=\frac{\varepsilon}{d}\frac{\mathrm{d}u}{\mathrm{d}t}$$

位移电流为

$$i_{\mathrm{d}}=J_{\mathrm{d}}S=\frac{\varepsilon S}{d}\frac{\mathrm{d}u}{\mathrm{d}t}$$

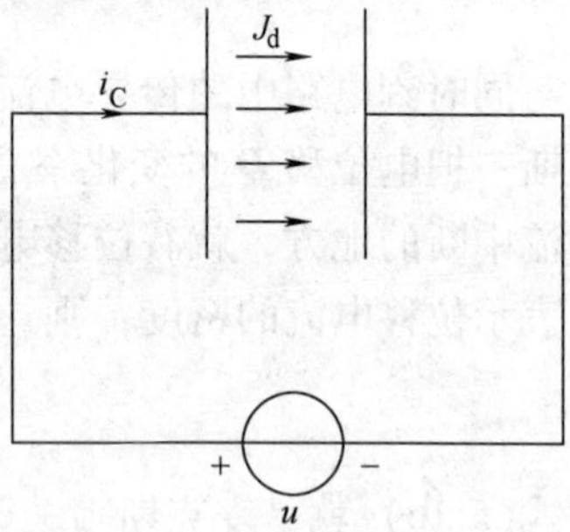

图 5-3 电容器中的位移电流

因为平板电容器的电容 $C=\frac{\varepsilon S}{d}$，故

$$i_{\mathrm{d}}=C\frac{\mathrm{d}u}{\mathrm{d}t}=C\frac{\mathrm{d}}{\mathrm{d}t}\left(\frac{q}{C}\right)=\frac{\mathrm{d}q}{\mathrm{d}t}=i_{\mathrm{C}}$$

式中，q 是极板上的电荷；i_{C} 是导线中的传导电流。

由例 5-1 可知，导线中的传导电流到达电容器极板后，转变为极板间的位移电流，且传导电流与位移电流之和是连续的。

5.4 麦克斯韦方程组

前面章节所介绍的库仑定律、安培定律和法拉第电磁感应定律为电磁场理论提供了坚实的实验基础，在此基础上，麦克斯韦根据电荷守恒定理提出了位移电流的概念，将静电场和

静磁场基本方程加以扩展，推广到时变电磁场，即场量随时间变化的电磁场，得到概括电磁场现象规律的四个方程式，通常称之为电磁场基本方程组。静电场和静磁场都是时变电磁场的特例。这一总结工作是由麦克斯韦完成的，故电磁场基本方程组又称为麦克斯韦方程组，其积分形式为

$$\oint_l \boldsymbol{H} \cdot \mathrm{d}\boldsymbol{l} = \int_S \left(\boldsymbol{J} + \frac{\partial \boldsymbol{D}}{\partial t} \right) \cdot \mathrm{d}\boldsymbol{S} \tag{5-21}$$

$$\oint_l \boldsymbol{E} \cdot \mathrm{d}\boldsymbol{l} = -\int_S \frac{\partial \boldsymbol{B}}{\partial t} \cdot \mathrm{d}\boldsymbol{S} \tag{5-22}$$

$$\oint_S \boldsymbol{B} \cdot \mathrm{d}\boldsymbol{S} = 0 \tag{5-23}$$

$$\oint_S \boldsymbol{D} \cdot \mathrm{d}\boldsymbol{S} = q \tag{5-24}$$

式(5-21) 是全电流定律的表示式，也称为麦克斯韦第一方程，该式表明不仅传导电流能产生磁场，而且变化的电场也能产生磁场。式(5-22) 为推广的电磁感应定律，也称为麦克斯韦第二方程式，该式表明变化的磁场可以产生电场。式(5-23) 是磁通连续性原理，表明磁力线是无头无尾的闭合曲线。此方程式开始是在恒定磁场中得到的，麦克斯韦把它推广到变化的磁场中。式(5-24) 是高斯定理，它表明电荷以发散的方式产生电场。这组方程式表明变化的电场和变化的磁场相互激发、相互联系形成统一的电磁场。

对上述积分形式的基本方程，分别应用斯托克斯定理和散度定理，即可得到电磁场基本方程组的微分形式为

$$\nabla \times \boldsymbol{H} = \boldsymbol{J} + \frac{\partial \boldsymbol{D}}{\partial t} \tag{5-25}$$

$$\nabla \times \boldsymbol{E} = -\frac{\partial \boldsymbol{B}}{\partial t} \tag{5-26}$$

$$\nabla \cdot \boldsymbol{B} = 0 \tag{5-27}$$

$$\nabla \cdot \boldsymbol{D} = \rho \tag{5-28}$$

上述方程组是在静止媒质中的电磁场基本方程组。但上述方程没有涉及电磁场在媒质中所呈现的性质，所以尚不完备，$\boldsymbol{E}$ 和 $\boldsymbol{B}$ 都和媒质的特性有关。因此，还需补充三个有关场量之间的本构关系和欧姆定律的方程式。对于各向同性的媒质，有

$$\boldsymbol{D} = \varepsilon \boldsymbol{E} \tag{5-29}$$

$$\boldsymbol{B} = \mu \boldsymbol{H} \tag{5-30}$$

$$\boldsymbol{J} = \gamma \boldsymbol{E} \tag{5-31}$$

式(5-29) 至式(5-31) 常称为电磁场的辅助方程或构成关系。

电磁场基本方程组在电磁场中的地位与牛顿定律在经典力学中的地位相仿，它全面总结了电磁场的规律，是宏观电磁场理论的基础。利用基本方程组和辅助方程原则上可以解决各种宏观电磁场问题。也就是说，当电荷、电流给定时，从电磁场基本方程组根据初始条件及边界条件就可以完全决定电磁场的变化，此即为电磁场中的唯一性定理。

例 5-2　已知在无源区域中，调频广播电台辐射的电磁场的电场强度为

$$\boldsymbol{E} = 10^{-2} \sin(6.28 \times 10^9 t - 20.9z)\boldsymbol{e}_y \quad (\mathrm{V/m})$$

求空间任一点的磁感应强度 $\boldsymbol{B}$。

解：由电磁感应定律，有

$$\frac{\partial \boldsymbol{B}}{\partial t}=-\nabla\times\boldsymbol{E}=\frac{\partial E_y}{\partial z}\boldsymbol{e}_x=-20.9\times10^{-2}\cos(6.28\times10^9t-20.9z)\boldsymbol{e}_x$$

对上式进行积分，若不考虑静态场，积分常数为零，则有

$$\boldsymbol{B}=\int\frac{\partial E_y}{\partial z}\boldsymbol{e}_x\mathrm{d}t=-3.33\times10^{-11}\sin(6.28\times10^9t-20.9z)\boldsymbol{e}_x\quad(\mathrm{T})$$

5.5 时变场的边界条件

在5.4节介绍了麦克斯韦的积分和微分方程组，利用它和辅助方程原则上可以求解各种宏观电磁场问题，但是在实际应用中，经常遇到由不同的媒质构成的边界区域，媒质的特征参数发生突变，某些场量也发生突变。此时，基本方程组的微分形式应用遇到问题，但是在不同媒质分界面处，电磁场基本方程组的积分形式仍然成立。所以，可以利用积分形式的基本方程导出不同媒质分界面两侧各个场量应满足的衔接条件。

5.5.1 不同媒质分界面上的衔接条件

时变电磁场中分界面上的衔接条件与静电场和静磁场推导方法完全相同。设两种不同媒质 ε_1 和 μ_1 分别表示第一种媒质的介电常数和磁导率，ε_2 和 μ_2 分别表示第二种媒质的介电常数和磁导率。$\boldsymbol{e}_{\mathrm{n}}$ 为分界面上的法向单位矢量，其方向由媒质1指向媒质2，如图5-4a所示。

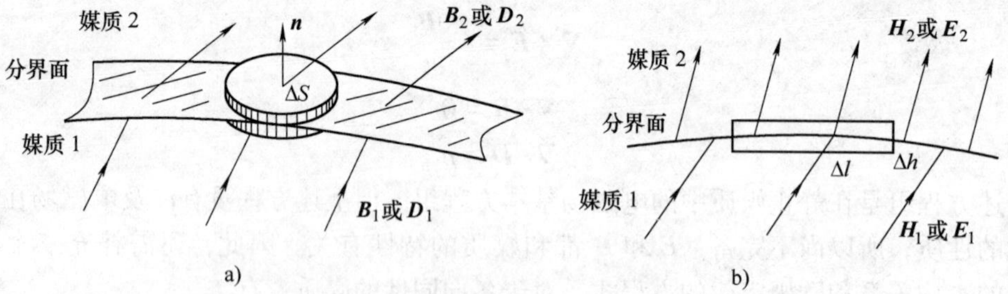

图5-4 不同媒质分界面上的衔接条件

a）法线分量 b）切线分量

在时变电磁场中，电位移矢量所满足的方程与静电场中的方程相同，所以，电位移矢量的媒质分界面条件与静电场中相同，即

$$D_{\mathrm{n}2}-D_{\mathrm{n}1}=\sigma$$

当分界面上没有自由电荷时，$\sigma=0$，则 $D_{\mathrm{n}2}=D_{\mathrm{n}1}$。

磁感应强度所满足的方程与静磁场中的方程相同，所以，磁感应强度的分界面上的衔接条件与静磁场中相同，即

$$B_{\mathrm{n}1}=B_{\mathrm{n}2}$$

接下来再分析电场强度 $\boldsymbol{E}$ 和磁场强度 $\boldsymbol{H}$ 的分界面条件。

如图5-4b所示，在媒质分界面上取一个边长分别为 Δl 和 Δh 的矩形闭合回路，其中

$\Delta h \to 0$。由麦克斯韦第二方程

$$\oint_l \boldsymbol{E} \cdot \mathrm{d}\boldsymbol{l} = -\int_S \frac{\partial \boldsymbol{B}}{\partial t} \cdot \mathrm{d}\boldsymbol{S}$$

得到

$$E_{t1}\Delta l - E_{t2}\Delta l = \lim_{\Delta h \to 0}\left[\left(-\frac{\partial B}{\partial t}\right)_{n}\Delta l \Delta h\right] = 0$$

因此

$$E_{t1} = E_{t2}$$

由麦克斯韦第一方程

$$\oint_l \boldsymbol{H} \cdot \mathrm{d}\boldsymbol{l} = \int_S \left(\boldsymbol{J} + \frac{\partial \boldsymbol{D}}{\partial t}\right) \cdot \mathrm{d}\boldsymbol{S}$$

可得

$$H_{t1}\Delta l - H_{t2}\Delta l = \lim_{\Delta h \to 0}\left[\left(J_{C} + \frac{\partial D}{\partial t}\right)_{n}\Delta l \Delta h\right] = 0$$

即

$$H_{t1} - H_{t2} = K$$

当分界面上没有面电流时，$K=0$，则有

$$H_{t1} - H_{t2} = 0$$

于是，可得两种不同媒质分界面上的衔接条件是

$$D_{n2} - D_{n1} = \sigma \tag{5-32}$$

$$B_{n1} = B_{n2} \tag{5-33}$$

$$E_{t1} = E_{t2} \tag{5-34}$$

$$H_{t1} - H_{t2} = K \tag{5-35}$$

式(5-32)~式(5-35) 分界面上的衔接条件表明：$\boldsymbol{E}$ 的切向分量和 $\boldsymbol{B}$ 的法向分量总是连续的；在有自由电荷和传导电流分布的分界面上，$\boldsymbol{D}$ 的法向分量和 $\boldsymbol{H}$ 的切向分量都是不连续的。

当分界面上不存在自由电荷和传导电流线密度时，时变电磁场分界面衔接条件可简化为

$$E_1 \sin \alpha_1 = E_2 \sin \alpha_2$$

$$\varepsilon_1 E_1 \cos \alpha_1 = \varepsilon_2 E_2 \cos \alpha_2$$

$$H_1 \sin \beta_1 = H_2 \sin \beta_2$$

$$\mu_1 E_1 \cos \beta_1 = \mu_2 E_2 \cos \beta_2$$

式中，α_1 和 α_2 分别为 $\boldsymbol{E}_1$ 和 $\boldsymbol{E}_2$ 与分界面法线方向的夹角；β_1 和 β_2 分别为 $\boldsymbol{B}_1$ 和 $\boldsymbol{B}_2$ 与分界面法线间的夹角。从上列各式可得

$$\frac{\tan \alpha_1}{\tan \alpha_2} = \frac{\varepsilon_1}{\varepsilon_2} \tag{5-36}$$

$$\frac{\tan \beta_1}{\tan \beta_2} = \frac{\mu_1}{\mu_2} \tag{5-37}$$

式(5-36) 和式(5-37) 称为电磁场的折射定律。

接下来讨论两种重要的特殊情况：两种无损耗、线性媒质之间的分界面和理想媒质与良

导体之间的分界面。

5.5.2 两种无损耗、线性媒质之间的分界面

无损耗、线性的理想媒质可以用介电常数 ε 和磁导率 μ 来描述，其电导率 $\gamma=0$。由于两种理想媒质的分界面上一般不存在自由电荷和电流，于是，可以令式(5-32) 中的 $\sigma=0$ 和式(5-35) 中的 $K=0$，这样相应的边界条件可表示为

$$\left.\begin{aligned} D_{n2} &= D_{n1} \\ B_{n1} &= B_{n2} \\ E_{t1} &= E_{t2} \\ H_{t1} &= H_{t2} \end{aligned}\right\} \tag{5-38}$$

5.5.3 电媒质与理想导体之间的分界面

在实际问题中，存在大量的良导体，如金、银等，为了简化场问题的求解，常常把这些良导体视为理想导体。由于理想导体的电导率 $\gamma\to\infty$，所以它的内部没有电场，即 $\boldsymbol{E}=0$，由麦克斯韦方程中电磁感应定律可知，理想导体内部的时变磁场也为零，即 $\boldsymbol{B}=0$ 和 $\boldsymbol{H}=0$。因此，理想媒质（设为媒质 1）与理想导体（设为媒质 2）之间的分界面上的衔接条件为

$$\left.\begin{aligned} D_{n2} &= \sigma \\ B_{n2} &= 0 \\ E_{t2} &= 0 \\ H_{t2} &= K \end{aligned}\right\} \tag{5-39}$$

式(5-39) 就是电媒质与理想导体之间的分界面上的衔接条件。该式表明，在理想导体外侧附近的介质中，电力线与其表面垂直，而磁力线与其表面平行。

5.6 动态位及其波动方程

为了计算与分析的方便，在研究静电场与恒定电场时，引入过标量电位 φ；而在研究静磁场时，引入过磁矢位 $\boldsymbol{A}$。类似地，在研究时变电磁场时，也可引入适当的位函数作为辅助量，使求解得到简化。时变电磁场中的位函数既是时间的函数，又是空间坐标的函数，故称为动态位。本节介绍动态位及其满足的达朗贝尔方程及解的性质。

5.6.1 动态位的定义

在时变电磁场中，空间各点的场量满足电磁场基本方程组中的磁通连续性方程式(5-26)，于是可以引入一个矢量函数 $\boldsymbol{A}$，满足

$$\boldsymbol{B} = \nabla\times\boldsymbol{A} \tag{5-40}$$

将式(5-40) 代入式(5-26)，可得

$$\nabla\times\left(\boldsymbol{E}+\frac{\partial\boldsymbol{A}}{\partial t}\right)=0 \tag{5-41}$$

根据矢量恒等式 $\nabla\times\nabla\varphi=0$，由式(5-41) 可以定义标量函数 φ，且它满足

$$\boldsymbol{E}+\frac{\partial \boldsymbol{A}}{\partial t}=-\nabla\varphi \tag{5-42}$$

得

$$\boldsymbol{E}=-\frac{\partial \boldsymbol{A}}{\partial t}-\nabla\varphi \tag{5-43}$$

式(5-42) 和式(5-43) 表明了场矢量和动态位之间的关系，称 $\boldsymbol{A}$ 为矢量位函数，φ 为标量位函数。

5.6.2　达朗贝尔方程

为了确定动态位与激励源之间的关系，需将动态位代入电磁场基本方程和辅助方程。在均匀媒质中，由 $\boldsymbol{B}=\nabla\times\boldsymbol{A}$ 和 $\boldsymbol{B}=\mu\boldsymbol{H}$，可得

$$\nabla\times\boldsymbol{H}=\frac{1}{\mu}\nabla\times\boldsymbol{B}=\frac{1}{\mu}\nabla\times(\nabla\times\boldsymbol{A}) \tag{5-44}$$

又由全电流定律可得

$$\nabla\times(\nabla\times\boldsymbol{A})=\mu\boldsymbol{J}+\mu\frac{\partial \boldsymbol{D}}{\partial t} \tag{5-45}$$

将 $\boldsymbol{D}=\varepsilon\boldsymbol{E}$ 代入式(5-45)，再根据矢量恒等式可得

$$\nabla^2\boldsymbol{A}-\mu\varepsilon\frac{\partial^2\boldsymbol{A}}{\partial t^2}=-\mu\boldsymbol{J}+\nabla\left(\nabla\cdot\boldsymbol{A}+\mu\varepsilon\frac{\partial\varphi}{\partial t}\right) \tag{5-46}$$

将式(5-43) 代入高斯通量定理 $\nabla\cdot\boldsymbol{D}=\rho$，整理可得

$$\nabla^2\varphi+\frac{\partial}{\partial t}(\nabla\cdot\boldsymbol{A})=-\frac{\rho}{\varepsilon} \tag{5-47}$$

式(5-46) 和式(5-47) 表示了动态位与场源之间的关系，但是这两个方程都很复杂，为二阶偏微分方程组，而且 $\boldsymbol{A}$ 和 φ 相互耦合，求解比较困难，因此需要加以简化，最好能把 $\boldsymbol{A}$ 和 φ 分开，找出它们各自单独满足的微分方程。由于在上面的推导过程中，只规定了 $\boldsymbol{A}$ 的旋度，$\boldsymbol{A}$ 的散度尚未确定，这样就不可避免地会出现 $\boldsymbol{A}$ 的多值性问题。为了单值地确定动态位，必须给出 $\boldsymbol{A}$ 的散度。在静磁场中曾经由库仑规范 $\nabla\cdot\boldsymbol{A}=0$ 来给定 $\boldsymbol{A}$ 的散度。同理，在时变场中，引入洛伦兹规范

$$\nabla\cdot\boldsymbol{A}+\mu\varepsilon\frac{\partial\varphi}{\partial t}=0 \tag{5-48}$$

因此，上述联立的偏微分方程组可简化为

$$\nabla^2\boldsymbol{A}-\mu\varepsilon\frac{\partial^2\boldsymbol{A}}{\partial t^2}=-\mu\boldsymbol{J} \tag{5-49}$$

$$\nabla^2\varphi-\mu\varepsilon\frac{\partial^2\varphi}{\partial t^2}=-\frac{\rho}{\varepsilon} \tag{5-50}$$

式(5-49) 和式(5-50) 这两个非齐次波动方程，称为达朗贝尔方程。它表明，矢量动态位 $\boldsymbol{A}$ 单独地由电流密度 $\boldsymbol{J}$ 决定，而标量动态位 φ 单独地由电荷密度 ρ 决定。静电场和恒定磁场中的泊松方程和拉普拉斯方程都是达朗贝尔方程在静态情况下或无源区域的特例。

例 5-3　在时变电磁场中，已知矢量位函数

$$A = A_m \sin(\omega t - \beta z)\boldsymbol{e}_x$$

其中 A_m 和 β 均为常数，试求电场强度 $\boldsymbol{E}$ 和磁场强度 $\boldsymbol{H}$。

解：由式(5-38) 以及 $\boldsymbol{B}=\mu\boldsymbol{H}$，可得磁场强度为

$$\boldsymbol{H} = \frac{1}{\mu}\nabla\times\boldsymbol{A} = \frac{1}{\mu}\frac{\partial A_x}{\partial z}\boldsymbol{e}_y = -\frac{\beta}{\mu}A_m\cos(\omega t - \beta z)\boldsymbol{e}_y$$

再由麦克斯韦第一方程可得

$$\varepsilon\frac{\partial\boldsymbol{E}}{\partial t} = \nabla\times\boldsymbol{H} = -\frac{\partial H_y}{\partial z}\boldsymbol{e}_x = \frac{\beta^2}{\mu}A_m\cos(\omega t - \beta z)\boldsymbol{e}_x$$

上式对时间 t 积分，若不考虑静态场，积分常数为零，得

$$\boldsymbol{E} = \frac{1}{\varepsilon}\int\nabla\times\boldsymbol{H}\mathrm{d}t = -\frac{\beta^2}{\mu\omega\varepsilon}A_m\cos(\omega t - \beta z)\boldsymbol{e}_x = -\omega A_m\cos(\omega t - \beta z)\boldsymbol{e}_x$$

5.6.3　达朗贝尔方程的解

达朗贝尔方程是非齐次波动方程，因此它的解应当同时具有波的特征和泊松方程解的特征。首先讨论位于坐标原点随时间变化的点电荷 $q(t)$ 所激发的标量动态位 φ 的解。

在无源的自由空间，除原点外，都有 $\rho=0$，标量动态位满足齐次方程

$$\nabla^2\varphi - \mu\varepsilon\frac{\partial^2\varphi}{\partial t^2} = 0 \tag{5-51}$$

由于点电荷 $q(t)$ 在其周围空间产生的场具有球对称性，所以 φ 仅是 r 和 t 的函数，而与坐标 θ 和 ϕ 无关，因此，式(5-51) 可简化为

$$\frac{1}{r^2}\frac{\partial}{\partial r}\left(r^2\frac{\partial\varphi(r,t)}{\partial r}\right) = \frac{1}{v^2}\frac{\partial^2\varphi(r,t)}{\partial t^2} \tag{5-52}$$

式中，$v=1/\sqrt{\mu\varepsilon}$。这是一维齐次波动方程，其通解为

$$\varphi = \frac{f_1\left(t-\dfrac{r}{v}\right)}{r} + \frac{f_2\left(t+\dfrac{r}{v}\right)}{r} \tag{5-53}$$

式中，f_1 和 f_2 是具有二阶连续偏导数的两个任意函数，其特解形式由点电荷的变化规律和周围介质的情况而定。

式(5-53) 表明，自由空间的标量动态位由两部分组成：第一部分是以$\left(t-\dfrac{r}{v}\right)$为整体变量的函数；第二部分是以$\left(t+\dfrac{r}{v}\right)$为整体变量的函数。如果时间由 t 增加到 $t+\Delta t$，空间坐标由 r 增加到 $r+v\Delta t$，则有 $f_1\left(t+\Delta t-\dfrac{r+v\Delta t}{v}\right)=f_1\left(t+\Delta t-\dfrac{r}{v}-\Delta t\right)$，即 f_1 的自变量保持不变，也就是说，如果在时刻 t，距离原点为 r 处 f_1 为某个值，则经过 Δt 时间后，f_1 这个数值出现在比 r 远 $v\Delta t$ 位置处。这就意味着，$f_1\left(t-\dfrac{r}{v}\right)$是从原点出发，以速度 v 向正 r 方向行进的波，称为入射波。同理，第二部分 $f_2\left(t+\dfrac{r}{v}\right)$ 表示以速度 v 向负 r 方向行进的波，即向原点行进的波，

称为反射波。它是由于电磁波在行进途中遇到障碍时产生的波。

在无限大均匀媒质中，只有入射波，而没有反射波，此时可取$f_2=0$，则

$$\varphi=\frac{f_1\left(t-\frac{r}{v}\right)}{r}$$

当点电荷不随时间变化时，其产生的电位为

$$\varphi=\frac{q}{4\pi\varepsilon r}$$

由此可推断，在坐标原点处的时变电荷$q(t)$的动态标量位为

$$\varphi=\frac{q\left(t-\frac{r}{v}\right)}{4\pi\varepsilon r} \tag{5-54}$$

式(5-54)也能用于点电荷不位于原点的情况，此时只需把r视为场点到点电荷的距离R即可。

对于体积V'中的任意体电荷分布$\rho(\boldsymbol{r}', t)$在场点$\boldsymbol{r}$产生的动态标量位可由叠加原理求得

$$\varphi(\boldsymbol{r}, t)=\frac{1}{4\pi\varepsilon}\int_{V'}\frac{\rho\left(\boldsymbol{r}', t-\frac{R}{v}\right)}{R}\mathrm{d}V' \tag{5-55}$$

式中，$R=|\boldsymbol{r}-\boldsymbol{r}'|$是场点$\boldsymbol{r}$到电荷$\rho(\boldsymbol{r}', t)$的距离。

同理，体积V'中的任意体电流分布$\boldsymbol{J}(\boldsymbol{r}', t)$在场点$\boldsymbol{r}$产生的动态标量位可由叠加原理求得

$$\boldsymbol{A}(\boldsymbol{r}, t)=\frac{\mu}{4\pi}\int_{V'}\frac{\boldsymbol{J}\left(\boldsymbol{r}', t-\frac{R}{v}\right)}{R}\mathrm{d}V' \tag{5-56}$$

式(5-55)和式(5-56)称为达朗贝尔方程的解，也称为动态位的积分形式解。它们表明，电磁场中空间某点r处在时刻t的动态位及场量，并不是决定于该时刻激励源的情况，而是决定于在此之前的某一时刻$\left(t-\frac{R}{v}\right)$的激励源情况。也就是说，激励源在时刻$t$的作用，要经过一定的推迟时间$R/v$才能到达离它$R$远处的场点，推迟的时间就是电磁波传播所需要的时间。空间各点的动态位φ和$\boldsymbol{A}$随时间的变化总是落后于激励源的变化，所以又称动态位φ和$\boldsymbol{A}$为推迟位。

推迟效应说明，电磁波是以有限速度v向远处传播的，这个速度称为电磁波的波速，它由媒质的特性决定，即

$$v=\frac{1}{\sqrt{\mu\varepsilon}} \tag{5-57}$$

在真空中，电磁波的波速为

$$v=\frac{1}{\sqrt{\mu_0\varepsilon_0}}=\frac{1}{\sqrt{4\pi\times10^{-7}\times10^{-9}/36\pi}}=3\times10^8(\mathrm{m/s})$$

也就是说，电磁波在真空中的传播速度等于真空中的光速。

式(5-55) 和式(5-56) 说明空间电磁场并不取决于同一时刻的场源特性，即便在某一时刻场源已经消失，它们原来释放的电磁能量仍在远方以电磁波的形式向更远的地方传播。即电磁能量可以脱离场源而单独存在于空间中，这种现象称为电磁辐射。

5.7 坡印亭定理与坡印亭矢量

由5.6节可知，时变电磁场也具有能量，当随时间变化的电磁场以恒定的速度传播时，必将伴随有能量的传播，形成电磁能流。而时变电磁场作为一种特殊形态的物质，也应遵循自然界一切物质运动过程的普遍规律——能量守恒和转化定律。本节将根据麦克斯韦方程组来推导电磁场的能量守恒和转化定律——坡印亭定理，并引入一个描述电磁能量流动的物理量——坡印亭矢量。

5.7.1 坡印亭定理

麦克斯韦除了提出位移电流的假设之外，还提出了电磁场能量体密度等于电场能量的体密度与磁场能量的体密度之和的基本假设，即

$$w' = w'_{\mathrm{e}} + w'_{\mathrm{m}} = \frac{1}{2}\boldsymbol{E}\cdot\boldsymbol{D} + \frac{1}{2}\boldsymbol{B}\cdot\boldsymbol{H} \tag{5-58}$$

则任一体积 V 中的电磁场能量为

$$W = \int_V w'\mathrm{d}V = \int_V\left(\frac{1}{2}\boldsymbol{E}\cdot\boldsymbol{D} + \frac{1}{2}\boldsymbol{B}\cdot\boldsymbol{H}\right)\mathrm{d}V \tag{5-59}$$

由于电场和磁场都随时间变化，所以体积 V 每一场点的电磁能量变化率为

$$\frac{\partial W}{\partial t} = \frac{\partial}{\partial t}\int_V\left(\frac{1}{2}\boldsymbol{D}\cdot\boldsymbol{E} + \frac{1}{2}\boldsymbol{B}\cdot\boldsymbol{H}\right)\mathrm{d}V = \int_V\left[\frac{\partial}{\partial t}\left(\frac{1}{2}\boldsymbol{D}\cdot\boldsymbol{E}\right) + \frac{\partial}{\partial t}\left(\frac{1}{2}\boldsymbol{B}\cdot\boldsymbol{H}\right)\right]\mathrm{d}V \tag{5-60}$$

而对于线性、各向同性媒质，有如下关系：

$$\frac{\partial}{\partial t}\left(\frac{1}{2}\boldsymbol{D}\cdot\boldsymbol{E}\right) = \boldsymbol{E}\cdot\frac{\partial \boldsymbol{D}}{\partial t} \quad 和 \quad \frac{\partial}{\partial t}\left(\frac{1}{2}\boldsymbol{B}\cdot\boldsymbol{H}\right) = \boldsymbol{H}\cdot\frac{\partial \boldsymbol{B}}{\partial t}$$

由麦克斯韦第一、二方程可知

$$\frac{\partial \boldsymbol{D}}{\partial t} = \nabla\times\boldsymbol{H} - \boldsymbol{J} \quad 和 \quad \frac{\partial \boldsymbol{B}}{\partial t} = -\nabla\times\boldsymbol{E}$$

将上面四个公式代入式(5-60)，得到

$$\frac{\partial W}{\partial t} = \int_V(\boldsymbol{E}\cdot\nabla\times\boldsymbol{H} - \boldsymbol{H}\cdot\nabla\times\boldsymbol{E} - \boldsymbol{E}\cdot\boldsymbol{J})\,\mathrm{d}V \tag{5-61}$$

利用矢量恒等式，式(5-61) 可改写为

$$-\frac{\partial W}{\partial t} = \int_V \nabla\cdot(\boldsymbol{E}\times\boldsymbol{H})\,\mathrm{d}V + \int_V \boldsymbol{E}\cdot\boldsymbol{J}\mathrm{d}V$$

设 S 为限定体积 V 的闭合面，则应用高斯散度定理有

$$-\frac{\partial W}{\partial t} = \int_V \boldsymbol{E}\cdot\boldsymbol{J}\mathrm{d}V + \oint_S(\boldsymbol{E}\times\boldsymbol{H})\cdot\mathrm{d}\boldsymbol{S} \tag{5-62}$$

如果考虑到体积 V 中还有电源，设 $\boldsymbol{E}_e$ 为局外场强，则有 $\boldsymbol{E}=\dfrac{\boldsymbol{J}}{\gamma}-\boldsymbol{E}_e$，将其代入式(5-60)，可得

$$\oint_S(\boldsymbol{E}\times\boldsymbol{H})\cdot\mathrm{d}\boldsymbol{S}=\int_V\boldsymbol{E}_e\cdot\boldsymbol{J}\mathrm{d}V-\int_V\frac{\boldsymbol{J}^2}{\gamma}\mathrm{d}V-\frac{\partial W}{\partial t}\tag{5-63}$$

式(5-63) 就是电磁场中的能量守恒和转化定律，一般称为电磁能流定理或坡印亭定理。左边一项的闭合面积分是通过包围体积 V 的闭合面 S 向外输送的电磁能量。右边第一项为 V 内电源提供的能量；右边第二项为电磁场在导电媒质内消耗的电磁功率；右边第三项为体积 V 内增加的电磁场能量。因此，式(5-63) 的物理意义为时变电磁场的电磁功率平衡方程。

5.7.2　坡印亭矢量

由式(5-61) 可知，闭合面积分中的矢量 $\boldsymbol{E}\times\boldsymbol{H}$ 相当于电磁功率流的面密度，即垂直于能量传播方向的单位面积上穿过的电磁功率。矢量 $\boldsymbol{E}\times\boldsymbol{H}$ 称为坡印亭矢量，记为

$$\boldsymbol{S}=\boldsymbol{E}\times\boldsymbol{H}\tag{5-64}$$

因此，$\boldsymbol{S}$ 即为坡印亭矢量，其单位为 $\mathrm{W/m^2}$，方向与 $\boldsymbol{E}$ 和 $\boldsymbol{H}$ 垂直，表示电磁能量传播或流动的方向。所以，$\boldsymbol{S}$ 也称为电磁能流密度。

恒定场是时变场的特例，因此恒定场的能量也应满足坡印亭定理。对于恒定场，如果体积 V 中充满导电媒质，且不存在局外场强，则坡印亭定理可写为

$$-\oint_S(\boldsymbol{E}\times\boldsymbol{H})\cdot\mathrm{d}\boldsymbol{S}=\int_V\frac{\boldsymbol{J}^2}{\gamma}\mathrm{d}V\tag{5-65}$$

式(5-65) 就是恒定场中的功率平衡方程，它表明，导电媒质中的焦耳损耗功率等于通过其表面 S 由外部输入的电磁能流。

例 5-4　求图 5-5 所示载有直流电流 I 的长直圆导线表面的坡印亭矢量，并计算电阻为 R 一段导线消耗的功率。

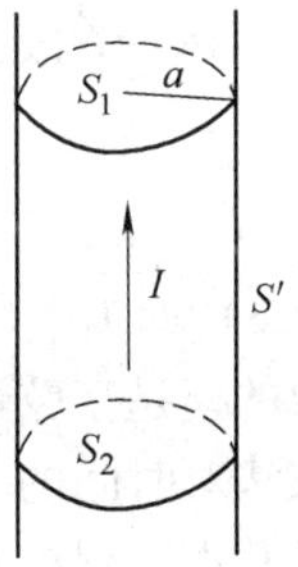

图 5-5　圆导线的功率损耗

解： 设导线半径为 a，则容易求得导线内的电场强度和磁场强度分别为

$$\boldsymbol{E}=\frac{\boldsymbol{J}}{\gamma}=\frac{I}{\gamma\pi a^2}\boldsymbol{e}_z$$

$$\boldsymbol{H}=\frac{I}{2\pi a^2}\boldsymbol{e}_\phi$$

导线表面的电场强度和磁场强度分别为

$$\boldsymbol{E}=\frac{\boldsymbol{J}}{\gamma}=\frac{I}{\gamma\pi a^2}\boldsymbol{e}_z$$

$$\boldsymbol{H}=\frac{I}{2\pi a}\boldsymbol{e}_\phi$$

导线表面的坡印亭矢量为

$$\boldsymbol{S}=\boldsymbol{E}\times\boldsymbol{H}=\frac{I^2}{2\gamma\pi^2a^3}(\boldsymbol{e}_z\times\boldsymbol{e}_\phi)=-\frac{I^2}{2\gamma\pi^2a^3}\boldsymbol{e}_\rho$$

由于在 S_1 和 S_2 表面上坡印亭矢量的方向与面的法线方向垂直，所以对应的面积分为零，因此有

$$-\oint_{S}-\frac{I^2}{2\gamma\pi^2a^3}\boldsymbol{e}_\rho\cdot\mathrm{d}\boldsymbol{S}=-\int_{S'}-\frac{I^2}{2\gamma\pi^2a^3}\boldsymbol{e}_\rho\cdot\mathrm{d}\boldsymbol{S}=\left(\frac{I^2}{2\gamma\pi^2a^3}\right)2\pi al=I^2\left(\frac{l}{\gamma\pi a^2}\right)=I^2R \tag{5-66}$$

式中，$R=\dfrac{l}{\gamma\pi a^2}$为 l 长度导体的电阻。

式(5-66) 说明，坡印亭矢量在导线侧表面的积分的负值等于从电路理论中得到的导线内部的功率消耗 I^2R，其消耗的功率是由导线侧表面传播进来的。

5.8 正弦电磁场

麦克斯韦方程组及其辅助方程适用于随时间任意变化的电磁场量。而在工程上经常遇到随时间做正弦变化的电磁场。这是因为一方面它们易于激励，另一方面是由于对于非正弦周期变化的场源，也可以采用傅里叶分析方法将其分解为多个正弦场源的叠加。因此，研究正弦变化的电磁场问题是研究时变电磁场的基础。把以一定频率做正弦变化的电磁场，称为正弦电磁场。

分析正弦电磁场的有效工具就是分析交流电路中所采用的复数方法。在直角坐标系中，电场强度的三个分量为

$$E_x=E_{xm}(x,\ y,\ z)\cos\ (\omega t+\phi_x)$$
$$E_y=E_{ym}(x,\ y,\ z)\cos\ (\omega t+\phi_y)$$
$$E_z=E_{zm}(x,\ y,\ z)\cos\ (\omega t+\phi_z)$$

式中，ω 是角频率；ϕ_x、ϕ_y 和 ϕ_z 分别为各坐标分量的初相角，它们仅是空间位置的函数。

正弦变化的电场强度可以用复数表示为

$$\boldsymbol{E}(x,\ y,\ z)=\mathrm{Re}\ [\dot{\boldsymbol{E}}(x,\ y,\ z)\sqrt{2}\mathrm{e}^{\mathrm{j}\omega t}] \tag{5-67}$$

式中

$$\begin{aligned}\dot{\boldsymbol{E}}(x,\ y,\ z)&=\dot{E}_x\boldsymbol{e}_x+\dot{E}_y\boldsymbol{e}_y+\dot{E}_z\boldsymbol{e}_z\\&=\frac{1}{\sqrt{2}}E_{xm}\mathrm{e}^{\mathrm{j}\phi_x}\boldsymbol{e}_x+\frac{1}{\sqrt{2}}E_{ym}\mathrm{e}^{\mathrm{j}\phi_y}\boldsymbol{e}_y+\frac{1}{\sqrt{2}}E_{zm}\mathrm{e}^{\mathrm{j}\phi_z}\boldsymbol{e}_z\end{aligned} \tag{5-68}$$

$\dot{\boldsymbol{E}}(x,\ y,\ z)$ 即为电场强度 $\boldsymbol{E}$ 的复数形式。式(5-67) 是瞬时形式与复数形式的关系式。其中，复数的模是正弦量的有效值；复数的幅角是正弦量的初相角。

复数法对时间的一次求导运算化为相应的复数形式乘以一个因子 jω，应用此规律，可得电磁场基本方程组的复数形式为

$$\nabla\times\dot{\boldsymbol{H}}=\dot{\boldsymbol{J}}+\mathrm{j}\omega\dot{\boldsymbol{D}} \tag{5-69}$$

$$\nabla\times\dot{\boldsymbol{E}}=-\mathrm{j}\omega\dot{\boldsymbol{B}} \tag{5-70}$$

$$\nabla\cdot\dot{\boldsymbol{B}}=0 \tag{5-71}$$

$$\nabla\cdot\dot{\boldsymbol{D}}=\rho \tag{5-72}$$

在各向同性媒质中，复数形式的辅助方程为

$$\dot{\boldsymbol{D}}=\varepsilon\dot{\boldsymbol{E}} \tag{5-73}$$

$$\dot{\boldsymbol{B}}=\mu\dot{\boldsymbol{H}} \tag{5-74}$$

$$\dot{\boldsymbol{J}}=\gamma\dot{\boldsymbol{E}} \tag{5-75}$$

同理，对于正弦电磁场，达朗贝尔方程的复数形式为

$$\nabla^2\dot{\boldsymbol{A}}+\beta^2\dot{\boldsymbol{A}}=-\mu\dot{\boldsymbol{J}} \tag{5-76}$$

$$\nabla^2\dot{\varphi}+\beta^2\dot{\varphi}=-\frac{\dot{\rho}}{\varepsilon} \tag{5-77}$$

式中，$\beta=\omega\sqrt{\mu\varepsilon}$为相位常数，单位为弧度/米（rad/m）。

此时，有关动态位洛伦兹规范的相量形式为

$$\nabla\cdot\dot{\boldsymbol{A}}+\mathrm{j}\omega\mu\varepsilon\dot{\varphi}=0 \tag{5-78}$$

式(5-76) 和式(5-77) 所对应的相量形式解为

$$\dot{\boldsymbol{A}}=\frac{\mu}{4\pi}\int_V\frac{\dot{\boldsymbol{J}}\mathrm{e}^{-\mathrm{j}\beta R}}{R}\mathrm{d}V \tag{5-79}$$

$$\dot{\varphi}=\frac{1}{4\pi\varepsilon}\int_V\frac{\dot{\rho}\mathrm{e}^{-\mathrm{j}\beta R}}{R}\mathrm{d}V \tag{5-80}$$

磁感应强度和电场强度的复矢量表示为

$$\dot{\boldsymbol{E}}=-\mathrm{j}\omega\dot{\boldsymbol{A}}-\nabla\dot{\varphi}=-\mathrm{j}\omega\dot{\boldsymbol{A}}+\frac{\nabla(\nabla\cdot\dot{\boldsymbol{A}})}{\mathrm{j}\omega\mu\varepsilon} \tag{5-81}$$

$$\dot{\boldsymbol{B}}=\nabla\cdot\dot{\boldsymbol{A}} \tag{5-82}$$

在时变电磁场中，场点上动态位与引起它的激励源在时间上的推迟是客观存在的，场点到激励源距离相同时，激励源随时间变化越快，推迟效应越明显；激励源随时间变化缓慢，则推迟时间可以忽略不计。设 T 为激励源正弦量的周期，当推迟时间 $R/v\ll T$ 时，可以不计推迟作用。此条件可写为 $R/v\ll 2\pi/\omega$ 或 $\omega R/v=\beta R\ll 2\pi$，此时 $\mathrm{e}^{-\mathrm{j}\beta R}\approx 1$，即意味着场点的响应与源点的激励同相时，可以忽略推迟效应。

如果用波长来表示，则

$$\beta R\ll 1 \tag{5-83}$$

可写为

$$R\ll\lambda$$

式(5-83) 就是不考虑推迟效应的条件，称为似稳条件。其中 $\lambda=vT$ 是正弦电磁波在一个周期内行进的距离。满足似稳条件的区域称为似稳区，似稳区内的场称为似稳场。不满足似稳条件区域的场称为迅变场，迅变场的位函数和场量具有明显的波动特征。

在电路理论中，复功率的定义为

$$\dot{S}=\dot{U}\dot{I}^*=UI\cos\varphi+\mathrm{j}UI\sin\varphi=P+\mathrm{j}Q$$

式中，P 为有功功率；Q 为无功功率。

同理，在正弦电磁场中，坡印亭矢量复数形式可表示为

$$\dot{S}=\dot{\boldsymbol{E}}\times\dot{\boldsymbol{H}}^* \tag{5-84}$$

式中，$\dot{\boldsymbol{E}}=\boldsymbol{E}\mathrm{e}^{\mathrm{j}\phi_E}$为电场强度的相量形式，$\dot{\boldsymbol{H}}^*=\boldsymbol{H}\mathrm{e}^{-\mathrm{j}\phi_H}$为磁场强度相量的共轭复数。

于是，式(5-84) 可写为

$$\dot{S}=\dot{\boldsymbol{E}}\times\dot{\boldsymbol{H}}^{*}=\boldsymbol{E}\mathrm{e}^{\mathrm{j}\phi_E}\times\boldsymbol{H}\mathrm{e}^{-\mathrm{j}\phi_H}=(\boldsymbol{E}\times\boldsymbol{H})\mathrm{e}^{\mathrm{j}(\phi_E-\phi_H)}$$
$$=(\boldsymbol{E}\times\boldsymbol{H})\cos(\phi_E-\phi_H)+\mathrm{j}(\boldsymbol{E}\times\boldsymbol{H})\sin(\phi_E-\phi_H)$$

它在一个周期 T 内的平均值为

$$\boldsymbol{S}_{\mathrm{av}}=\frac{1}{T}\int_0^T\boldsymbol{S}(t)\,\mathrm{d}t$$
$$=\frac{1}{T}\int_0^T\sqrt{2}\boldsymbol{E}\cos(\omega t+\phi_E)\times\sqrt{2}\boldsymbol{H}\cos(\omega t+\phi_H)\,\mathrm{d}t$$
$$=(\boldsymbol{E}\times\boldsymbol{H})\cos(\phi_E-\phi_H)$$
$$=\mathrm{Re}\left[\dot{\boldsymbol{E}}\times\dot{\boldsymbol{H}}^{*}\right]\tag{5-85}$$

由式(5-85)可知，坡印亭矢量复数形式的实部即为坡印亭矢量的平均值（或有功功率密度），表示电磁能量的流动；虚部为无功功率密度，表示电磁能量的交换。

对复数形式的坡印亭矢量取散度并展开，有

$$\nabla\cdot(\dot{\boldsymbol{E}}\times\dot{\boldsymbol{H}}^{*})=\dot{\boldsymbol{H}}^{*}\cdot(\nabla\times\dot{\boldsymbol{E}})-\dot{\boldsymbol{E}}\cdot(\nabla\times\dot{\boldsymbol{H}}^{*})\tag{5-86}$$

将式(5-69)和式(5-70)代入式(5-86)，可得

$$\nabla\cdot(\dot{\boldsymbol{E}}\times\dot{\boldsymbol{H}}^{*})=-\mathrm{j}\omega\mu\dot{\boldsymbol{H}}\cdot\dot{\boldsymbol{H}}^{*}-\dot{\boldsymbol{E}}\cdot\dot{\boldsymbol{J}}^{*}+\mathrm{j}\omega\varepsilon\dot{\boldsymbol{E}}\cdot\dot{\boldsymbol{E}}^{*}$$
$$=-\mathrm{j}\omega(\mu H^2-\varepsilon E^2)-\left(\frac{\dot{\boldsymbol{J}}}{\gamma}-\dot{\boldsymbol{E}}_{\mathrm{e}}\right)\cdot\dot{\boldsymbol{J}}^{*}\tag{5-87}$$

对上式两边进行体积分，并利用高斯散度定理，得

$$-\oint_S(\dot{\boldsymbol{E}}\times\dot{\boldsymbol{H}}^{*})\cdot\mathrm{d}\boldsymbol{S}=\int_V\frac{|\dot{\boldsymbol{J}}|^2}{\gamma}\mathrm{d}V+\mathrm{j}\omega\int_V(\mu|\dot{\boldsymbol{H}}|^2-\varepsilon|\dot{\boldsymbol{E}}|^2)\frac{|\dot{\boldsymbol{J}}|^2}{\gamma}\mathrm{d}V-\int_V\dot{\boldsymbol{E}}_{\mathrm{e}}\cdot\dot{\boldsymbol{J}}^{*}\mathrm{d}V\tag{5-88}$$

式(5-88)就是坡印亭定理的复数形式。左边表示流入闭合面 $\boldsymbol{S}$ 内的复功率；右边第一项表示体积 V 内导电媒质消耗的功率，即有功功率；右边第二项表示体积 V 内电磁能量的平均值，即无功功率；右边最后一项是体积 V 内电源提供的复功率。

若体积 V 内不包含电源，式(5-88)可化为

$$-\oint_S(\dot{\boldsymbol{E}}\times\dot{\boldsymbol{H}}^{*})\cdot\mathrm{d}\boldsymbol{S}=P+\mathrm{j}Q\tag{5-89}$$

例 5-5 在自由空间中，已知电场强度的表达式为

$$\boldsymbol{E}=E_{x\mathrm{m}}\cos(\omega t-\beta z)\boldsymbol{e}_x+E_{y\mathrm{m}}\cos(\omega t-\beta z)\boldsymbol{e}_y$$

求坡印亭矢量 $\boldsymbol{S}$ 及其平均值 $\boldsymbol{S}_{\mathrm{av}}$。

解：电场强度用复数形式表示为

$$\dot{\boldsymbol{E}}=E_x\mathrm{e}^{-\mathrm{j}\beta z}\boldsymbol{e}_x+E_y\mathrm{e}^{-\mathrm{j}\beta z}\boldsymbol{e}_y$$

将上式代入麦克斯韦方程组的第二方程，可得

$$-\mathrm{j}\omega\mu_0\dot{\boldsymbol{H}}=\nabla\times\dot{\boldsymbol{E}}=-\frac{\partial\dot{E}_y}{\partial z}\boldsymbol{e}_x+\frac{\partial\dot{E}_x}{\partial z}\boldsymbol{e}_y=\mathrm{j}\beta E_y\mathrm{e}^{-\mathrm{j}\beta z}\boldsymbol{e}_x-\mathrm{j}\beta E_x\mathrm{e}^{-\mathrm{j}\beta z}\boldsymbol{e}_y$$

由于 $\beta=\omega\sqrt{\mu_0\varepsilon_0}$，代入上式可得

$$\dot{\boldsymbol{H}}=-\sqrt{\frac{\varepsilon_0}{\mu_0}}E_y\mathrm{e}^{-\mathrm{j}\beta z}\boldsymbol{e}_x+\sqrt{\frac{\varepsilon_0}{\mu_0}}E_x\mathrm{e}^{-\mathrm{j}\beta z}\boldsymbol{e}_y$$

令 $Z_0=\sqrt{\mu_0/\varepsilon_0}$ 为电磁波的波阻抗，则 $\boldsymbol{H}$ 的瞬时形式为

$$\boldsymbol{H}=-\frac{E_{y\mathrm{m}}}{Z_0}\cos(\omega t-\beta z)\boldsymbol{e}_x-\frac{E_{x\mathrm{m}}}{Z_0}\cos(\omega t-\beta z)\boldsymbol{e}_y$$

则坡印亭矢量为

$$\boldsymbol{S}=\boldsymbol{E}\times\boldsymbol{H}=\frac{1}{Z_0}(E_{x\mathrm{m}}^2+E_{y\mathrm{m}}^2)\cos^2(\omega t-\beta z)\boldsymbol{e}_z$$

坡印亭矢量的平均值为

$$\boldsymbol{S}_{\mathrm{av}}=\frac{1}{T}\int_0^T(\boldsymbol{E}\times\boldsymbol{H})\mathrm{d}t=\frac{1}{2Z_0}(E_{x\mathrm{m}}^2+E_{y\mathrm{m}}^2)$$

5.9　工程应用实例——核磁共振效应

核磁共振效应就是核子在一外加静磁场作用下其磁矩平行于外磁场的方向；如果垂直于静磁场的方向再另加一个交变磁场，且频率与作用时间合适，则能改变其磁矩的方向和吸收交变磁场的能量。常用的核子是水中氢核质子。由于此频率与该静磁场间有精确的关系，故可利用此效应进行静磁场的精密测定，通常频率的测量精度和准确度均较高。人体等生物组织内含有大量氢原子，在发生核磁共振后，若突然改变交变磁场，将发生短暂的电磁过渡过程信号、释放能量并恢复原状态。于是，可根据信号的波形，利用计算机成像来显示出人体生物组织的分布情况。这就是核磁共振计算机断层像，它是一种医学无损诊断技术。

由麦克斯韦方程可知，当动态电磁场的频率很高或随时间阶跃变化时，方程中的关系式能够反应媒质的动态特性。一般媒质多具有的频率特性，均与媒质的原子、分子结构有关。图 5-6 所示采用了经典模型分析核磁共振效应。

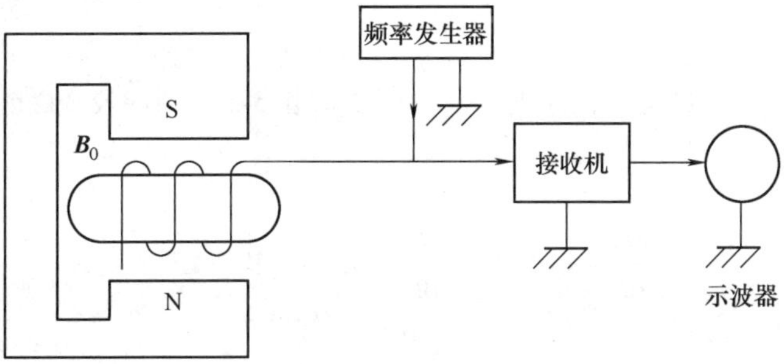

图 5-6　核磁共振的原理示意图

核子包括质子和中子，它们都有自选磁偶极矩 $\boldsymbol{P}_{\mathrm{m}}$ 和角动量矩 $\boldsymbol{L}$。当 $\boldsymbol{P}_{\mathrm{m}}$ 处于外加磁场 $\boldsymbol{B}_0$ 中时，转动力矩 $\boldsymbol{T}$ 可表示为

$$\boldsymbol{T}=\boldsymbol{P}_{\mathrm{m}}\times\boldsymbol{B}_0 \tag{5-90}$$

磁偶极矩 $\boldsymbol{P}_{\mathrm{m}}$ 正比于角动量矩 $\boldsymbol{L}$，可表示为

$$\boldsymbol{P}_{\mathrm{m}}=\gamma\boldsymbol{L} \tag{5-91}$$

式中，γ 为磁偶极矩 $\boldsymbol{P}_{\mathrm{m}}$ 和角动量矩 $\boldsymbol{L}$ 之间的比例系数，称为回磁比。由上式可知，如果分析出 $\boldsymbol{L}$ 的规律，就获得了 $\boldsymbol{P}_{\mathrm{m}}$ 的特性。由力学原理可知，转矩应等于动量矩的时变率，即

$$\boldsymbol{T}=\frac{\mathrm{d}\boldsymbol{L}}{\mathrm{d}t} \tag{5-92}$$

将式(5-91) 和式(5-92) 代入式(5-90)，可得

$$\frac{\mathrm{d}\boldsymbol{L}}{\mathrm{d}t}=\gamma\boldsymbol{L}\times\boldsymbol{B}_0 \tag{5-93}$$

式(5-93) 的解为一均匀进动解，类似于陀螺进动，如图 5-7 所示。其进动角速度为

$$\boldsymbol{\omega}=-\gamma\boldsymbol{B}_0 \tag{5-94}$$

上式就是拉莫尔定理。可以验证

$$\frac{\mathrm{d}\boldsymbol{L}}{\mathrm{d}t}=\boldsymbol{\omega}\times\boldsymbol{L}$$

所描述的进动正好满足式(5-93)。由实验可知，氢核质子在 1T 的磁场中，进动频率 $f=\frac{\omega}{2\pi}=42.6\mathrm{MHz}$。

在垂直于 $\boldsymbol{B}_0$ 方向另加一个交变磁场 $\boldsymbol{B}_1$，如图 5-8 所示。$\boldsymbol{B}_0$ 沿着 z 轴，而 $\boldsymbol{B}_1$ 沿着 y 轴。调整 $\boldsymbol{B}_1$ 的角频率，使得其与 $\boldsymbol{\omega}$ 相等，则会产生一个附加进动 $\frac{\delta\boldsymbol{L}}{\delta t}$。有

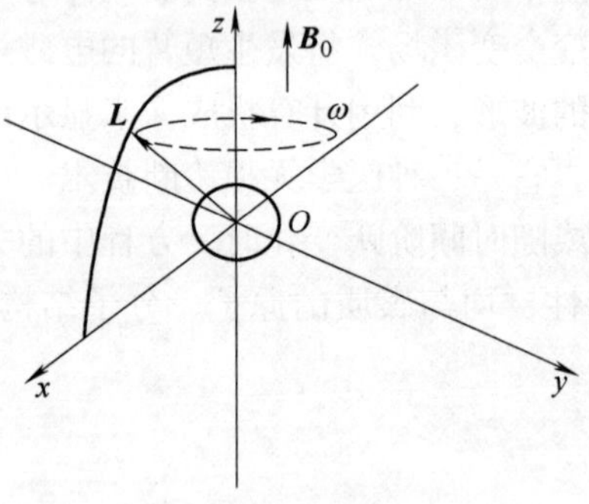

图 5-7 均匀磁场中磁偶极矩的进动

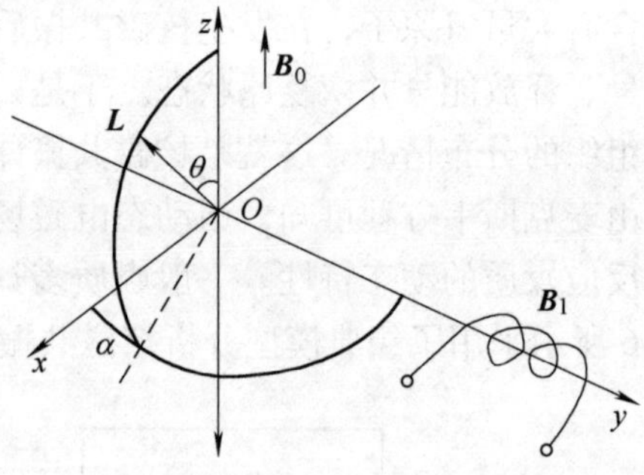

图 5-8 另加一交变磁场与均匀磁场垂直

$$\frac{\mathrm{d}\boldsymbol{L}}{\mathrm{d}t}=\boldsymbol{\omega}\times\boldsymbol{L}+\frac{\delta\boldsymbol{L}}{\delta t}=\gamma\boldsymbol{L}\times(\boldsymbol{B}_0+\boldsymbol{B}_1) \tag{5-95}$$

由上式可得

$$\frac{\delta\boldsymbol{L}}{\delta t}=\gamma\boldsymbol{L}\times\boldsymbol{B}_1 \tag{5-96}$$

附加进动角速度 ω_1 的值为

$$\omega_1=\gamma B_1 \tag{5-97}$$

ω_1 矢量沿着 y 轴正方向交替变化，但是在一个周期内总体上将使 θ 变大，出现进动现象。如果初始角 θ 为零，则

$$\theta=\int\omega_1\mathrm{d}t=\gamma B_1 t \tag{5-98}$$

当 $t=\frac{1}{\gamma B_1}\pi$ 时，$\theta=180°$，称为180°脉冲；当 $t=\frac{1}{\gamma B_1}\frac{\pi}{2}$时，$\theta=90°$，称为90°脉冲。在脉冲作用下，$\theta$ 角发生变化，θ 角意味着核子吸收能量。

当 $\boldsymbol{B}_1$ 突然停止后，核子的磁偶极矩 $\boldsymbol{P}_{\mathrm{m}}$ 将恢复原方位，$\theta=0°$。在恢复过渡过程期间，再接收线圈中产生感应电动势，释放能量，发出信号。因为波形与生物组织有关，通过提取特征量，如衰减时间常数，就可以通过计算机成像。

5.10　本章小结

1）麦克斯韦方程组的积分形式和微分形式分别为

$$\oint_l \boldsymbol{H}\cdot \mathrm{d}\boldsymbol{l}=\int_S\left(\boldsymbol{J}+\frac{\partial \boldsymbol{D}}{\partial t}\right)\cdot \mathrm{d}\boldsymbol{S} \qquad \nabla\times\boldsymbol{H}=\boldsymbol{J}+\frac{\partial \boldsymbol{D}}{\partial t}$$

$$\oint_l \boldsymbol{E}\cdot \mathrm{d}\boldsymbol{l}=-\int_S\frac{\partial \boldsymbol{B}}{\partial t}\cdot \mathrm{d}\boldsymbol{S} \qquad \nabla\times\boldsymbol{E}=-\frac{\partial \boldsymbol{B}}{\partial t}$$

$$\oint_S \boldsymbol{B}\cdot \mathrm{d}\boldsymbol{S}=0 \qquad \nabla\cdot\boldsymbol{B}=0$$

$$\oint_S \boldsymbol{D}\cdot \mathrm{d}\boldsymbol{S}=q \qquad \nabla\cdot\boldsymbol{D}=\rho$$

其辅助方程或构成关系为

$$\boldsymbol{D}=\varepsilon\boldsymbol{E}$$
$$\boldsymbol{B}=\mu\boldsymbol{H}$$
$$\boldsymbol{J}=\gamma\boldsymbol{E}$$

2）时变电磁场在不同媒质的分界面上的衔接条件为

$$D_{\mathrm{n2}}-D_{\mathrm{n1}}=\sigma$$
$$B_{\mathrm{n1}}=B_{\mathrm{n2}}$$
$$E_{\mathrm{t1}}=E_{\mathrm{t2}}$$
$$H_{\mathrm{t1}}-H_{\mathrm{t2}}=K$$

3）场量与动态位的关系为

$$\boldsymbol{B}=\nabla\times\boldsymbol{A}$$
$$\boldsymbol{E}=-\frac{\partial \boldsymbol{A}}{\partial t}-\nabla\varphi$$

当 $\boldsymbol{A}$ 和 φ 满足洛伦兹规范时，即

$$\nabla\cdot\boldsymbol{A}+\mu\,\varepsilon\frac{\partial\varphi}{\partial t}=0$$

可得达朗贝尔方程为

$$\nabla^2\boldsymbol{A}-\mu\,\varepsilon\frac{\partial^2\boldsymbol{A}}{\partial t^2}=-\mu\boldsymbol{J}$$

$$\nabla^2\varphi-\mu\,\varepsilon\frac{\partial^2\varphi}{\partial t^2}=-\frac{\rho}{\varepsilon}$$

达朗贝尔方程的积分解为

$$A(r, t)=\frac{\mu}{4\pi}\int_{V'}\frac{J\left(r', t-\frac{R}{v}\right)}{R}dV'$$

$$\varphi(r, t)=\frac{1}{4\pi\varepsilon}\int_{V'}\frac{\rho\left(r', t-\frac{R}{v}\right)}{R}dV'$$

4）时变电磁场的电磁功率平衡方程，即坡印亭定理为

$$\oint_S(E\times H)\cdot dS=\int_V E\cdot J dV-\int_V\frac{J^2}{\gamma}dV-\frac{\partial W}{\partial t}$$

电磁能流密度——坡印亭矢量为

$$S=E\times H$$

5）正弦电磁场中，达朗贝尔方程的解、坡印亭矢量和坡印亭定理的复数形式分别为

$$\dot{A}=\frac{\mu}{4\pi}\int_V\frac{\dot{J}e^{-j\beta R}}{R}dV$$

$$\dot{\varphi}=\frac{1}{4\pi\varepsilon}\int_V\frac{\dot{\rho}e^{-j\beta R}}{R}dV$$

$$\dot{S}=\dot{E}\times\dot{H}^*$$

$$-\oint_S(\dot{E}\times\dot{H}^*)\cdot dS=\int_V\frac{|\dot{J}|^2}{\gamma}dV+j\omega\int_V(\mu|\dot{H}|^2-\varepsilon|\dot{E}|^2)\frac{|\dot{J}|^2}{\gamma}dV-\int_V\dot{E}_e\cdot\dot{J}^*dV$$

5.11 习题

思考题

1. 试述电磁感应定律的三种形式以及各自的适用范围。
2. 在时变电磁场中，电流连续性定理应如何表示？
3. 试从以下几个方面比较传导电流和位移电流：（1）由什么引起？（2）可以在哪类物质中存在？（3）是否都能引起热效应？（4）规律是否相同？
4. 写出电磁场基本方程组的积分形式和微分形式。
5. 在什么情况下麦克斯韦方程组的微分形式不适用？
6. 试写出时变电磁场中不同媒质的分界面上的衔接条件。
7. 试写出两种无损耗、线性媒质之间的边界条件。
8. 试写出理想导体与理想介质的分界面处的衔接条件。
9. 什么是时变电磁场的折射定律？
10. 时变电磁场中是如何引入动态位 $\boldsymbol{A}$ 和 φ 的？
11. 何谓洛伦兹条件？
12. 写出达朗贝尔方程及其解，并解释什么是推迟位。
13. 何为电磁能流定理？其物理意义是什么？
14. 正弦电磁场中，达朗贝尔方程的解、坡印亭矢量和坡印亭定理的复数形式应如何

表示？

15. 什么是似稳电磁场？其似稳条件是什么？特征是什么？

练习题

1. 一长直导线与一矩形线圈位于同一平面内，导线流过的电流为 I，当矩形线圈以角速度 ω 旋转时，如图 5-9 所示，求线圈中的感应电动势。

2. 已知一有损耗媒质的 $\gamma=10^3\mathrm{S/m}$，$\varepsilon_\gamma=6.5$，其中的传导电流密度为 $0.02\sin 10^9 t$ ($\mathrm{A/m^2}$)，试求其位移电流密度。

3. 一圆柱电容器，内、外导体半径分别为 a 和 b，长为 l，外加电压为 $U_0\sin\omega t$，试证明电容器极板间的总位移电流与电容器的传导电流相等。

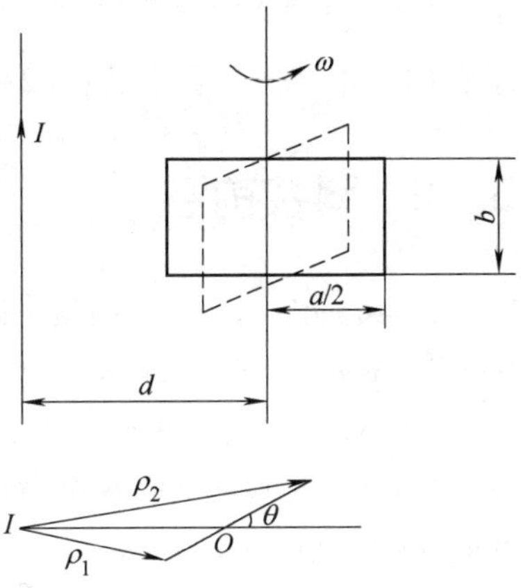

图 5-9　练习题 1 图

4. 已知在空气中

$$\boldsymbol{E}=0.1\sin(10\pi x)\cos(6\pi\times10^9 t-\beta z)\boldsymbol{e}_y$$

求磁场强度 $\boldsymbol{H}$ 和相位常数 β。

5. 一球形电容器，其内、外半径分别为 R_1 和 R_2，导体之间充满微弱导电的电介质，求电容器中漏电流产生的磁场。

6. 试证明动态位 $\boldsymbol{A}$ 和 φ 满足的达朗贝尔方程与电流连续性方程一致。

7. 已知自由空间中电磁波的两个场分量分别为

$$E_x=1000\cos(\omega t-\beta z)\quad(\mathrm{V/m})$$

$$H_y=2.65\cos(\omega t-\beta z)\quad(\mathrm{A/m})$$

若 $f=20\mathrm{MHz}$，$\beta=\omega\sqrt{\mu_0\varepsilon_0}=0.42\mathrm{rad/m}$。求：(1) 瞬时坡印亭矢量；(2) 坡印亭矢量的平均值。

8. 一圆形极板电容器，其填充材料的磁导率为 μ，电导率为 γ，介电常数为 ε，外加电压为 $u=U_m\sin\omega t$，如图 5-10 所示。电容器内部可以看成均匀电场，试用坡印亭矢量定理计算电容器的储能和耗能。

9. 电力变压器铁心部分的简图如图 5-11 所示，使用坡印亭矢量说明变压器长直铁心的能量传输。

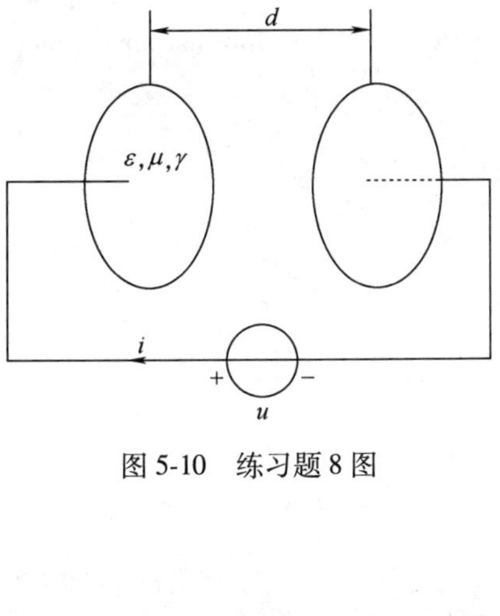

图 5-10　练习题 8 图

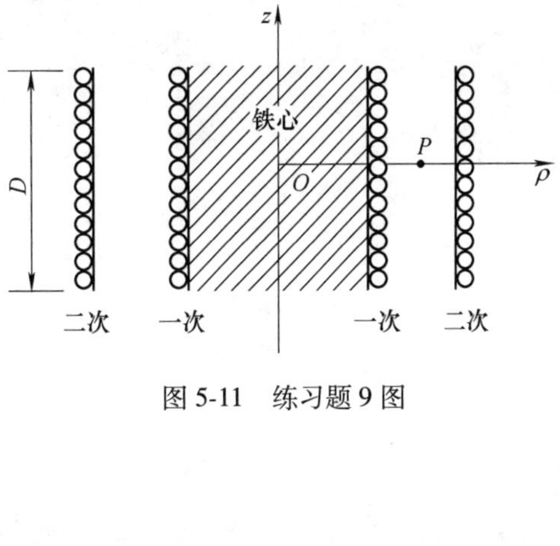

图 5-11　练习题 9 图

10. 已知正弦电磁场的电场瞬时值为

$$\boldsymbol{E}(z,\ t) = 0.03\cos\,(10^8\pi t - \beta z)\boldsymbol{e}_x + 0.04\sin\left(10^8\pi t - \beta z - \frac{\pi}{3}\right)\boldsymbol{e}_x$$

求：（1）电场的复数形式；（2）磁场的复数形式和瞬时值。

5.12 科技前沿

Investigation of the mechanisms of penetration of high-beta plasma flows across the magnetic field is important for numerous applications. These studies are relevant to the physics of z-pinches, space physics (e. g. solar wind), and astrophysics (e. g. supernovae).

Laboratory experiments designed and performed at the Nevada Terawatt Facility have focused on studying the propagation of a plasma plume across a magnetic field. These experiments have revealed instabilities growing at the plasma-field interface that could be explained by the excitation of electromagnetic flute drift modes in a high-beta plasma. In certain cases convective structures similar to Kelvin-Helmholtz instability have been identified.

In support of these experiments we are developing model that can explain the observed plasma turbulence. We are interested in the excitation of drift-flute waves in a high-bet plasma flow with velocity shear. We consider the plasma flowing perpendicular to the magnetic field directed along the z-direction, and with a shear in the direction perpendicular to both the magnetic field and the plasma velocity. Magnetic field curvature effects are emulated through a gravitational acceleration. In order to investigate the linear growth and nonlinear dynamics of the electromagnetic drift waves, a nonlinear set of equations for the electrostatic potential, magnetic field and density perturbations is derived, using the two-fluid equations in the low-frequency approximation, and taking into account finite ion Larmor radius effects. It is shown that the hydrodynamic approach can be used to correctly describe the dispersion of the electromagnetic drift waves, even though a kinetic approximation would be required in this case. The nonlinear dynamics and interaction of these modes can be analyzed using numerical simulations.

摘自：Paraschiv, V. I., Sotnikov, O. G., Onishchenko, R. Presura, J. M. Kindel. *Dynamics of Electromagnetic Drift-flute Waves in High-beta Plasmas in the Presence of Sheared Plasma Flows* (Plasma Science-Abstracts, 2009. ICOPS 2009. IEEE International Conference on).

第 6 章　准静态电磁场

6.1　麦克斯韦的革命——引导现代物理时代的到来

由麦克斯韦方程组表示的定律是高度概括的，如果在初始瞬间，整个无源空间中电场和磁场是确定的，则微分形式的麦克斯韦方程组可预测这些场随后在空间和时间的发展。也就是说，如果给定某些初始条件，麦克斯韦方程组将与洛伦兹定律和牛顿定律一起描述 $\boldsymbol{E}$ 和 $\boldsymbol{H}$ 的时间演变！在这个意义上，麦克斯韦方程组和洛伦兹定律可以被认为对自由空间中电动力学的相互作用提供了完整的描述。另一个重要意义是，法拉第和麦克斯韦引入了一种全新的物理存在，否定了当时占主导地位的超距作用，因为场从一个点到另一个点附着于整个空间之中，没有任何中断或间隔。

另外，法拉第和麦克斯韦关于场的概念对于理解原子核、量子力学和物质的精细结构都具有重大影响。将电、磁、光统一成为一种连续的数学整体形式的尝试获得了成功，将物理世界的各个方面，包括引力和核力，统一为一个宏大的理论的尝试还处于初试阶段，可以毫不夸张地说，麦克斯韦引导我们进入了现代物理的时代。

在实际计算中，时变场中不同于静态场的一些现象，其差异程度都与频率的高低及设备的尺寸紧密相关。因此，在工程应用中，根据实际情况，如果电磁场的磁场或电场随时间缓变，或电磁波的推迟效应不明显，对时变场的部分过程可以仿照静态场处理，不必完整地求解麦克斯韦方程组，这在工程允许的精度范围内仍可获得较满意的结果。这种近似可使计算大大简化。由于这种电磁场在电气工程中广泛存在，因此把这种电磁场单独列出，称为准静态电磁场。这种简化方法在电工技术中行之有效，已被人们广泛采用。

对于第 5 章介绍的时变电磁场，根据激励源频率的不同，可分为高频电磁场和低频电磁场，如图 6-1 所示，其中电磁波将在第 7 章介绍。

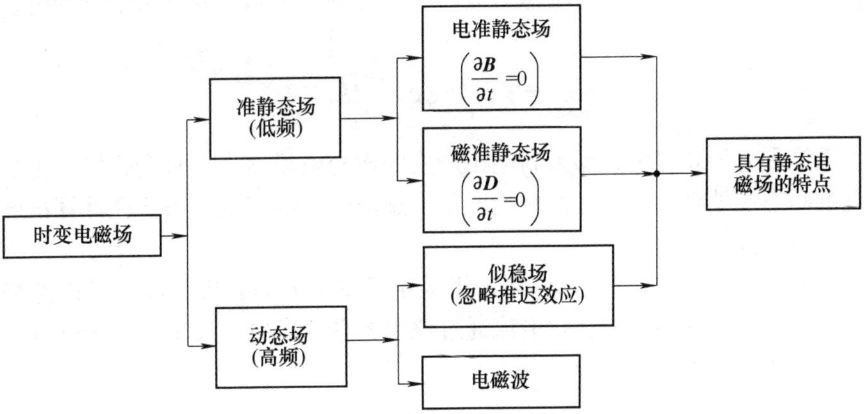

图 6-1　电磁场分类

如果电磁场随时间 t 变化缓慢，此时在不影响工程计算精度的前提下，常可以忽略麦克斯韦方程组中$\frac{\partial \boldsymbol{B}}{\partial t}$和$\frac{\partial \boldsymbol{D}}{\partial t}$的作用，以简化计算过程。它具有类似静态电磁场的某些特性。根据忽略$\frac{\partial \boldsymbol{B}}{\partial t}$或$\frac{\partial \boldsymbol{D}}{\partial t}$的不同，可以把准静态电磁场分为电准静态场和磁准静态场两类。

另外，如果正弦电磁场满足如下条件；

1）推迟时间远远小于电磁波的周期 T;

2）场点距离远远小于波长。

就可忽略推迟效应，认为场量和场源间存在类似静态场的瞬时对应关系，也可按准静态场处理，是磁准静态场的一类。

6.2 电准静态场和磁准静态场

6.2.1 电准静态场

时变电场由电荷 $q(t)$ 和变化的磁场$\frac{\partial \boldsymbol{B}}{\partial t}$产生，分别建立对应的库仑电场 $\boldsymbol{E}_{\mathrm{q}}$ 和感应电场 $\boldsymbol{E}_{\mathrm{i}}$。在低频电磁场中，如果感应电场 $\boldsymbol{E}_{\mathrm{i}}$ 远小于库仑电场 $\boldsymbol{E}_{\mathrm{q}}$，此时就可以忽略$\frac{\partial \boldsymbol{B}}{\partial t}$，电场呈无旋时，有

$$\nabla\times \boldsymbol{E}=\nabla\times(\boldsymbol{E}_{\mathrm{q}}+\boldsymbol{E}_{\mathrm{i}})\approx\nabla\times\boldsymbol{E}_{\mathrm{q}}=0 \tag{6-1}$$

这样的电磁场称为电准静态场（记作 EQS）。此时，电场可按静态场处理。有

$$\nabla\cdot \boldsymbol{D}=\rho \tag{6-2}$$

与静态场相仿，电准静态场也可以用随时间变换的电位 $\varphi(t)$ 的负梯度表示，即

$$\boldsymbol{E}=-\nabla\varphi \tag{6-3}$$

因而与静电场相仿，从式(6-1) 和式(6-2) 可导出电位 $\varphi(t)$ 满足泊松方程

$$\nabla^2\varphi=-\frac{\rho(t)}{\varepsilon} \tag{6-4}$$

与静电场不同的是，电准静态场要考虑对应的时变磁场，仍满足麦克斯韦方程组，遵从

$$\left.\begin{aligned}\nabla\cdot \boldsymbol{B}&=0\\ \nabla\times \boldsymbol{H}&=\gamma\boldsymbol{E}+\frac{\partial \boldsymbol{D}}{\partial t}\end{aligned}\right\} \tag{6-5}$$

在电力系统和电气装置中，如果高电压产生的库仑电场远大于时变磁场产生的感应电场时，可按电准静态场处理；在某些低频情况下，感应电场的旋度很小，在计算精度允许的范围内，也可按电准静态场考虑。

例 6-1 有一圆形平行板空气电容器，极板半径 $R=10\text{cm}$。边缘效应可以忽略。现设有频率为 50Hz、有效值为 0.1A 的正弦电流通过该电容器，求电容器中的磁场强度。

解： 电容器中位移电流密度为

$$J_{\mathrm{d}}=\frac{i}{\pi R^2}$$

式中的电流 $i=0.1\sqrt{2}\cos 314t\text{A}$。设圆柱坐标系的 z 轴与电容器的轴线重合。选择一圆形回路 l，运用全电流定律，得

$$\oint_l \boldsymbol{H}\cdot \mathrm{d}\boldsymbol{l} = J_{\mathrm{d}}\pi\rho^2$$

式中，ρ 为观察点与 z 轴之间的垂直距离，ρ 的方向由 z 轴指向观察点，于是

$$2\pi\rho H = \frac{\pi\rho^2}{\pi R^2}i$$

$$H = \frac{\rho}{2\pi R^2}i = 2.25\rho\cos 314t \quad (\text{A/m})$$

$\boldsymbol{H}$ 的方向为 $\boldsymbol{J}_{\mathrm{d}}\times\boldsymbol{\rho}$。

6.2.2　磁准静态场

时变磁场的激励源是传导电流密度 $\boldsymbol{J}_{\mathrm{c}}(t)$ 和位移电流密度 $\boldsymbol{J}_{\mathrm{d}}=\frac{\partial \boldsymbol{D}}{\partial t}$。在低频电磁场中，如果 $\boldsymbol{J}_{\mathrm{d}}\ll\boldsymbol{J}_{\mathrm{c}}$（即使在高频激励下，对于导体，某些情况也能满足此条件），可以忽略位移电流，这时麦克斯韦方程组中的时变磁场满足

$$\begin{cases}\nabla\times\boldsymbol{H}=\boldsymbol{J}\\ \nabla\cdot\boldsymbol{B}=0\end{cases} \tag{6-6}$$

称之为磁准静态场（记作 MQS）。显然，在忽略位移电流的条件下，磁准静态场具有与恒定磁场类同的有旋无源性，因此，两种场的计算方法相同。与恒定磁场相仿，磁准静态场也可以用随时间 t 变换的矢量位函数 $\boldsymbol{A}(t)$ 的旋度表示，即

$$\boldsymbol{B}=\nabla\times\boldsymbol{A} \tag{6-7}$$

同样，$\boldsymbol{A}(t)$ 满足矢量泊松方程：

$$\nabla^2\boldsymbol{A}=-\mu\boldsymbol{J} \tag{6-8}$$

与恒定磁场不同的是，磁准静态场要考虑对应的时变电场，仍满足麦克斯韦方程组，遵从

$$\begin{cases}\nabla\times\boldsymbol{E}=-\dfrac{\partial\boldsymbol{B}}{\partial t}\\ \nabla\cdot\boldsymbol{D}=\rho\end{cases} \tag{6-9}$$

电磁场从随时间变换的场源传播出去，位移电流 $\frac{\partial\boldsymbol{D}}{\partial t}$ 是这种传播的先决条件。忽略了位移电流，就意味着不考虑电磁场的波动性。下面讨论在什么情况下，可以忽略位移电流。

第一种情况，对于导体内的时变电磁场来说，如果满足

$$\frac{\omega\varepsilon}{\gamma}\ll 1 \quad 或 \quad \omega\varepsilon\ll\gamma \tag{6-10}$$

则意味着传导电流远大于位移电流，位移电流可以忽略。此时导体中的时变电磁场可以按磁准静态场来看待。这种磁准静态场也称为涡流准静态场，简称涡流场。把满足式(6-10）的导体称为良导体。

第二种情况，对于理想介质中的时变电磁场来说，从第 5 章中知道要使场与源之间近似地具有瞬时对应关系，即忽略推迟效应，就要求

$$e^{-j\frac{\omega R}{v}} \approx 1$$

即

$$\frac{\omega R}{v} = \frac{2\pi R}{\lambda} \ll 1 \quad 或 \quad R \ll \lambda \tag{6-11}$$

这就是理想介质中的时变电磁场按磁准静态场处理的条件。它表明，当场点到源点的距离 R 远小于场的波长 λ 时，可略去位移电流，这也给出了磁准静态场在理想介质中的存在范围。把满足式(6-11)的区域称为近区或似稳区。

式(6-10)和式(6-11)都称为磁准静态场的近似条件或似稳条件。需要注意的是，似稳区是一个相对的概念。

例 6-2　有一通有工频交流 $i=I_m\sin(\omega t)$ 的单匝空心线圈，如图 6-2 所示，已知该线圈的内、外自感分别为 L_i 和 L_0，电阻为 R，试分析该线圈两端点 A、B 间电压的正确物理含义。

解：该工频载流线圈在空间激发时变电磁场，但其位移电流效应可以忽略而不计，故属于磁准静态场。此时，由式(6-9)可知，时变电场为有旋场（即非守恒场），因此，若沿两端点间最短路径 AmB 定义电压 u_1，即有

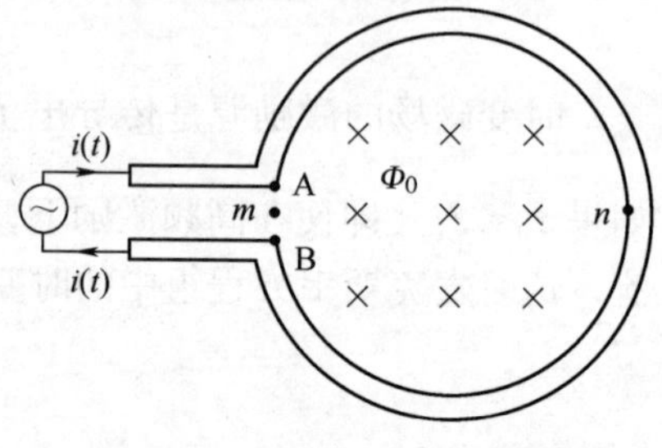

图 6-2　时变电磁场中的载流线圈

$$u_1 = \int_{AmB} \boldsymbol{E} \cdot \mathrm{d}\boldsymbol{l} = Ri + L_i \frac{\mathrm{d}i}{\mathrm{d}t} + L_0 \frac{\mathrm{d}i}{\mathrm{d}t}$$

而对闭合回路 $AnBmA$，据电磁感应定律可得

$$\oint_{AnBmA} \boldsymbol{E} \cdot \mathrm{d}\boldsymbol{l} = \oint_{AnB} \boldsymbol{E} \cdot \mathrm{d}\boldsymbol{l} + \oint_{BmA} \boldsymbol{E} \cdot \mathrm{d}\boldsymbol{l}$$

$$= \oint_{AnB} \boldsymbol{E} \cdot \mathrm{d}\boldsymbol{l} - \oint_{AmB} \boldsymbol{E} \cdot \mathrm{d}\boldsymbol{l} = -\frac{\mathrm{d}\Phi_0}{\mathrm{d}t} = -L_0 \frac{\mathrm{d}i}{\mathrm{d}t}$$

由此可见，若沿着线圈表面选取积分路径 AnB，则可定义两端点间电压 u_2 为

$$u_2 = \int_{AnB} \boldsymbol{E} \cdot \mathrm{d}\boldsymbol{l} = \int_{AmB} \boldsymbol{E} \cdot \mathrm{d}\boldsymbol{l} + \oint_{AnBmA} \boldsymbol{E} \cdot \mathrm{d}\boldsymbol{l} = Ri + L_i \frac{\mathrm{d}i}{\mathrm{d}t}$$

这就表明了在时变电磁场中无两点间电压的物理概念。换句话说，在讨论时变电磁场中电压时，除需指明作为始点与终点的两端点外，还必须指出两端点间电压所取的积分路径。

6.3　导电媒质中自由电荷的弛豫过程

在统计物理学中，弛豫过程是指：对处于平衡态的系统施以局部或短暂的小扰动，系统逐渐恢复到平衡的过程。这里弛豫过程是指在导电媒质中，自由电荷体密度 ρ 随时间衰减的过程。这个过程使均匀导电媒质中不可能存在体电荷分布，而在分块均匀的导电媒质分界面上则将积累有面密度为 σ 的自由电荷。以此为例介绍电准静态场的分析方法。

6.3.1　电荷在均匀导电媒质中的弛豫过程

在电导率 γ 和介电常数 ε 的均匀导电媒质中，电荷守恒原理和电场的高斯通量定理确定了整个体积内的自由电荷分布及其随时间变化的规律。对式(6-5)中第二个式子两边取散

度，并考虑到 $\boldsymbol{J}=\gamma\boldsymbol{E}$ 和 $\boldsymbol{D}=\varepsilon\boldsymbol{E}$，有

$$\gamma\nabla\cdot\boldsymbol{E}+\varepsilon\frac{\partial}{\partial t}\nabla\cdot\boldsymbol{E}=0 \tag{6-12}$$

设导体中的自由电荷密度为 ρ，而 $\rho=\nabla\cdot\boldsymbol{D}=\varepsilon\nabla\cdot\boldsymbol{E}$，则 $\nabla\cdot\boldsymbol{E}=\rho/\varepsilon$，将它代入上式，有

$$\frac{\partial\rho}{\partial t}+\frac{\gamma}{\varepsilon}\rho=0 \tag{6-13}$$

该一阶常微分方程的解为

$$\rho=\rho_0\mathrm{e}^{-t/\tau_e} \tag{6-14}$$

式中，ρ_0 为 $t=0$ 时的电荷分布；$\tau_e=\varepsilon/\gamma$ 称为弛豫时间。这个结果表明，导体中的自由电荷体密度随时间按指数规律衰减，其衰减的快慢由弛豫时间 τ_e 决定。良导体的电导率很大，所以 τ_e 很小，良导体内没有电荷积聚。自由电荷在弛豫过程中的定向运动形成电流，该电流也是衰减的，所以，电流产生的磁感应强度随时间的变化率可以忽略不计，电荷弛豫过程的电磁场可近似为 EQS 场。

6.3.2　电荷在分块均匀导电媒质中的弛豫过程

当区域中存在分块均匀导体时，自由电荷趋于积聚在两种导体的分界面上，这种积累过程是比较复杂的。在分界面两侧，关系式

$$E_{1t}=E_{2t}\Leftrightarrow\varphi_1=\varphi_2 \tag{6-15}$$

和

$$D_{2n}-D_{1n}=\sigma\Leftrightarrow\varepsilon_2E_{2n}-\varepsilon_1E_{1n}=\sigma \tag{6-16}$$

仍然成立。此外，表示电荷守恒原理 $\nabla\cdot\boldsymbol{J}+\dfrac{\partial\rho}{\partial t}=0$ 的连续性条件是

$$J_{2n}-J_{1n}+\frac{\partial\sigma}{\partial t}=0 \tag{6-17}$$

当应用 $\boldsymbol{J}=\gamma\boldsymbol{E}$ 时，这个连续性条件变成

$$\gamma_2E_{2n}-\gamma_1E_{1n}+\frac{\partial\sigma}{\partial t}=0 \tag{6-18}$$

将式(6-16) 和式(6-18) 相结合，组成一个新的连续性条件

$$\gamma_2E_{2n}-\gamma_1E_{1n}+\frac{\partial}{\partial t}(\varepsilon_2E_{2n}-\varepsilon_1E_{1n})=0 \tag{6-19}$$

这个连续性条件和关于切向场的连续性条件式(6-15)，是在分块均匀导体系统中把表示场的一些解结合在一起所需要的。

例 6-3　研究具有双层有损介质的平板电容器接至直流电压源的过渡过程，如图 6-3a 所示。

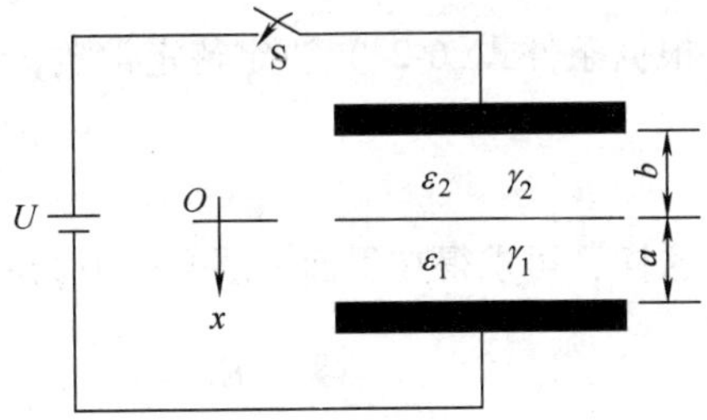

图 6-3　例 6-3 图 a

解：当 $t=0$ 时，开关闭合，电源电压加到两个电极间，而后将出现过渡过程。该过程可分为两阶段：第一阶段在 $0_-\leqslant t<0_+$，即开关接通前后无限短时间间隔内，将出现无限大冲击电流，使电容器两极板突然分别带电荷 $+q$ 和 $-q$。第二阶段在冲激过后的 $t>0_+$ 时

期，呈现连续的过渡过程。分析第二阶段过渡过程。由于电压较高而电流较小，故库仑电场强，磁场弱，磁场随时间变化产生的感应电场可忽略，可按电准静态场分析。

假定极板面积足够大，忽略边缘效应，每层介质中的电场可看成是均匀的

$$E=\begin{cases}E_1(t)\boldsymbol{e}_x & 0<x<a\\ E_2(t)\boldsymbol{e}_x & -b<x<0\end{cases} \tag{6-20}$$

电压源电压 $u(t)$ 为板间电场的线积分，有

$$\int_{-b}^{a}E_x\mathrm{d}x=u(t)=aE_1+bE_2 \tag{6-21}$$

此外，在分界处有连续性条件式(6-19)，即

$$(\gamma_1E_1-\gamma_2E_2)+\frac{\mathrm{d}}{\mathrm{d}t}(\varepsilon_1E_1-\varepsilon_2E_2)=0 \tag{6-22}$$

注意，在分界面处关于切向 E 的条件是自然满足的。联立求解式(6-21)和式(6-22)，可得 E_1 和 E_2。若先消去 E_2，则

$$(b\varepsilon_1+a\varepsilon_2)\frac{\mathrm{d}E_1}{\mathrm{d}t}+(b\gamma_1+a\gamma_2)E_1=\gamma_2u+\varepsilon_2\frac{\mathrm{d}u}{\mathrm{d}t} \tag{6-23}$$

这里考虑对阶跃电压 $u=U\varepsilon(t)$ 的响应［此处 $\varepsilon(t)$ 为单位阶跃函数］。于是式(6-23)右边的激励由阶跃和冲激组成。这一冲激必须有左边的冲激与它相等。即当 $t=0$ 时，场 E_1 也经受这一阶跃变化。要确定此阶跃的幅度，将上式从 0_- 到 0_+ 积分，有

$$(b\varepsilon_1+a\varepsilon_2)\int_{0_-}^{0_+}\frac{\mathrm{d}E_1}{\mathrm{d}t}\mathrm{d}t+(b\gamma_1+a\gamma_2)\int_{0_-}^{0_+}E_1\mathrm{d}t=\gamma_2\int_{0_-}^{0_+}u\mathrm{d}t+\varepsilon_2\int_{0_-}^{0_+}\frac{\mathrm{d}u}{\mathrm{d}t}\mathrm{d}t$$

由此可得

$$\left(\varepsilon_1+\frac{a}{b}\varepsilon_2\right)[E_1(0_+)-E_1(0_-)]=\frac{\varepsilon_2}{b}[u(0_+)-u(0_-)]$$

由于 $u(0_-)=0$ 和 $E_1(0_-)=0$，可得

$$E_1(0_+)=\frac{\varepsilon_2}{b\ \varepsilon_1+a\varepsilon_2}U \tag{6-24}$$

但在 $t>0_+$ 时，$\mathrm{d}u/\mathrm{d}t=0$，故式(6-23)的一般解是

$$E_1=\frac{\gamma_2}{b\gamma_1+a\gamma_2}U+A\mathrm{e}^{-t/\tau_\mathrm{e}} \tag{6-25}$$

式中，τ_e 称为弛豫时间

$$\tau_\mathrm{e}=\frac{b\varepsilon_1+a\varepsilon_2}{b\gamma_1+a\gamma_2} \tag{6-26}$$

根据条件式(6-24)决定待定常数，得

$$A=\frac{\varepsilon_2U}{b\varepsilon_1+a\varepsilon_2}-\frac{\gamma_2U}{b\gamma_1+a\gamma_2}$$

这样，可求得在下面一层介质中场的瞬变过程为

$$E_1=\frac{\gamma_2U}{(b\gamma_1+a\gamma_2)}(1-\mathrm{e}^{-t/\tau_\mathrm{e}})+\frac{\varepsilon_2U}{b\varepsilon_1+a\varepsilon_2}\mathrm{e}^{-t/\tau_\mathrm{e}} \tag{6-27}$$

然后从式(6-21)中得到上面一层的场为

$$E_2=\frac{\gamma_1 U}{b\gamma_1+a\gamma_2}(1-\mathrm{e}^{-t/\tau_e})+\frac{\varepsilon_1 U}{b\varepsilon_1+a\varepsilon_2}\mathrm{e}^{-t/\tau_e}\tag{6-28}$$

分界面上的自由电荷密度为

$$\sigma=\varepsilon_1 E_1-\varepsilon_2 E_2=\frac{\varepsilon_1\gamma_2-\varepsilon_2\lambda_1}{b\gamma_1+a\gamma_2}U(1-\mathrm{e}^{-t/\tau_e})\tag{6-29}$$

需要注意的是，当极板上电荷或电压突变的瞬间，介质分界面上的自由电荷 σ 来不及突变，仍保持为零。因此，开始时两介质中的电场就如同两层都是理想介质时一样。随着面电荷的积累，这些场趋近于和稳定传导相一致，电场按电导率分布，其电路模型如图 6-4b 所示。

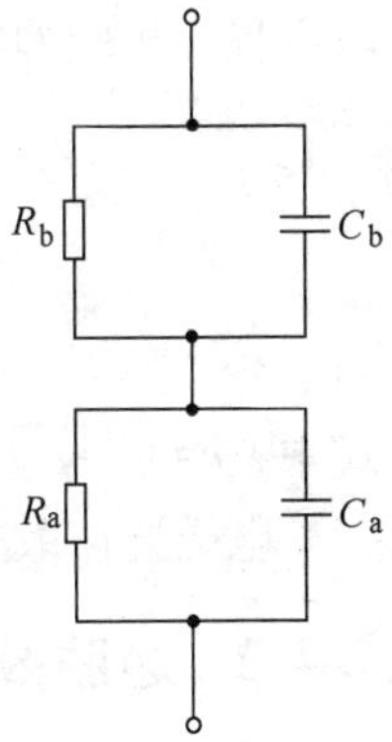

图 6-4　例 6-3 图 b

多层有损介质在低频交流电压作用下，若位移电流远大于介质中的漏电流，则电场按介电常数分布，属于静电场问题；而在直流电压作用下，稳态仅有传导电流，电场按电导率分布，属于恒定电流场问题。

6.4　趋肤效应与邻近效应

将导电媒质放置在变化的磁场中，或在导电媒质中通以交变电流，由于交变磁场产生的感应电场的作用，使场量在导体表面分布密集，且沿其纵深方向衰减，呈现所谓趋肤效应。当相互靠近的导体通有电流时，每一个导体不仅处于自身电流产生的电磁场中，同时还处于其他导体电流产生的电磁场中。因此，这时导体中的电流分布会受邻近导体的影响，与它单独存在时不一样。这种现象称为邻近效应。本节将根据电磁场的扩散方程，分析在自身电磁场作用下产生的趋肤效应并引入透入深度的概念，以及在外部电磁场作用下产生的邻近效应。

6.4.1　电磁场的扩散方程

在磁准静态场 MQS 近似中，导体中的位移电流 $\partial \boldsymbol{D}/\partial t$ 忽略不计，全电流方程简化为 $\nabla\times\boldsymbol{H}\approx\boldsymbol{J}$。若将其两边取旋度，并运用矢量恒等式，得

$$\nabla\times\nabla\times\boldsymbol{H}=\nabla(\nabla\cdot\boldsymbol{H})-\nabla^2\boldsymbol{H}=\nabla\times\boldsymbol{J}$$

由于 $\nabla\cdot\boldsymbol{H}=0$，$\boldsymbol{J}=\gamma\boldsymbol{E}$，因而

$$\nabla^2\boldsymbol{H}=-\gamma\nabla\times\boldsymbol{E}$$

将 $\nabla\times\boldsymbol{E}=-\mu\partial\boldsymbol{H}/\partial t$ 代入，得

$$\nabla^2\boldsymbol{H}=\mu\gamma\frac{\partial\boldsymbol{H}}{\partial t}\tag{6-30}$$

由于导体中 $\rho=0$，同理可得

$$\nabla^2\boldsymbol{E}=\mu\gamma\frac{\partial\boldsymbol{E}}{\partial t}\tag{6-31}$$

上式两边同乘 γ，则得到

$$\nabla^2\boldsymbol{J}=\mu\gamma\frac{\partial\boldsymbol{J}}{\partial t}\tag{6-32}$$

这就是在 MQS 近似下导体中任一点的 $\boldsymbol{E}$、$\boldsymbol{H}$ 和 $\boldsymbol{J}$ 所满足的微分方程，称为电磁场的扩

散方程。相应的复数形式为

$$\nabla^2 \dot{\boldsymbol{H}} = \mathrm{j}\omega\mu\gamma \dot{\boldsymbol{H}} = k^2 \dot{\boldsymbol{H}} \tag{6-33}$$

$$\nabla^2 \dot{\boldsymbol{E}} = \mathrm{j}\omega\mu\gamma \dot{\boldsymbol{E}} = k^2 \dot{\boldsymbol{E}} \tag{6-34}$$

$$\nabla^2 \dot{\boldsymbol{J}} = \mathrm{j}\omega\mu\gamma \dot{\boldsymbol{J}} = k^2 \dot{\boldsymbol{J}} \tag{6-35}$$

式中，$k=\sqrt{\mathrm{j}\omega\mu\gamma}=\alpha+\mathrm{j}\beta$，$\alpha=\beta=\sqrt{\omega\mu\gamma/2}$。

电磁场扩散方程是研究准静态情况下趋肤效应、邻近效应和涡流问题的基础。

6.4.2 趋肤效应与透入深度

当低频交变电流通过导体时，麦克斯韦方程组中的全电流定律可忽略位移电流，电磁感应定律中可忽略感应电场效应，导体中的电磁场方程组可简化为

$$\nabla\times\boldsymbol{H}=\boldsymbol{J}$$
$$\nabla\cdot\boldsymbol{B}=0$$
$$\nabla\times\boldsymbol{E}=0$$
$$\nabla\cdot\boldsymbol{D}=0$$

因此，可采用恒定电流场的计算方法来求解。

当高频交变电流通过导体时，导体内因传导电流的磁场所激励的感应电场 $\boldsymbol{E}_{\mathrm{i}}$ 与传导电流的电场 $\boldsymbol{E}_{\mathrm{c}}=\boldsymbol{J}_{\mathrm{c}}/\gamma$ 相比已不能再忽略。从图 6-5 中可以清楚地观察这一现象，$\boldsymbol{E}_{\mathrm{i}}$ 与 $\boldsymbol{E}_{\mathrm{c}}$ 在导体表面区域相互增强，而在内部区域则部分相消，导致场量在导体表面的分布集中，而内部衰减。

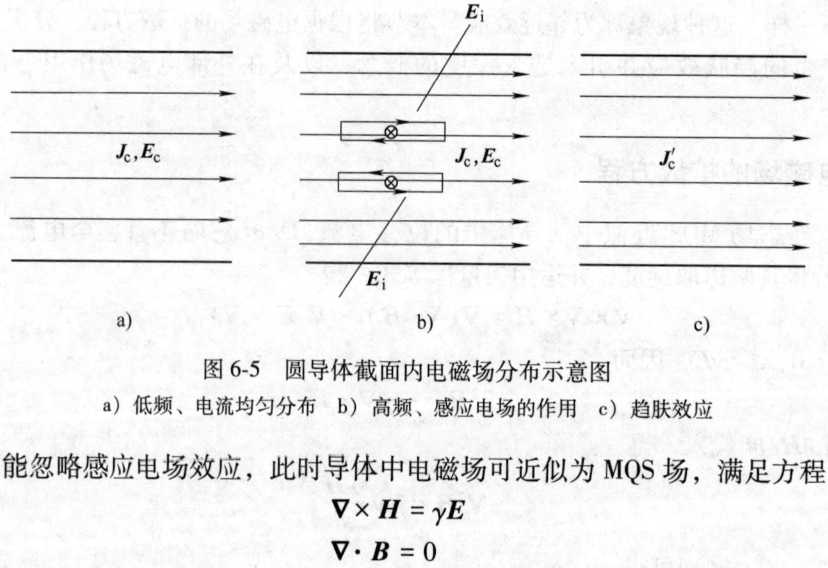

图 6-5 圆导体截面内电磁场分布示意图
a）低频、电流均匀分布 b）高频、感应电场的作用 c）趋肤效应

由于不能忽略感应电场效应，此时导体中电磁场可近似为 MQS 场，满足方程

$$\nabla\times\boldsymbol{H}=\gamma\boldsymbol{E}$$
$$\nabla\cdot\boldsymbol{B}=0$$
$$\nabla\times\boldsymbol{E}=-\frac{\partial\boldsymbol{B}}{\partial t}$$
$$\nabla\cdot\boldsymbol{D}=0$$

首先，从上述方程中消去 $\boldsymbol{H}$，其过程是

$$\nabla\times\nabla\times\boldsymbol{E}=-\mu\nabla\times\frac{\partial\boldsymbol{H}}{\partial t}=-\mu\frac{\partial}{\partial t}(\nabla\times\boldsymbol{H})=-\mu\gamma\frac{\partial\boldsymbol{E}}{\partial t}$$

运用矢量恒等式及$\nabla \cdot \boldsymbol{D}=\varepsilon\nabla \cdot \boldsymbol{E}=0$，有

$$\nabla\times\nabla\times\boldsymbol{E}=\nabla(\nabla\cdot\boldsymbol{E})-\nabla^2\boldsymbol{E}=-\nabla^2\boldsymbol{E}$$

所以

$$\nabla^2\boldsymbol{E}=\mu\gamma\frac{\partial\boldsymbol{E}}{\partial t}\tag{6-36}$$

并考虑到$\boldsymbol{J}=\gamma\boldsymbol{E}$，得

$$\nabla^2\boldsymbol{J}=\mu\gamma\frac{\partial\boldsymbol{J}}{\partial t}\tag{6-37}$$

作为一个例子，在$x>0$的半无限大空间的导体，设其中有正弦变化电流i沿y方向流过，电流密度$\boldsymbol{J}$只有y分量并在yOz平面上处处相等。

根据假设条件，因电流密度只有y分量，而只是x的函数，所以式(6-37) 化为复数形式为

$$\frac{\mathrm{d}^2\dot{J}_y}{\mathrm{d}x^2}=\mathrm{j}\omega\mu\gamma\dot{J}_y\tag{6-38}$$

令

$$k^2=\mathrm{j}\omega\mu\gamma\tag{6-39}$$

则上述二阶常微分方程的一般解是

$$\dot{J}_y=C_1\mathrm{e}^{-kx}+C_2\mathrm{e}^{kx}$$

应取$C_2=0$，否则在$x=+\infty$处电流密度将是无限大，这是不可能的。同时，考虑到在$x=0$时，$\dot{J}=J_0$，则

$$\dot{J}_y=J_0\mathrm{e}^{-\alpha x}\mathrm{e}^{-\beta x}$$

式中

$$\alpha+\mathrm{j}\beta=k=\sqrt{\frac{\omega\mu\gamma}{2}}(1+\mathrm{j})$$

电场强度的解为

$$\dot{E}_y=\frac{J_c}{\gamma}=\frac{J_0}{\gamma}\mathrm{e}^{-\alpha x}\mathrm{e}^{-\beta x}=E_0\mathrm{e}^{-\alpha x}\mathrm{e}^{-\beta x}\tag{6-40}$$

磁场强度的解为

$$\dot{H}_z=-\frac{\mathrm{j}k}{\omega\mu}E_0\mathrm{e}^{-\alpha x}\mathrm{e}^{-\beta x}\tag{6-41}$$

由以上各式可看出，电流密度、电场强度和磁场强度的振幅沿导体的纵深都按指数规律$\mathrm{e}^{-\alpha x}$衰减，而且相位也随之改变。它说明，当交变电流流过导体时，越靠近导体表面处，电流密度越大，越深入导体内部，它们越小。当频率很高时，它们几乎只在导体表面附近一薄层中存在，这种场量主要集中在导体表面附近的现象称为趋肤效应。

工程上，常用透入深度d来表示场量在良导体中的趋肤程度。它等于场量振幅衰减到其表面值的$1/\mathrm{e}$时所经过的距离。由此定义

$$\mathrm{e}^{-\alpha d}=\mathrm{e}^{-1}\tag{6-42}$$

得

$$d=\frac{1}{\alpha}=\sqrt{\frac{2}{\omega\mu\gamma}}\tag{6-43}$$

这就表明了，频率越高，导电性能越好的导体，其趋肤效应越显著。工业利用高频电流集中在导体表面的特点，对金属构件进行表面淬火处理，以减少金属内部的脆性，增加金属表面的硬度等。

以上分析方法，也适用于交变电流在一定厚度的平板导体或圆柱形导体中流动的问题，只是比上述情况复杂些。需要注意的是，式(6-43) 是从表面为无限大的平面导体得出的，但如果表面曲率半径远大于应用此式算出的透入深度 d，则也可用它来近似计算表面为曲面的导体的透入深度。此外，在大于 d 的区域内，场量仍然继续衰减，并不等于零。

6.4.3 邻近效应

相邻导线流过高频电流时，由于磁电作用使电流偏向一边的特性，称为“邻近效应”。如相邻两导线 A、B 流过相反电流 I_A 和 I_B 时，B 导线在 I_A 产生的磁场作用下，使电流 I_B 在 B 导线中分布不均匀，沿靠近 A 导线的表面处流动，而 A 导线则在 I_B 产生的磁场作用下，使电流 I_A 在 A 导线中分布不均匀，沿靠近 B 导线的表面处流动。又如当一些导线被缠绕成一层或几层线匝的绕组时，磁动势随绕组的层数线性增加，产生涡流，使电流集中在绕组交界面间流动，这种现象就是邻近效应。邻近效应随绕组层数增加而呈指数规律增加。因此，邻近效应影响远比趋肤效应影响大。减弱邻近效应比减弱趋肤效应作用大。

比如设计变压器时必须考虑减弱邻近效应和趋肤效应，由于磁动势最大的地方，邻近效应最明显。如果能减小最大磁动势，就能相应减小邻近效应。所以，合理布置变压器的一、二次绕组，就能减小最大磁动势，从而减小邻近效应的影响。还有设计工频变压器时使用的方法，对设计高频变压器不适用。例如：在条件允许的情况下，应尽可能使用直径大的导线来绕制变压器。如果在高频应用中常导致错误，使用直径太大的导线，则会使层数增加，叠加和弯曲次数增多，从而加大了邻近效应和趋肤效应，就会使损耗增加。因此，太大的线径和太小的线径一样低效。显然，由于邻近效应和趋肤效应缘故，绕制高频电源变压器用的导线或簿铜片有一个最佳值。

图 6-6 所示一对汇流排的厚度、宽度、长度分别为 a、b、l，且 $a \ll b \ll l$，板间距离为 d，电导率和磁导率分别为 γ 和 μ_0。在磁准静态场 MQS 近似下，磁场扩散方程式(6-33) 简化为

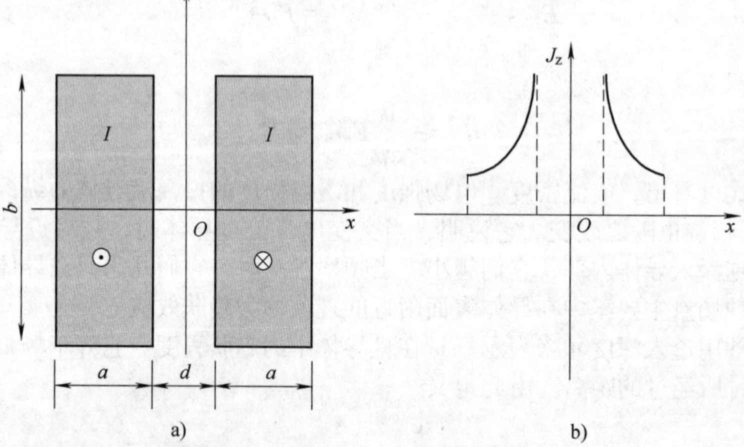

图 6-6 一对汇流排邻近效应示意图

$$\frac{\mathrm{d}^2\dot{H}_y}{\mathrm{d}x^2}=k^2\dot{H}_y$$

通解为

$$\dot{H}_y=C_1\mathrm{e}^{-kx}+C_2\mathrm{e}^{kx}$$

根据近似边界条件

$$\dot{H}_y\left(\frac{d}{2}+a\right)=0 \quad 和 \quad \dot{H}_y\left(\frac{d}{2}\right)=\frac{\dot{I}}{b}$$

可确定待定常数 C_1 和 C_2。磁场强度用双曲函数表示为

$$\dot{H}_y=\frac{\dot{I}}{b\cdot\sinh(ka)}\cdot\sinh k\left(\frac{d}{2}+a-x\right) \tag{6-44}$$

利用 $\nabla\times\dot{\boldsymbol{H}}=\dot{\boldsymbol{J}}$，可得

$$\dot{J}_z=\frac{\partial\dot{H}_y}{\partial x}=-\frac{\dot{I}}{b\cdot\sinh(ka)}\cdot\cosh k\left(\frac{d}{2}+a-x\right) \tag{6-45}$$

由图 6-6b 所示曲线可见，靠近两块汇流排相对的内侧面附近电流密度最大，呈现较强的邻近效应。原因在于导体内部的电流密度与空间电磁波分布密切相关，两线相对的内侧电磁能量密度大，传入导线的功率大，故电流密度也较大。

6.5　涡流及其损耗

位于交变磁场中的导体，在其内部将产生与磁场交链的感应电流，由于感应电流自行闭合形成回路，又称为涡流。涡流具有与传导电流相同的热效应和磁效应，故而产生损耗，在大多数电气设备中，力求减小涡流及其损耗。但同时，涡流也有其广泛的工业应用，如感应加热、电涡流传感器、无损检测等。

下面以变压器芯片为例介绍涡流的分析计算，如图 6-7 所示。为减少涡流损耗，变压器中的铁心通常均由相互绝缘的薄钢片叠成，在此只分析其中一片薄钢片，如图 6-8 所示。

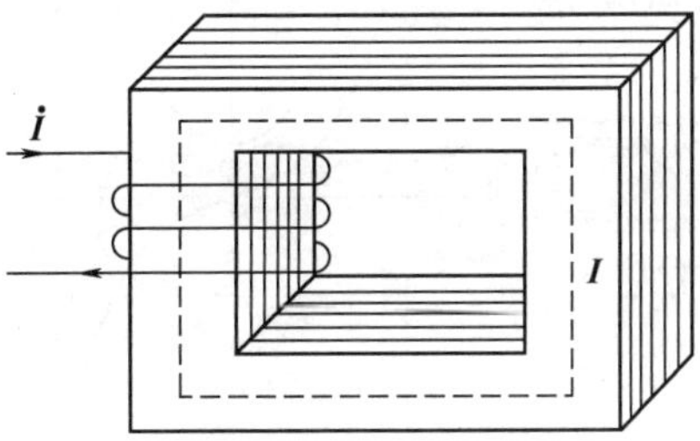

图 6-7　变压器铁心叠片

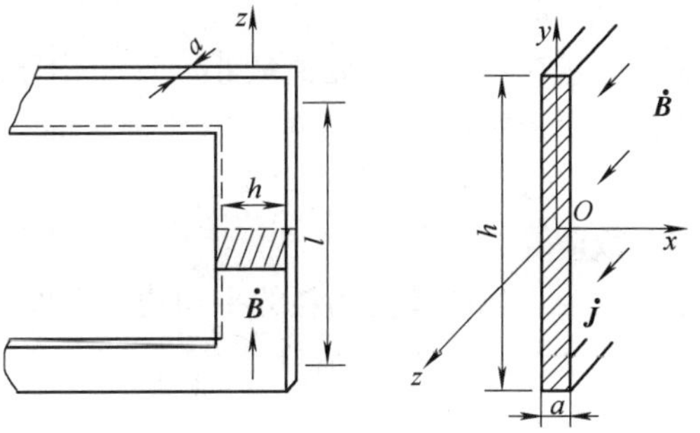

图 6-8　薄导电平板

1）由于 $l\gg a$、$h\gg a$，所以场量 $\boldsymbol{E}$ 和 $\boldsymbol{H}$ 近似为 x 的函数，与 y 和 z 无关。

2）由于外磁场 $\boldsymbol{B}$ 沿 z 方向，故板中的涡流无 z 分量，在 xOy 平面内呈闭合路径。

3）又因为 $h\gg a$，所以可以忽略 y 方向两端的边缘效应，认为 $\boldsymbol{E}$ 和 $\boldsymbol{J}$ 仅有 y 分量 E_y 和

J_y。显然，$\boldsymbol{H}$ 也只有 z 分量 H_z。

设磁场随时间做正弦变化，且对 y 轴呈对称分布。忽略位移电流，故铁心叠片中的涡流场可近似为 MQS 场，其磁感应强度 $\dot{B}_z$ 满足一维扩散方程，即

$$\frac{\mathrm{d}^2\dot{B}_z}{\mathrm{d}x^2}=\mathrm{j}\omega\mu\gamma\dot{B}_z=P^2\dot{B}_z \tag{6-46}$$

通解为

$$\dot{B}_z=C_1\mathrm{e}^{-Px}+C_2\mathrm{e}^{Px} \tag{6-47}$$

显然，磁场沿 x 方向的分布应是对称的，即

$$\dot{B}_z\left(-\frac{a}{2}\right)=\dot{B}_z\left(\frac{a}{2}\right)$$

故取 $C_1=C_2=C/2$，式(6-47) 采用双曲函数表示为

$$\dot{B}_z=C\cosh(Px)=\dot{B}_0\cosh(Px) \tag{6-48}$$

式中，$\dot{B}_0$是在 $x=0$ 处的场量。由$\nabla\times\dot{\boldsymbol{B}}=\mu\gamma\dot{\boldsymbol{E}}$ 和 $\dot{\boldsymbol{J}}=\gamma\dot{\boldsymbol{E}}$，有

$$\dot{E}_y=-\frac{\dot{B}_0P}{\mu\gamma}\sinh(Px)=\dot{E}_{y0}\sinh(Px) \tag{6-49}$$

$$\dot{J}_y=-\frac{\dot{B}_0P}{\mu}\sinh(Px)=\dot{J}_{y0}\sinh(Px) \tag{6-50}$$

$\dot{B}_z$和$\dot{J}_y$ 的模值分别为

$$B_z=|\dot{B}_0|\sqrt{\frac{1}{2}[\cosh(2Kx)+\cos(2Kx)]} \tag{6-51}$$

和

$$J_y=|\dot{J}_{y0}|\sqrt{\frac{1}{2}[\cosh(2Kx)-\cos(2Kx)]} \tag{6-52}$$

式中，$K=\sqrt{\frac{\omega\mu\gamma}{2}}$。$B_z$、$J_y$ 随 x 的变化曲线如图 6-9 所示。可以看出，磁场在薄板中心处值最小，这是由于涡流的去磁效应形成的；涡流密度 J_y 分布对 y 轴呈奇对称，它密集于导体表面，在 $x=0$ 处为零。由此可见，场量由表及里逐渐衰减，呈现趋肤效应。

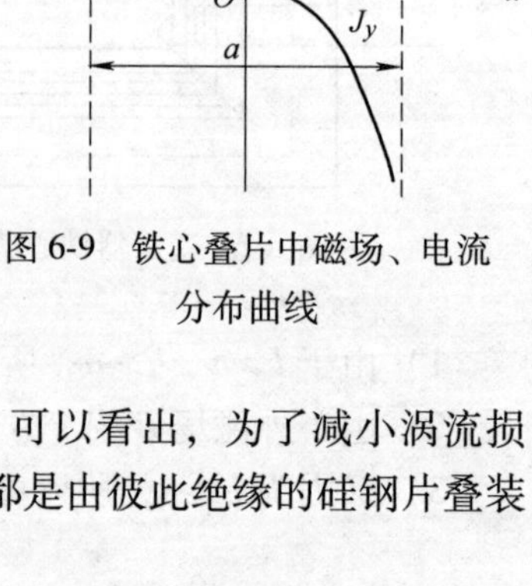

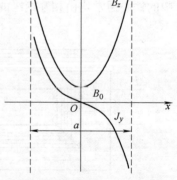

图 6-9 铁心叠片中磁场、电流分布曲线

在体积为 V 的导体中消耗的平均功率，即涡流损耗为

$$P=\int_V\frac{1}{\gamma}|\dot{J}_y|^2\mathrm{d}v \tag{6-53}$$

这里，讨论当频率较低的特殊情况。即当 a/d 较小时，则

$$P=\frac{1}{12}\gamma\omega^2a^2B_{zav}^2V \tag{6-54}$$

式中，V 是薄板的体积；B_{zav} 是磁感应强度在板厚上的平均值。可以看出，为了减小涡流损耗，薄板应尽量薄，电导率应尽量小。因此，交流电器的铁心都是由彼此绝缘的硅钢片叠装

而成的。但当频率高到一定程度后，式(6-54）就不适用了，采用薄板形式也不适宜了，而应该用粉状材料压制而成的铁心。

6.6　电路定律与交流阻抗

电磁场理论处理问题的特点是逐点研究系统中所发生的电磁过程；电路理论中的物理量是概括系统的一个区域中电磁场场量的积分特性。电路问题是电磁场问题的特殊情况，电路理论中的基尔霍夫定律和电路参数都可由电磁场理论推导出来。

首先来证明基尔霍夫电流定律。对麦克斯韦第一方程

$$\nabla\times\boldsymbol{H}=\boldsymbol{J}_{c}+\frac{\partial\boldsymbol{D}}{\partial t}$$

两边取散度，由矢量恒等式可知

$$\nabla\cdot\left(\boldsymbol{J}_{c}+\frac{\partial\boldsymbol{D}}{\partial t}\right)=0$$

上式即为时变情况下的全电流连续性方程微分形式。将上式进行体积分，并应用高斯散度定理，可得全电流连续性方程的积分形式为

$$\oint_{S}\left(\boldsymbol{J}_{c}+\frac{\partial\boldsymbol{D}}{\partial t}\right)\cdot\mathrm{d}\boldsymbol{S}=0$$

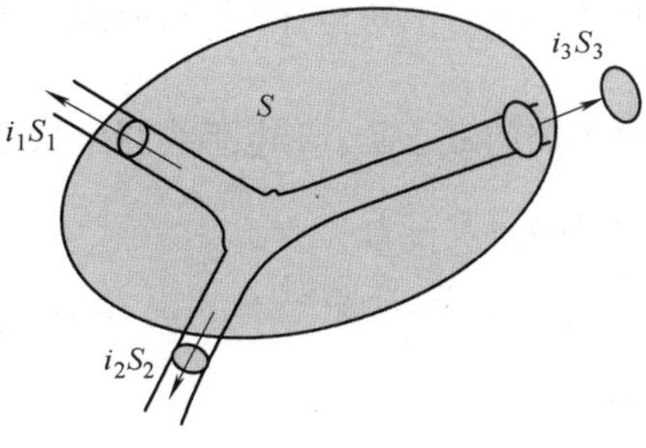

图 6-10　对应于基尔霍夫电流定律的示意图

可在电路中围绕任一节点做一闭合面 S，如图6-10所示，其中 S_1 为电阻导线穿过 S 时的截面；S_2 为电感导线穿过 S 时的截面；S_3 为电容器介质穿过 S 时的截面，则

$$\int_{S_1}\boldsymbol{J}_{c}\cdot\mathrm{d}\boldsymbol{S}+\int_{S_2}\boldsymbol{J}_{c}\cdot\mathrm{d}\boldsymbol{S}+\int_{S_3}\frac{\partial\boldsymbol{D}}{\partial t}\cdot\mathrm{d}\boldsymbol{S}=0$$

面积分的结果分别为电流 i_1、i_2 和 i_3，因此得

$$i_1+i_2+i_3=0$$

即

$$\sum i=0 \tag{6-55}$$

在 MQS 近似下，位移电流忽略不计，相当于电容开路，则仅有电阻和电感支路的电流，即 $i_1+i_2=0$。

如图 6-11 所示，下面以一个由 R、L、C 和电源组成的串联电路为例，推导基尔霍夫电压定律。如果系统各个方向的尺寸都比电磁波的波长 λ 小得多，则该系统满足似稳条件，可以不计各点的推迟作用。此时，导线上各处的电流都有相同的相位，它们的瞬时值也都是相同的。

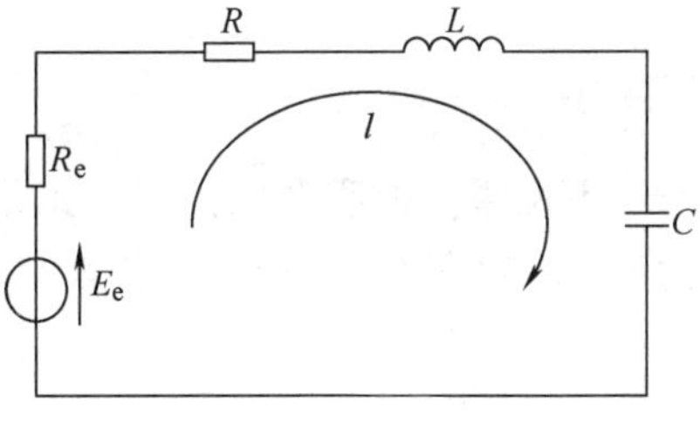

图 6-11　R、L、C 串联电路

电源中的电流密度为

$$\boldsymbol{J}_{c}=\gamma(\boldsymbol{E}+\boldsymbol{E}_{e})$$

式中，库仑场强 $\boldsymbol{E}$ 用动态位表示为

$$\boldsymbol{E}=-\nabla\varphi-\frac{\partial\boldsymbol{A}}{\partial t}$$

则电源内的局外场强为

$$\boldsymbol{E}_{\mathrm{e}}=\frac{\boldsymbol{J}_{\mathrm{c}}}{\gamma}-\boldsymbol{E}=\frac{\boldsymbol{J}_{\mathrm{c}}}{\gamma}+\nabla\varphi+\frac{\partial\boldsymbol{A}}{\partial t}$$

若沿着导线进行闭合环路积分，则有

$$\oint_l\boldsymbol{E}_{\mathrm{e}}\cdot\mathrm{d}\boldsymbol{l}=\oint_l\frac{\boldsymbol{J}_{\mathrm{c}}}{\gamma}\cdot\mathrm{d}\boldsymbol{l}+\oint_l\nabla\varphi\cdot\mathrm{d}\boldsymbol{l}+\oint_l\frac{\partial\boldsymbol{A}}{\partial t}\cdot\mathrm{d}\boldsymbol{l}\tag{6-56}$$

上式左边是电源的电动势 e；右边第一项是含电源内阻 R_{e} 和回路电阻 R 在内的总电压降 $u_{\mathrm{R}}=i\ (R_{\mathrm{e}}+R)$；右边第二项为在电容器极板之间电场强度 E 的线积分，即电容器极板间的电压 $u_{\mathrm{C}}=\frac{1}{C}\int i\mathrm{d}t$；右边第三项为闭合回路的磁链 Ψ 对时间 t 的导数，即感应电动势。由于外电路的磁通远小于电感线圈中的磁链，故该项应等于电感电压 $u_{\mathrm{L}}=L\frac{\mathrm{d}i}{\mathrm{d}t}$。综上所述，式(6-56)可改写为

$$e(t)=i(R_{\mathrm{e}}+R)+\frac{1}{C}\int i\mathrm{d}t+L\frac{\mathrm{d}i}{\mathrm{d}t}$$

即

$$e(t)=u_{\mathrm{R}}+u_{\mathrm{C}}+u_{\mathrm{L}}$$

这就是电路理论中的基尔霍夫电压定律。

在交流情况下，由于趋肤效应的出现，电流和电磁场在导体内部的分布集中于表面附近，而在深度大于数个透入深度 d 后，它们都近似等于零。这样，尽管导体截面相当大，但大部分未得到充分的利用。因此，在交流情况下，导体的电阻和内电感与直流时是不同的。

如果设导体中通有总电流 $\dot{I}$，等效交流电路参数为 $Z=R+\mathrm{j}X$，则该导体消耗的复功率为

$$I^2Z=I^2(R+\mathrm{j}X)$$

又据坡印亭定理，复功率还可以表示成

$$-\oint_S(\dot{\boldsymbol{E}}\times\dot{\boldsymbol{H}}^*)\cdot\mathrm{d}\boldsymbol{S}$$

因此，等效交流电阻为

$$Z=\frac{-\oint_S(\dot{\boldsymbol{E}}\times\dot{\boldsymbol{H}}^*)\cdot\mathrm{d}\boldsymbol{S}}{I^2}$$

下面举例说明 Z 的计算。如图 6-12 所示，导体位于 $x>0$ 的半无限大空间，设其电导率为 γ，磁导率为 μ。由于趋肤效应，导体中 $\boldsymbol{J}$、$\boldsymbol{E}$、$\boldsymbol{H}$ 沿 x 方向按指数规律衰减，即

$$\dot{J}_y=\gamma E_0\mathrm{e}^{-kx}$$

$$\dot{E}_y=E_0\mathrm{e}^{-kx}$$

$$\dot{H}_z=-\frac{\mathrm{j}k}{\omega\mu}E_0\mathrm{e}^{-kx}$$

则流过宽度为 a，在 x 方向无限厚的截面的电流为

$$\dot{I}=\int_S \dot{J}_y \mathrm{d}S = a\gamma E_0 \int_0^{\infty} \mathrm{e}^{-kx}\mathrm{d}x = \frac{a\gamma E_0}{k}$$

因此，导体的复阻抗为

$$Z = R + \mathrm{j}X = \frac{(\dot{E}_y \dot{H}_z^*)\mid_{x=0} \times h \times a}{|\dot{I}|^2}$$

$$= \frac{h}{a\gamma}(1+\mathrm{j})\sqrt{\frac{\omega\mu\gamma}{2}} = \frac{h}{a\gamma d}(1+\mathrm{j})$$

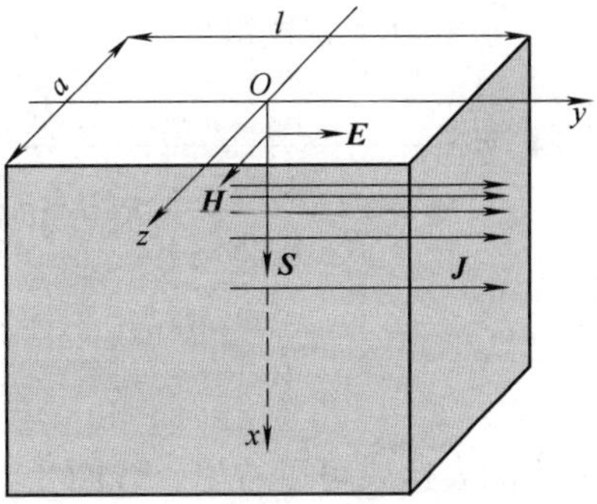

图 6-12　交流阻抗 Z 的计算

式中，$d=\frac{1}{\alpha}=\sqrt{\frac{2}{\omega\mu\gamma}}$为透入深度。

等效交流电阻和交流内电感分别为

$$R=\frac{1}{ad\gamma},\qquad L_{\mathrm{i}}=\frac{X}{\omega}=\frac{1}{ad\gamma\omega}$$

6.7　工程应用实例

6.7.1　电涡流传感器

电涡流式传感器是 20 世纪 70 年代发展起来的新型传感器，它的特点是结构简单、灵敏度高、频率响应范围宽，还可以对一些参数进行非接触的连续测量。

电涡流式传感器主要分为高频反射式和低频透射式两类。

高频反射式涡流传感器的基本原理如图 6-13 所示，当通有高频交变电流 $\dot{I}_1$（频率为 f）的电感线圈 L 靠近金属导体时，在金属导体周围产生高频交变磁场 $\boldsymbol{H}_1$，便在金属导体内产生电涡流 $\dot{I}_2$，涡流 $\dot{I}_2$ 也将产生交变磁场 $\boldsymbol{H}_2$，$\boldsymbol{H}_2$ 与原磁场 $\boldsymbol{H}_1$ 方向相反，力图削弱原磁场，从而导致线圈的电感量、阻抗和品质因数发生变化。这些参数变化与导体的几何形状、电导率、磁导率、线圈的几何参数、电源的频率及线圈到被测导体间的距离有关。如果控制上述参数，仅使一个参数改变，其余皆不变，就能构成测量该参数的传感器。

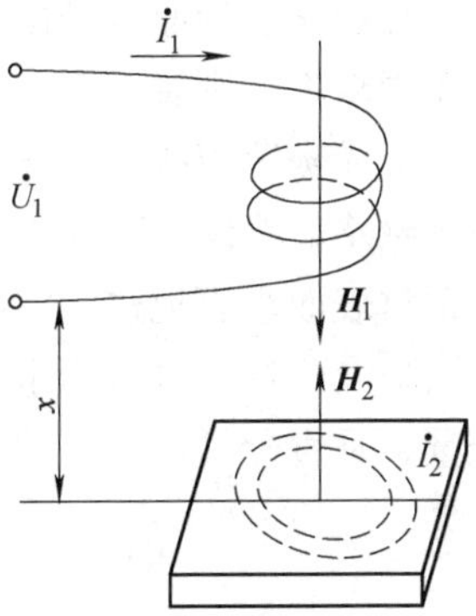

图 6-13　电涡流式传感器原理图

由上述工作原理可看出，线圈与金属导体之间存在磁性联系。若把空心线圈 L 看作变压器的一次线圈，金属导体中涡流回路看作变压器的二次线圈，M 为其间的联系，则电涡流式传感器的等效电路如图 6-14 所示。根据基尔霍夫定律列方程

$$R_1\dot{I}_1 + \mathrm{j}\omega L_1\dot{I}_1 - \mathrm{j}\omega M\dot{I}_2 = U_1$$

$$-\mathrm{j}\omega M\dot{I}_1 + R_2\dot{I}_2 + \mathrm{j}\omega L_2\dot{I}_2 = 0$$

式中，R_1、L_1 为空心线圈的等效电阻和电感；R_2、L_2 为涡流回路的等效电阻和电感；M 为线圈与金属导体间的互感。

求解以上方程组得

$$\dot{I}_1=\frac{\dot{U}_1}{R_1+\frac{\omega^2M^2}{R_2^2+(\omega L_2)^2}R_2+\mathrm{j}\omega\left[L_1-\frac{\omega^2M^2}{R_2^2+(\omega L_2)^2}L_2\right]}$$

$$\dot{I}_2=\frac{M\omega^2L_2\dot{I}_1+\mathrm{j}\omega MR_2\dot{I}_1}{R_2^2+(\omega L_2)^2}$$

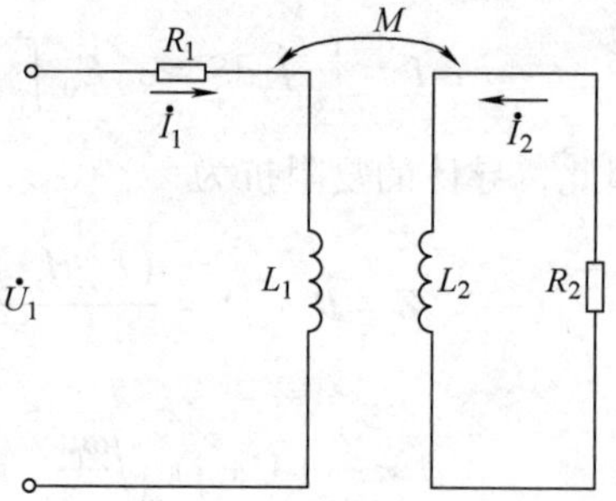

图 6-14 电涡流式传感器等效电路

由$\dot{I}_1$的表达式可以看出，线圈受到金属导体影响后的等效阻抗为

$$Z=R_1+\frac{\omega^2M^2}{R_2^2+(\omega L_2)^2}R_2+\mathrm{j}\omega\left[L_1-\frac{\omega^2M^2}{R_2^2+(\omega L_2)^2}L_2\right]$$

这样，线圈的等效电阻和等效电感分别为

$$R_{\mathrm{eq}}=R_1+\frac{\omega^2M^2}{R_2^2+(\omega L_2)^2}R_2$$

$$L_{\mathrm{eq}}=L_1-\frac{\omega^2M^2}{R_2^2+(\omega L_2)^2}L_2$$

6.7.2 无损探伤

磁粉探伤是无损探伤的一种，它是利用磁场磁化钢铁工件所产生的漏磁来发现其中的缺陷。漏磁场形成的原因是由于空气的磁导率远远低于钢铁的磁导率，如果磁化了的钢铁工件上存在着缺陷，则磁感应线优先通过磁导率高的工件，这就迫使一部分磁感应线从缺陷下面通过，形成磁感应线的压缩。但是，这部分材料可容纳的磁感应线数目也是有限的，所以，一部分磁感应线继续其原来的路径，仍从缺陷中穿过，还有一部分磁感应线遵循折射定律几乎从钢材表面垂直地进入空间，绕过缺陷，折回工件，形成了漏磁场。

缺陷漏磁场可分解为水平分量和垂直分量，如图 6-15 所示给出了缺陷漏磁场分布的水平分量、垂直分量和合成的漏磁场。缺陷处产生的漏磁场是磁粉探伤的基础。磁粉探伤是通

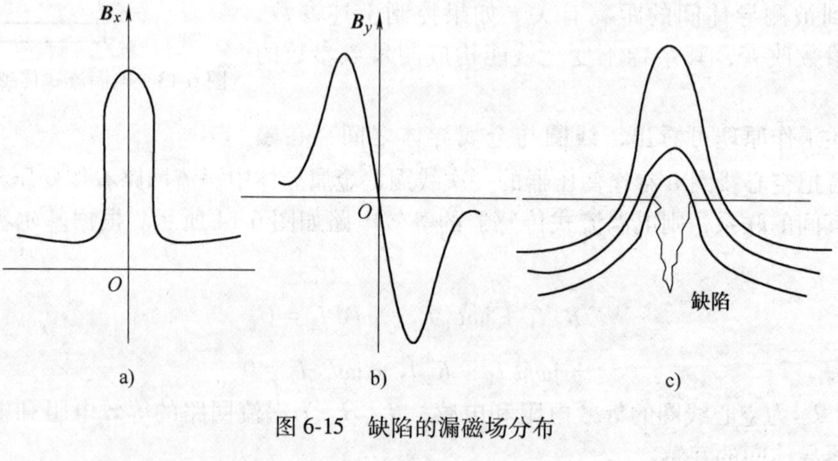

图 6-15 缺陷的漏磁场分布

过磁粉的集聚来显示漏磁的。漏磁场对磁粉的吸引可看成是磁极的作用，如图 6-16 所示为磁粉受漏磁场影响。漏磁场磁力作用在磁粉微粒上，其方向指向磁感应线最大密度区，即指向缺陷处。

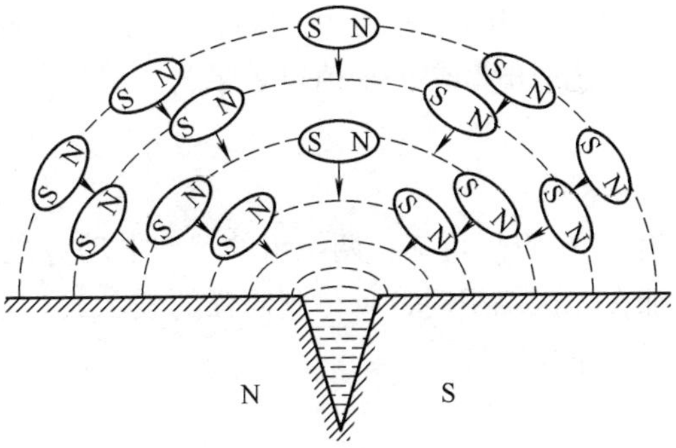

图 6-16　磁粉受漏磁场吸引

漏磁场的宽度要比缺陷的实际宽度大数倍至数十倍，所以磁痕能将缺陷放大，使之容易观察出来，如图 6-15c 所示。

为了产生漏磁场，必须尽可能使磁场方向与缺陷方向垂直。裂纹垂直于钢材表面，漏磁场最强也最利于缺陷的检出。若与钢材表面平行，则几乎不产生漏磁场。同样宽度的表面缺陷，如果深度不同，产生的漏磁场也不同，在一定的范围内，漏磁场的增加与缺陷深度的增加几乎呈线性关系。

6.7.3　变压器和自耦变压器

当两个电气绝缘的线圈安排成一个线圈产生的磁通与另一个线圈交链，并在其中产生电动势，则这两个线圈是磁耦合而形成的双绕组变压器，如图 6-17 所示是最简单形式的双绕组变压器。与电源相连的线圈为一次线圈，另一个线圈为二次线圈。当两个线圈在自由空间互相绝缘或绕在非磁性材料上，则此类变压器称为空心变压器。与二次线圈交链的总磁通决定于它与一次线圈的接近程度和方位。为使得两个绕组之间磁通链最大，它们可绕制在具有高磁导率的磁性材料上，形成一个公共磁路，此类装置称为铁心变压器。

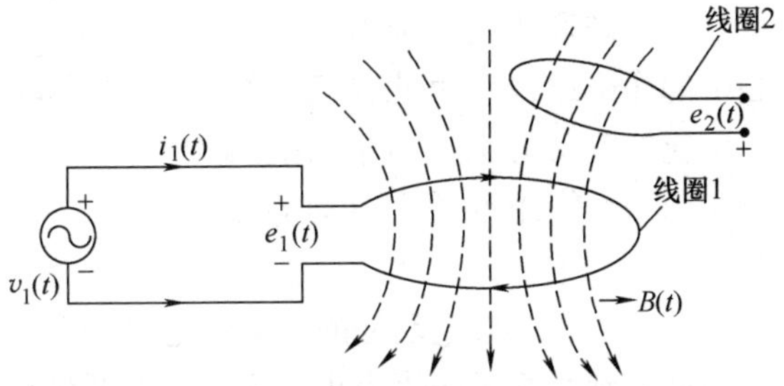

图 6-17　两个磁耦合线圈形成的变压器

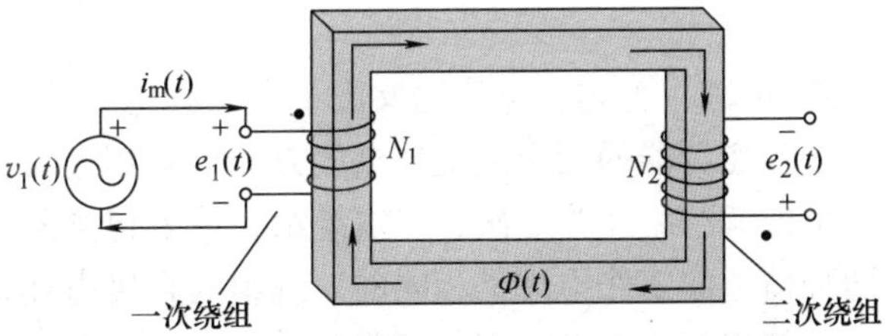

图 6-18　空载变压器

当铁心的磁导率高，且变压器二侧开路，如图 6-18 所示，则一次绕组中有一励磁电流 $i_m(t)$，它主要有以下三个作用：①在铁心中建立时变磁通，②补偿磁路的磁阻产生的磁位降，③提供一次绕组的功率损耗和铁心内的磁损耗。本节主要讨论理想变压器。

理想变压器应当具有：①无限大的磁导率，②绕组电阻为零，③磁损耗不存在。这些条件使得在空载情况下的励磁电流小到可以忽略，一次绕组所产生的全部时变磁通将通过磁路，而无漏磁。一次绕组和二次绕组内的电动势为

$$e_1 = N_1 \frac{\mathrm{d}\Phi}{\mathrm{d}t} \tag{6-57}$$

$$e_2 = N_2 \frac{\mathrm{d}\Phi}{\mathrm{d}t} \tag{6-58}$$

式中，N_1 和 N_2 分别为一次、二次绕组的匝数；Φ 为交链两绕组的磁通。

感应电动势的比值可表示为

$$\frac{e_1}{e_2}=\frac{N_1}{N_2} \tag{6-59}$$

由式(6-59) 可知，两绕组的感应电动势之比等于它们的匝数比。当一次绕组开路，电压源加在二次绕组时，可得到同样的表示式。在理想情况下，各绕组的感应电动势应等于绕组的额定电压，即

$$\frac{u_1}{u_2}=\frac{N_1}{N_2}=k \tag{6-60}$$

式中，u_1 和 u_2 分别为一次绕组和二次绕组的额定电压；k 为一次绕组和磁极绕组的匝数比，称为电压比。

当二次绕组接有负载，如图6-19所示。二次绕组中的电流将产生自己的磁通来阻止原有磁通。铁心中的净磁通以及由此在每一绕组中感应的电动势都趋向于从空载减小。当一次绕组的感应电动势减小时，立刻引起一次绕组电流增大，以抵消磁通和感应电动势的下降。电流一直增加到铁心内净磁通以及两个绕组中的感应电动势都恢复到空载时的值为止。这样，电源供给一次绕组功率，二次绕组将功率送至负载。磁通在功率传输过程中就好像媒质一样。在理想情况下，输入功率等于输出功率，即

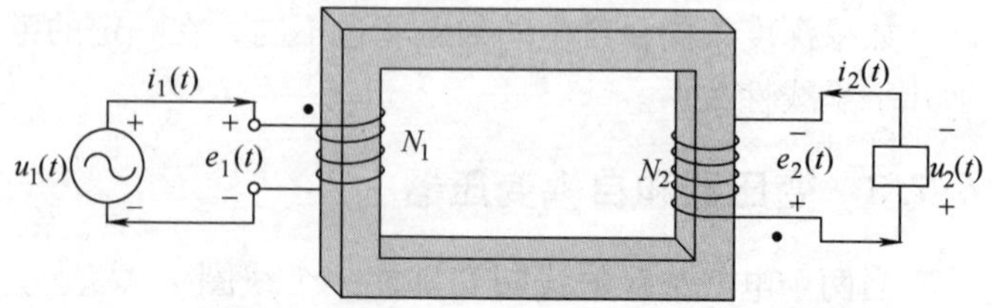

图 6-19 有载变压器

$$u_1 i_1 = u_2 i_2 \quad 或 \quad \frac{u_1}{u_2}=\frac{i_2}{i_1}=\frac{e_1}{e_2} \tag{6-61}$$

由式(6-61) 可知，电流比反比于电动势比。

当变压器的两个绕组在电气方面也是相连时，称为自耦变压器。一个自耦变压器可以是一个连续绕组作为一次、二次绕组，或者包含两个或多个不同的线圈绕在同一个铁心上。这两种情形的工作原理是相同的。绕组的直接电连接，保证部分能量由一次绕组传导到二次绕组，绕组间的磁耦合则保证部分能量由磁感应来传送。

自耦变压器几乎可适合所有采用双绕组变压器的场合，其唯一缺点是它的高压边和低压边的电绝缘损耗。自耦变压器具有以下几个方面的优点：

1）在额定电压和功率相同的条件下，自耦变压器比常规的双绕组变压器便宜。

2）同样的物理尺寸时，自耦变压器输出功率较双绕组变压器大。

3）同样的额定功率时，自耦变压器效率比双绕组变压器高。

4）在铁心内产生同样的磁通时，自耦变压器与双绕组变压器相比，所需要的励磁电流较小。

由一个理想的双绕组变压器连接成自耦变压器，有图 6-20 所示的 4 种可能连接方式。

以图 6-20a 所示电路来进行分析，此处双绕组变压器连接成降压自耦变压器，双绕组变压器的二次绕组成为自耦变压器的公共绕组。在理想情况下，有

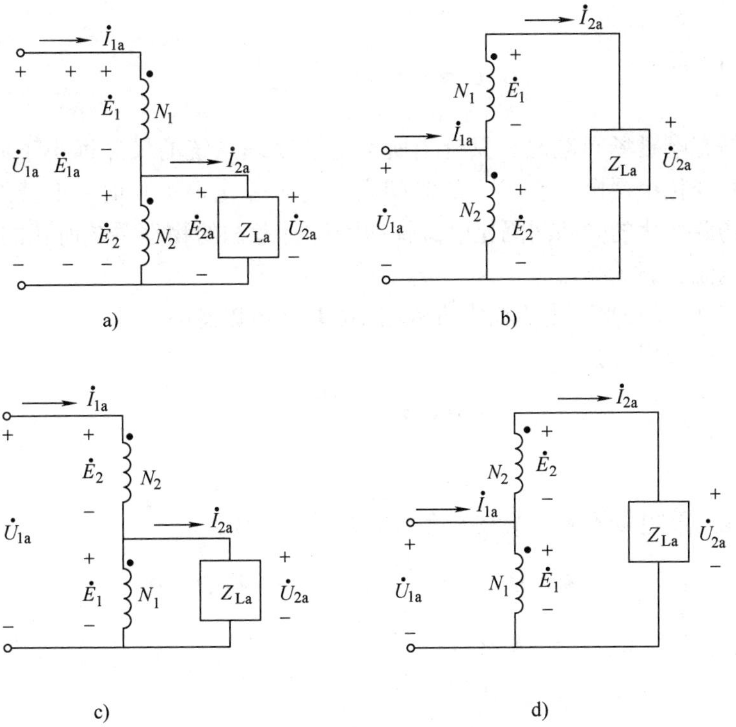

图 6-20　双绕组变压器连接成自耦变压器的几种方式

a）$(u_1+u_2)/u_2$ 降压连接　b）$u_2/(u_1+u_2)$ 升压连接

c）$(u_1+u_2)/u_1$ 降压连接　d）$u_1/(u_1+u_2)$ 升压连接

$$\dot{U}_{1a}=\dot{E}_{1a}=\dot{E}_1+\dot{E}_2 \tag{6-62}$$

$$\dot{U}_{2a}=\dot{E}_{2a}=\dot{E}_2 \tag{6-63}$$

由式(6-62) 和式(6-63) 可得

$$\frac{\dot{U}_{1a}}{\dot{U}_{2a}}=\frac{\dot{E}_{1a}}{\dot{E}_{2a}}=\frac{\dot{E}_1+\dot{E}_2}{\dot{E}_2}=1+k=k_T \tag{6-64}$$

式中，k 为双绕组变压器的电压比；$k_T=1+k$ 为自耦变压器电压比。其他三种连接方式可由同样方式求得电压比，因连接方式不同，电压比 k_T 也不同。

接下来用双绕组变压器的参数来表示输出视在功率。对于图 6-20a 所示的结构，有

$$U_{2a}=U_2$$

$$I_{2a}=k_TI_{1a}=(1+k)I_{1a}$$

对于额定负载，$I_{1a}=I_1$，于是由自耦变压器送至负载的视在功率为

$$S_{0a}=U_2I_1(1+k)=U_2I_2\frac{k+1}{k}=S_0\left(1+\frac{1}{k}\right) \tag{6-65}$$

式中，$S_0=U_2I_2$ 为双绕组变压器的输出视在功率，此功率与自耦变压器的公共绕组相连，由磁感应传至负载。其余功率 S_0/k 则由电源直接传导至负载，称为传导功率。由此可见，双绕组变压器连接成自耦变压器，传送的功率更多。

6.8 本章小结

在处理准静态电磁场问题时，只有当所考虑的物理系统的尺寸远小于波长，即频率很低、场源随时间变化很缓慢（在 R/c 的时间内，场源变化很小）时，准静态场的条件才能得到满足。当场源变化的时间间隔比电磁扰动跨过所考虑的物理系统所花的时间大很多时，可以忽略位移电流 J_D 的影响。

1）磁准静态场（MQS）麦克斯韦方程组中 $\partial \boldsymbol{B}/\partial t$ 可以忽略不计。

基本方程的微分形式为：

$$\nabla \times \boldsymbol{E} = -\frac{\partial \boldsymbol{B}}{\partial t} \approx 0$$

$$\nabla \cdot \boldsymbol{D} = \rho$$

电准静态场与静电场不同之处在于有对应的时变磁场：

$$\nabla \times \boldsymbol{H} = \boldsymbol{J} + \frac{\partial \boldsymbol{D}}{\partial t} \qquad \nabla \cdot \boldsymbol{B} = 0$$

电位： $\boldsymbol{E}(t) = -\nabla \varphi(t)$

边值问题： $\nabla^2 \varphi(t) = -\dfrac{\rho(t)}{\varepsilon}$

2）磁准静态场（MQS）位移电流 $\partial \boldsymbol{D}/\partial t$ 忽略不计。

基本方程： $\nabla \times \boldsymbol{H} = \boldsymbol{J} + \dfrac{\partial \boldsymbol{D}}{\partial t} \approx J \qquad \nabla \cdot \boldsymbol{B} = 0$

磁准静态场与静磁场不同之处在于有对应的时变电场：

$$\nabla \times \boldsymbol{E} = -\frac{\partial \boldsymbol{B}}{\partial t} \qquad \nabla \cdot \boldsymbol{D} = \rho$$

矢量磁位： $\boldsymbol{B}(t) = \nabla \times \boldsymbol{A}(t)$

边值问题： $\nabla^2 \boldsymbol{A}(t) = -\mu \boldsymbol{J}(t)$

3）趋肤效应：电磁波在导电媒质中传播有能量损耗，因此场量随着波的深入而急剧衰减，主要集中在导电媒质表面附近，这种现象称为趋肤效应。$\boldsymbol{J}$、$\boldsymbol{E}$ 和 $\boldsymbol{H}$ 的振幅都沿导体的纵深 x 按指数规律 $e^{-\alpha x}$ 衰减，而且相位 βx 也随之改变。

透入深度 d 为场量振幅衰减到其表面值的 1/e 时所经过的距离

$$d = 1/\alpha = \sqrt{2/\omega\mu\gamma}$$

邻近效应：通电导体不仅处于自身的时变电磁场内，在处于其他导体电流产生的时变电磁场中时，其电流分布受到邻近导体的影响。

4）涡流：在变化的磁场中，导体内部都会因电磁感应产生自行闭合、呈旋涡状流动的电流，因此称之为涡旋电流，简称涡流。涡流在导体内流动时，会产生损耗引起导体发热，因此它具有热效应。

5）电磁屏蔽：用于减弱某一无源区域内电磁场影响的结构。静电屏蔽和静磁屏蔽是电磁屏蔽的特殊类型。

6）电路理论中的基尔霍夫电流定律、电压定律和电路参数都可由电磁场理论推导出来，因此可为电路提供理论依据。

6.9　习题

思考题

1. 一金属块在均匀恒定磁场中平移，金属中会产生涡流吗？若金属块在均匀恒定的磁场中旋转，则金属中是否会有涡流？

2. 把一铜片放在磁场中，若将铜片从磁场中拉出或推入，都会感到有阻力，此阻力来源何处？

3. 用场的观点分析静电屏蔽、磁屏蔽和电磁屏蔽。

4. 在时变电磁场中，判别一种媒质是否属于良导体的条件是什么？

5. 导线的电阻与电感值仅决定于导线的几何形状、尺寸及媒质的参数，而与所加电压无关，这一结论在时变电磁场中还能适用吗？为什么？

6. 随着电源频率的提高，以平板型导体（板厚远大于透入深度）为例，其等效电阻、电抗和内电感将会怎样的变化？

7. 涡流是怎么产生的？应该采取哪些措施来减少电工钢片中的涡流损耗？

8. 试分析在高频情况下，为什么导线可以采用空心管状结构？

9. 电荷在导电媒质中的弛豫过程中，位移电流是否刚好抵消了传导电流的磁效应？

10. 透入深度是怎样定义的呢？它与哪些量有关？

练习题

1. 在无限大均匀导电媒质中，放置一个初始值为 q_0 的点电荷，试问该点电荷的电量如何随时间变化？空间中任一点的磁场强度是多少？

2. 长直螺线管中载有随时间变化相当慢的电流 $i=I_0\sin\omega t$，先由安培环路定理求半径为 a 的线圈内产生的磁准静态场的磁感应强度，然后利用法拉第定律求线圈里面和外面的感应电场强度。

3. 如图 6-21 所示，已知平板电容器两极板是半径为 a 的圆盘，极板间距离为 d，中间是介电常数为 ε 的理想介质。开关 S 闭合后，直流电源 U 经电阻 R 给电容器充电，设电压为

$$u(t)=U(1-\mathrm{e}^{-t/\tau})$$

其中 $\tau=RC$ 忽略边缘效应，求：

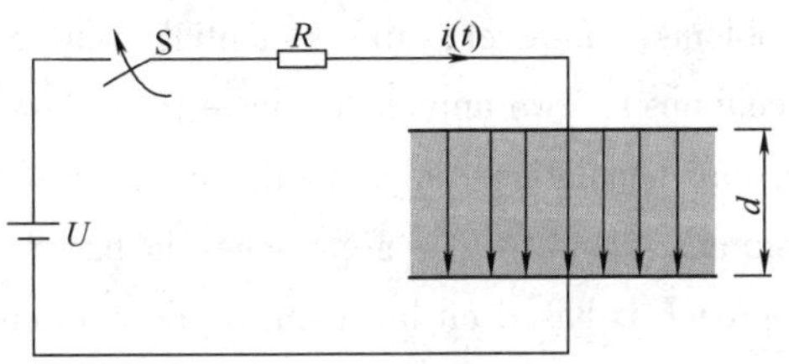

图 6-21　练习题 3 图

1）电容器介质中的电场强度 $E(t)$ 和位移电流 $i_D(t)$。

2）电容器介质中的磁场强度 $H(t)$。

4. 设球形电容器内外导体半径分别为 R_1 和 R_2，中间介电常数为 ε，两球间接缓变电压 $u(t)=U_m\sin\omega t$，求介质中的电场强度和位移电流密度。

5. 如图 6-22 所示，半径为 a 的长直圆柱形导线为理想导体 $\gamma_1=\infty$，设导体中通有缓变

电流 $i(t)=I_m \sin\omega t$，求导线外的磁场强度 $H(t)$ 和电场强度 $E(t)$。

6. 已知大地的电导率 $\gamma=5\times10^{-3}$S/m，相对介电常数 $\varepsilon_r=10$，试问可把大地看作良导体的最高频率是多少？

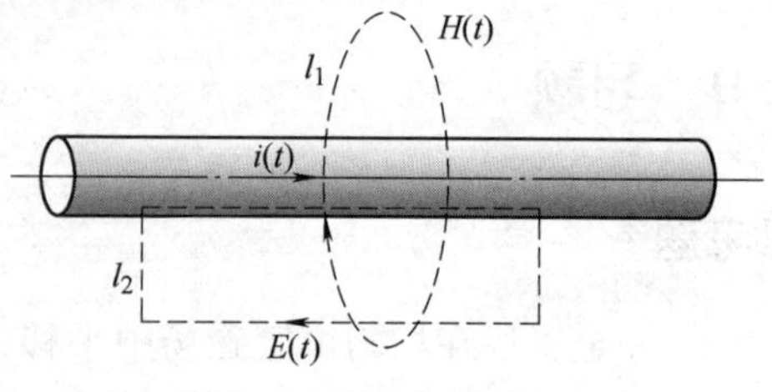

图 6-22 练习题 5 图

7. 设硅钢片厚度 $a=0.5$mm，$\gamma=10^7$S/m，$\mu=1000\mu_0$，分别求钢片中通过 50Hz 和 250Hz 的正弦场时：

1）硅钢片的透入深度；

2）表面和中间层的磁通密度的比值。

8. 已知在 13.56MHz 电磁波照射下，脂肪的介电常数 $\varepsilon=20\varepsilon_0$，电导率 $\gamma=2.9\times10^{-2}$S/m，求其透入深度。

9. 半径为 1cm 的铜导线 $\gamma=5.8\times10^7$S/m 中，通过频率分别为 50Hz 和 1MHz 的正弦交流电时，其交流电阻为多少？

10. 同轴电缆内外导体均为铜质 $\gamma=5.8\times10^7$S/m，内导体半径为 0.4cm，外导体半径 1.5cm，外导体厚度远大于透入深度 d，设电流频率为 1MHz，求单位长度的内、外导体电阻和电感。

6.10 科技前沿

The reconstruction of neuronal current sources from magneto-and/or electroencephalography (MEG/EEG) measurements is referred to as an inverse problem. A precursor to most inverse algorithms is a forward transfer, or lead-field, matrix, in which the rows correspond to MEG and/or EEG measurement sites, and each column captures the linear response to a particular unit source. Simple models of the head, such as concentric spheres, result in analytic expressions for the lead-leld. More realistic head models, such as those based on medical imagery, require numeric simulations. A straightforward, though inefficient, way to obtain the lead-leld is to perform one forward simulation for each source, resulting in one column of the lead-leld. For MEG/EEG inverse problems, however, the potential sources (rows) far out-number the measurement sites (columns). Two approaches have been described for computing the EEG lead-leld with a number of forward simulations equal to the number of measurement rows, rather than the number of source columns. One of these approaches is based on the principle of electric reciprocity, and the other approach is based on linear-algebraic manipulations of the forward problem. For the MEG lead-leld, only a linear-algebraic approach has been described for numeric approaches such as the finite element method. This paper describes a reciprocal approach for the MEG lead-leld and discusses implementation details for both approaches.

摘自：Paul, H. Schimpf. *Application of Quasi-Static Magnetic Reciprocity to Finite Element Models of the MEG Lead-Field* (Ieee Transactions on Biomedical Engineering).

第 7 章　平面电磁波

7.1　赫兹的实验与麦克斯韦理论

1864 年，英国科学家麦克斯韦在总结法拉第等前人研究电磁现象的基础上，建立了完整的电磁波理论——麦克斯韦方程组，系统而完整地概括了电磁场的基本规律，并预言了电磁波的存在，推导出电磁波与光具有同样的传播速度。由于许多原因，麦克斯韦理论难以被接受和理解。主要原因之一是，它在概念上是创新，拥有诸如“位移电流”一些先进的概念；其二是，麦克斯韦不只把这一理论看成是对新原理进行数学上的简化或推敲，而是根据物理学的形式提出来的。

赫兹对人类最伟大的贡献是用实验证实了电磁波的存在！

1887 年德国物理学家赫兹用实验证实了电磁波的存在。之后，人们又进行了许多实验，不仅证明光是一种电磁波，而且发现了更多形式的电磁波，它们的本质完全相同，只是波长和频率有很大的差别。

海因里希·鲁道夫·赫兹（Heinrich Rudolf Hertz，1857—1894 年），德国著名的物理学家，早在少年时代就被光学和力学实验所吸引，19 岁进入德累斯顿工学院学工程，由于对自然科学的爱好，次年转入柏林大学，在物理学教授亥姆霍兹（Helmholtz）指导下学习和工作。受亥姆霍兹的鼓励研究麦克斯韦电磁理论，当时德国物理界深信韦伯的电力与磁力可瞬时传送的理论。因此，赫兹决定以实验来证实韦伯与麦克斯韦理论谁的正确。依照麦克斯韦理论，电扰动能辐射电磁波。他设计了一套电磁波发生器，该装置是一对金属棒，点对点放置，中间隔一小缝隙用来产生放电火花，赫兹将一感应线圈的两端接于两根金属棒上。当感应线圈的电流突然中断时，其感应高电压使电火花隙之间产生火花。瞬间，电荷便经由电火花隙在锌板间振荡，频率高达数百万周。由麦克斯韦理论，此火花应产生电磁波，于是赫兹设计了一简单的检波器来探测此电磁波。他将一小段导线弯成圆形，线的两端点间留有小电火花隙。因电磁波应在此小线圈上产生感应电压，而使电火花隙产生火花。所以他坐在一暗室内，检波器距振荡器 10m 远，结果他发现检波器的电火花隙间确有小火花产生。赫兹在暗室远端的墙壁上覆有可反射电波的锌板，入射波与反射波重叠应产生驻波，他又以检波器在距振荡器不同距离处侦测加以证实。赫兹先求出振荡器的频率，又用检波器测得驻波的波长，二者乘积即电磁波的传播速度。正如麦克斯韦预测的一样，电磁波传播的速度等于光速。1888 年，赫兹的实验成功了，赫兹在实验时曾指出，电磁波可以被反射、折射，也如同可见光波一样地可偏振。由他的振荡器所发出的电磁波是平面偏振波，其电场平行于振荡器的导线，而磁场垂直于电场，且两者均垂直于传播方向。1889 年在一次著名的演说中，赫兹明确地指出，光是一种电磁现象。

1888年1月，赫兹将这些成果总结在《论动电效应的传播速度》一文中。赫兹实验公布后，轰动了全世界的科学界。赫兹的实验最终证明了麦克斯韦理论的预言，使物理学家们关于电磁学的观点从“远距离的瞬间活动”向“麦克斯韦关于电磁过程是在电介质中发生的，以及一种电磁以太包含着比较古老的发光的以太的功能的看法”的根本改变。这标志着以远距离瞬时作用，即超距作用为基础的理论的终结，并表明，人们开始普遍接受麦克斯韦方程式中场的理论，以及与光速相等的有限传播速度。

由法拉第开创，麦克斯韦总结的电磁理论，直到赫兹的实验成功才取得决定性的胜利。所以，法拉第—麦克斯韦理论上的革命，转变成为法拉第—麦克斯韦—赫兹科学中的革命。直到这时，麦克斯韦的科学思想和科学方法的重要意义才充分发挥出来。

赫兹对人类文明做出了巨大贡献，正当人们对他寄予更大期望时，这位年轻的科学家却于1894年元旦因血中毒逝世，年仅36岁。为了纪念这位英年早逝的科学家的功绩，人们用他的名字来命名各种波动频率的单位——“赫兹”，它是每秒中的周期性变动重复次数的计量，其符号是Hz。

1888年成为近代科学史上的一座里程碑。赫兹的发现具有划时代的意义，它不仅证实了麦克斯韦发现的真理，更重要的是开创了无线电电子技术的新纪元。

7.2 自由空间中的平面波

麦克斯韦方程组包含了描述媒质中任意点的电磁场特性的全部信息。电磁场要存在，就必须在其产生的源点，在其传播的媒质中的任何点以及在其被接收或吸收的负载上都满足四个麦克斯韦方程。

本章主要讨论电磁场在无源媒质中的传播。首先在无界电介质媒质中求平面波解并证明波在自由空间以光速传播。然后考虑有限导电媒质的一般情况。将证明波的衰减是它在导电媒质中能量损耗的结果。最后引入平面波由一种媒质进入另一种媒质时反射和透射的概念。

7.2.1 一般波动方程

麦克斯韦方程组表明，变化的电场和变化的磁场之间存在着耦合，这种耦合以波动的形式在空间传播。变化电磁场脱离场源后在空间中的传播称为电磁波，它是由场源辐射出来的。

由式(5-25)~式(5-28)，可以得到无源的、理想媒质（除非另外说明，本章总是假定媒质是线性、均匀和各向同性的）中的麦克斯韦方程组：

$$\nabla\times\boldsymbol{H}=\gamma\boldsymbol{E}+\varepsilon\frac{\partial\boldsymbol{E}}{\partial t}\tag{7-1}$$

$$\nabla\times\boldsymbol{E}=-\mu\frac{\partial\boldsymbol{H}}{\partial t}\tag{7-2}$$

$$\nabla\cdot\boldsymbol{H}=0\tag{7-3}$$

$$\nabla\cdot\boldsymbol{E}=\rho\tag{7-4}$$

将式(7-1)两端同时取旋度，并利用式(7-2)，得

$$\nabla\times\nabla\times\boldsymbol{H}=-\mu\gamma\frac{\partial\boldsymbol{H}}{\partial t}-\mu\varepsilon\frac{\partial^2\boldsymbol{H}}{\partial t^2}$$

再利用矢量恒等式$\nabla\times\nabla\times\boldsymbol{H}=\nabla(\nabla\cdot\boldsymbol{H})-\nabla^2\boldsymbol{H}$，并考虑式(7-3)，整理上式可得

$$\nabla^2\boldsymbol{H}-\mu\gamma\frac{\partial\boldsymbol{H}}{\partial t}-\mu\varepsilon\frac{\partial^2\boldsymbol{H}}{\partial t^2}=0 \tag{7-5}$$

同理可得

$$\nabla^2\boldsymbol{E}-\mu\gamma\frac{\partial\boldsymbol{E}}{\partial t}-\mu\varepsilon\frac{\partial^2\boldsymbol{E}}{\partial t^2}=0 \tag{7-6}$$

式(7-5) 和式(7-6) 是无源空间中 $\boldsymbol{E}$ 和 $\boldsymbol{H}$ 满足的方程，这两个方程的集合称为一般波动方程。它们支配着无源均匀导电媒质中电磁场的行为，是研究电磁波问题的基础。

7.2.2　平面电磁波

在电磁波的传播过程中，对应于每一时刻 t，电场 $\boldsymbol{E}$ 和磁场 $\boldsymbol{H}$ 具有相同相位角的点构成等相位面，又称为波阵面。等相位面为平面的电磁波称为平面电磁波。在平面电磁波之中，均匀平面电磁波是研究起来最简单同时也是最容易理解的，均匀一词意味着在任意时刻所在的平面中场的大小和方向都是不变的。也就是说，等相位面上各点的 $\boldsymbol{E}$ 均相同，$\boldsymbol{H}$ 也均相同。而实际存在的各种复杂电磁波都可以看成是由许多均匀平面电磁波叠加而成的。

假设均匀平面电磁波的等相面与 yOz 平面平行，由均匀平面电磁波的定义，等相位面上的 $\boldsymbol{E}$（或 $\boldsymbol{H}$）值处处相等，即与坐标 y 和 z 无关。所以，$\boldsymbol{E}$ 和 $\boldsymbol{H}$ 除了与时间 t 有关外，仅与空间坐标 x 有关，即

$$\boldsymbol{E}=\boldsymbol{E}(x,\ t) \tag{7-7}$$

$$\boldsymbol{H}=\boldsymbol{H}(x,\ t) \tag{7-8}$$

此时，$\boldsymbol{E}$ 和 $\boldsymbol{H}$ 的波动方程式(7-5) 和式(7-6) 可简化为

$$\frac{\partial^2\boldsymbol{H}}{\partial x^2}-\mu\gamma\frac{\partial\boldsymbol{H}}{\partial t}-\mu\varepsilon\frac{\partial^2\boldsymbol{H}}{\partial t^2}=0 \tag{7-9}$$

$$\frac{\partial^2\boldsymbol{E}}{\partial x^2}-\mu\gamma\frac{\partial\boldsymbol{E}}{\partial t}-\mu\varepsilon\frac{\partial^2\boldsymbol{E}}{\partial t^2}=0 \tag{7-10}$$

这是 $\boldsymbol{E}$ 和 $\boldsymbol{H}$ 关于 x 的一维波动方程。

把式(7-7) 和式(7-8) 分别代入方程式(7-1) ~式(7-4)，并在直角坐标系中展开，可得到下列方程组：

$$\left.\begin{array}{lll}\gamma E_x+\varepsilon\dfrac{\partial E_x}{\partial t}=0, & \dfrac{\partial H_z}{\partial x}=-\gamma E_y-\varepsilon\dfrac{\partial E_y}{\partial t}, & \dfrac{\partial H_y}{\partial x}=\gamma E_z+\varepsilon\dfrac{\partial E_z}{\partial t}\\ \mu\dfrac{\partial H_x}{\partial t}=0, & \dfrac{\partial E_y}{\partial x}=-\dfrac{\partial H_z}{\partial t}, & \dfrac{\partial E_z}{\partial x}=\mu\dfrac{\partial H_y}{\partial t}\end{array}\right\} \tag{7-11}$$

由上面方程组可以看出，H_x 是与时间无关的恒定分量。而在波动问题中，常量没有意义，故取 $H_x=0$。方程 $\gamma E_x+\varepsilon\dfrac{\partial E_x}{\partial t}=0$ 的解为 $E_x=E_{x0}\mathrm{e}^{-\frac{\gamma}{\varepsilon}t}$，一般情况下 $\gamma\gg\varepsilon$，E_x 随时间衰减很快，故通常认为 $E_x=0$。$H_x=0$ 和 $E_x=0$ 表明，当均匀平面电磁波沿 x 轴方向传播时，$\boldsymbol{E}$ 和 $\boldsymbol{H}$ 都没有与波传播方向 x 轴相平行的分量，即它们都与传播方向垂直，这样的电磁波称为横电磁波（TEM 波）。

由于 $\boldsymbol{E}$、$\boldsymbol{H}$ 和波的传播方向三者相互垂直，且满足右手螺旋关系。由式(7-11) 可以看

出，分量 E_y 与 H_z 构成一组平面波，分量 E_z 和 H_y 构成另一组平面波，这两组分量彼此独立。

对于由分量 E_y 与 H_z 构成的平面电磁波，$\boldsymbol{E}=E_y(x,t)\boldsymbol{e}_y$，$\boldsymbol{H}=H_z(x,t)\boldsymbol{e}_z$，则一维波动方程式(7-9) 和式(7-10) 简化为

$$\frac{\partial^2 H_z}{\partial x^2}-\mu\gamma\frac{\partial H_z}{\partial t}-\mu\,\varepsilon\frac{\partial^2 H_z}{\partial t^2}=0 \tag{7-12}$$

$$\frac{\partial^2 E_y}{\partial x^2}-\mu\gamma\frac{\partial E_y}{\partial t}-\mu\,\varepsilon\frac{\partial^2 E_y}{\partial t^2}=0 \tag{7-13}$$

对于理想介质，由于 $\gamma=0$，故一维波动方程式(7-12) 和式(7-13) 可简化为

$$\frac{\partial^2 H_z}{\partial x^2}-\mu\,\varepsilon\frac{\partial^2 H_z}{\partial t^2}=0 \tag{7-14}$$

$$\frac{\partial^2 E_y}{\partial x^2}-\mu\,\varepsilon\frac{\partial^2 E_y}{\partial t^2}=0 \tag{7-15}$$

上述两个一维波动方程的解分别为

$$E_y(x,\ t)=E_y^+(x,\ t)+E_y^-(x,\ t)=f_1\left(t-\frac{x}{v}\right)+f_2\left(t+\frac{x}{v}\right) \tag{7-16}$$

$$H_z(x,\ t)=H_z^+(x,\ t)+H_z^-(x,\ t)=g_1\left(t-\frac{x}{v}\right)+g_2\left(t+\frac{x}{v}\right) \tag{7-17}$$

式中

$$v=\frac{1}{\sqrt{\mu\,\varepsilon}} \tag{7-18}$$

为理想介质中均匀平面波的传播速度，它仅与媒质的参数 μ 和 ε 有关。在自由空间中它是一个常数，$v=c=3\times10^8\text{m/s}$，理想介质中波的传播速度还可以表示为

$$v=\frac{1}{\sqrt{\mu\,\varepsilon}}=\frac{c}{\sqrt{\mu_r\varepsilon_r}}=\frac{c}{n} \tag{7-19}$$

式中，n 称为介质的折射率。可知，电磁波在理想介质中的传播速度小于在自由空间中的传播速度。

式(7-16) 和式(7-17) 的物理意义是：$E_y^+(x,\ t)=f_1\left(t-\frac{x}{v}\right)$ 和 $H_z^+(x,\ t)=g_1\left(t-\frac{x}{v}\right)$ 分别是沿正 x 方向传播的电场分量和磁场分量，称为入射波；$E_y^-(x,\ t)=f_2\left(t+\frac{x}{v}\right)$ 和 $H_z^-(x,\ t)=g_2\left(t+\frac{x}{v}\right)$ 分别是沿负 x 方向传播的电场分量和磁场分量，称为反射波。

下面讨论入射波和反射波中电场与磁场间的关系。

把 $E_y^+(x,\ t)=f_1\left(t-\frac{x}{v}\right)$ 和 $H_z^+(x,\ t)=g_1\left(t-\frac{x}{v}\right)$ 代入式(7-11) 中的 $\frac{\partial E_y}{\partial x}=-\frac{\partial H_z}{\partial t}$，可得

$$\frac{\partial H_z^+}{\partial t}=-\frac{1}{\mu}\frac{\partial E_y^+}{\partial x}=\sqrt{\frac{\varepsilon}{\mu}}f'_1\left(t-\frac{x}{v}\right)$$

对上式进行时间积分，并略去积分常数，得

$$H_z^+(x,\ t) = \sqrt{\frac{\varepsilon}{\mu}} f_1\left(t - \frac{x}{v}\right) = \sqrt{\frac{\varepsilon}{\mu}} E_y^+(x,\ t) \tag{7-20}$$

同理，可得

$$H_z^-(x,\ t) = -\sqrt{\frac{\varepsilon}{\mu}} f_1\left(t + \frac{x}{v}\right) = -\sqrt{\frac{\varepsilon}{\mu}} E_y^-(x,\ t) \tag{7-21}$$

式(7-20) 和式(7-21) 分别反映了入射波和反射波中电场与磁场间的关系，其关系如下：

$$\left.\begin{aligned} \frac{E_y^+(x,\ t)}{H_z^+(x,\ t)} &= \sqrt{\frac{\varepsilon}{\mu}} = Z_0 \\ \frac{E_y^-(x,\ t)}{H_z^-(x,\ t)} &= -\sqrt{\frac{\varepsilon}{\mu}} = -Z_0 \end{aligned}\right\} \tag{7-22}$$

式中，$Z_0 = \sqrt{\frac{\varepsilon}{\mu}}$称为理想介质的波阻抗，单位为 Ω。

关于电磁波能量的分析如下：对于入射波来说，空间任意点的电场能量密度和磁场能量密度相等

$$w'_e = \frac{\varepsilon}{2}[E_y^+]^2 = \frac{\mu}{2}[H_z^+]^2 = w'_m \tag{7-23a}$$

能量密度为

$$w' = w'_e + w'_m = \varepsilon[E_y^+]^2 = \mu[H_z^+]^2 \tag{7-23b}$$

坡印亭矢量为

$$\boldsymbol{S}^+(x,\ t) = E_y^+(x,\ t)\boldsymbol{e}_y \times H_z^+(x,\ t)\boldsymbol{e}_z = \sqrt{\frac{\varepsilon}{\mu}}[H_z^+]^2\boldsymbol{e}_x = vw'\boldsymbol{e}_x \tag{7-24}$$

由式(7-24) 可知，在理想介质中电磁能量的流动方向与波传播方向一致。

在第 5 章 5.8 节中已定义 $\beta=\omega\sqrt{\mu\varepsilon}$ 为相位常数，单位为弧度/米（rad/m)，且还定义了$\lambda=vT$是正弦电磁波在一个周期内行进的距离，又因为 $v=\frac{1}{\sqrt{\mu\varepsilon}}$，故可得

$$\lambda = \frac{2\pi}{\beta} \tag{7-25}$$

所以波长 λ 又等于在波传播方向上相位改变 2π 时的两点间的距离。

7.3　导电媒质中的平面波

本章 7.2 节讨论了理想媒质中的均匀平面波，即无耗媒质中的电磁波（电导率 $\gamma=0$)，但是实际上介质都是有损耗的，这一节将讨论导电媒质中的均匀平面电磁波（$\gamma\neq0$)，工程中常用的电介质例如海水、石墨、土壤等都是常见的有损耗介质。只要媒质中有电磁波存在，就必然出现传导电流 $\boldsymbol{J}=\gamma\boldsymbol{E}$。因此，导电媒质中的均匀平面波的传播特性与理想媒质中有所不同。

对于正弦均匀平面电磁波，与式(7-12）和式(7-13）所对应的复数表达式为

$$\frac{\mathrm{d}^2\dot{H}_z}{\mathrm{d}x^2}-\mathrm{j}\omega\mu\gamma\dot{H}_z-(\mathrm{j}\omega)^2\mu\varepsilon\dot{H}_z=0$$

$$\frac{\mathrm{d}^2\dot{E}_y}{\mathrm{d}x^2}-\mathrm{j}\omega\mu\gamma\dot{E}_y-(\mathrm{j}\omega)^2\mu\varepsilon\dot{E}_y=0$$

若取 $k^2=(\mathrm{j}\omega)^2\mu\varepsilon+\mathrm{j}\omega\mu\gamma$，则 $k=\mathrm{j}\omega\sqrt{\mu\left(\varepsilon+\frac{\gamma}{\mathrm{j}\omega}\right)}$，上两方程组可改写为

$$\frac{\mathrm{d}^2\dot{H}_z}{\mathrm{d}x^2}-k^2\dot{H}_z=0 \tag{7-26}$$

$$\frac{\mathrm{d}^2\dot{E}_y}{\mathrm{d}x^2}-k^2\dot{E}_y=0 \tag{7-27}$$

式中，k 称为导电媒质中的波传播常数。若令 $\varepsilon'=\varepsilon+\frac{\gamma}{\mathrm{j}\omega}$，则有

$$k=\mathrm{j}\omega\sqrt{\mu\varepsilon'} \tag{7-28}$$

式中，ε'称为导电媒质的等效介电常数。

在无限大导电媒质中没有反射波，则式(7-26）和式(7-27）的通解为

$$\dot{E}_y(x)=\dot{E}_y^+\mathrm{e}^{-kx}=\dot{E}_y^+\mathrm{e}^{-\alpha x}\mathrm{e}^{-\mathrm{j}\beta x};\quad \dot{H}_z(x)=\dot{H}_z^+\mathrm{e}^{-kx}=\dot{H}_z^+\mathrm{e}^{-\alpha x}\mathrm{e}^{-\mathrm{j}\beta x}$$

设 $\dot{E}_y^+=E_y\mathrm{e}^{\mathrm{j}\psi E}$，$H_z^+=H_z\mathrm{e}^{\mathrm{j}\psi H}$，相应的瞬时值表达式为

$$\boldsymbol{E}(x,\ t)=\sqrt{2}E_y\mathrm{e}^{-\alpha x}\cdot\cos(\omega t-\beta x+\psi_E)\boldsymbol{e}_y$$

$$\boldsymbol{H}(x,\ t)=\sqrt{2}H_z\mathrm{e}^{-\alpha x}\cdot\cos(\omega t-\beta x+\psi_H)\boldsymbol{e}_z$$

由式(7-28）可知，导电媒质中波的传播常数是一复数，可表示为

$$k=\alpha+\mathrm{j}\beta \tag{7-29}$$

由式(7-28）和式(7-29)，得到

$$\alpha=\omega\sqrt{\frac{\mu\varepsilon}{2}\left(\sqrt{1+\frac{\gamma^2}{\omega^2\varepsilon^2}}-1\right)} \tag{7-30}$$

$$\beta=\omega\sqrt{\frac{\mu\varepsilon}{2}\left(\sqrt{1+\frac{\gamma^2}{\omega^2\varepsilon^2}}+1\right)} \tag{7-31}$$

所以，导电媒质中波的相速度为

$$v=\frac{\omega}{\beta}=\frac{1}{\sqrt{\frac{\mu\varepsilon}{2}\left(\sqrt{1+\frac{\gamma^2}{\omega^2\varepsilon^2}}+1\right)}} \tag{7-32}$$

由式(7-32）可知，在导电媒质中波的相速度小于在理想介质中波的相速度。

7.3.1 低损耗媒质中的平面波

对于有损耗介质，如果满足条件

$$\frac{\gamma}{\omega\varepsilon} \ll 1 \tag{7-33}$$

则称为低损耗介质。式(7-33) 表明，介质中的传导电流远远小于位移电流。也就是说，低损耗媒质是一种良好的但电导率不为零的非理想绝缘材料。此时

$$\sqrt{1+\left(\frac{\gamma}{\omega\varepsilon}\right)^2} \approx 1+\frac{1}{2}\left(\frac{\gamma}{\omega\varepsilon}\right)^2 \tag{7-34}$$

将式(7-34) 代入式(7-30) 和式(7-31)，可得衰减常数和相位常数分别为

$$\alpha \approx \frac{\gamma}{2}\sqrt{\frac{\mu}{\varepsilon}} \tag{7-35}$$

$$\beta \approx \omega\sqrt{\mu\varepsilon} \tag{7-36}$$

波阻抗为

$$Z_0=\sqrt{\frac{\mu}{\varepsilon'}}=\sqrt{\frac{\mu}{\varepsilon+\dfrac{\gamma}{\mathrm{j}\omega}}} \approx \sqrt{\frac{\mu}{\varepsilon}} \tag{7-37}$$

由式(7-35) ~式(7-37) 可知，低损耗介质的相位常数和波阻抗近似等于理想介质中的值，不同之处在于电磁波有衰减，但衰减常数 α 为一正常数，位移电流代表了电流的主要特征。

7.3.2　良导体中的平面波

若导电媒质满足条件

$$\frac{\gamma}{\omega\varepsilon} \gg 1 \tag{7-38}$$

即介质中的传导电流远远大于位移电流，称为良导体。此时 $\sqrt{1+\left(\frac{\gamma}{\omega\varepsilon}\right)^2} \approx \frac{\gamma}{\omega\varepsilon}$，于是良导体的传播常数为

$$k=\alpha+\mathrm{j}\beta \approx (1+\mathrm{j})\sqrt{\frac{\omega\mu\gamma}{2}} \tag{7-39}$$

良导体中的相速度和波长分别为

$$v=\frac{\omega}{\beta} \approx \sqrt{\frac{2\omega}{\mu\gamma}} \tag{7-40}$$

$$\lambda=\frac{2\pi}{\beta} \approx 2\pi\sqrt{\frac{2}{\omega\mu\gamma}} \tag{7-41}$$

由上式可见，高频电磁波在良导体中的衰减常数 α 变得非常大，因此电磁波无法进入良导体深处，仅存在于其表面附近，趋肤效应非常明显，正弦均匀平面电磁波在良导体中的透入深度 $d=\frac{1}{\alpha}=\sqrt{\frac{2}{\omega\mu\gamma}}$；良导体中电磁波的相速度和波长都较小。

波阻抗为

$$Z_0 \approx \sqrt{\frac{\omega\mu}{2\gamma}}(1+\mathrm{j}) = \sqrt{\frac{\omega\mu}{\gamma}}\angle 45° \tag{7-42}$$

由式(7-42) 可知，电场与磁场不同相，波阻抗幅角为45°，磁场的相位滞后于电场45°。由于电导率 γ 很大，波阻抗很小，则有

$$\frac{w'_e}{w'_m} = \frac{\omega\varepsilon}{\gamma} \ll 1 \tag{7-43}$$

式(7-43) 表明，良导体中电场能量密度远远小于磁场能量密度，说明在良导体中电磁波以磁场为主，传导电流是电流的主要成分。

7.4 平面波的反射与折射

上两节讨论了均匀平面波在无界均匀媒质中的传播规律和特性，电磁波沿直线方向传播。但是，电磁波在传播过程中不可避免地会遇到不同的媒质分界面，由于电磁参数发生突变，将发生反射和折射现象，即部分电磁波将被反射回第一种媒质形成反射波，而另一部分将透过分界面继续传播，透入第二种媒质形成折射波。

假设两种半无限大理想媒质的分界面为 $x=0$ 平面，其法向与 x 轴重合，如图 7-1 所示，理想媒质 1 和 2 的参数分别为 ε_1、μ_1 和 ε_2、μ_2。

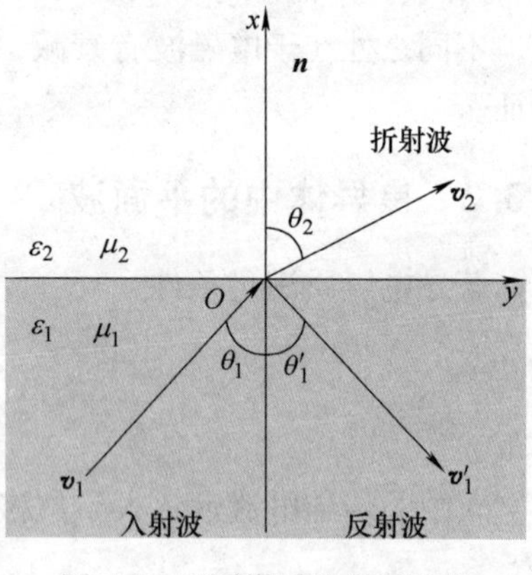

图 7-1 不同媒质分界面处的反射波和折射波

入射波的入射线与分界面的法线 $\boldsymbol{n}$ 构成的平面称为入射面。假设入射波与 $\boldsymbol{n}$ 间的夹角为 θ_1，相速度为 v_1；反射波与 $\boldsymbol{n}$ 间的夹角为θ'_1，相速度为v'_1；折射波与 $\boldsymbol{n}$ 间的夹角为 θ_2，相速度为 v_2。其中，θ_1 为入射角，θ'_1 为反射角，θ_2 为折射角。

根据边界条件，在分界面上对所有 y 值，电场和磁场的切向分量应连续，且 O 点两侧电场和磁场的切向分量应分别相等，在传播过程中，O 点的边界条件应沿交界面传播。因此，反射波和折射波也一定是均匀平面电磁波，且它们的传播方向也都处于入射面内，入射波、反射波和折射波三者沿 y 方向的相速度相等，即

$$\frac{v_1}{\sin\theta_1} = \frac{v'_1}{\sin\theta'_1} = \frac{v_2}{\sin\theta_2} \tag{7-44}$$

由式(7-44) 可得

$$\theta'_1 = \theta_1 \tag{7-45}$$

$$\frac{\sin\theta_2}{\sin\theta_1} = \frac{v_2}{v_1} = \sqrt{\frac{\mu_1\varepsilon_1}{\mu_2\varepsilon_2}} \tag{7-46}$$

式(7-45) 即为反射定律，表示反射角等于入射角。对于式(7-46)，当 $v_2 \neq v_1$ 时，$\theta_2 \neq \theta_1$，电磁波产生了折射，式(7-46) 为折射定律，也就是光学中的菲涅耳定律。

一般的平面电磁波可分解为两种平面电磁波的组合：垂直极化波（电场方向垂直于入射面）和平行极化波（电场方向平行于入射面），如图 7-2 所示。

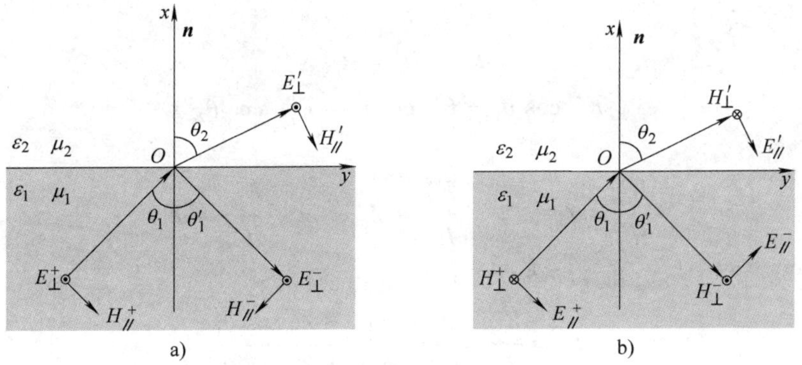

图 7-2　垂直极化波和平行极化波

a）垂直极化波　b）平行极化波

首先讨论垂直极化波，取垂直于入射面的电场分量 $E_{\perp}^{+}$ 和平行于入射面的磁场分量 $H_{/\!/}^{+}$，它们所组成的入射平面电磁波如图 7-2a 所示。由于在介质分界面上电场强度和磁场强度的切向分量均连续，故垂直极化波有如下关系式：

$$E_{\perp}^{+} + E_{\perp}^{-} = E'_{\perp} \tag{7-47}$$

$$H_{/\!/}^{+} \cos\theta_1 - H_{/\!/}^{-} \cos\theta_1 = H'_{/\!/} \cos\theta_2 \tag{7-48}$$

又因为

$$\frac{E_{\perp}^{+}}{H_{/\!/}^{+}} = Z_{01}, \qquad \frac{E_{\perp}^{-}}{H_{/\!/}^{-}} = Z_{01}, \qquad \frac{E'_{\perp}}{H'_{/\!/}} = Z_{02}$$

将上式代入式(7-47) 和式(7-48)，可得

$$\Gamma_{\perp} = \frac{E_{\perp}^{-}}{E_{\perp}^{+}} = \frac{Z_{02}\cos\theta_1 - Z_{01}\cos\theta_2}{Z_{02}\cos\theta_1 + Z_{01}\cos\theta_2} \tag{7-49}$$

$$T_{\perp} = \frac{E'_{\perp}}{E_{\perp}^{+}} = \frac{2Z_{02}\cos\theta_1}{Z_{02}\cos\theta_1 + Z_{01}\cos\theta_2} \tag{7-50}$$

式中，Z_{01} 和 Z_{02} 分别是介质 1 和 2 的波阻抗；$\Gamma_{\perp}$ 和 $T_{\perp}$ 分别是垂直极化波的反射系数和折射系数。

式(7-49) 和式(7-50) 就是垂直极化波的菲涅耳公式。

一般 $\mu_1 = \mu_2$，应用式(7-46)，式(7-49) 和式(7-50) 可以简化为

$$\Gamma_{\perp} = \frac{\cos\theta_1 - \sqrt{\dfrac{\varepsilon_2}{\varepsilon_1} - \sin^2\theta_1}}{\cos\theta_1 + \sqrt{\dfrac{\varepsilon_2}{\varepsilon_1} - \sin^2\theta_1}} \tag{7-51}$$

$$T_{\perp} = \frac{2\cos\theta_1}{\cos\theta_1 + \sqrt{\dfrac{\varepsilon_2}{\varepsilon_1} - \sin^2\theta_1}} \tag{7-52}$$

接下来讨论平行极化波，取平行于入射面的电场分量 $E_{/\!/}^{+}$ 和垂直于入射面的磁场分量 $H_{\perp}^{+}$，它们所组成的入射平面电磁波如图 7-2b 所示。利用介质分界面上的衔接条件，平行极

化波有如下关系式：

$$H_{\perp}^{+}-H_{\perp}^{-}=H'_{\perp} \tag{7-53}$$

$$E_{/\!/}^{+}\cos\theta_1+E_{/\!/}^{-}\cos\theta_1=E'_{/\!/}\cos\theta_2 \tag{7-54}$$

又因为

$$\frac{E_{/\!/}^{+}}{H_{\perp}^{+}}=Z_{01},\qquad \frac{E_{/\!/}^{-}}{H_{\perp}^{-}}=Z_{01},\qquad \frac{E'_{/\!/}}{H'_{\perp}}=Z_{02}$$

将上式代入式(7-53) 和式(7-54)，可得

$$\Gamma_{/\!/}=\frac{E_{/\!/}^{-}}{E_{/\!/}^{+}}=\frac{Z_{02}\cos\theta_2-Z_{01}\cos\theta_1}{Z_{02}\cos\theta_2+Z_{01}\cos\theta_1} \tag{7-55}$$

$$T_{/\!/}=\frac{E'_{/\!/}}{E_{/\!/}^{+}}=\frac{2Z_{02}\cos\theta_1}{Z_{02}\cos\theta_2+Z_{01}\cos\theta_1} \tag{7-56}$$

式中，$\Gamma_{/\!/}$和$T_{/\!/}$分别是平行极化波的反射系数和折射系数。

式(7-55) 和式(7-56) 就是平行极化波的菲涅耳公式。

一般$\mu_1=\mu_2$，应用式(7-46)、式(7-55) 和式(7-56) 可以简化为

$$\Gamma_{/\!/}=\frac{\sqrt{\frac{\varepsilon_2}{\varepsilon_1}-\sin^2\theta_1}-\frac{\varepsilon_2}{\varepsilon_1}\cos\theta_1}{\sqrt{\frac{\varepsilon_2}{\varepsilon_1}-\sin^2\theta_1}+\frac{\varepsilon_2}{\varepsilon_1}\cos\theta_1} \tag{7-57}$$

$$T_{/\!/}=\frac{2\sqrt{\frac{\varepsilon_2}{\varepsilon_1}-\sin^2\theta_1}}{\sqrt{\frac{\varepsilon_2}{\varepsilon_1}-\sin^2\theta_1}+\frac{\varepsilon_2}{\varepsilon_1}\cos\theta_1} \tag{7-58}$$

从$\Gamma_{/\!/}$和$T_{/\!/}$、$\Gamma_{\perp}$和$T_{\perp}$的表达式中不难看出，反射系数和折射系数之间存在如下关系：

$$1+\Gamma_{/\!/(\perp)}=T_{/\!/(\perp)} \tag{7-59}$$

若均匀平面电磁波入射到理想导体表面时，则由于理想导体内部电场强度必须为零，这时对于平行极化情况，在交界面上应有

$$E_{/\!/}^{+}\cos\theta_1-E_{/\!/}^{-}\cos\theta_1=0$$

故由式(7-55) 可知$|\Gamma_{/\!/}|=1$，同理可得$|\Gamma_{\perp}|=1$。

此外，当$\frac{\varepsilon_2}{\varepsilon_1}-\sin^2\theta_1\leqslant 0$时，$|\Gamma_{/\!/}|=|\Gamma_{\perp}|=1$，这时

$$\theta_1\geqslant\theta_c=\arcsin\sqrt{\frac{\varepsilon_2}{\varepsilon_1}}=\arcsin\left(\frac{n_2}{n_1}\right) \tag{7-60}$$

显然，只有当$\varepsilon_2<\varepsilon_1$时，上式才有意义。因此，对于两种理想介质交界面而言，全反射只能出现在入射角$\theta>\theta_c$，且光由光密介质到光疏介质传播时的情况。θ_c称为全反射的临界角。

除全反射这种特殊现象外，另一种特殊现象是全折射，即反射系数等于零的情况。从式(7-51) 可见，使$\Gamma_{\perp}=0$的条件是$\varepsilon_2=\varepsilon_1$。这说明对于垂直极化情况，不存在全折射现象。对于平行极化情况，令式(7-57) 的$\Gamma_{/\!/}=0$，得

$$\frac{\varepsilon_2}{\varepsilon_1}\cos\theta_1 = \sqrt{\frac{\varepsilon_2}{\varepsilon_1} - \sin^2\theta_1}$$

求解上式得

$$\theta_1 = \theta_B = \arcsin\sqrt{\frac{\varepsilon_2}{\varepsilon_1 + \varepsilon_2}} = \arctan\sqrt{\frac{\varepsilon_2}{\varepsilon_1}} \tag{7-61}$$

称式(7-61) 的入射角 θ_B 为布儒斯特角。它表明，当平行极化入射波以布儒斯特角入射到两介质交界面时，不存在反射波。在实际中，可以利用测量布儒斯特角来测量介质的介电常数，也可以利用布儒斯特角提取入射波的垂直极化分量。

7.5　导行电磁波和波导

电路理论课中讲述了由导线连接各种元器件组成的闭合回路，与导线为电流提供通路的作用相同，波导是用来引导电磁波传播的，使电磁波不至于扩散到漫无边际的空间中。传输理论表明，随信号频率的增加，导体的电阻也会增加，从而使线路功率损耗增加。在微波频率（进入 GHz 范围）功率损耗大到不能容许的程度，使传输线变得几乎不能付诸实用。在这样高的频率范围内，要使用被称为波导的空心导体才能有效地引导电信号。波导可以做成导体管或介质平板等形状，不同形状的波导如图 7-3 所示。本节只介绍导行电磁波和波导的有关基本知识。

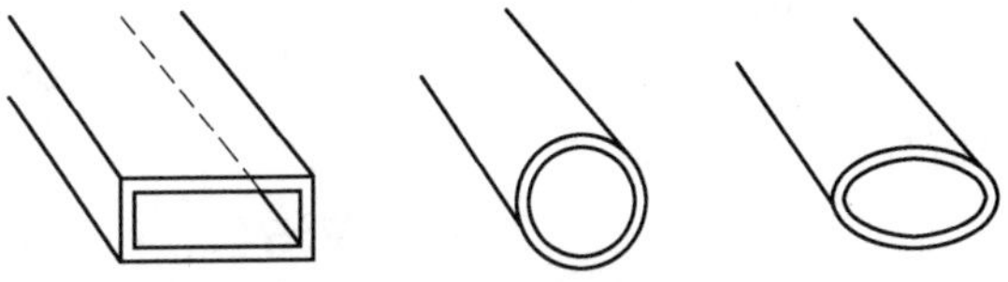

图 7-3　不同形状的波导

7.5.1　导行电磁波的分类

取任意截面的均匀波导，如图 7-4 所示，为了力求数学上简单，把坐标 z 轴作为波导的轴线方向，这样波导的横截面就是 xOy 平面。

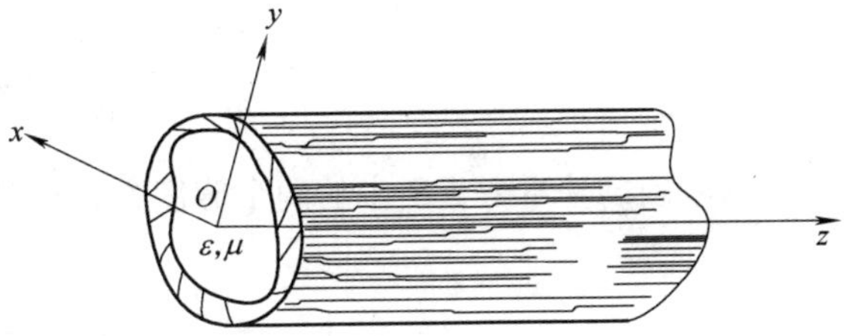

图 7-4　任意截面的均匀波导

对以上波导做以下假设：

1）波导的横截面形状和媒质特性沿 z 轴不变化，即具有轴向均匀性。

2）波导为理想导体，即 $\gamma=\infty$。波导内填充均匀、线性、各向同性的理想介质。

3）波导内没有激励源，即 $J=0$ 和 $\rho=0$。

4）电磁波沿 z 轴传播，且场随时间做正弦变化。

在上述假设下，电磁场基本方程组的复数形式可表示为

$$\nabla\times\dot{\boldsymbol{H}} = \mathrm{j}\omega\varepsilon\dot{\boldsymbol{E}} \tag{7-62}$$

$$\nabla\times\dot{\boldsymbol{E}} = -\mathrm{j}\omega\mu\dot{\boldsymbol{H}} \tag{7-63}$$

$$\nabla\cdot\dot{\boldsymbol{H}} = 0 \tag{7-64}$$

$$\nabla \cdot \dot{\boldsymbol{E}} = 0 \tag{7-65}$$

由式(7-62) ~式(7-65) 可得，电场分量 $\dot{\boldsymbol{E}}$ 和磁场分量 $\dot{\boldsymbol{H}}$ 均满足齐次波动方程

$$\nabla^2 \dot{\boldsymbol{E}} + k^2 \dot{\boldsymbol{E}} = 0 \tag{7-66}$$

$$\nabla^2 \dot{\boldsymbol{H}} + k^2 \dot{\boldsymbol{H}} = 0 \tag{7-67}$$

式中，$k=\omega\sqrt{\mu\varepsilon}$是波数。

由于波导沿 z 轴方向，故不论波的传播情况在波导内怎么复杂，其最终效果只能是一个沿 z 方向前进的导行电磁波。因而可把波导内电场分量 $\dot{\boldsymbol{E}}$ 和磁场分量 $\dot{\boldsymbol{H}}$ 写为

$$\dot{\boldsymbol{E}} = \boldsymbol{E}(x,\ y)\mathrm{e}^{-\gamma z} \tag{7-68}$$

$$\dot{\boldsymbol{H}} = \boldsymbol{H}(x,\ y)\mathrm{e}^{-\gamma z} \tag{7-69}$$

式中，$\boldsymbol{E}(x,\ y)$ 和 $\boldsymbol{H}(x,\ y)$ 是待定函数；γ 为沿 z 方向的传播常数。

将式(7-68) 代入式(7-66) 可得

$$\nabla_{\mathrm{t}}^2 \boldsymbol{E}(x,\ y) + k_{\mathrm{c}}^2 \boldsymbol{E}(x,\ y) = 0 \tag{7-70}$$

式中，$\nabla_{\mathrm{t}}^2=\dfrac{\partial^2}{\partial x^2}+\dfrac{\partial^2}{\partial y^2}$为横向拉普拉斯算子；

$$k_{\mathrm{c}}^2 = k^2 + \gamma^2 \tag{7-71}$$

同理可得

$$\nabla_{\mathrm{t}}^2 \boldsymbol{H}(x,\ y) + k_{\mathrm{c}}^2 \boldsymbol{H}(x,\ y) = 0 \tag{7-72}$$

由式(7-70) 和式(7-72) 可得 $\boldsymbol{E}(x,\ y)$ 和 $\boldsymbol{H}(x,\ y)$ 各分量的标量波导方程。纵向分量 E_z 和 H_z 满足的标量波动方程为

$$\frac{\partial^2 E_z}{\partial x^2} + \frac{\partial^2 E_z}{\partial y^2} + k_{\mathrm{c}}^2 E_z = 0 \tag{7-73}$$

$$\frac{\partial^2 H_z}{\partial x^2} + \frac{\partial^2 H_z}{\partial y^2} + k_{\mathrm{c}}^2 H_z = 0 \tag{7-74}$$

再从电磁场基本方程组中的两个旋度方程得到四个横向场分量

$$\left.\begin{aligned}
E_x &= -\frac{1}{k_{\mathrm{c}}^2}\left(\gamma\frac{\partial E_z}{\partial x} + \mathrm{j}\omega\mu\frac{\partial H_z}{\partial y}\right)\\
E_y &= \frac{1}{k_{\mathrm{c}}^2}\left(-\gamma\frac{\partial E_z}{\partial y} + \mathrm{j}\omega\mu\frac{\partial H_z}{\partial x}\right)\\
H_x &= \frac{1}{k_{\mathrm{c}}^2}\left(-\gamma\frac{\partial H_z}{\partial x} + \mathrm{j}\omega\varepsilon\frac{\partial E_z}{\partial y}\right)\\
H_y &= -\frac{1}{k_{\mathrm{c}}^2}\left(\gamma\frac{\partial H_z}{\partial x} + \mathrm{j}\omega\varepsilon\frac{\partial E_z}{\partial y}\right)
\end{aligned}\right\} \tag{7-75}$$

由式(7-75) 可知，所有场量只与坐标 x 和 y 相关。

由上面的分析可知，在波导中传播的导行电磁波可能出现 E_z 和 H_z 分量。所以，可以根

据 E_z 和 H_z 的存在情况，将导行电磁波分为三种：TEM 波型、TE 波型和 TM 波型。

1）横电磁波（TEM）。这种波既无 E_z 分量又无 H_z 分量，即 $E_z=0$、$H_z=0$。从式(7-75)可知，只有当 $k_c=0$ 时，横向分量才不为零，即

$$\gamma^2=-k^2$$

或

$$\gamma=\mathrm{j}k=\mathrm{j}\omega\sqrt{\mu\varepsilon} \tag{7-76}$$

则式(7-70) 和式(7-72) 可简化为

$$\nabla_t^2\boldsymbol{E}(x,\ y)=0 \tag{7-77}$$

$$\nabla_t^2\boldsymbol{H}(x,\ y)=0 \tag{7-78}$$

式(7-77) 和式(7-78) 表明，导波系统中 TEM 波在横截面上的场分量满足拉普拉斯方程，其分布应该与静态场中相同边界条件下的场分布相同。因此可以断定，凡能维持二维静态场的导波系统，都能传输 TEM 波，如同轴线。空心金属波导管内部因不能维持二维静态场，故不能传输 TEM 波。

2）横电波（TE 波）。当传播方向上有磁场分量而无电场分量时，称为 TE 波。

对于 TE 波，H_z 满足波动方程式(7-74)，且在金属导体内壁满足边界条件

$$\left.\frac{\partial H_z}{\partial n}\right|_S=0 \tag{7-79}$$

因此，TE 波归结为在第二类齐次边界条件下求解二维齐次波动方程式(7-74)。只有在 k_c 取某些特定的离散值时，该方程才有解，使解存在的 k_c 值称为本征值。不同截面形状及尺寸的波导，本征值是不同的。

3）横磁波（TM 波）。当传播方向上有电场分量而无磁场分量时，称为 TM 波。

对于 TM 波，E_z 满足波动方程式(7-73)，且在金属导体内壁的边界条件为

$$E_z|_S=0 \tag{7-80}$$

因此，TM 波可归结为第一类齐次边界条件下求解二维齐次波动方程的本征值 k_c 的问题。

7.5.2　电磁波在波导中的传播特性

波导中电磁波的传播与 TEM 波的传播有很多不同之处。由波导的一端进入的波，在碰到波导壁时一定会发生反射。由于波是被完整的导电壁所包围的，可以想见它沿波导传播途中要发生多次反射。各种反射波的相互作用会产生无穷多个离散的特征场型，称之为模式。某种离散模式的存在取决于波导的尺寸和形状，波导内的介质和工作频率。

对于 TE 波、TM 波，式(7-71) 中 $k_c^2\neq0$，因此可改为

$$\gamma=\begin{cases}\mathrm{j}\sqrt{k^2-k_c^2}=\mathrm{j}\beta & k>k_c\\ \sqrt{k_c^2-k^2}=\alpha & k<k_c\end{cases} \tag{7-81}$$

由式(7-68) 和式(7-69) 可知，当 $k>k_c$ 时，波沿 z 方向传播，称为传播模式；当 $k<k_c$ 时，场沿 z 方向指数衰减，波导内没有波的传播，称为非传播模式或凋落模式。当 $k=k_c$ 时，波从传播模式变为非传播模式。因此，把 $k=k_c$ 时的频率称为截止频率 f_c，得

$$f_c = \frac{k_c}{2\pi\sqrt{\mu \varepsilon}} \tag{7-82}$$

把此时的自由空间波长 λ_c 称为截止波长，得

$$\lambda_c = \frac{v}{f_c} = \frac{2\pi}{k_c} \tag{7-83}$$

由式(7-82) 和式(7-83) 可知，波导的本征值 k_c 决定了它的截止频率和截止波长，k_c 与波导的几何形状和尺寸大小有关。

与可由任意频率激励的TEM模式不同，TE模式和TM模式只有在其频率高于截止频率 f_c 的特定频率时才能传播。每一模式的截止频率是不同的。当工作频率低于最低次模的截止频率时，波的衰减很大，传播一小段距离后就会消失。反之，截止频率低于工作频率的那些模式均可同时存在于波导中。

7.5.3 矩形金属波导

有两种波导常用来沿其长度方向引导微波频率的信号。一种具有矩形截面，因而称之为矩形波导；另一种具有圆形截面，因而称之为圆柱波导。矩形波导最为常用，分析也比较容易。因此在本章中将只讨论矩形波导。

上一节介绍了均匀波导中电磁波的分类及其一般特性，以及平板介质波导，这一节将对另一种常用的金属波导管——矩形波导进行讨论。由理想导体壁组成的截面为矩形的波导管，如图7-5所示。其内壁面的长和宽分别为 a 和 b，波导内填充的介电常数为 ε、磁导率为 μ 的媒质。矩形波导通过传播TE波或TM波来传输电磁能量，矩形波导管不能传播TEM波。因此，接下来分别讨论TM波和TE波。

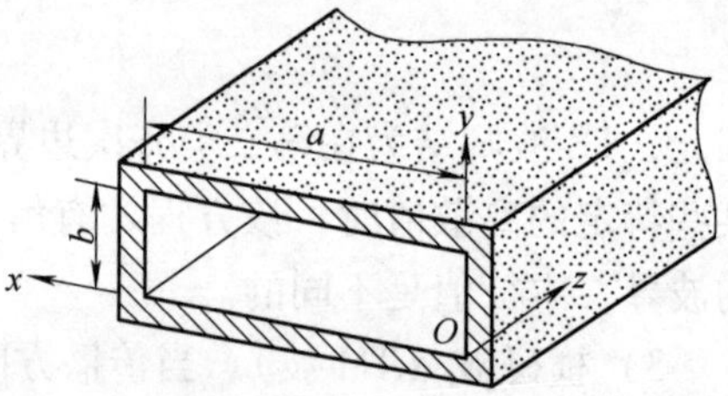

图7-5 矩形波导

TM波的 $H_z=0$，其余分量可利用式(7-75) 由纵向电场 E_z 确定。E_z 是下列方程的解：

$$\left.\begin{aligned} &\frac{\partial^2 E_z}{\partial x^2} + \frac{\partial^2 E_z}{\partial y^2} + k_c^2 E_z = 0 \\ &E_z\big|_{x=0} = E_z\big|_{x=a} = 0 \\ &E_z\big|_{y=0} = E_z\big|_{y=b} = 0 \end{aligned}\right\} \tag{7-84}$$

由式(7-84) 可得纵向电场 E_z 的解为

$$E_z = A_{mn}\sin\left(\frac{m\pi}{a}x\right)\sin\left(\frac{n\pi}{b}y\right) \tag{7-85}$$

$$k_c^2 = k_{mn}^2 = \left(\frac{m\pi}{a}\right)^2 + \left(\frac{n\pi}{b}\right)^2 \tag{7-86}$$

式中，A_{mn} 是振幅常数，由导行波的激励源确定；m、n 是不为零的任何正整数。

由式(7-75) 可求得TM波的其他横向分量为

$$\left.\begin{aligned}
E_x &= -\frac{\gamma}{k_c^2}\left(\frac{m\pi}{a}\right)A_{mn}\cos\left(\frac{m\pi}{a}x\right)\sin\left(\frac{n\pi}{b}y\right)\\
E_y &= -\frac{\gamma}{k_c^2}\left(\frac{n\pi}{b}\right)A_{mn}\sin\left(\frac{m\pi}{a}x\right)\cos\left(\frac{n\pi}{b}y\right)\\
H_x &= \frac{j\omega\varepsilon}{k_c^2}\left(\frac{n\pi}{b}\right)A_{mn}\sin\left(\frac{m\pi}{a}x\right)\cos\left(\frac{n\pi}{b}y\right)\\
H_y &= -\frac{j\omega\varepsilon}{k_c^2}\left(\frac{m\pi}{a}\right)A_{mn}\cos\left(\frac{m\pi}{a}x\right)\sin\left(\frac{n\pi}{b}y\right)
\end{aligned}\right\} \tag{7-87}$$

TE 波的 $E_z=0$，其余场分量可以利用式(7-75) 由纵向分量 H_z 确定，其方程和对应的边界条件为

$$\left.\begin{aligned}
&\frac{\partial^2 H_z}{\partial x^2}+\frac{\partial^2 H_z}{\partial y^2}+k_c^2 H_z = 0\\
&\left.\frac{\partial H_z}{\partial y}\right|_{x=0} = \left.\frac{\partial H_z}{\partial y}\right|_{x=a} = 0\\
&\left.\frac{\partial H_z}{\partial x}\right|_{y=0} = \left.\frac{\partial H_z}{\partial x}\right|_{y=b} = 0
\end{aligned}\right\} \tag{7-88}$$

满足上述边界条件的解为

$$H_z = A_{mn}\cos\left(\frac{m\pi}{a}x\right)\sin\left(\frac{n\pi}{b}y\right) \tag{7-89}$$

$$k_c^2 = k_{mn}^2 = \left(\frac{m\pi}{a}\right)^2+\left(\frac{n\pi}{b}\right)^2 \tag{7-90}$$

式中，A_{mn}是振幅常数，由导行波的激励源确定；m、n 是不为零的任何正整数和零，但不能同时为零。

利用式(7-75) 可求得 TE 波的其他横向分量为

$$\left.\begin{aligned}
E_x &= \frac{j\omega\mu}{k_c^2}\left(\frac{n\pi}{b}\right)A_{mn}\cos\left(\frac{m\pi}{a}x\right)\sin\left(\frac{n\pi}{b}y\right)\\
E_y &= -\frac{j\omega\mu}{k_c^2}\left(\frac{m\pi}{a}\right)A_{mn}\sin\left(\frac{m\pi}{a}x\right)\cos\left(\frac{n\pi}{b}y\right)\\
H_x &= \frac{\gamma}{k_c^2}\left(\frac{m\pi}{a}\right)A_{mn}\sin\left(\frac{m\pi}{a}x\right)\cos\left(\frac{n\pi}{b}y\right)\\
H_y &= \frac{\gamma}{k_c^2}\left(\frac{n\pi}{b}\right)A_{mn}\cos\left(\frac{m\pi}{a}x\right)\sin\left(\frac{n\pi}{b}y\right)
\end{aligned}\right\} \tag{7-91}$$

对上述分析结果做如下讨论：

1）由 TM 波的解式(7-85) 和式(7-87) 以及 TE 波的解式(7-89) 和式(7-91) 可以看出，在波导管的横截面上，场是正弦变化的，其分别直接取决于 m 和 n。m 和 n 取不同值时，称为不同的模式，分别用 TE_{mn}和 TM_{mn}表示。

2）由式(7-82) 和式(7-84) 或式(7-90) 可知截止频率为

$$f_c = \frac{1}{2\sqrt{\mu\,\varepsilon}}\sqrt{\left(\frac{m}{a}\right)^2 + \left(\frac{n}{b}\right)^2} \tag{7-92}$$

相应的截止波长为

$$\lambda_c = \frac{2}{\sqrt{\left(\frac{m}{a}\right)^2 + \left(\frac{n}{b}\right)^2}} \tag{7-93}$$

由式(7-92）和式(7-93）可知，截止频率和波长都与工作频率无关，仅与波导尺寸和模式相关。

3）矩形波导可以工作在单模状态，也可以工作在多模状态。由式(7-93）可知，波导的尺寸决定后，m 和 n 的值越小，截止波长越长。由于 TE_{10} 的截止波长 $\lambda_c = 2a$ 是矩形波导中能出现的最长的截止波长，故工作波长 $\lambda \geqslant 2a$ 区域称为截止区，电磁波不能在波导中传播；若 $\lambda < a$，则至少会出现两种以上的波型，这个区域称为多模区；若 $a < \lambda < 2a$，则只有 TE_{10} 模出现，其他模都处于截止状态，此时称为单模传输，此区为单模区。在使用波导传输时，通常要求工作在单模状态。

7.5.4 谐振腔

1. 谐振腔中的场结构

谐振腔内部的电磁场分布在空间三个坐标方向上都将受到腔壁边界的限制，均呈驻波分布，微波谐振腔在微波电路中起着与低频 LC 振荡回路相同的作用，是一种具有储能和选频特性的谐振器件。

谐振腔的种类按结构形式可以分为传输线型和非传输线型两类。传输线型谐振腔是由两端短路或者开路的一段微波传输线构成的，如矩形谐振腔、圆柱谐振腔、同轴线谐振腔、微带线谐振腔、介质谐振腔。非传输线谐振腔不是由传输线段构成的，而是一些特殊形状的谐振腔，故又称为复杂式形状谐振腔。这种谐振腔通常在腔体的一个或几个方向上存在不均匀性，如重入式环形谐振腔、带有集总电容的同轴线型谐振腔等。下面主要讨论工程实际中常用的传输线型谐振腔中的场结构。

（1）矩形谐振腔中的场结构

鉴于矩形波导的结构，欲构成两端开路的 $\lambda_p/2$ 型或一端开路的 $\lambda_p/4$ 型谐振腔是不可能的，因为开路端的电磁波会向外辐射，故矩形波谐振腔只有两端短路的 $\lambda_p/2$ 型一种形式。将长度为 l 的一段矩形波导两端用金属片短路便构成了一个矩形谐振腔，如图7-6所示。其中 a 和 b 仍表示矩形波导在 x 方向和 y 方向的尺寸。

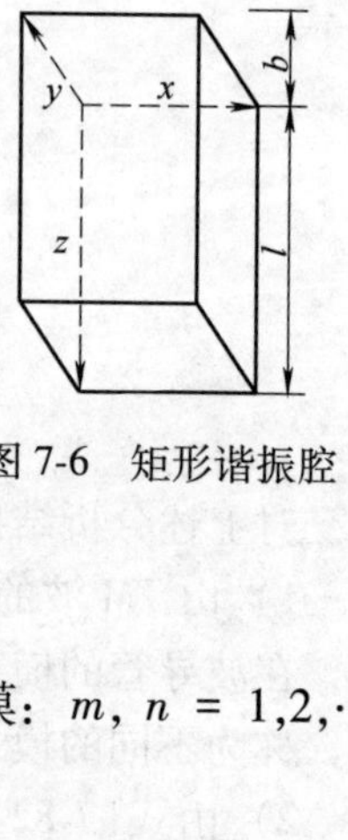

图7-6 矩形谐振腔

应用相位法不难求出矩形谐振腔的谐振频率

$$f_0 = \frac{2}{\sqrt{\left(\frac{m}{a}\right)^2 + \left(\frac{n}{b}\right)^2 + \left(\frac{p}{l}\right)^2}} \tag{7-94}$$

其中，对 TE_{mnp} 模：$m, n = 0, 1, 2, \cdots$；$p = 1, 2, 3, \cdots$；对 TM_{mnp} 模：$m, n = 1, 2, \cdots$；$p = 0, 1, 2, 3, \cdots$。

由上式可见，并不是任何频率下的电磁场都能存在于某一给定尺寸的矩形谐波腔中，只有那些能满足式(7-94）所示频率下的电磁场才能满足腔的边界条件而在其内谐振。可见，谐振腔与 *LC* 回路一样具有频率选择性，所不同的是谐振腔的谐振频率不是一个，而是无限多个。能满足条件的那些频率构成了一组离散的谐振频率，改变腔体长度可谐振在不同频率上。每一个谐振频率对应一个特定的场分布，这就是通常所说的振荡模。矩形谐振腔中存在有 TE_{mnp} 和 TM_{mnp} 两大系列的振荡模式，下标 m、n、p 分别表示场沿 a、b 和 l 边分布的半驻波数。TE 型和 TM 型振荡模式的谐振波长计算公式相同。称谐振波长最长的振荡模为谐振腔中的最低振荡模或主模。矩形腔中 TE_{mnp} 系列的最低振荡模型为 TM_{101} 模（当 $b<a<l$ 时），TM_{mnp} 模系列的最低振荡模为 TM_{110} 模。TM_{mnp} 中的 p 可取零值的原因是因为 TM_{mn} 模的场分布能保证沿纵向任何位置所放置的短路片都能满足边界条件。

通常，矩形谐振腔都以 TE_{101} 为谐振工作模，其场结构如图 7-7 所示。

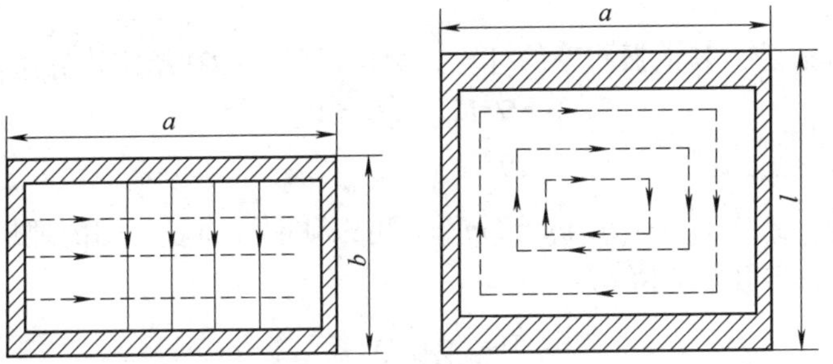

图 7-7　TE_{101} 模式场结构

电场只有 E_y 分量，磁场有 H_x、H_z 两个分量，其驻波场分量表达式为

$$E_y = E_{101}\sin\left(\frac{\pi}{a}x\right)\sin\left(\frac{\pi}{l}z\right) \tag{7-95}$$

$$H_y = -\mathrm{j}\frac{E_{101}}{TE_{10}}\sin\left(\frac{\pi}{a}x\right)\cos\left(\frac{\pi}{l}z\right) \tag{7-96}$$

$$H_z = -\mathrm{j}\frac{E_{101}}{TE_{10}}\frac{l}{a}\cos\left(\frac{\pi}{a}x\right)\sin\left(\frac{\pi}{l}z\right) \tag{7-97}$$

$$E_x = E_z = H_y = 0 \tag{7-98}$$

矩形腔三个方向都不传输能量，均呈驻波分布，因此坐标的选择具有任意性，同一个场分布，选择不同的坐标轴可以得到不同的模式。

（2）圆柱谐振腔中的场结构

同样出于辐射的考虑，圆柱谐振腔也只有两端短路的 $\lambda_p/2$ 型一种形式。圆柱谐振腔中也存在有 TE_{mnp} 和 TM_{mnp} 两大系列的谐振模，其谐振频率的计算公式同矩形谐振腔一样。由边界条件可以推知，对于 TE_{mnp} 系列，其 p 不能为零；对于 TM_{mnp} 系列，其 p 可取零。于是，圆柱谐振腔中的三种常用谐振模为 TE_{111}、TM_{010} 和 TE_{011}。

2. 谐振腔的谐振频率

从本质上来看，微波谐振腔和低频 *LC* 回路产生谐振的物理过程都是电场能量与磁场能量相互转换的过程，但两者又有重要的不同之处：①*LC* 回路是集总参数电路，微波谐振腔是分布参数电路；②*LC* 回路只有一个谐振频率，而微波谐振腔具有多谐性，即当尺寸一定时可有无限多个谐振频率；③微波谐振腔的品质因数比 LC 回路高 2~3 个数量级。这些差异使得用来衡量谐振回路的基本参量及分析方法有所不同。在普通无线电技术中，具有集总参数的谐振回路的基本参量是 L、C 和 R，有这些基本参量可以导出其余的回路参数：谐振频率 f_0、固有品质因数 Q_0 和特性阻抗 ε_0。而在分布参数的微波谐振腔中，L、C 参量已经没有确切的物理意义，因此在微波波段，是将谐振频率 f_0、固有品质因数 Q_0 和特性阻抗 Z_0 作为谐振腔的基本参量。这些参量在谐振腔中都有确切的物理意义，并且可以直接测量。但是，谐振腔的这三个基本参量都是对谐振腔中的某一个谐振模式而言的，模式不同，其基本参量的数值一般是不相同的。

谐振腔的谐振频率 f_0 是腔中某模式的场发生谐振时的频率。谐振的发生与否可由腔内场量呈纯驻波分布、电场能量与磁场能量平均值相等或腔内的总等效电纳为零三条件之一来判别。f_0 的确定方法主要有下面几种。

（1）场解法

任意形状的谐振腔，其谐振频率的计算，都可以归结为在给定边界条件下求波动方程

$$\nabla^2 E + k_0^2 E = 0 \tag{7-99}$$

$$\nabla^2 H + k_0^2 H = 0 \tag{7-100}$$

的本征值 k 的问题。式中 $k_0 = \omega\sqrt{\mu_0\varepsilon_0} = 2\pi f/c$，可以证明，对于封闭的理想导体的边界条件，$k$ 具有一系列分立的实数本征值

$$k_1,\ k_2,\ k_3,\ \cdots$$

这些本征值决定了腔中各个模式的谐振频率

$$f_i = ck_i/2\pi \quad (i = 1,\ 2,\ 3,\ \cdots) \tag{7-101}$$

集合 $\{f_i\}$ 就是谐振腔的谐振频谱。场解法不仅可以得出腔的谐振频谱，而且还能求出各个模式的场分布 E 和 H，从而可以计算出其余的参量。但除了一些形状简单的腔可以求出解析解，复杂边界条件的求解问题往往有数学上的困难，需采用数值计算方法。

（2）相位法

多数实用腔往往可以归结为一段两端短路或接以某种无功负载的传输系统，其等效电路如图 7-8 所示。计算这类谐振腔的谐振频率，可采用相位法。因为传输系统中的纯驻波场可以看成是由行波在其两端往返多次反射后叠加而成的，所以腔内任一点的场都是由许多行波场按一定相位关系相加而成的。如果从任一点出发的微波在腔内循环一周后，其相位与原来出发的相位之差为 2π 的整数倍，则这两个行波场便同相叠加而增强，如此循环下去，腔内由两反向行波叠加而成的纯驻波场就会不断增强至谐振。上述条件可以写成

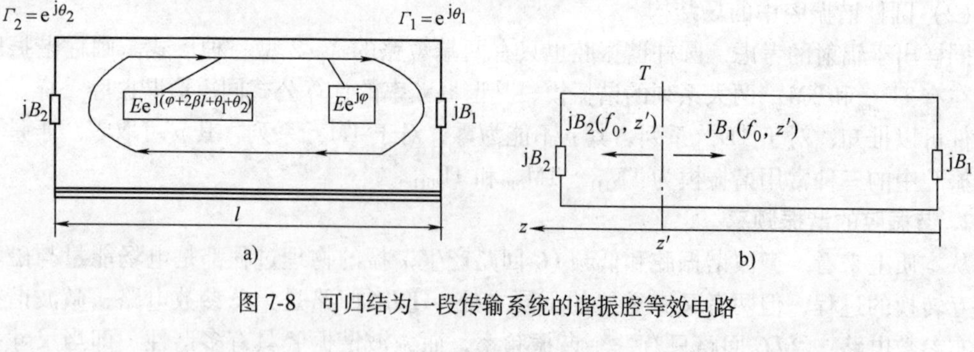

图 7-8 可归结为一段传输系统的谐振腔等效电路

$$2\beta l+\theta_1+\theta_2=2\pi p \quad (p=0,\ \pm 1,\ \pm 2,\ \cdots) \tag{7-102}$$

无色散波为

$$\beta=\frac{2\pi}{\lambda}=\frac{2\pi}{c}f$$

色散波为

$$\beta=\frac{2\pi}{\lambda_{\mathrm{p}}}=\frac{2\pi}{c}\sqrt{f^2-f_{\mathrm{c}}^2}$$

式(7-102) 中 l 为腔沿传输系统方向的长度；θ_1 和 θ_2 分别为行波在传输系统两端反射系数的相角。从式(7-102) 中解出 f（或 λ）就是所需要的谐振频率 f_0（或谐振波长 λ_0）。

利用式(7-102) 的条件还可以解释为什么谐振腔在谐振时储能最强，而失谐后储能迅速减弱。这是因为在谐振时，行波在腔内无论循环多少次后总回到原出发点都是相同的，故场强总是叠加增强而不会相互抵消；而失谐后，行波腔内即使循环一周后回到原处所产生的相位差 $\Delta\theta$ 很小，但是经过 N 周后相位差为 $N\Delta\theta$，总有很多机会使 $N\Delta\theta$ 等于 π 的奇数倍而使腔内的场反相抵消。在理想无耗腔中，上述循环的行波是等幅的，因而失谐时反相的行波场总是成对地完全抵消，故腔内储能为零。而实际的有耗腔中，失谐时的各反相行波在腔内的行程不同，其衰减程度亦不同，这些虽反相但是不等幅的电磁波相互间只能部分抵消，致使腔内储能并不完全为零。

（3）电纳法

谐振腔在谐振时腔内电场与磁场能自行彼此转换，故腔内的总等效电纳为零。借此特性可以求出谐振腔的谐振频率。以图 7-8b 所示的传输线型谐振腔等效电路为例，对任设的参考面 T，在谐振时均有

$$\sum \mathrm{j}B_i(f_0,\ z')=\mathrm{j}B_1(f_0,\ z')+\mathrm{j}B_2(f_0,\ z')=0 \tag{7-103}$$

成立。式中 $B_1(f_0,\ z')$、$B_2(f_0,\ z')$ 分别为从参考面 T 向两侧看去的电纳表达式，解上述方程可得谐振频率 f_0。

（4）集总参数法

对于某些电场和磁场来说，分别集中在腔内空间某些部位，可以按集总参数概念直接计算电感 L 和电容 C，然后根据下式

$$f_0=\frac{1}{2\pi\sqrt{LC}} \tag{7-104}$$

求出谐振频率 f_0。

7.6　工程应用实例

7.6.1　移动通信技术

移动通信技术是通过空间电磁波，即无线传输信道或无线接入信道来传输信息的技术。要正确设计一个移动通信系统，必须细致了解电磁波在空中的传播特性。现今所使用的移动通信技术都是建立在为克服无线信道的传输缺点基础上的。在实际应用中，常常采用理论分析与实验数据相结合的方法，针对不同的传输环境总结相应的路径损耗模型。

地面反射（双射线）模型中只考虑了直射波和地面一次反射波，未考虑多次反射波、散射、衍射以及多普勒效应的影响，但这对估计几千米范围内的信号强度是非常有用的，而且对区域内微蜂窝环境中信号功率的估计也非常准确，如图7-9所示。

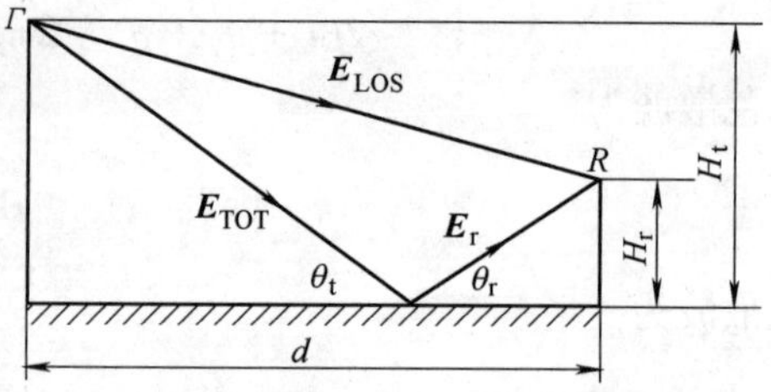

图7-9 具有反射平面的电磁波传输模型

在多数移动通信系统中，收发天线之间的最大距离为几千米，此时可把地球表面看作一个平面，这样总的接收电场强度 $\boldsymbol{E}_{TOT}$ 为 $\boldsymbol{E}_{LOS}$ 与一次反射波 $\boldsymbol{E}_r$ 的矢量和。

假设图7-9为垂直极化，H_t 为发射天线的高度，H_r 为接收天线高速。如用 E_0 表示 d_0 处的电场强度，则当 $d>d_0$ 时，有

$$E(d,\ t) = \frac{E_0 d_0}{d}\cos\left[\bar{\omega}_c\left(t - \frac{d}{c}\right)\right] \tag{7-105}$$

其中，$|E(d',\ t)| = \frac{E_0 d_0}{d}$ 为场强包络，于是直射波可表示为

$$E(d',\ t) = \frac{E_0 d_0}{d}\cos\left[\bar{\omega}_c\left(t - \frac{d'}{c}\right)\right] \tag{7-106}$$

一次反射波有

$$E(d'',\ t) = \Gamma\frac{E_0 d_0}{d}\cos\left[\bar{\omega}_c\left(t - \frac{d''}{c}\right)\right] \tag{7-107}$$

式中，d' 表示直射波的传播路径长度；d'' 表示一次反射波的传播路径长度；Γ 为反射系数；c 为光速。

根据反射定律有

$$\begin{cases}\theta_t = \theta_r \\ E_r = \Gamma E_t\end{cases} \tag{7-108}$$

若在此频段上地面是良导体，则地面的反射为全反射，即 $\Gamma=-1$，则有

$$|E_{TOT}| = |E_{LOS} + E_r| \tag{7-109}$$

将式(7-106) 和式(7-107) 代入式(7-109)，得到接收信号的电场强度为

$$E_{TOT}(d,\ t) = \frac{E_0 d_0}{d}\cos\left[\bar{\omega}_c\left(t - \frac{d'}{c}\right)\right] + (-1)\frac{E_0 d_0}{d}\cos\left[\bar{\omega}_c\left(t - \frac{d''}{c}\right)\right] \tag{7-110}$$

直射波与一次反射波路径长度之间的程差为

$$\Delta = d'' - d' = \sqrt{(h_t + h_r)^2 + d^2} - \sqrt{(h_t - h_r)^2 + d^2} \tag{7-111}$$

当 $d \gg h_t + h_r$ 时，式(7-111) 可近似为

$$\Delta = d'' - d' \approx \frac{2h_t h_r}{d} \tag{7-112}$$

二者路径长度之间的相位差为

$$\theta = \frac{2\pi\Delta}{\lambda} \tag{7-113}$$

二者到达接收天线的时延为

$$\tau_{\mathrm{d}} = \frac{\Delta}{c} = \frac{\theta}{2\pi f_{\mathrm{c}}} \tag{7-114}$$

当 d 很大时，d'和 d''的差值很小，直射波与一次反射波路径振幅基本相同，但相位不同

$$\left|\frac{E_0 d_0}{d}\right| \approx \left|\frac{E_0 d_0}{d'}\right| \approx \left|\frac{E_0 d_0}{d''}\right| \tag{7-115}$$

当 $t=d''/c$ 时，有

$$\begin{aligned} E_{\mathrm{TOT}}(d,\ d''/c) &= \frac{E_0 d_0}{d'}\cos\left[\bar{\omega}\,\frac{(d''-d')}{c}\right] - \frac{E_0 d_0}{d''}\cos 0 \\ &= \frac{E_0 d_0}{d'}\cos\theta - \frac{E_0 d_0}{d''} \approx \frac{E_0 d_0}{d}(\cos\theta - 1) \end{aligned} \tag{7-116}$$

对式(7-116) 进行泰勒级数展开，取一次项，得到近似为

$$E_{\mathrm{TOT}}(d) \approx \frac{4\pi E_0 d_0 h_{\mathrm{t}} h_{\mathrm{r}}}{\lambda d^2} \tag{7-117}$$

接收信号功率正比于场强平方，得

$$P_{\mathrm{r}} = P_{\mathrm{t}} G_{\mathrm{t}} G_{\mathrm{r}} \frac{h_{\mathrm{t}} h_{\mathrm{r}}}{d^4} \tag{7-118}$$

式中，P_{t} 为反射功率；G_{t} 和 G_{r} 分别为发射天线和接收天线的增益。

于是，可得地面发射的路径损耗为

$$L_{\mathrm{p}}(d) = 40\log d - (10\lg G_{\mathrm{t}} + 10\lg G_{\mathrm{r}} + 20\lg h_{\mathrm{t}} + 20\lg h_{\mathrm{r}}) \quad (\mathrm{dB}) \tag{7-119}$$

由式(7-119) 可以看出，对于在远区场传播的电磁波，路径损耗与频率无关，与发射天线到接收天线之间的距离有关。

7.6.2　电磁波测距

电磁波测距的基本原理是利用电磁波在空气中传播的速度为已知特性，测定电磁波在被测距离上往返传播的时间来求得距离值。

如图 7-10 所示，置于 A 点的仪器发射出的电磁波被 B 点的反射器返回，并被 A 点的仪器接收。设电磁波在 AB 间往返传播的时间为 t_{2D}，则距离 D 可表示为

$$D = \frac{1}{2}c \cdot t_{2D} \tag{7-120}$$

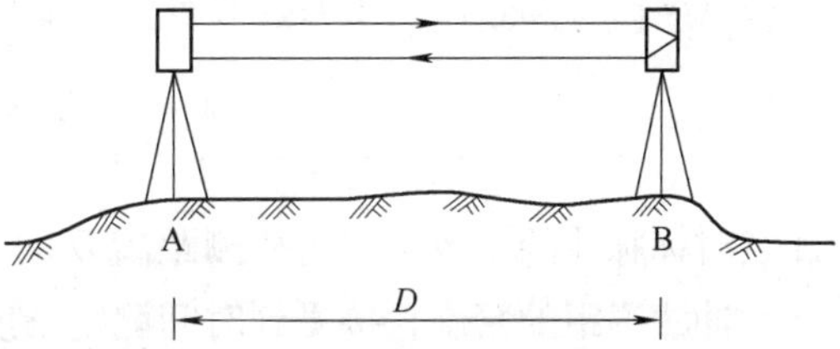

图 7-10　电磁波测距的基本原理

式中，c 为电磁波在空气中的传播速度，约为 3×10^8m/s。若能精确求出电磁波往返传播的时间 t_{2D}，即可按式(7-120) 求出距离 D。具体求 D 的方法很多，主要有脉冲法、相位法和变频法三种。本节主要介绍脉冲法测距。

脉冲法测距是一种直接测定电磁波脉冲信号在待测距离上往返传播的时间 t_{2D}，然后利用式(7-120) 求距离值的方法。其原理框图如图 7-11 所示。

一般脉冲测距的光源为激光源，通过调 Q 技术将激光能量集中成较窄的光脉冲发射出去，使发射光亮度提高几个数量级。时标脉冲是由标准频率发生器产生的，用以作为计时的

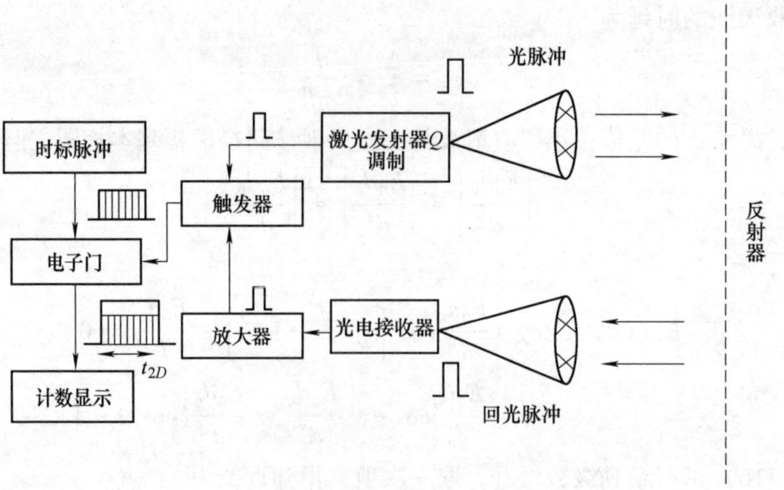

图 7-11 脉冲测距的原理框图

脉冲信号，若频率f_{cr}为已知，则一个脉冲所代表的时间为$1/f_{cr}$。

图 7-11 中的激光发射器发出一束脉冲，通过光学系统射向被测目标。发射的同时，输出一电脉冲信号，作为计时的起始信号，经触发器打开电子门，让时标脉冲通过，并让计数器记下通过的时标脉冲个数。激光发射的光脉冲到达被测目标后，经过反射回光脉冲被光电接收器接收，并将光脉冲转换为电脉冲，作为计时终止信号，经过放大器送给触发器，接着关闭电子门，则时标脉冲停止通过。电子门开—闭的时间，就是光脉冲往返于待测距离的时间t_{2D}。若计数器记下所通过的时标脉冲的个数为n，则

$$t_{2D}=n\frac{1}{f_{cr}} \tag{7-121}$$

将式(7-121) 代入式(7-120) 可得

$$D=\frac{c}{2}\left(\frac{n}{f_{cr}}\right)=\frac{\lambda}{2}n \tag{7-122}$$

由式(7-122) 可知，每一个时标脉冲所代表的距离为$\frac{\lambda}{2}$，当$f_{cr}=1500\text{MHz}$时

$$\frac{\lambda}{2}=\frac{3\times10^{8}}{2\times150\times10^{6}}\text{m}=1\text{m}$$

则计数时标脉冲的个数，即为待测距离D的米数。

脉冲法测距的精度直接受到时间测定精度的限制，由式(7-120) 对t微分可得

$$\mathrm{d}D=\frac{1}{2}c\mathrm{d}t \tag{7-123}$$

若要求测量距离精度$\Delta D\leqslant1\text{cm}$，则要求测时的精度

$$\Delta t\leqslant\frac{2\cdot\Delta D}{c}\approx\frac{2}{3}\times10^{-10}\text{s}$$

这就要求时标脉冲的频率f_{cr}达到$15\times10^{10}\text{Hz}=15000\text{MHz}$，当前计数频率一般为150MHz或30MHz，计时精度只能达到10^{-8}s两级，即测距精度仅达到1m或0.5m。

所以，脉冲测距都用于光能量很大的激光测距仪，适用于远距离测量，特别是无反射器的距离测量（单靠激光投射到目标物体上的漫反射进行距离测量）。由于此类仪器精度有限，故在军事上用得较多，如手持望远镜或激光测距仪等。若用于地形测量，实现无人跑尺以减轻劳动强度，提高作业效率，尤其对测量悬崖峭壁或不易达到的地区具有现实意义。

7.7　本章小结

1）电磁场波动方程

$$\nabla^2 \boldsymbol{H} - \mu\varepsilon \frac{\partial^2 \boldsymbol{H}}{\partial t^2} - \mu\gamma \frac{\partial \boldsymbol{H}}{\partial t} = 0$$

$$\nabla^2 \boldsymbol{E} - \mu\varepsilon \frac{\partial^2 \boldsymbol{E}}{\partial t^2} - \mu\gamma \frac{\partial \boldsymbol{E}}{\partial t} = 0$$

均匀平面电磁波：平面电磁波的等相面上，各点的电场幅值 $\boldsymbol{E}$ 和磁场幅值 $\boldsymbol{H}$ 均为常量。其方程为

$$\frac{\partial^2 E_y}{\partial x^2} - \mu\varepsilon \frac{\partial^2 E_y}{\partial t^2} - \mu\gamma \frac{\partial E_y}{\partial t} = 0$$

$$\frac{\partial^2 H_z}{\partial x^2} - \mu\varepsilon \frac{\partial^2 H_z}{\partial t^2} - \mu\gamma \frac{\partial H_z}{\partial t} = 0$$

2）理想介质中的均匀平面波：在无源、理想介质中（$\rho=0$，$\gamma=0$）波动方程为

$$\frac{\partial^2 E_y}{\partial x^2} - \mu\varepsilon \frac{\partial^2 E_y}{\partial t^2} = 0$$

$$\frac{\partial^2 H_z}{\partial x^2} - \mu\varepsilon \frac{\partial^2 H_z}{\partial t^2} = 0$$

正弦规律变化的波动方程解的瞬时值形式：

$$E_y(x,\ t) = \sqrt{2}E_y^+ \cdot \cos\left(\omega t - \beta x + \psi_E\right)$$

$$H_z(x,\ t) = \sqrt{2}H_z^+ \cdot \cos\left(\omega t - \beta x + \psi_H\right)$$

其传播特性：波幅不衰减；电磁波的相速与频率无关；电磁能量的流动方向和速度与电磁波的传播方向和速度一致。

3）导电媒质中平面波的传播特性。电磁波在导电媒质传播过程中由于存在传导电流不断消耗能量，使得电场和磁场的振幅不断衰减；$\boldsymbol{E}$ 和 $\boldsymbol{H}$ 的波幅沿 x 方向衰减，衰减常数和相位常数都与频率 f 有关，相速小于理想介质中的相速，与媒质参数 ε、μ、γ 和 f 有关，因此造成波形畸变。

4）平面波的反射与折射。反射波和折射波也一定是均匀平面电磁波，且它们的传向也都处于入射面内，入射波、反射波和折射波三者沿 y 方向的相速相等。

反射定律，表示反射角等于入射角，即 $\theta'_1=\theta_1$。

折射定律，也就是光学中的菲涅耳定律为

$$\frac{\sin\theta_2}{\sin\theta_1} = \frac{v_2}{v_1} = \sqrt{\frac{\mu_1\varepsilon_1}{\mu_2\varepsilon_2}}$$

5）介质平板波导。波导是用来引导电磁波在有限空间中传播，使电磁波不至于扩散到漫无边际的空间中的结构的总和。波导的本征值 k_c 决定了它的截止频率和截止波长。

6）矩形金属波导。矩形波导通过传播TE波或TM波来传输电磁能量，矩形波导不能传播TEM波，其截止频率和波长都与工作频率无关，仅与波导尺寸和模式相关。

7）谐振腔。谐振腔内电磁场呈驻波分布，在微波电路中是具有储能和选频特性的谐振器件。

7.8　习题

思考题

1. 电场幅值 $\boldsymbol{E}$ 和磁场幅值 $\boldsymbol{H}$ 均为常量的电磁波是均匀平面波吗？
2. 什么是等相面？平面波的等相面上各点的场强幅值一定相等吗？
3. 对于给定的TEM电磁波，传播方向为 y 轴正向，磁场为 x 轴正向，电场是什么方向？
4. 均匀平面波在理想介质中和导电媒质中传播特性的主要区别是什么？
5. 导电媒质中电场和磁场的幅值不断衰减，为什么？
6. 理想介质中电磁波的相速和频率有关吗？导电媒质中情况如何？
7. 理想介质中电磁波的相位相同吗？导电媒质中情况如何？为什么？
8. 导体满足什么条件为良导体？介质满足什么条件为低损耗介质？
9. 什么是横电磁波（TEM）？什么是横电波（TE波）？什么是横磁波（TM波）？
10. 平面波的反射和折射定律是什么？试叙述之。
11. 试叙述波导的概念，为什么存在截止频率？
12. 波导的截止频率和工作频率有关吗？其截止频率是由什么决定的？

练习题

1. 已知无限大真空中电磁场的电场表达式为

$$\boldsymbol{E}(z,\ t)=10\sin\left(10^6 t-\frac{z}{4}\right)\boldsymbol{e}_y\quad(\mathrm{V/m})$$

求磁场强度 $\boldsymbol{H}(z,\ t)$ 和位移电流密度。

2. 无损耗介质的 $\mu=5\mu\mathrm{H/m}$，$\varepsilon=20\times10^{-12}\mathrm{F/m}$，其中有一频率为20MHz的均匀平面电磁波沿 y 轴正方向传播，E 只有 x 轴分量，且初相为零，当 $t=5\times10^{-9}$，$y=0.4\mathrm{m}$ 时，电场强度为800V/m，试求：

（1）波长、速度、相位常数、波阻抗；

（2）E 和 H 的瞬时表达式。

3. 假设自由空间中有一均匀平面电磁波，波长为10cm，当它在某一无损耗媒质中传播时，其波长减少到6cm，如果已知在该媒质中 $\boldsymbol{E}$ 和 $\boldsymbol{H}$ 的振幅分别为40V/m和0.2A/m，求该平面波的频率及介质 ε_r 和 μ_r。

4. 已知无限大真空中电磁场的磁场表达式为

$$\boldsymbol{H}(z,\ t)=15\sin\left(10^6 t-\frac{z}{5}\right)\boldsymbol{e}_y\quad(\mathrm{A/m})$$

试求：(1) 电场强度 $\boldsymbol{E}(z, t)$；

(2) 传播常数、坡印亭矢量。

5. 频率为 10MHz 的均匀平面电磁波从海水表面向海水深处传播，设传播方向为 x 方向，设海水表面 $x=0$ 处，电场幅值为 200V/m，海水的 $\varepsilon_r=80$ 和 $\mu_r=1$，$\gamma=4\text{S/m}$。试求：

(1) 衰减常数、波长、速度、相位常数、波阻抗、透入深度；

(2) $\boldsymbol{E}$ 的振幅衰减到表面值 1%时，波的传播距离。

6. 一均匀平面电磁波在良导体内传播，媒质的磁导率为 μ，其波速为光在真空中速度的 0.2%，波长为 0.3mm，试求媒质的电导率 γ。

7. 一均匀平面电磁波正入射到理想导体的表面，入射波的波长为 1cm，磁场强度为 10A/m，求入射波的电场强度、入射波与反射波合成后的磁场强度。

8. 假设两种半无限大理想媒质的分界面为 zOy 平面，媒质 1 为空气（$\varepsilon_r=1.00006$，$\mu_r=1.0000004$），媒质 2 为干燥木材（$\varepsilon_r=4$，$\mu_r=0.9999995$），入射波从媒质 1 中进入媒质 2，如果入射角为 30°，入射波的相速度为 $3\times10^9\text{m/s}$，试求：

(1) 反射角、折射角；

(2) 反射波的相速度、折射波的相速度。

7.9　科技前沿

Let plane electromagnetic wave is incident on thin conductive polygon with large, in compare with wavelength, dimensions. The problem is to determine the back scattering from this polygon. A possible asymptotic is suggested by the problem geometry-in the context of geometry diffraction theory (GDT). A field scattered by polygon may be considered an a superposition of ray fields of three types. First, in accordance with geometry optics principle, the incidence ray is reflected from plane surface of polygon. Second, diffraction rays arise from rectilinear edges of polygon. Both types of the rays are well known. Finally, it should be added the rays from the tops of polygon. However, in modern GDT there are no coefficients for rays from tops of plane figure. To find them it takes to solve a problem-prototype as for of plane wave on thin conductive sector. Suppose that such problem has been solved. Then it would be to find the back scattering rather easily. Think of plane, perpendicular to incident ray. Determine the ray fields on this plane from all possible scattered rays. It remains only to take an integral over that plane to find asymptotic value of back scattering. By this expedient, the GDT notions, that are required to find the fields on the auxiliary plane, and usual for physical optics and quasioptics integration procedure would combine here to provide a transition from near field (or from current on the body) to the field in the far (or intermediate) zone.

The problem of diffraction on the top of plane figure remains to be explored, although this task came to the attention of scientists more than 30 years. Diffraction coefficients are absent in the known works.

We show, that back scattering on finite angle sector (on triangle, for example) has a local maximum. Asymptotic analysis given here is adequate only for reasonable specific grazing angle Ψ of plane wave being incident on thin angle sector, but it is the angle which corresponds to local maximum. It seems to be likely that two fold diffraction occurs on rectilinear edges of sector, and radar set perceives this diffraction as though the scattering on the angle top.

摘自：Roald B. Vaganov, Vladimir S. Solosin. *Asymptotic Theory of Local Maximum of Back Scattering from Thin Conducting Polygon with Large Dimensions* (Direct and Inverse Problems of Electromagnetic and Acoustic Wave Theory, 2008. DIPED 2008. 13th International Seminar/Workshop on).

第 8 章　电磁场的数值计算法

8.1　冯康与中国有限元法

求解电磁场微分方程的常用方法有两种：解析法和数值计算法。解析法的解能够直接揭示函数的变化规律，用解析法得到的解析解能够用显式表达变量之间的依赖关系，物理意义清楚。解析法多适用于单一介质、规则场域等。当场域的几何特征比较复杂时，应用解析法就比较困难。数值计算方法是一种研究并解决数学问题的数值近似解方法，它将电磁场原本连续的场域问题转换成了离散系统，对其求解数值解，用求得的离散化模型各个点上的数值解，近似逼近连续场域的真实解，所以称之为近似解。电磁场数值计算随着计算机水平的发展，计算精度在不断地提高，因此这一方法受到了广泛的重视。

电磁场的数值计算方法，应用最广的是有限元法。有限元的思想最早由 Courant 于 1943 年提出，最先在复杂的航空结构分析中得到应用。20 世纪 50 年代末，我国数学家冯康独立于西方系统地创建了有限元法。冯康，浙江绍兴人（1920 年 9 月出生于江苏省南京市），计算数学研究的奠基人和开拓者，中国科学院院士，中国科学院计算中心创始人。1944 年冯康毕业于国立中央大学；1945 年在复旦大学数学物理系担任助教；1946 年到清华大学任物理系助教；1951 年转任数学系助教；1951 年调到中国科学院数学研究所，担任助理研究员，后在苏联斯捷克洛夫数学研究所进修；1957 年调入中国科学院计算技术研究所；1965 年在《应用数学与计算数学》上发表了名为“基于变分原理的差分格式”的论文，这篇论文被国际学术界视为中国独立发展“有限元法”的重要里程碑！

冯康在“基于变分原理的差分格式”的论文中创造了一整套解微分方程问题的系统化、现代化的计算方法，当时命名为基于变分原理的差分方法，即现时国际通称的有限元方法（而有限元法这个名称是 Clough 于 1960 年提出的）。该文提出了对于二阶椭圆型方程各类边值问题的系统性的离散化方法。为保证几何上的灵活适应性，对区域 Ω 可作适当的任意剖分，取相应的分片插值函数，它们形成一个有限维空间 S，是原问题的解空间，即 C. Л. 索伯列夫广义函数空间 H1（Ω）的子空间。基于变分原理，把与原问题等价的在 H1（Ω）上的正定二次泛函数极小问题化为有限维子空间 S 上的二次函数的极小问题，正定性质得到严格保持。这样得到的离散形式叫作基于变分原理的差分格式，即当今的标准有限元方法。文中给出了离散解的稳定性定理、逼近性定理和收敛性定理，并揭示了此方法在边界条件处理、特性保持、灵活适应性和理论牢靠等方面的突出优点。这些特别适合于解决复杂的大型问题，并便于在计算机上实现。

工欲善其事，必先利其器。计算机的飞速发展为数值计算方法插上了翅膀，计算机不知疲倦地连续工作和强大的计算能力对数值计算产生了具有决定意义的推动作用。借助计算机提供的强大计算能力（计算速度的提高，存储量的增大等），并且随着一些大型分析软件的快速发展，数值计算在流体场、电磁场、温度场等各类场的分析计算中担当了主角，同时在工农业生产和日常生活的各个领域中，如通信、雷达、电磁防护、医疗、交通、特高压等领域，电磁场的分布、传输、辐射和透入等问题，都起着非常重要的作用。复杂电磁场间系统的分析与综合是现代技术发展的重要课题。对于电磁场问题，求得满足实际条件的麦克斯韦方程的精确解答，获得封闭形式的解析解并给予正确的物理解释，一向是人们所向往的解决问题的最佳结果。然而，只有一些经典几何形状和结构相对简单的问题才有可能求得严格的解析解。当代电磁场工程中的电磁场问题的主要特点是电磁系统的高度复杂性，对于工程问题的解决，解析方法往往无能为力。借助于计算机和数值分析方法，电磁场问题的分析研究从经典解析法进入了离散系统的数值分析法，从而使许多解析方法很难解决的繁复的电磁场问题，通过电磁场的计算机辅助分析可以获得高精度的离散解（数值解）。

8.2 电磁场数值计算常用方法

8.2.1 有限元法

有限元法（Finite Element Method）是电磁场数值计算方法中应用最广的一种方法。有限元法以变分原理为基础，因其理论依据的普遍性，不仅广泛应用于各种结构工程，而且作为一种有效、准确的数值分析方法，由于其灵活的场域适应能力，已经成为工程计算中一种重要的数值算法，被普遍推广并成功地用来解决广大工程领域的问题。例如，热传导、流体力学、空气动力学、土壤力学、机械零件强度分析、工程电磁场等问题。有限元法的最大优点是可以用多种形状、不同大小及高阶近似函数来逼近待求解。许多成熟的商用软件，如ANSYS、HFSS、ANSOFT等都有网格自动剖分功能，并可根据误差大小做适当调整，以达到要求的精度。有限元法具有极大的通用性和灵活性，而且便于处理非线性、多层媒质及各向异性场。它的基本思路是：首先通过与边值问题对应的泛函得出等价的变分问题（即泛函求极值问题）；然后应用有限单元剖分场域，并选取相应的插值函数，从而把变分问题化为普通多元函数的极值问题，最终归结为一组多元的代数方程组（有限元矩阵方程）；最后选择适当的代数解法求解有限元方程，即可得边值问题的近似解（数值解）。

1. 有限元法用于分析平行平面静态电场、磁场

借助于位函数，静态电场的数学模型可一般性地归结为泊松方程的定解问题；静态磁场的数学模型同样可一般地归结为向量磁位的双旋度方程的定解问题。当所讨论的静态磁场具有二维形态分布特征时，待求矢量磁位 $\boldsymbol{A}$ 将仅体现于其一个分量（A_z 或 A_ϕ）的变化，从而将问题简化为该相应分量的泊松方程定解问题。

平行平面场下的静电场与由矢量磁位（$\boldsymbol{A}=A_z\boldsymbol{e}_z$）描述的恒定磁场间的相似关系，可以归纳得出以下统一表达形式的数学模型：

$$\nabla^2 u(x,\ y) = -\frac{f(x,\ y)}{\beta} \quad (x,\ y) \in D \tag{8-1a}$$

$$u(x,\ y)\big|_{L_1} = u_0(r_b) \tag{8-1b}$$

$$\left.\frac{\partial u(x,\ y)}{\partial n}\right|_{L_2}=\frac{q(r_b)}{\beta} \tag{8-1c}$$

与上述统一数学模型等价的变分问题为

$$J[u]=\iint_D\left\{\frac{\beta}{2}\left[\left(\frac{\partial u^2}{\partial x}\right)+\left(\frac{\partial u}{\partial y}\right)^2\right]-fu\right\}\mathrm{d}x\mathrm{d}y-\int_{L_2}qu\mathrm{d}l=\min \tag{8-2a}$$

$$u\big|_{L_1}=u_0(r_b) \tag{8-2b}$$

应用三角剖分、线性插值，即得

$$\tilde{u}^e(x,\ y)=\sum_{i,\ j,\ m}u_sN_s^e(x,\ y)=[N]_e\{u\}_e \tag{8-3}$$

经过边界条件处理后，即可求出离散解。

2. 有限元法用于分析轴对称电场、磁场

关于轴对称的回转体或回转面，若取 z 轴为对称轴，采用圆柱坐标系，则待求极值函数 $u(\rho,\ \phi,\ z)=u(\rho,\ z)$，与 ϕ 无关，场的问题可归结为任一轴对称平面内的连续场问题。对应于轴对称电场的微分方程型数学模型为

$$\nabla^2u(\rho,z)=\frac{\partial^2u}{\partial\rho^2}+\frac{1}{\rho}\frac{\partial u}{\partial\rho}+\frac{\partial^2u}{\partial z^2}=-\frac{f(\rho,z)}{\beta}\quad(\rho,z)\in D \tag{8-4a}$$

$$u(\rho,\ z)\big|_{L_1}=u_0(\boldsymbol{r}_b) \tag{8-4b}$$

$$\left.\frac{\partial u(\rho,\ z)}{\partial n}\right|_{L_2}=\frac{q(\boldsymbol{r}_b)}{\beta} \tag{8-4c}$$

其等价的变分问题为

$$J[u]=2\pi\iint_D\left\{\frac{\beta}{2}\left[\left(\frac{\partial u}{\partial\rho}\right)^2+\left(\frac{\partial u}{\partial z}\right)^2\right]-fu\right\}\rho\mathrm{d}\rho\mathrm{d}z-2\pi\int_{L_2}qu\rho\mathrm{d}l=\min \tag{8-5a}$$

$$u\big|_{L_1}=u_0(r_b) \tag{8-5b}$$

可用和平行平面场类似的方法解得离散解。

当以标量磁位 φ_{m} 为待求量求解轴对称磁场时，其数学模型如式(8-4a)、式(8-4b)、式(8-4c) 所示，最终的有限元方程在形式上也全同于轴对称电场，这里不再赘述。

当以矢量磁位 $\boldsymbol{A}$ 为待求量求解轴对称磁场时，对应于呈轴对称形态的激励源 $\boldsymbol{J}=J_\phi\boldsymbol{e}_\phi$ 与场结构，待求矢量磁位 $\boldsymbol{A}$ 将仅归结为一个分量 $A=A_\phi$。其基本方程为

$$\nabla^2A-\frac{A}{\rho^2}=-\mu J \tag{8-6}$$

从而对应的边值问题为

$$\frac{\partial}{\partial\rho}\left[\frac{1}{\rho}\frac{\partial(\rho A)}{\partial\rho}\right]+\frac{\partial}{\partial z}\left[\frac{1}{\rho}\frac{\partial(\rho A)}{\partial z}\right]=-\mu J\quad(\rho,z)\in D \tag{8-7a}$$

$$A(\rho,\ z)\big|_L=A_0(\boldsymbol{r}_b) \tag{8-7b}$$

与上述边值问题等价的变分问题为

$$J[A]=2\pi\iint_D\frac{1}{2\mu}B^2\rho\mathrm{d}\rho\mathrm{d}z-2\pi\iint_D JA\rho\mathrm{d}\rho\mathrm{d}z \tag{8-8a}$$

$$A\big|_L=A_0(r_b) \tag{8-8b}$$

继续采用三角元剖分、线形插值的一阶有限元法就可解之。

3. 有限元法用于分析非线性磁场

在推导非线性磁场的基本方程时通常需引入以下假设：①忽略铁磁材料的磁滞效应；②当大多讨论的是非线性时变场时，还应忽略位移电流和铁磁材料中的涡流效应，即做非线性准静态场处理；③将实际三维场问题理想化为二维平面平行平面场或轴对称场；④铁磁材料为各向同性。

根据以上假设，二维平行平面与轴对称非线性边值问题可以统一表述为如下相同的数学模型：

$$\begin{aligned}
&\frac{\partial}{\partial x}\left(\beta'\frac{\partial u}{\partial x}\right)+\frac{\partial}{\partial y}\left(\beta'\frac{\partial u}{\partial y}\right)=-f \qquad (x,y)\in D\\
&\beta_1'\frac{\partial u_1}{\partial n}\bigg|_{L'}=\beta_2'\frac{\partial u_2}{\partial n}\bigg|_{L'}\\
&u_1\big|_{L'}=u_2\big|_{L'}\\
&u\big|_{L_1}=u_0(\boldsymbol{r}_b)\\
&\beta'\frac{\partial u}{\partial n}\bigg|_{L_2}=q(\boldsymbol{r}_b)
\end{aligned} \tag{8-9}$$

与之等价的变分问题为

$$J[u]=\iint_D\left(\int_0^B\frac{1}{\mu}B\mathrm{d}B\right)\mathrm{d}x\mathrm{d}y-\iint_D fu\mathrm{d}x\mathrm{d}y-\int_{L_2}qu\mathrm{d}l=\min \tag{8-10a}$$

$$u\big|_{L_1}=u_0(r_b) \tag{8-10b}$$

经过剖分、插值后将得到一组非线性方程组。关于非线性方程组的求解，可以采用线性化迭代法、牛顿-莱夫逊法等。

4. 时谐电磁场中的有限元法

对于工程电磁场问题，当所分析的物理现象必须考虑电场或磁场随时间变化的特征时，例如大型电机端部电磁场、变压器漏磁场及其内部电、磁屏蔽和金属构件中的涡流场、涡流损耗，同步电机异步起动时阻尼条中的电流分布，波导中电磁波的传播、截止频率与波长分析，感应加热、电磁屏蔽等，均应从时变场着手进行分析研究。在具体分析过程中，针对不同的研究对象，经过合理假设建立数学模型并将之转化为等价的变分问题，继而通过剖分、插值得到有限元方程，采用数值方法解有限元方程，就可得到原问题的离散数值解。关于时谐电磁场具体问题的分析可参考相关书籍。

5. 算例

下面以三相永磁同步电动机为分析模型，用有限元法对其进行电磁场分析。本例应用 Ansys Maxwell 软件分析。

（1）电动机基本参数

采用的三相永磁同步电动机分析模型的具体参数见表 8-1。通过 Ansys Maxwell 构建其物理模型，结合边界条件和数学模型进行磁场分析。

表 8-1 电动机的主要技术参数

项 目	尺 寸
定子内径/mm	74
定子外径/mm	120
定子槽数/个	24
极数/个	4
频率/Hz	50

（2）电动机物理模型的生成

首先在 Ansys Maxwell 软件中新建一个 2D 设计平台，选择二维静磁场求解器对永磁同步电动机进行磁场分析。确定模型单位，在求解器类型设置中设置该问题分析系统的全局坐标平面为 x-y 坐标系统。Ansys Maxwell 中模型的建立一般采用自上而下的方式，以点—线—面逐步进行模型生成。在新建的 Maxwell 2D 平台中，通过绘制曲线以及镜像、阵列的方法绘制出电动机的基本结构，并通过“surface-cover lines”指令生成相应面域，然后通过“Subtract”指令分离得各个面域。最后得到的电动机物理模型如图 8-1 所示。在 Maxwell 2D 中建立电动机的物理模型并加载材料以及边界条件，各部分材料见表 8-2。更详细的操作步骤可以参考 Ansys Maxwell 学习手册。

表 8-2　电动机材料属性

面　域	材　料
定子轭	DW465-50 硅钢片
定子绕组	铜
气隙	空气
转子轭	DW465-50 硅钢片
转子绕组	铜

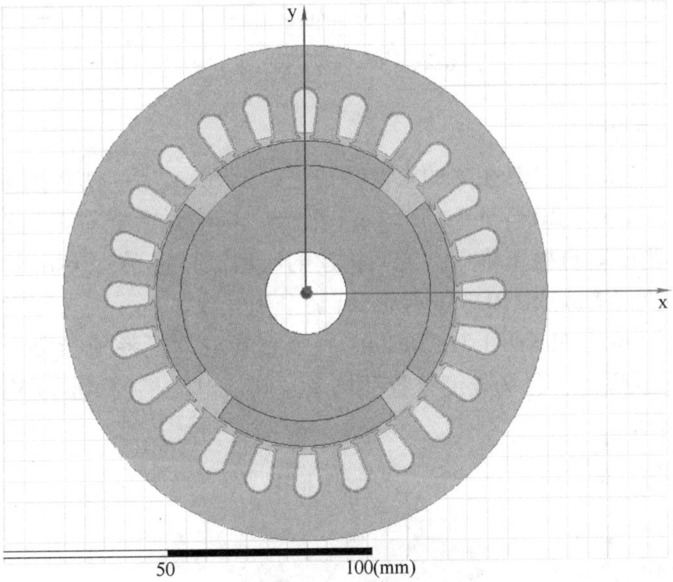

图 8-1　三相永磁同步电动机物理模型

（3）模型网格的剖分

网格剖分是有限元求解的基础，为了保证计算精度，需要进行手动网格划分。采用基于模型内部单元边长的剖分设置进行模型剖分。具体设置路径为 Maxwell 2D/Mash Operation/Assign/On selection 进行设置，本仿真实验采用的最大剖分单元长度为 2mm。剖分后的网格如图 8-2 所示。

（4）激励源和边界条件

在磁场分析中，每个被分析的问题至少存在一种激励源。在同步电动机分析中，只存在定子绕组电流源。对于边界条件，电动机求解域的外边界及转子轭与转轴的交界都应施加相应的边界条件。此问题中由于两处边界均为高导磁介质与非导磁介质的分界处，所以施加磁通平行边界条件即可。这也是电机分析中最为常用的边界条件。

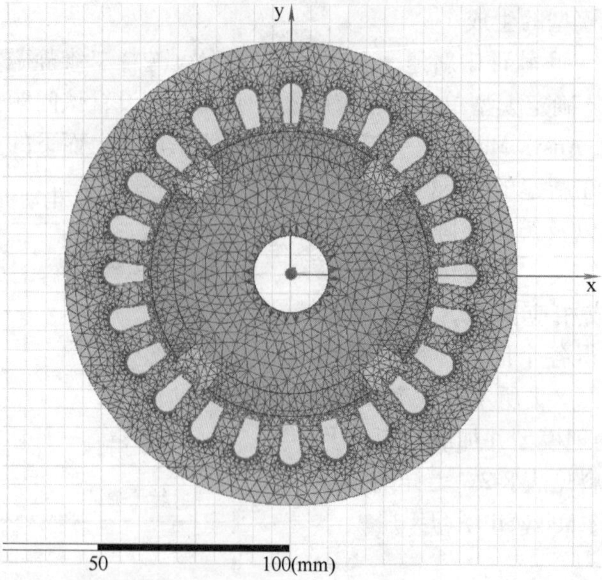

图 8-2 物理模型网格剖分图

（5）磁场分析结果

在完成上述工作后，可以对相关的求解参数进行设置，之后对所构建的图形开始进行分析自检，通过执行 Maxwell 2D/Validation check 命令，自检对话框对工程栏中的每一项进行自检，辨别是否有错误。自检正确后，说明构建的模型没有错误，开始进行一键有限元分析求解，此过程通过执行 Maxwell 2D/Analysis all 命令来完成。

在求解完成后，执行 Maxwell 2D/Results 命令查看电动机各种参数曲线；执行 Maxwell 2D/Fields 命令来查看磁密、磁场强度等各种场图。同步电动机的 Ansys Maxwell 磁场分析结果如图 8-3、图 8-4 所示。

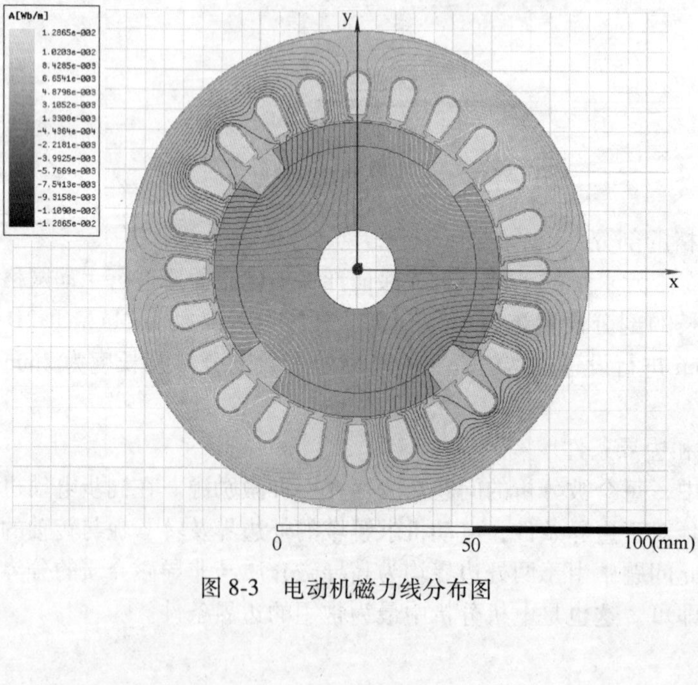

图 8-3 电动机磁力线分布图

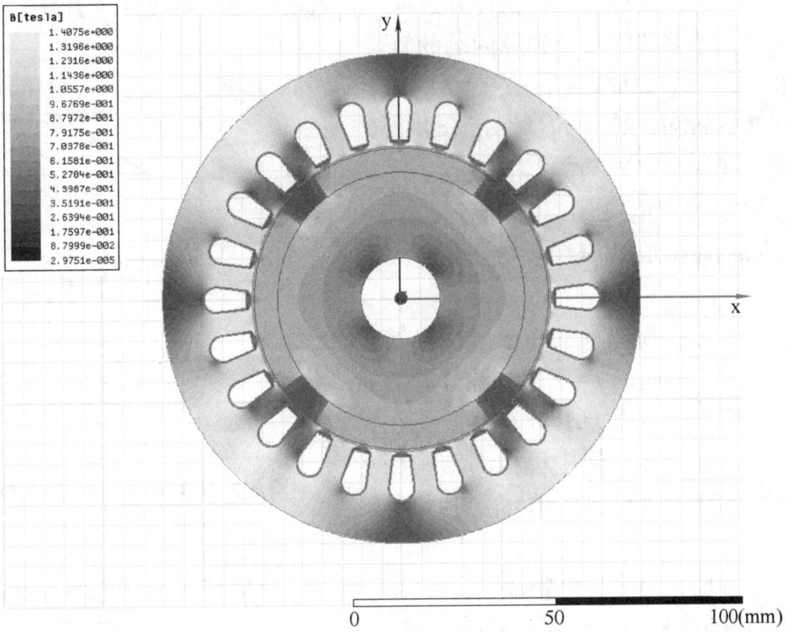

图 8-4　电动机磁通密度分布图

仿真结果反映出同步电动机的磁力线、磁通密度分布，可为电动机的进一步优化设计提供依据。

8.2.2　有限差分法

有限差分法目前应用最广泛的是属于时域技术的时域有限差分法（Finite-Difference Time-Domain，FDTD），是由 K. S. Yee 于 1966 年在其论文“Numerical solution of initial boundary value problems involving Maxwell's equations in isotropic media”中提出的，被称作 Yee 氏网格的空间离散方式，把带时间变量的 Maxwell 旋度方程化为差分格式，并成功地模拟了电磁脉冲与理想导体作用的时域响应。后来经过科学家的不断改进，经历了近 20 年的发展，解决了吸收边界条件的应用和不断完善、总场区和散射场区的划分、稳态场的计算等问题，使该方法逐渐走向成熟。

有限差分法简称差分法或网格法，是数值解微分方程和积分-微分方程的一种主要的计算方法。它的基本思想是：把连续的定解区域用由有限个离散点构成的网格来代替，这些离散点称作网格的节点：把在连续定解区域上定义的连续变量函数用在网格上定义的离散变量函数来近似；把原方程和定解条件中的微商用差商来近似，积分用积分和来近似。于是原方程和定解条件就近似地代之以代数方程组，解此代数方程组就得到原问题的近似解。有限差分方法简单、通用，易于在计算机上实现。

1. 时域有限差分法

有限差分法的主要内容包括：如何根据问题的特点将定解区域做网格剖分；如何把原方程离散化为代数方程组，即有限差分方程组；如何求解此代数方程组。此外，为了保证计算过程的可行及计算结果的正确，还需从理论上研究差分方程组的性态，包括解的存在性、唯一性、稳定性和收敛性。稳定性是指计算过程中舍入误差的积累应保持有界。收敛性是指当网格无限加密时，差分解应收敛到原问题的解。

时域有限差分法主要特点是：①直接时域计算；②节约存储空间和计算时间；③适合并行计算；④计算程序通用性；⑤简单、直观、容易掌握。目前几乎被用到了电磁场工程的各个方面，而且其应用的范围和成效还在迅速地扩大和提高。

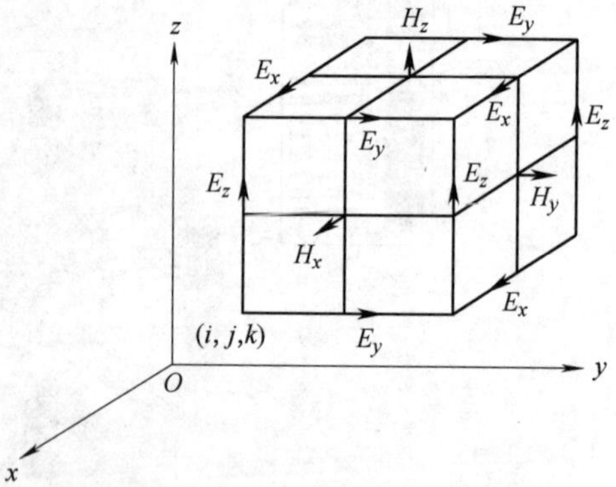

图 8-5 FDTD 空间网格单元上电场和磁场各分量的分布

时域有限差分法的物理意义在于直接描述了电磁波的传播过程，从时间 $t=0$ 由波源开始，通过执行每一空间网格的有限差分计算使波所在模拟空间传播开来，并与在空间中模拟的结构相互作用。图 8-5 为 FDTD 空间网格单元上电场和磁场各分量的分布。

对于包括电磁场在内的各种物理场，应用有限差分法进行数值计算的步骤通常是：

1）采用一定的网格剖分方式离散化场域。

2）基于差分原理的应用，对场域内偏微分方程以及定解条件进行差分离散化处理（一般把这一步骤称为构造差分格式）。

3）由所建立的差分格式（即与原定解问题对应的离散数学模型——代数方程组）选用合适的代数方程组的解法，编制计算程序，算出待求的离散解。

由此可见，有限差分有上述大致固定的处理和计算模式，具有一定的通用性。在电磁场有限差分计算编程过程中，典型的流程框图如图 8-6 所示。

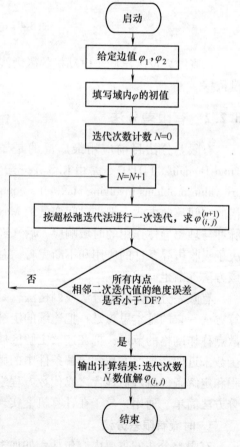

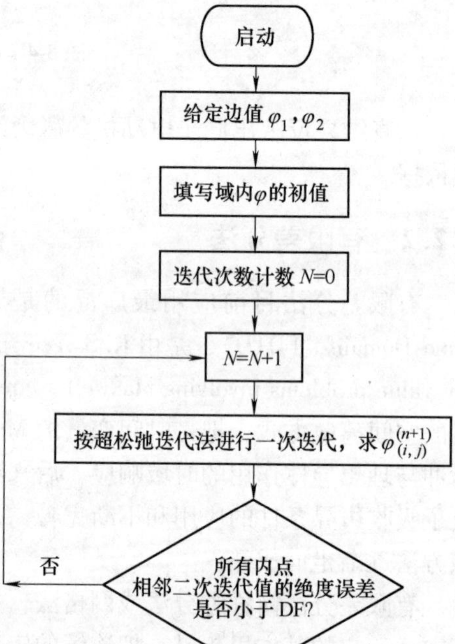

图 8-6 有限差分法计算流程框图

2. 时域有限差分法在工程电磁场数值计算中的应用

(1) 复杂电磁散射问题

时域有限差分法的提出和发展大多是围绕着电磁散射问题进行的，因此很自然地它在电磁散射问题的计算中较早地得到实际应用。在应用中已显示，对于结构复杂或者线度达到数个波长的目标散射特性计算，时域有限差分法具有突出的优越性。所谓复杂目标主要指的是具有复杂的几何形状，包含不同种类的导电和介电材料，还有负载和结构复杂的内腔等。对这样类型的复杂目标散射特性计算，传统的方法（如矩量法、几何衍射理论等）已不能完全适用。时域有限差分法由于对复杂结构模拟的超凡能力，在计算极其复杂目标的电磁散射问题中具有巨大潜力。

（2）电磁兼容问题

电磁兼容问题越来越受到人们重视，其中有许多复杂的电磁场计算问题，透入和串扰是两个最具特点的问题。时域有限差分法因其在复杂结构计算方面的优势，已经被用来计算复杂的电磁兼容问题。由于时域有限差分法的直接时域计算的特性，因而对核电磁脉冲的计算问题特别合适，并在这方面已经取得了很多重要成果。时域有限差分法在电磁兼容计算中的详细步骤见第 9 章 9.4.5 小节。

（3）在天线辐射特性计算中的应用

时域有限差分法用于天线辐射特性的计算开始较晚，但发展很快，现在已经涉及到多种类型的问题，包括线性振子天线、微带天线、喇叭天线和反射面天线等。时域有限差分法应用于天线辐射特性计算的优势体现在对复杂结构的模拟能力和对天线宽频带辐射特性的研究方面。

（4）在微波电路和光路时域分析中的应用

微波电路和光路的时域分析是时域有限差分法被成功应用的另一个重要方面，特别是近年来随着光子晶体和光通信的发展，需要了解它们的电磁特性和随时间的变化信息。现在时域有限差分法已经成功应用到光波导及其器件的设计仿真研究中。

图 8-7 是时域有限差分法在工程电磁场计算中的应用实例，用于计算手机辐射对人体的影响。

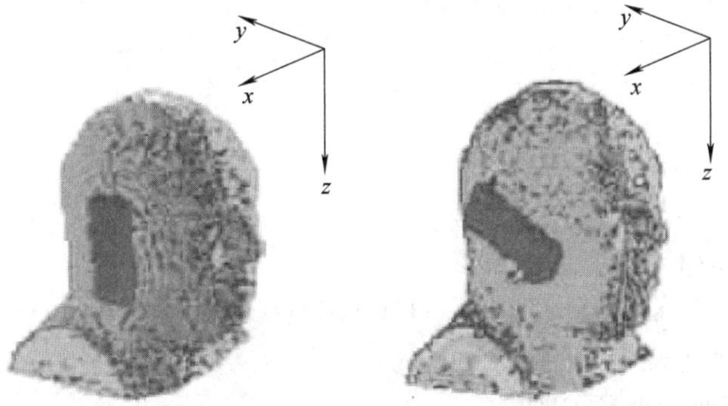

图 8-7　利用时域有限差分法计算手机辐射对人体影响

3. 算例

下面以长直接地金属矩形槽为分析模型，用有限差分法进行电磁场分析，用 MATLAB 软件编程计算。

设有一个长直接地金属矩形槽如图 8-8 所示（图中 $a=2b$），其侧壁与底面电位均为零，顶盖电位为 100V（相对值），求槽内的电位分布。

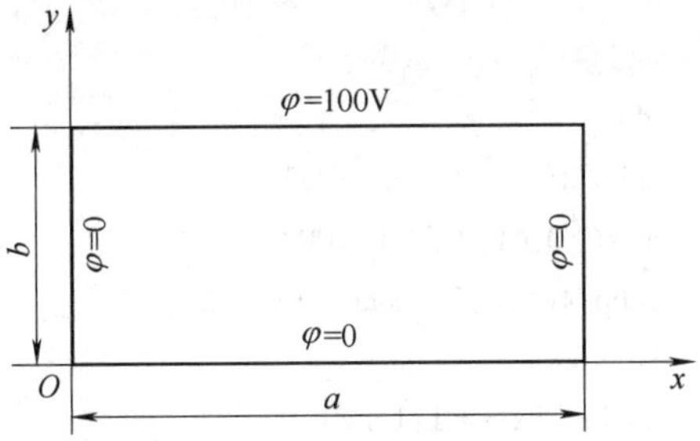

图 8-8　矩形接地金属槽

（1）数学模型

本例槽内电位函数满足拉普拉斯方程，构成

如下混合型边值问题：

$$
\left.\begin{aligned}
&\frac{\partial^2\varphi}{\partial x^2}+\frac{\partial^2\varphi}{\partial y^2}=0 \quad (0<x<a,0<y<b)\\
&\varphi\Big|_{\binom{x=0}{0<y<b}}=\varphi\Big|_{\binom{0<x<a}{y=0}}=0\\
&\varphi\Big|_{\binom{0<x<a}{y=b}}=100\\
&\frac{\partial\varphi}{\partial n}\Big|_{\binom{0<x<a}{y=b}}=0
\end{aligned}\right\} \tag{8-11}
$$

（2）设计程序

用 MATLAB 建立的具体程序如下：

```
hx=41;hy=21;
v1=ones(hy,hx);
v1(hy,:)=ones(1,hx)*100;
v1(1,:)=zeros(1,hx);
for i=1:hy
    v1(i,1)=0;
    v1(i,hx)=0;
alpha=1
end
v2=v1;maxt=1;t=0;
k=0
while(maxt>1e-5)
    k=k+1
    maxt=0
    for i=2:hy-1
        for j=2:hx-1
            v2(i,j)=v1(i,j)+alpha/4*(v1(i+1,j)+v1(i,j+1)+v2(i-1,j)+v2(i,j-1)-4*v1(i,j));
            t=abs(v2(i,j)-v1(i,j));
            if(t>maxt)maxt=t;end
        end
    end
        v1=v2;
end
clf
subplot(1,2,1),mesh(v2)
axis([0,41,0,21,0,100])
subplot(1,2,2),contour(v2,15)
hold on
x=1:1:hx;y=1:1:hy
[xx,yy]=meshgrid(x,y);
[Gx,Gy]=gradient(v2,0.6,0.6);
```

```
quiver(xx,yy,Gx,Gy,-0.8,'r')
axis([-1.5,hx+2.5,-2,13])
plot([1,1,hx,hx,1],[1,hy,hy,1,1],'k')
text(hx/2,0.3,'0v','fontsize',11);
text(hx/2-0.5,hy+0.5,'100v','fontsize',11);
text(hx+0.3,hy/2,'0v','fontsize',11);
hold off
```

（3）输出图形

MATLAB 可以直接将计算结果通过图形的方式输出，本算例图形结果如图 8-9 所示。

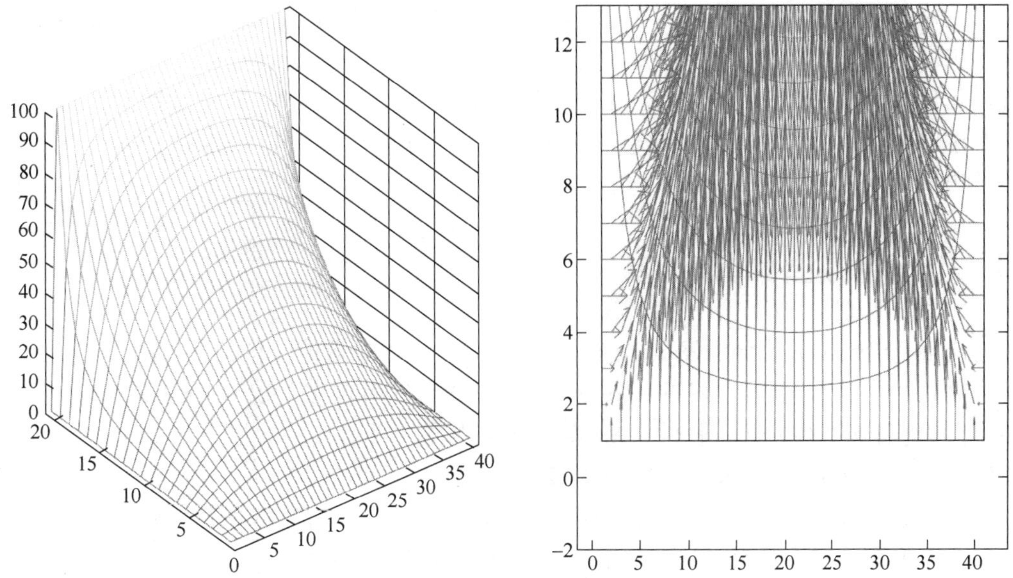

图 8-9　MATLAB 输出计算结果

8.2.3　边界元法

边界元法是一种继有限元法之后发展起来的新数值计算方法，边界元法与有限元法在连续体域内划分单元的基本思想不同，边界元法是用控制微分方程的基本解建立相应的边界积分方程，再对它结合边界的剖分而得到离散算式。由于只在边界上剖分，因此实际上是将问题降维处理，降维的结果必然减少代数方程组的未知数。由于积分方程可用加权余量法得到，即由于近似函数而引起的误差的合理分配而达到最佳效果。这就避免了寻找泛函的麻烦，这也是边界元法迅速发展的原因之一。

边界元法是在经典的积分方程的基础上，吸收了有限元法的离散技术而发展起来的计算方法。从计算格式形成的全过程看，关键问题有两个。一个是问题的边界化，即将给定区域上的定解问题化为可以只考虑边界的问题。这一步的关键是格林（Green）公式，这是边界元法的基石。边界化的结果使问题降维，如果是各维尺度相近的大型问题，代数方程组的未知数按指数规律减少，这无疑将大大减少准备工作、存贮量与机时。有限元法要将全部区域及边界离散，并要求将全部节点纳入方程进行计算，这是因为这些节点值包含在同一个封闭方程组中。边界元法的封闭方程组中只有边界节点上的未知量，解完方程组再根据需要有目的地求内部值，因此减少了计算的盲目性。

边界元法以定义在边界上的边界积分方程为控制方程，通过对边界分元插值离散，化为代数方程组求解。它与基于偏微分方程的区域解法相比，由于降低了问题的维数，从而显著降低了自由度数，边界的离散也比区域的离散方便得多，可用较简单的单元准确地模拟边界形状，最终得到阶数较低的线性代数方程组。又由于它利用微分算子的解析的基本解作为边界积分方程的核函数，而具有解析与数值相结合的特点，通常具有较高的精度。特别是对于边界变量变化梯度较大的问题，边界元法被公认为比有限元法更加精确高效。由于边界元法所利用的微分算子基本解能自动满足无限远处的条件，因而边界元法特别便于处理无限域以及半无限域问题。边界元法的主要缺点是它的应用范围以存在相应微分算子的基本解为前提，对于非均匀介质等问题难以应用，故其适用范围不如有限元法广泛，而且通常由它建立的求解代数方程组的系数阵是非对称满阵，对解题规模产生较大限制。对一般的非线性问题，由于在方程中会出现域内积分项，从而部分抵消了边界元法只要离散边界的优点。

8.3 电磁场数值计算软件

近几年，电磁场数值分析发展迅速，一个良好的电磁场数值分析的软件则为产品的设计和优化提供最可靠的依据。目前，在工程研究领域使用较多的数值分析软件有 FEMM、Ansoft 工程电磁场有限元分析软件，Ansys、ALGOR 等一些常用的软件。

1. FEMM（Finite Element Method Magnetics）

FEMM 是一款简便、迅捷、计算精准的工程电磁场有限元分析工具，模拟环境为静电场，主要用于解决二维平面和轴对称情况下的静态低频磁场问题（例如对称永磁结构），它分为三部分：

1）预处理程序：这是一个作图程序，用于绘制所求解的问题的模型，包括几何形状、定义材料属性和给定边界条件。

2）求解计算程序：从麦克斯韦电磁场方程组出发，求解出用于描述整个区域静态磁场的相关数值。

3）后处理程序：根据边界条件，用一个图形程序来显示所求区域磁场的分布情况，还可以查看区域上任何一点的参数，估算不同积分值和所定义区域的许多不同特性。

程序使用户能检查任意点的场，能估算许多不同积分和用户定义曲线多种性能轮廓。另外，附加的程序 triangle. exe 和 femmplot. exe 共同用于完成的其他功能是：

1）triangle. exe：文件将求解区域剖分为许多三角形，是有限元处理的组成部分。程序是 Jonathan Shewehuk 编写，并可从 Carnegie-Mellon 大学网页或网库中得到。

2）femmplot. exe：该小程序用来显示多种 2D 图形，程序允许用户以拓展过度文件格式 . emf 保存和浏览任何文件。

2. ANSYS

ANSYS 软件是融结构、流体、电场、磁场、温度场、声场分析于一体的大型通用有限元分析软件。由世界上最大的有限元分析软件公司之一的美国 ANSYS 开发。

软件主要包括三个部分：前处理模块、分析计算模块和后处理模块。

1）前处理模块：提供了一个强大的实体建模及网格划分工具，用户可以方便地构造有限元模型。

2）分析计算模块：包括结构分析（可进行线性分析、非线性分析和高度非线性分析）、流体动力学分析、电磁场分析、声场分析、压电分析以及多物理场的耦合分析，可模拟多种物理介质的相互作用，具有灵敏度分析及优化分析能力。

3）后处理模块：可将计算结果以彩色等值线显示、梯度显示、矢量显示、粒子流迹显示、立体切片显示、透明及半透明显示（可看到结构内部）等图形方式显示出来，也可将计算结果以图表、曲线形式显示或输出。

ANSYS 软件提供了 100 种以上的单元类型，用来模拟工程中的各种结构和材料。该软件有多种不同版本，可以运行在从个人机到大型机的多种计算机设备上，如 PC、SGI、HP、SUN、DEC、IBM 及 CRAY 等。整个产品线包括结构分析（ANSYS Mechanical）系列、流体动力学［ANSYS CFD（FLUENT/CFX）］系列、电子设计（ANSYS ANSOFT）系列以及 ANSYS Workbench 和 EKM 等。

电子设计（ANSYS ANSOFT）系列中的大型电磁场有限元分析软件 Maxwell 是原 ANSOFT 公司的一款高性能 EDA 技术软件，2008 年 ANSYS 公司收购了 ANSOFT 公司，之后 ANSYS 公司承担了 Maxwell 的后续更新，其在电磁学、电路与系统仿真方面具有较强的优势，已经成为工程设计人员和研究工作者在电子产品设计流程中必不可少的重要工具，在电子、电力电子、交直流传动、电源、电力系统、汽车、航空、航天、船舶、生物医学、石油化工等领域有着广泛的应用。特别是在电机设计方面，Maxwell 软件具有初学者上手容易、专业集成度高的特点。

在工程电磁场应用中，ANSYS 主要用于如电感、电容、磁通量密度、涡流、电场分布、磁力线分布、力、运动效应、电路和能量损失等电磁场问题的分析，还可用于螺线管、调节器、发电机、变换器、磁体、加速器、电解槽及无损检测装置等的设计和分析领域，在电磁问题中可以提供以下几种分析类型：①静态电磁场分析；②谐性电磁场分析；③瞬态电磁场分析；④高频电磁场分析；⑤电磁谐振腔分析。

近期更新的 ANSYS17.0 版本推出了现代化的 HPC 求解器架构，充分利用最新型处理器技术，具有分布式瞬态电磁场求解器，能在智能设备、自动驾驶汽车乃至节能机械设备等一系列产业计划中实现前所未有的发展。其已经真正集成了多领域的 3D 网格剖分解决方案，通过紧密整合流体和机械接口，能仿真和了解实际的物理问题，并且无需设置人工边界条件。

之后的 ANSYS 18.0 版本还集成了物联网平台，可对运作中的数字双胞胎资产进行仿真。

3. Simulation Mechanical（ALGOR）

ALGOR 作为世界著名的大型通用工程仿真软件，被广泛应用于各个行业的设计、有限元分析、机械运动仿真中，包括静力、动力、流体、热传导、电磁场、管道工艺流程设计等，能够帮助设计分析人员预测和检验在真实状态下的各种情况，快速、低成本地完成更安全更可靠的设计项目。ALGOR 基本的分析功能包括结构、流体、热、电磁分析以及目前主流有限元分析软件中最为便捷的多物理场耦合分析：流—固耦合分析和热—结构耦合分析。

在工程电磁场领域，ALGOR 的静电场分析功能较为强大，它可以使工程师模拟处在电场状态下的电子元件电压和电流的分布特征。此外，还可以帮助用户分析绝缘的有效性和预测电场中物体的运动，以及与其他分析场耦合起来进行分析。当与热分析场耦合时，可以通过考虑焦耳热模拟电热的影响。在此分析过程中，电流产生的结果可以自动转移到热传递分析。当模拟许多电子元器件以及 MEMS 元件的时候，电热的产生对分析的最后结果十分重要。

2008 年，美国 Autodesk 公司收购了 ALGOR 公司，为 ALGOR 的发展注入了全新的定位部署，成为 Autodesk 公司 simulation 工业软件体系中的重要一员。

ALGOR 除了拥有出色的前后处理等性能外，各个分析模块（结构、热、流体、静电和耦合场等）在统一的仿真环境下，在各个行业均有大量应用。

中文版本 ALGOR 在软件功能和易用性方面做了改进和加强，在功能方面除了可以解决结构、热、静电场及耦合问题外，还将 Autodesk 仿真体系内的其他产品进行了整合，如 CFD、Moldflow、复合材料等，实现了真正的产品寿命周期仿真评估解决方案。

在应用性方面，ALGOR 一直比较出色，基于 Windows 系统风格操作过程、自动六面体主导网格剖分、官方中文界面系统及帮助系统、详细和视频学习交流体系等，ALGOR 非常适合工程设计仿真应用。

ALGOR 有限元软件相对其他同类产品的特点及优势：

1）高度集成的仿真环境，所有求解模块（结构、静电、热/流体及耦合）均在统一的前后处理环境，与 Autodesk 其他产品互操作性强。

2）先进的前处理功能，采用 Ribbon 风格界面系统，自动六面体主导网格剖分模块，方便工程师快速生成高质量网格。

3）人性化的官方中文界面、中文帮助和多样的视频指导教程，非常实用且易于学习。

4）集成的多任务提交排队管理模块，无需单独搭配专用的相关管理软件。

8.4 二维电磁场和三维电磁场分析算例

8.4.1 使用 FEMM 软件进行电磁场分析

下面以八磁极径向电磁轴承为例，利用软件 FEMM 对其进行电磁场分析。

1. 建模

利用二维分析中最常使用的软件 FEMM，对系统进行建模，如图 8-10 所示。图中：深色区域表示线圈，匝数 $N=80$，分别对 4 组电磁线圈通以不等电流 $i=1\sim4A$；灰色区域表示 M-19 型号硅钢片；白色区域表示空气。

2. 剖分

对模型各结构区域进行网格剖分，如图 8-11 所示。

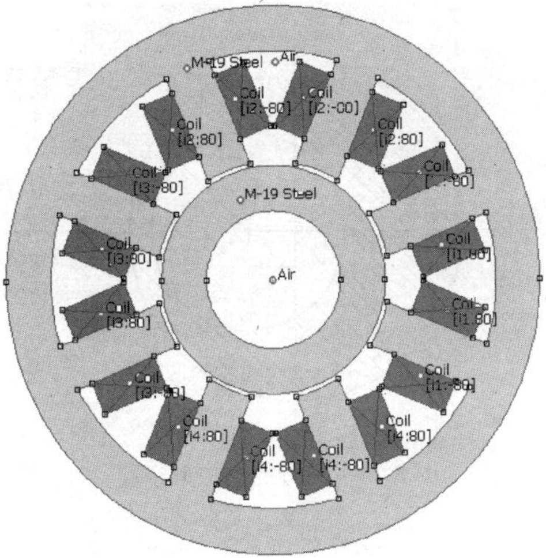

图 8-10　径向磁轴承模型

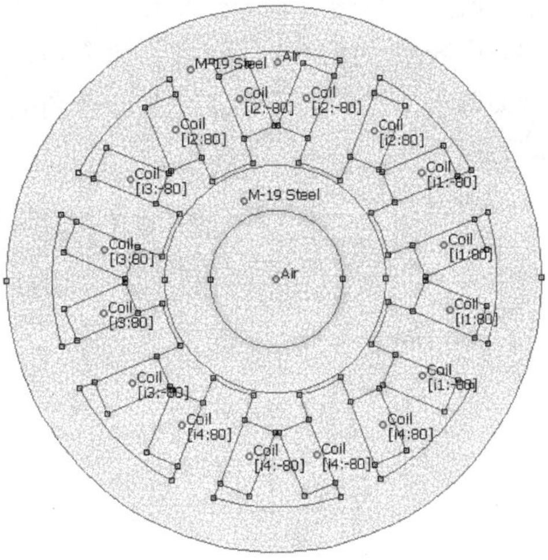

图 8-11　径向磁轴承模型剖分图

3. 求解场值

计算得到的场值由数据和图形表示，如图 8-12 所示是磁感应强度 B 的图形，图中的不同颜色表示了 B 值的不同。还可以画出同时可以选择所求区域，计算受力等情况。

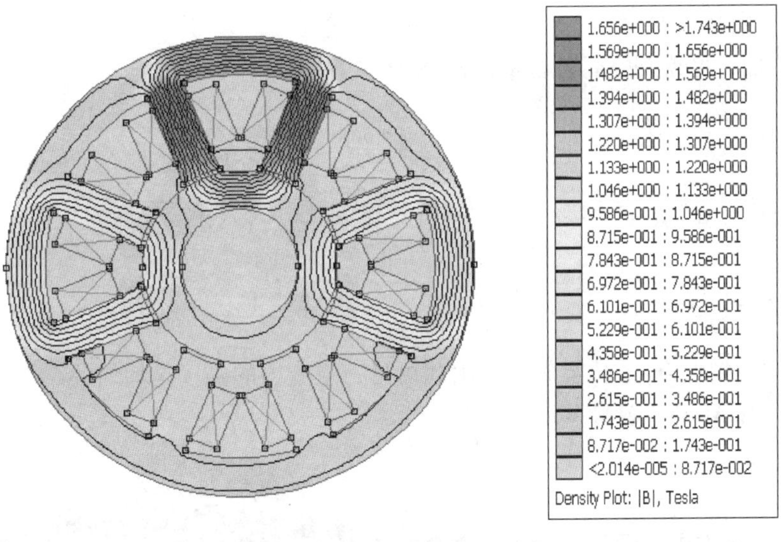

图 8-12　径向磁轴承磁场分布图

8.4.2　使用 ANSYS MAXWELL 软件进行电磁场分析

以第 4 章的练习题 4 为例，用其软件进行二维电磁场计算及仿真。

例：通过电流密度为 $\boldsymbol{J}$ 的均匀电流的长圆柱导体中有一平行的圆柱形空腔，如图 8-13 所示。计算各部分的磁感应强度 $\boldsymbol{B}$，并证明腔内的磁场是均匀的。

方法一：解析法。将空腔中视为同时存在 $\boldsymbol{J}$ 和 $-\boldsymbol{J}$ 的两种电流密度，这样可将原来的电流分布分解为两个均匀的电流分布：一个电流密度为 $\boldsymbol{J}$、均匀分布在半径为 b 的圆柱内，另一个电流密度为$-\boldsymbol{J}$、均匀分布在半径为 a 的圆柱内。由安培环路定律分别求出两个均匀分布电流的磁场，然后进行叠加，即可得到圆柱内外的磁场。

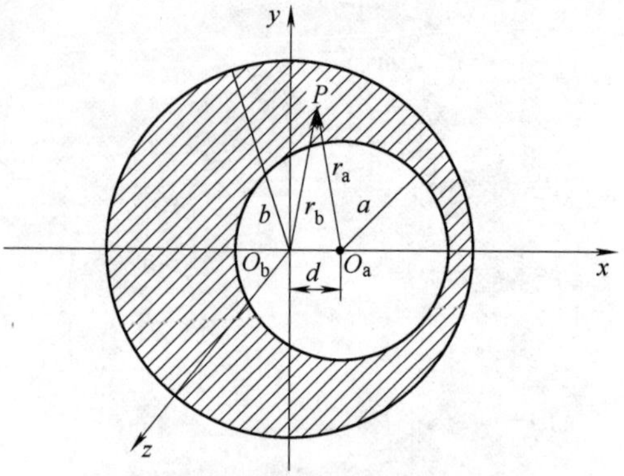

图 8-13 平行的圆柱形空腔

由安培环路定律$\int_C \boldsymbol{B}\cdot \mathrm{d}\boldsymbol{l}=\mu_0 I$，可得到电流密度为$\boldsymbol{J}$、均匀分布在半径为 b 的圆柱内的电流产生的磁场为

$$\boldsymbol{B}_b=\begin{cases}\dfrac{\mu_0}{2}\boldsymbol{J}\times\boldsymbol{r}_b & r_b<b\\ \dfrac{\mu_0 b^2}{2}\dfrac{\boldsymbol{J}\times\boldsymbol{r}_b}{r_b^2} & r_b>b\end{cases}$$

电流密度为$-\boldsymbol{J}$、均匀分布在半径为 a 的圆柱内的电流产生的磁场为

$$\boldsymbol{B}_a=\begin{cases}-\dfrac{\mu_0}{2}\boldsymbol{J}\times\boldsymbol{r}_a & r_a<a\\ -\dfrac{\mu_0 a^2}{2}\dfrac{\boldsymbol{J}\times\boldsymbol{r}_a}{r_a^2} & r_a>a\end{cases}$$

这里$\boldsymbol{r}_a$ 和$\boldsymbol{r}_b$ 分别是点 O_a 和 O_b 到场点 P 的位置矢量。
将$\boldsymbol{B}_a$ 和$\boldsymbol{B}_b$ 叠加，可得到空间各区域的磁场为

圆柱外：$\boldsymbol{B}=\dfrac{\mu_0}{2}\boldsymbol{J}\times\left(\dfrac{b^2}{r_b^2}\boldsymbol{r}_b-\dfrac{a^2}{r_a^2}\boldsymbol{r}_a\right)\qquad (r_b>b)$

圆柱内的空腔外：$\boldsymbol{B}=\dfrac{\mu_0}{2}\boldsymbol{J}\times\left(\boldsymbol{r}_b-\dfrac{a^2}{r_a^2}\boldsymbol{r}_a\right)\qquad (r_b<b,\ r_a>a)$

空腔内：$\boldsymbol{B}=\dfrac{\mu_0}{2}\boldsymbol{J}\times(\boldsymbol{r}_b-\boldsymbol{r}_a)=\dfrac{\mu_0}{2}\boldsymbol{J}\times\boldsymbol{d}\qquad (r_a<a)$

式中，$\boldsymbol{d}$ 是点 O_b 到点 O_a 的位置矢量。由此可见，空腔内的磁场是均匀的。

方法二：用 ANSYS MAXWELL 软件对题目进行解答。

（1）建模

MAXWELL 软件中已经具有较为完善的图形绘制工具、图形逻辑编辑工具等以便于图形的绘制，如遇到较为复杂的图形，亦可采用 AUTO CAD 等软件进行绘图后再进行导入计算，此题图较为简单，直接使用 MAXWELL 软件中的图形工具进行绘制图形，如图 8-14 所示。

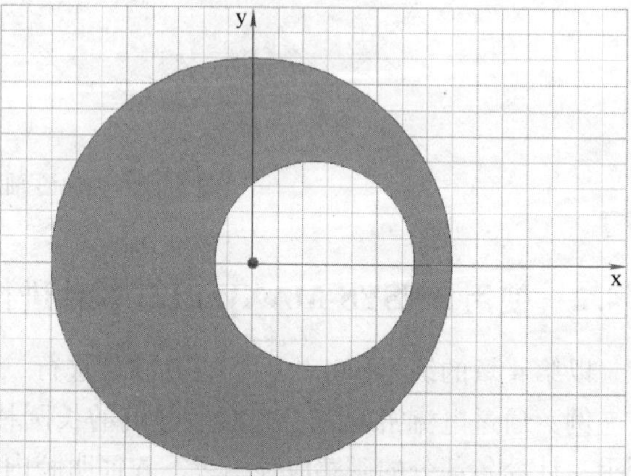

图 8-14 ANSOFT 软件模型图

（2）初始值与边界条件

由于 MAXWELL 软件需要初始值及

边界条件，在此设置图 8-13 中：$a=4\text{mm}$、$b=8\text{mm}$、$d=2.5\text{mm}$，并设置激励条件 $J=100\text{A}\cdot\text{m}^2$。另外，为了分析方便，在 x 轴方向设置一条长为 20mm 的线段，其位置为［-10，10］，具体几何条件如图 8-15 所示。

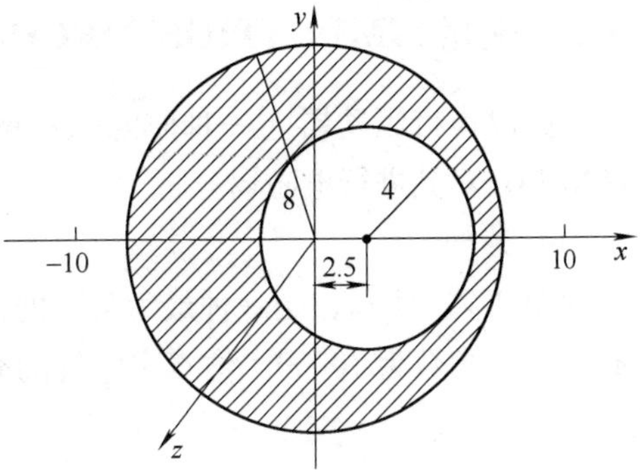

图 8-15　题解几何条件

（3）仿真与分析

计算得到的场值由数据和图形表示，如图 8-16 所示是磁感应强度 B 的图形，图中的不同颜色（原图为彩色图）表示了 B 的值不同。如图 8-17 所示为沿 x 轴方向的磁感应强度大小分布图，将具体数据带入题解可看出计算结果与仿真分析结果一致，且通过图 8-16 和图 8-17 可以看出空腔内磁场分布均匀。

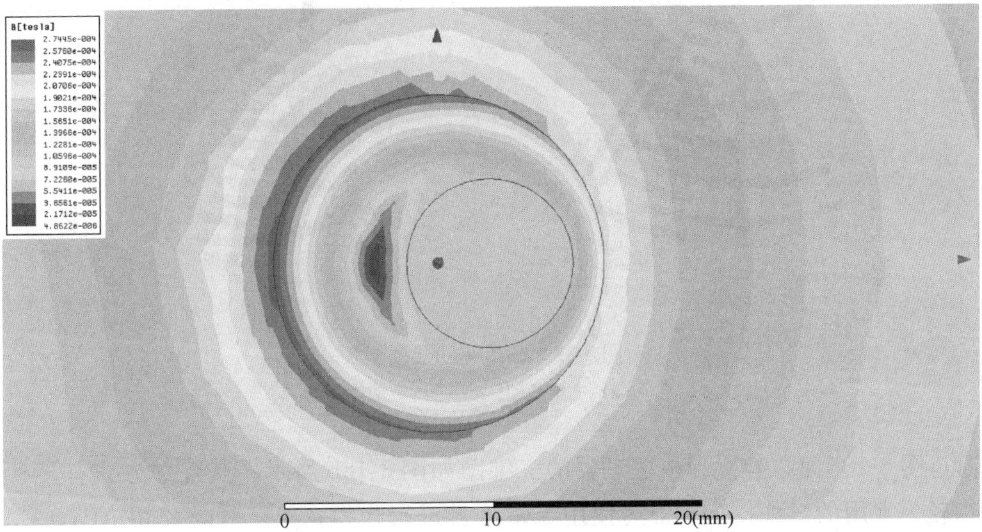

图 8-16　磁感应强度 B 的磁场分布图

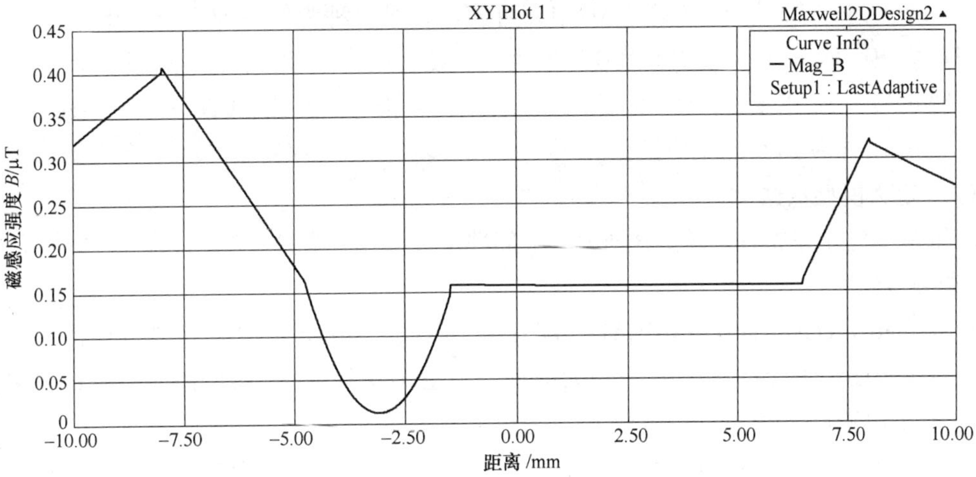

图 8-17　x 轴方向磁感应强度分布图

8.4.3 使用 SIMULATION MECHANICAL 软件进行电场分析

下面以齿梳驱动器（一种陀螺仪中的 MEMS 器件）为例，利用软件 SIMULATION MECHANICAL 对其进行电磁场分析。

（1）建模

如图 8-18a 所示，是一种最为常见的齿梳驱动器，其齿梳间电压为 10V，齿梳材质为多晶硅，介电常数为 10000。仿真中空气的介电常数设置为 1。通过仿真计算观察其电场与电压的分布情况。

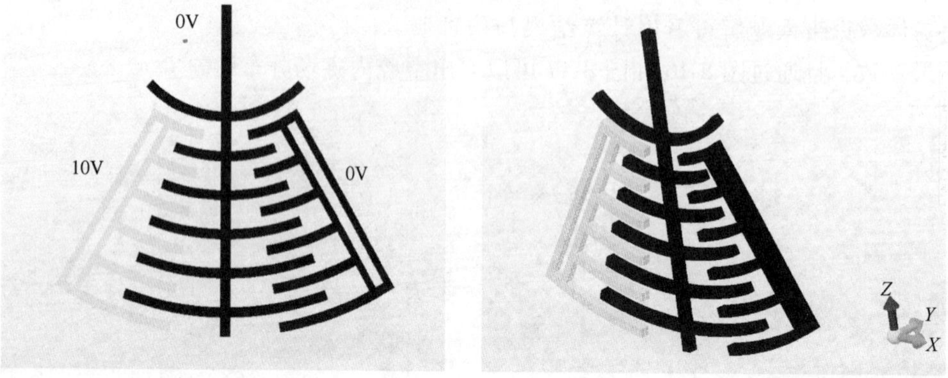

a) b)

图 8-18 齿梳驱动器模型

a）二维模型 b）三维模型

通过图 8-18a 可以建立齿梳驱动器的三维图如图 8-18b 所示。其建立方式有多种，在此介绍较为常用的三种：第一种为使用自带工具进行建模；第二种是使用 AUTO CAD 建立三维模型，因其与 SIMULATION MECHANICAL 是产自同一厂家，所以两者兼容性较好，之后导入 SIMULATION MECHANICAL 中即可使用；第三种为使用 SOLIDWORKS 三维建模工具建立模型，因为 SOLIDWORKS 可自动识别主机中安装的 SIMULATION MECHANICAL，所以建立模型后可以直接点击仿真按钮跳转至 SIMULATION MECHANICAL 中使用其建立的模型。

（2）定义模型数据

三维模型建立完成后，需要分别为每个部件定义“单元类型”“材料特性”“分析类型”“电压边界条件”。

目前 SIMULATION MECHANICAL 已配置中文界面，“单元类型”和“材料特性”可以在左侧树形视图中直接右键修改。“单元类型”设置为块状；“材料特性”分别设置多晶硅的介电常数 10000，空气的介电常数 1；“分析类型”设置为电压与电场。

电压边界条件按照图 8-18a 所示，选取合适的节点并分别赋予其电压值。本例选取节点及赋值如图 8-19 所示。

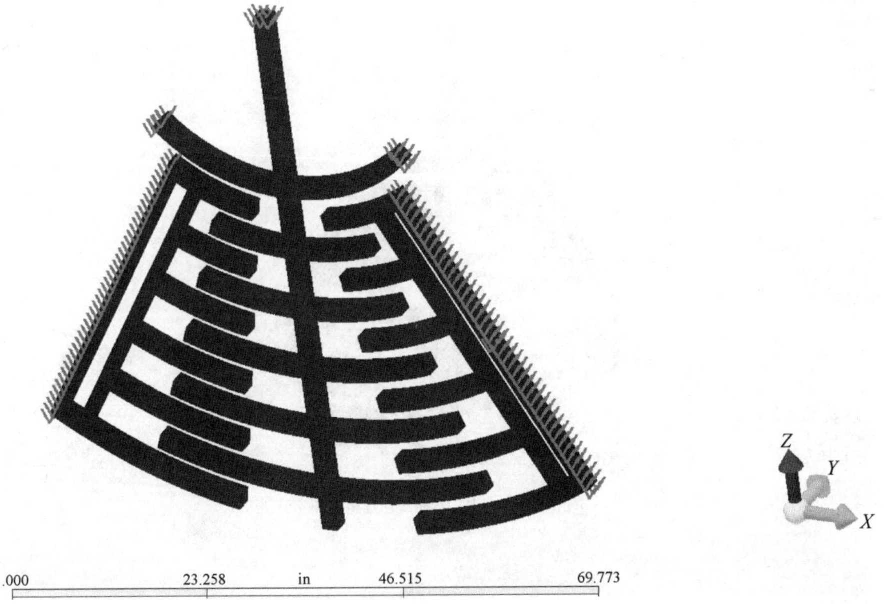

图 8-19　电压节点赋值示意图

（3）后处理

对材料及边界条件设置完成之后，可以在“网格”选项中设置其剖分，此处不再赘述。之后可以直接进行运行仿真。

仿真结束之后可以在左侧树形视图中查看结果。图 8-20 为电压分布图，图 8-21 为电场强度分布图。

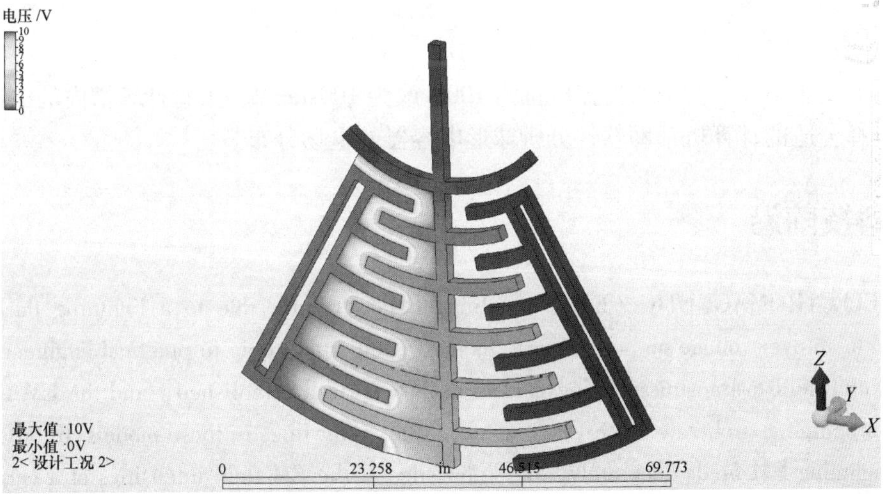

图 8-20　电压分布图

本例后处理亦可做电场-应力耦合场分析，需要重新添加边界条件与设置分析类型，在此不再继续叙述。

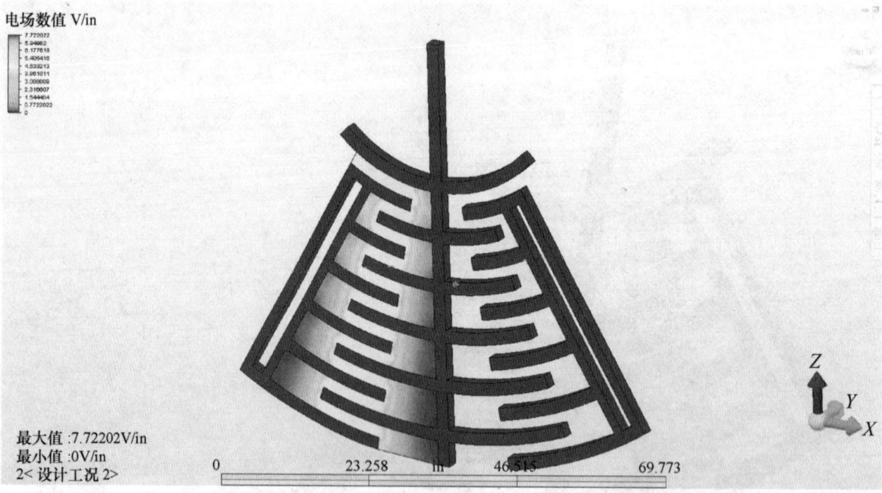

图 8-21 电场强度分布图

8.5 习题

思考题

1. 有限元法经常用在哪些场合中?
2. 采用有限元法分析问题的优缺点有哪些?
3. 有限差分法的计算思想与计算流程各是什么样?
4. 以你常用的计算机辅助分析软件为例，说明其在实际应用中的便捷性。

练习题

1. 将 8.2.2 小节中实例的顶盖电位为 100V 改为 100sinφV，重新计算槽内的电位分布。
2. 选择合适的计算机辅助软件分析球形电容器的电场分布。

8.6 科技前沿

The ELECTROMAGNETIC (EM) coupling on power lines due to a lightning flash, which might lead to an over voltage on power lines, is a very important topic in practical engineering application. Several field-to-transmission line models have been well established, and the EM fields generated by a lightning stroke are the excitations along the power lines in those models. In order to evaluate the lightning EM fields accurately, the knowledge of the EM field intensities of a vertical electric dipole (VED) over a finitely conducting ground must be known to initiate the analysis of the field-to-transmission line problem.

The exact solution of the electromagnetic field equations of a VED above a lossy ground, which is expressed in the form of an appropriate integral with a slowly converging integrand, has been given by Sommerfeld in 1909. Because the evaluation of the Sommerfeld integrals is the foundation for investigating the propagation and radiation problems of practical interest, many efforts have been made in the antenna and lightning research communities to obtain approximate formulas without performing the brute force numerical integration. The beauty of the approximate formula, normally in a closed form, such as Norton's, Banos's and Maclean's and Wu's approximation, etc., is not only evaluating the Sommerfeld integrals quickly but also providing a physical insight for every parameter. However, in the area of the study of lightning electromagnetic fields, these approximate formulas unfortunately confront an awkward circumstance, because there is a wide varying range of parameters. For example, the frequency spectrum of lightning is approximately from 0 to 10^7Hz; the height of lightning flash can be as far as many tens of kilometers, and the horizontal distance between the lightning and the observation point could be from 0 to 10km. It is very hard to approximate the Sommerfeld integral to accurately fit all possible parameters of interest.

摘自 Jun Zou, T. N. Jiang, JaeBok Lee, and S. H. Chang Fast Calculation of the Electromagnetic Field by a Vertical Electric Dipole Over a Lossy Ground and Application in Evaluating the Lightning Radiatio Field in the Frequency Domain. (Electromagnetic Compatibility, IEEE Transactions on Feb. 2010)

第9章 工程电磁场应用新技术

9.1 洛伦兹把经典电磁理论推向了最后的高峰

科学与技术相互支持发展，在某个时期某些领域也许科学先行一步，而在另外的时期和另外的领域又是技术走在了前边，在历史的长河中科学与技术可谓并驾齐驱。在电磁领域，早在距今2000多年历史的战国时期，人们还不知道地球有N极、S极的时候，中国人就发明了指南针。最初的指南针是用天然磁石制成的，样子像一只勺，底部光滑，可以在平滑的铜质或木质的“底盘”上自由旋转。等它静止下来，勺柄就会指向南方，所以又叫作“司南”。大约在北宋初期，我国古人又创造了一种新的指南工具——指南鱼。指南鱼用一块薄铁片做成，形状像鱼，鱼的肚皮部分凹下去一些，像小船一样浮在水面上。宋代还有用木头做的指南鱼和指南龟。木指南鱼是用木块刻成的，鱼腹里放入一块磁性强的天然磁石，用蜡封好，在鱼口插入一根针，此鱼就能指南了。沈括在《梦溪笔谈》中记载：指南针指南“常微偏东，不全南也”。沈括第一次发现，磁针虽然朝着南方，但不是指的正南，而略有偏东，这就是磁偏角现象。它的产生是由于地球的磁极与地理的南北极不重合，略有些偏差。在西方，直到公元1492年哥伦布横渡大西洋时，才发现有磁偏角存在，比沈括晚了400多年。

指南针已经预示了电磁力的存在，但是真正描述电磁力是1892年荷兰物理学家洛伦兹(Hendrik Antoon Lorentz，1853-1928)，在建立经典电子论时，作为基本假设，给出了磁场对运动带电粒子作用力的公式

$$\boldsymbol{F} = g\boldsymbol{v} \times \boldsymbol{B} \tag{9-1}$$

式中，g是带电粒子的电荷量；$\boldsymbol{v}$是速度；$\boldsymbol{B}$是带电粒子所在处的磁感应强度；$\boldsymbol{F}$称为洛伦兹力，是电磁力的基本公式。

然而，在电子尚未发现，并无任何实验证据的1892年（1897年J. J. 汤姆逊的阴极射线实验才发现了电子），洛伦兹何以独具慧眼呢？又为什么从安培定律（1820年）到洛伦兹力公式(1892年）竟然跨越了70多载的漫长岁月呢？让我们重温历史，在电磁学建立和发展的漫长历程中，有两个深层次的基本问题长期令人困惑不解，争论不休。其一，电磁作用是超距作用还是近距作用？即电磁作用是否需要媒介物传递，是否需要传递时间，这种媒介物（称为以太或电力线、磁力线或电磁场）只是一种描绘手段，还是客观存在的特殊形态的物质。其二，什么是“电”？即电荷是客观存在的实体，是具有某种能量的无质流体或粒子，电流是电荷的运动；抑或电荷、电流并非客观实体，而只是传递电磁作用的媒介物的某种运动状态或表现形式。围绕着这两个基本问题，存在着针锋相对的两派：以法、德两国物理学家为代表的“源派”和以英国物理学家为代表的“场论派”。洛伦兹集场、源两派理论

之长，经过综合、深化和发展，创立了经典电子论，把电磁波与物质相互作用归结为电磁波与物质中电子的相互作用。把经典电磁理论推向了最后的高峰。

由于继承了场派近距作用的场观点和源派“电”是带电粒子的观点并予以结合，洛伦兹认为，一切电作用力归根到底是电场对带电粒子的作用力，表示为 $q\boldsymbol{E}$，一切磁作用力归根到底是磁场对运动带电粒子的作用力。安培关于两电流元作用力的公式应理解为一电流元受另一电流元产生的磁场的作用力，因电流是带电粒子的运动，故安培力的本质是磁场对运动带电粒子的作用力（以 $g\boldsymbol{v}$ 取代安培力公式 $\mathrm{d}\boldsymbol{F} = l\mathrm{d}\boldsymbol{l} \times \boldsymbol{B}$ 中的 $l\mathrm{d}\boldsymbol{l}$ 即可得出 $g\boldsymbol{v} \times \boldsymbol{B}$）。如果除了磁场，还有电场，则带电粒子还受电力 $g\boldsymbol{E}$，式(9-1) 应推广为

$$\boldsymbol{F} = q\boldsymbol{E} + g\boldsymbol{v} \times \boldsymbol{B} \tag{9-2}$$

式(9-2) 中的外电场 $\boldsymbol{E}$ 不仅包括各种电荷（自由电荷，极化电荷）产生的电场，还包括变化磁场产生的涡旋电场；式(9-2) 中的外磁场 $\boldsymbol{B}$，不仅包括各种电流（传导电流，磁化电流，极化电流）产生的磁场，还包括变化电场产生的磁场，即式(9-2) 中的 $\boldsymbol{E}$、$\boldsymbol{B}$ 与麦克斯韦电磁场方程中的 $\boldsymbol{E}$、$\boldsymbol{B}$ 的含义相同。

与牛顿万有引力定律的地位相当，洛伦兹力公式(9-2) 是电磁力的基本公式，种种复杂多样、表现各异的电磁作用皆源于此，例如本章将要介绍的磁悬浮技术也源于此。

洛伦兹力公式的给出，实现了源派孜孜以求而终未如愿的建立统一电磁力公式的愿望，洛伦兹力公式和麦克斯韦电磁场方程是经典电磁理论的两大支柱，为解释各种电磁现象奠定了基础。洛伦兹力在现代电磁场的工程运用中发挥了重要作用，磁悬浮轴承、磁悬浮列车都是磁场力运用的结果。

洛伦兹力公式是洛伦兹创立经典电子论时做出的重要贡献之一，洛伦兹一生成就非凡！在几十年间，洛伦兹成功地解释了当时所观察到的一系列电磁现象和光学现象，其中包括光的反射、折射定律，菲涅尔（Fresne1）公式，光的色散，光的吸收和散射，光谱线的宽度，塞曼效应（光谱线在磁场中的分裂）等。1902 年，洛伦兹和塞曼（Zeeman）因“对辐射的磁效应的研究”，获诺贝尔物理学奖。1904 年，洛伦兹证明，当把麦克斯韦的电磁场方程组用伽利略变换从一个参考系变换到另一个参考系时，真空中的光速将不是一个不变的量，从而导致对不同惯性系的观察者来说，麦克斯韦方程及各种电磁效应可能是不同的。为了解决这个问题，洛伦兹提出了另一种变换公式，即洛伦兹变换。后来，爱因斯坦把洛伦兹变换用于力学关系式，创立了狭义相对论。

洛伦兹于 1928 年 2 月 4 日在荷兰的哈勃姆去世，终年 75 岁。为了悼念这位荷兰近代文化的巨人，举行葬礼的那天，荷兰全国的电信、电话中止 3 分钟。世界各地科学界的著名人物参加了葬礼。爱因斯坦在洛伦兹墓前致词说：洛伦兹的成就“对我产生了最伟大的影响”，他是“我们时代最伟大、最高尚的人”。

至此，电磁场理论从发现到证实，从现象到理论，这一过程经历了世代物理学家的努力付出。然而它的发展没有停止，还有很多隐藏着的科学理论等待我们去探索，电磁场理论应用领域还将被扩展，等待我们去发掘。“电磁场理论”已成为电类专业学生必修的一门基础课程。

电磁理论的建立不仅是人类探索自然活动的结晶，而且也是人类社会发展的宝贵财富，对未来的科技发展有巨大的作用。在现代电子技术如电力、通信、广播、电视、导航、雷达、遥撼、测控、电子对抗、电子仪器和测量系统等都离不开电磁理论。从家用电器、工业

自动化到地质勘探，从电力、交通等工业、农业、医疗卫生到军事领域等，几乎都涉及到电磁理论的应用。今天电磁问题的研究及其成果的广泛运用，已成为人类社会现代化的标志之一。

9.2 磁悬浮技术

9.2.1 磁力和磁悬浮

大家知道，两块磁铁相同极性靠近，它们就相互排斥；反之，把相反的两极靠近，它们就互相吸引。利用这种排斥力或者吸引力都可以组成磁悬浮系统，磁悬浮实际就是利用磁力达到物体的无接触支承。

利用磁力使物体无接触悬浮于空间的设想始于1842年英国物理学家恩休（Earnshow）提出的磁悬浮的概念，他并且证明了单靠永久磁体是不能使一个铁磁体在空间所有六个自由度上都保持在自由、稳定的悬浮状态的。到了1939年，人们已经对磁轴承的技术表现出实际的兴趣，布朗贝克（Braunbek）对Earnshow的理论进行了进一步的物理剖析，得出唯有抗磁材料或超导材料才能依靠选择恰当的永久磁铁结构和相应的磁场分布而实现稳定的悬浮。这是一个重要的结论，并构成今后开展磁悬浮轴承和磁悬浮列车研究的主导思想。

9.2.2 磁悬浮原理及分类

提供磁力的可以是永久磁铁、电磁铁以及超导材料，所以，按照磁力提供的方式不同，磁悬浮可分为以下四种（见图9-1）：有源磁悬浮、无源磁悬浮、混合磁悬浮和超导磁悬浮。

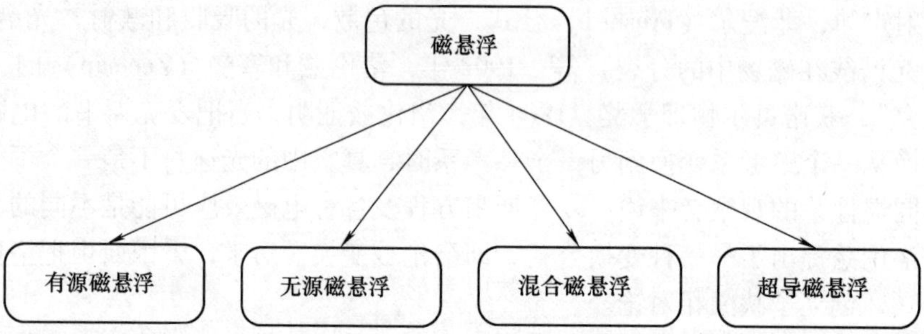

图9-1 磁悬浮的分类

1）有源磁悬浮：又称为主动磁悬浮或电磁悬浮，它是由电磁铁提供磁力。一般一个简单主动磁悬浮系统由电磁铁、传感器、控制器和功率放大器组成。图9-2所示是有源磁悬浮的原理图。

2）无源磁悬浮：又称为被动磁悬浮，它是由永久磁铁提供磁力。被动磁悬浮没有主动进行控制的电子控制系统，是利用磁场本身的特性将物体悬浮起来。与主动磁悬浮相比，无源磁悬浮系统虽具有结构简单、可靠、成本低等优点，可它却不能产生阻尼，亦即缺少像机械阻尼或像主动磁悬浮那样的附加手段，因此这个系统的稳定域是极小的，外界的干扰会使它趋于不稳定。

3）混合磁悬浮：它是由永久磁铁和电磁铁共同提供磁力。即由主动磁悬浮、被动磁悬

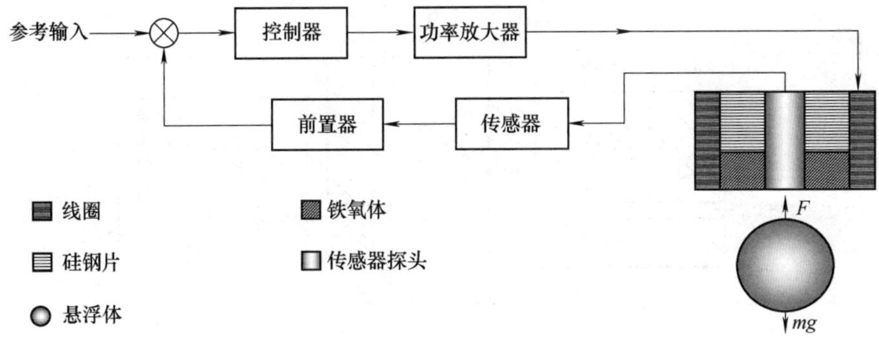

图 9-2　有源磁悬浮的原理图

浮和其他一些辅助机构形成的一种混合式磁悬浮。

4）超导磁悬浮：利用超导体的抗磁性实现的悬浮。超导体是指当某种导体在一定温度下，可使电阻为零的导体。使超导体电阻为零的温度，叫作超导临界温度。零电阻和抗磁性是超导体的两个重要特性。超导体的抗磁性又称迈斯纳（Meissner）效应，即在磁场中一个超导体只要处于超导态，则它内部产生的磁化强度与外磁场完全抵消，从而内部的磁感应强度为零。图 9-3 是超导磁悬浮的示意图，把一块磁铁放在超导盘上，超导盘跟磁铁之间的排斥力使磁铁悬浮在超导盘的上方。这是由于磁铁的磁力线不能穿过超导体，在超导盘感应出持续电流的磁场，与磁铁之间产生了排斥力，磁铁越远离超导盘，斥力越小，当斥力减弱到与磁铁的重力相平衡时，就稳定悬浮了。

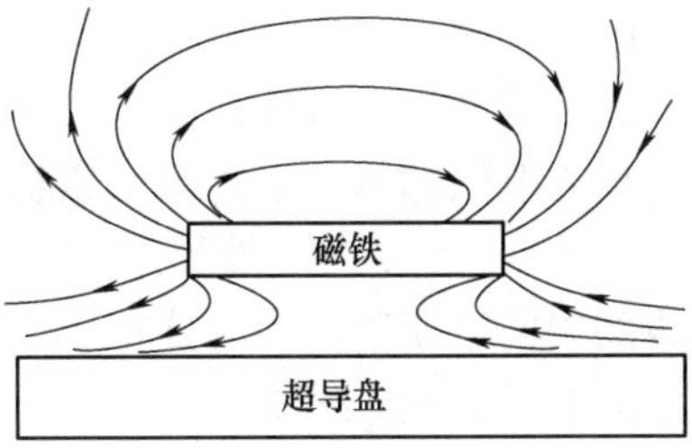

图 9-3　超导磁悬浮示意图

9.2.3　电磁悬浮轴承的电磁场分析

磁悬浮轴承因在运转期间工作面互不接触而被视为理想的摩擦学系统，在空间工程和高速机械中的应用日趋广泛。以往在电磁轴承研究中大多采用简化的磁路法，但磁路分析对于非线性磁化特性的影响、漏磁效应及边缘效应等显得无能为力。而实际上由于漏磁和边缘效应等因素，电磁径向轴承和电磁轴向轴承的承载能力与设计理想值存在较大出入。漏磁引起的电磁力不仅可能消耗能量，而且可能改变整个电磁轴承的工作状态，不加以分析和控制对系统的正常运行和稳定性会产生不利影响。采用更为准确的电磁场分析法，对深入研究电磁轴承是很有必要的。本节利用有限元法研究了推力电磁轴承的磁场分布，并对漏磁的影响进行了详细的研究。

1. 推力电磁轴承的结构模型

当采用单边工作式电磁铁（结构见图 9-4）时，轴、推力盘和定子铁心均采用 45#块钢，*B-H* 关系是非线性的，可忽略软磁材料的磁滞效应。定子铁心外半径及推力盘半径均为 240mm，空心轴外半径为 139mm，内半径为 105mm。推力盘与定子铁心之间的气隙为 1mm。推力轴承结构的特殊性在于定子铁心两条边分别与转子和推力盘相邻，所以有必要研究定子铁心和推力盘之间的气隙以及与转子之间的气隙的磁场。与此同时，控制轴和定子铁心之间

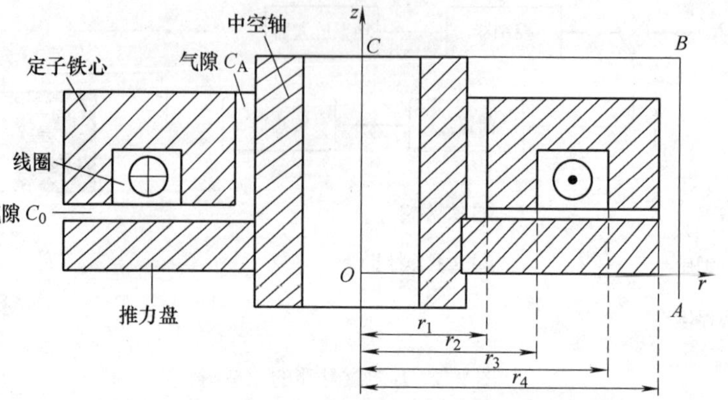

图 9-4 推力电磁轴承结构示意图

的气隙在 1~4mm 之间变化，以研究漏磁的影响，如图 9-4 所示，线圈中的电流是左边的流入，右边的流出，形成镜像电流源。

推力电磁轴承处于轴对称磁场中，取相应的计算场域为图 9-4 中的 $OABC$。r_1是定子铁心内环内径，r_2是内环外径，r_3是外环内径，r_4是外环外径。忽略线圈中的线匝绝缘，视整个线圈中的电流密度均匀分布。

2. 推力电磁轴承磁场的有限元分析

推力电磁轴承的电磁场内存在电流，故选择矢量磁位 $\boldsymbol{A}$ 作求解函数。由于计算区域内有非线性的铁磁材料，矢量磁位 $\boldsymbol{A}$（有 3 个空间分量）满足准泊松方程定解问题。在轴对称场中，$\boldsymbol{J}$ 和 $\boldsymbol{A}$ 只具有 θ 坐标分量，相应的方程为只含一个标量的非线性偏微分方程

$$
\begin{aligned}
K:\ & \frac{\partial}{\partial z}\left(v\frac{\partial A_\theta}{\partial z}\right)+\frac{\partial}{\partial r}\left[\frac{v}{r}\frac{\partial(rA_\theta)}{\partial r}\right]=-J_\theta \\
& S_1:\ A_\theta=0 \\
& S_2:\ \frac{\partial A_\theta}{\partial n}=0
\end{aligned}
\tag{9-3}
$$

式中，K 为求解场域；S_1即 $OABC$，在其上满足边界条件 $B_n=0$，即为第一类齐次边界 $A_\theta=0$；区域内空气隙Ⅰ、Ⅱ和Ⅲ与铁磁物质交界处满足 $H_t=0$，为第二类齐次边界$\partial A_\theta/\partial n=0$，其余 $A_\theta=0$；v 为磁阻率（H/m）；J_θ为源电流密度（A/m^2）。

根据变分原理，非线性边值问题可以等价为如下条件的变分问题：

$$
\begin{aligned}
& W(A_\theta)=\iint\left(\int_0^c vC\mathrm{d}C\right)r\mathrm{d}r\mathrm{d}z-\iint J_\theta A_\theta r\mathrm{d}r\mathrm{d}z=\min \\
& S_1:\ A_\theta=0 \\
& S_2:\ \frac{\partial A_\theta}{\partial n}=0
\end{aligned}
\tag{9-4}
$$

式中

$$
C=\sqrt{B_r^2+B_z^2}=\frac{1}{r}\sqrt{\left[\frac{\partial(rA_\theta)}{\partial z}\right]^2+\left[\frac{\partial(rA_\theta)}{\partial r}\right]^2}=\boldsymbol{B}
\tag{9-5}
$$

式中，$\boldsymbol{B}$ 为磁感应强度（T）。

采用三角形单元与线性形状函数，用有限元法将前面得到的条件变分问题离散化，取形状函数为

$$N_h = \frac{1}{2\Delta}(a_h + b_h z + c_h r) \qquad (h = i,\ j,\ m) \tag{9-6}$$

单位磁位 $\boldsymbol{A}$ 由节点磁位表示为

$$\boldsymbol{A} = \frac{1}{2\Delta}[(a_i + b_i z + c_i r)A_i + (a_j + b_j z + c_j r)A_j + (a_m + b_m z + c_m r)A_m] \tag{9-7}$$

式中，Δ 表示单元面积，上式可简写为

$$\boldsymbol{A} = N_i A_i + N_j A_j + N_m A_m = \sum_{h=i,\ j,\ m} N_h A_h \tag{9-8}$$

将 $\boldsymbol{A}$ 的表达式代入式(9-3）得到以下非线性方程组：

$$\frac{\partial W}{\partial A_1} = \sum_{h=1}^{n} k_{lh} A_h - p_1 = 0 \qquad (l = 1,2,\cdots n) \tag{9-9}$$

采用牛顿-拉普森迭代法求解非线性方程组具有收敛速度快的特点。其基本思想是将非线性方程组用一组线性方程来近似。求出各节点的矢量磁位 $\boldsymbol{A}$ 后，由式(9-5）求出每个单元的磁感应强度 $\boldsymbol{B}$ 的值。

为减小有限元计算的离散误差，使计算所得的磁场分布更接近实际情况，将求解区域剖分为 4025 个三角形单元。定子铁心和推力盘之间的气隙以及与转子之间的间隙都非常小，按照不出现钝角三角形原则，将其剖分得比较密，其他区域由小到大逐渐过渡。求解区域中铁磁材料的非线性磁化特性如图 9-5 所示，磁阻率 v 是磁感应强度的函数，实际计算时根据输入的 B-H 曲线线性插值获得。

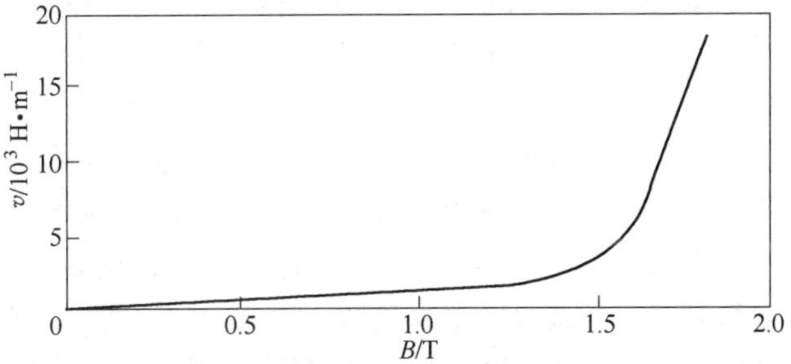

图 9-5　45#钢磁化曲线图（磁阻率 v）

3. 计算结果及漏磁效应的分析

（1）磁场分布图

当转子处于平衡位置时，其磁场呈典型的轴对称形式。用有限元法分别对推力轴承不同结构参数进行分析，得到磁力线分布如图 9-6 所示。空气媒质中的磁力线与分界面近于垂直。由图可见，一部分磁力线经过转子轴再到推力盘，最后回到定子铁心形成闭合回路，这部分磁力线是漏磁。图 9-6a 的推力盘和定子铁心之间的气隙以及轴和定子铁心之间的气隙相同，漏磁通较大。如果用 C_A 表示轴与定子铁心之间的气隙，C_0 表示推力盘与定子铁心之间的气隙，两气隙之比用 K_c 表示，$K_c = C_A / C_0$。把气隙比分别设计为 2、3 及 4 计算其磁场，得到图 9-6b～d。比较这 4 个图可见，随着轴和定子铁心之间气隙的增大，漏磁通逐渐减小。

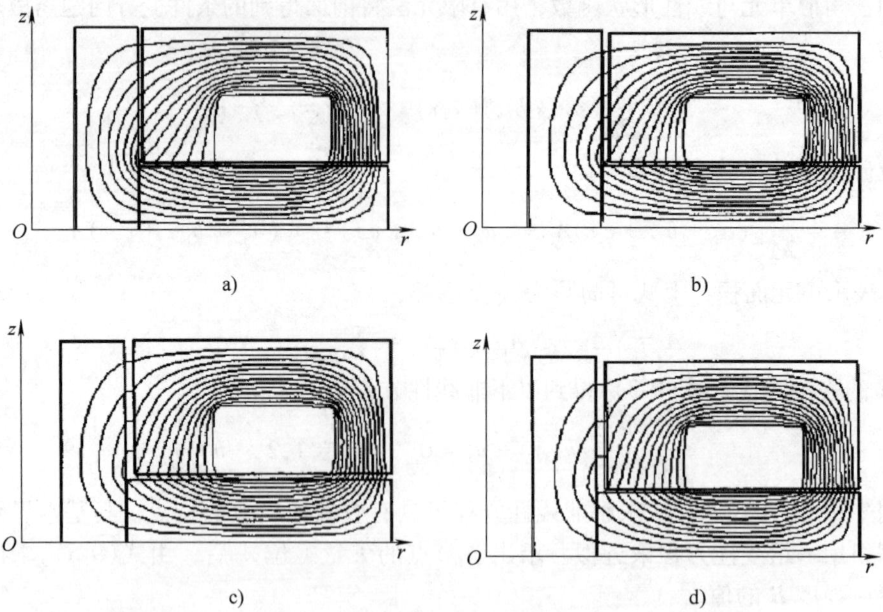

a) b) c) d)

图 9-6 不同气隙比时的磁场分布图

a) $K_c=1$ b) $K_c=2$ c) $K_c=3$ d) $K_c=4$

(2) 电磁力的计算及漏磁的影响

推力轴承气隙 C_0产生的轴向电磁力是所需要的对转子的支撑力，而气隙 C_A产生的径向电磁力是由漏磁引起的，这部分电磁力的存在不仅消耗能量，而且对系统的稳定性不利。为分析漏磁的影响，对推力电磁轴承取不同的结构参数（气隙比 K_c 分别为 1、2、3 和 4），分别计算轴向及径向电磁力，结果如图 9-7 所示。可见，在同一激励电流下，随着轴和定子铁心之间的气隙逐渐变大，推力轴承的轴向电磁力逐渐变大，意味着漏磁在减少。这和图 9-6 中磁力线所描述的情况是一致的，即随着轴和定子铁心之间的气隙逐渐变大，通过轴的磁力线逐渐减少，经过推力轴承定子铁心内环形成的闭合磁力线在增多，所以轴向电磁力逐渐变大。气隙比 K_c 从 1 增到 3，电磁力增幅比较大，气隙比 K_c 由 3 增到 4 时，电磁力增幅开始减小。当 $K_c=1$ 时，由漏磁引起的径向电磁力约为推力轴承轴向设计吸力的 10% 。当 $K_c=3$ 时，由漏磁引起的径向电磁力约为推力轴承轴向设计吸力的 2% ，此时漏磁的影响比较小。

电磁轴承的总磁通一般可表示为通过全部工作气隙的主磁通和未通过工作气隙或只通过部分工作气隙的漏磁通之和。对于电磁推力轴承来说，漏磁通主要是指经过机箱外壳和转轴而没有经过全部两个工作气隙形成回路的那部分磁力线。实际上，当电磁铁的结构尺寸确定和铁心磁极面积一定时，承载力与工作电流的大小、铁心材料的非线性磁化特性、边缘磁力线的扩散及漏磁大小等都相关。漏磁磁场的存在使电磁铁磁场的空间分布趋于复杂，同时也会影响电磁力的大小和方向。因而，磁轴承中电磁铁的工作情况相当复杂，很难求得准确的解析解。目前国内外研究者多利用计算机仿真来计算和分析电磁场的场强分布，并利用其结果进行电磁轴承电磁参数和结构参数优化，从而设计出满足工业要求的磁悬浮轴承。

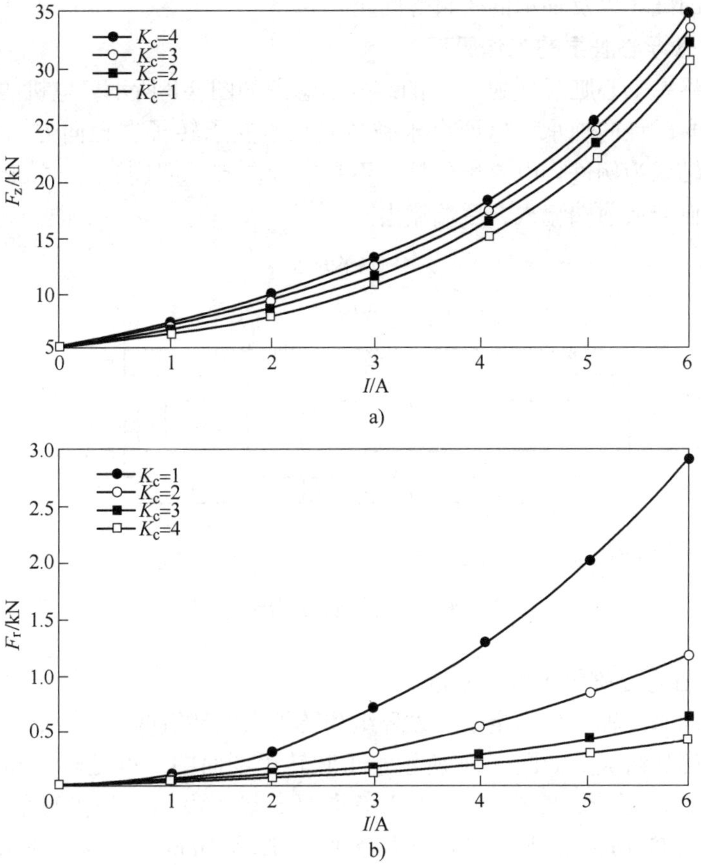

图 9-7　不同气隙比时电磁力随电流变化的曲线

a）轴向力与电流的关系　b）径向力与电流的关系

9.2.4　磁悬浮人工心脏泵中的电磁场分析

1. 磁悬浮人工心脏泵简介

磁悬浮人工心脏泵是利用无机械接触的磁悬浮轴承的机械装置，能协助或代替心脏泵血功能，可用于急救或永久辅助治疗。应用人工心脏辅助后心室得以减压，血流动力学情况改善，心脏的某些结构和功能可以恢复正常。患者可以借助它增加血液动能和压强，使全身器官、组织获得足够的供血，同时降低患者心肌耗氧量，帮助患者恢复自身心脏的泵血机能，满足循环调节的生理需要。

人工心脏泵已经发展到第三代，第一代是搏动性血流泵，采用往复体积改变驱动血液流动，进而模拟自然心脏产生搏动性血流的搏动。第二代是采用机械轴承、利用叶轮旋转产生连续性血流的旋转泵，分为轴流式和离心式两种。第三代是以无接触的液悬浮或磁悬浮轴承为基础的人工心脏泵，分为离心式和轴流式两种。第一代和第二代心脏泵采用的都是机械轴承作为支承系统，其中大部分为滚动系列、滑动系列，容易形成血栓和溶血。磁悬浮人工心脏泵采用液力或者磁悬浮机理实现叶轮转子悬浮，磨损小，对血液破坏小，寿命长，很好地满足了人工心脏的多种苛刻要求，能够解决机械轴承支撑的人工心脏设计中轴承对血液的碾压造成对血细胞的破坏以及轴承的密封等问题。

2. 轴流式磁悬浮心脏泵的工作原理

轴流式磁悬浮人工心脏泵（血泵）的结构示意图如图9-8所示，电机的两边是我们要进行电磁场分析的永磁径向轴承，这两个永磁径向轴承支承转子在径向方向上的悬浮（这里仅仅以永磁径向轴承为例进行电磁场分析，不考虑轴向支承问题）。血泵工作时，驱动电机带动叶轮转动，血液从前端流入，后端流出。

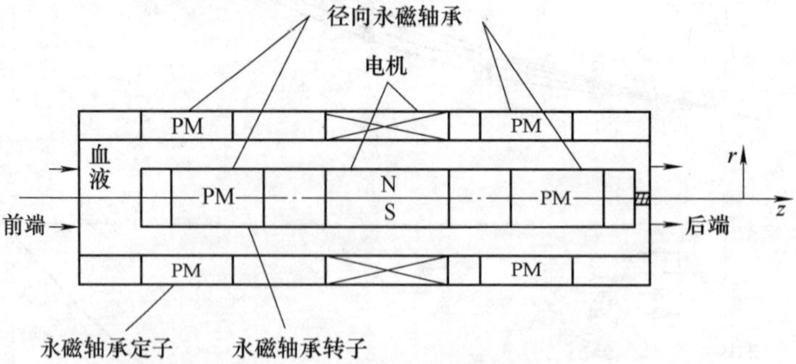

图9-8　轴流式血泵结构示意图

3. 轴流式磁悬浮心脏泵的磁场分析

血泵单个径向永磁轴承分为定子外磁环组和转子内磁环组两部分。转子和定子磁环可以由单个或者多个磁环组成。如图9-9a所示定子和转子剖面图，可见转子和定子分别由9个内磁环和9个外磁环组成，箭头表示由N极指向S极。设内、外磁环的尺寸分别为外径7mm×内径4mm×厚度1mm和外径12mm×内径9mm×厚度1mm。图9-9b所示是磁场分析用定子和转子坐标系。转子径向偏移时 $dr \neq 0$，转子将受到不平衡径向力 F_r 使转子回复到平衡位置。轴向偏移量用 dz 表示，F_z 为轴向力。磁环材料均为钕铁硼N52。用Maxwell电磁场分析软件，建立二维模型进行仿真分析，轴向偏移变化时的磁力线分布如图9-10所示。

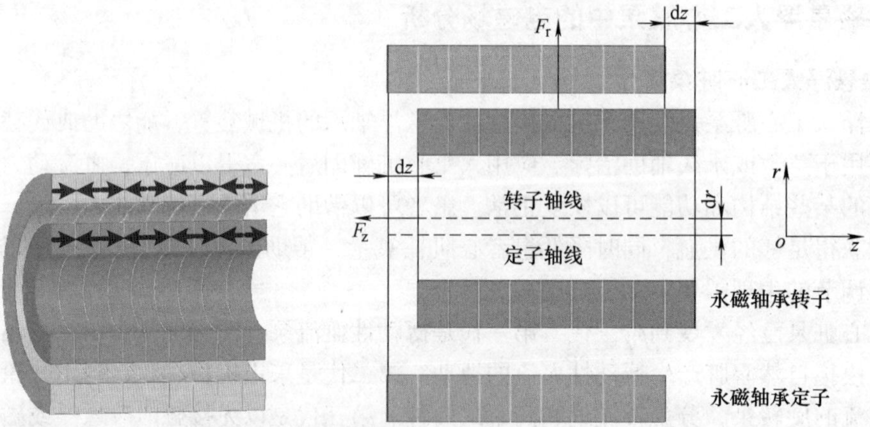

图9-9　转子和定子结构示意图

a）定子和转子剖面图　b）磁场分析用定子和转子坐标系

当 dz=0mm 时，定转子之间轴向没有偏移，此时 $F_z=0$；随着 dz 值的增大，定转子之间的径向斥力变为吸力，这种现象与定转子之间气隙磁场的变化密切相关。磁轴承转子径向无偏移，轴向偏移 dz=0mm、dz=0.5mm、dz=1mm 对应的磁力线分布分别如图 9-10a、b、c 所示。

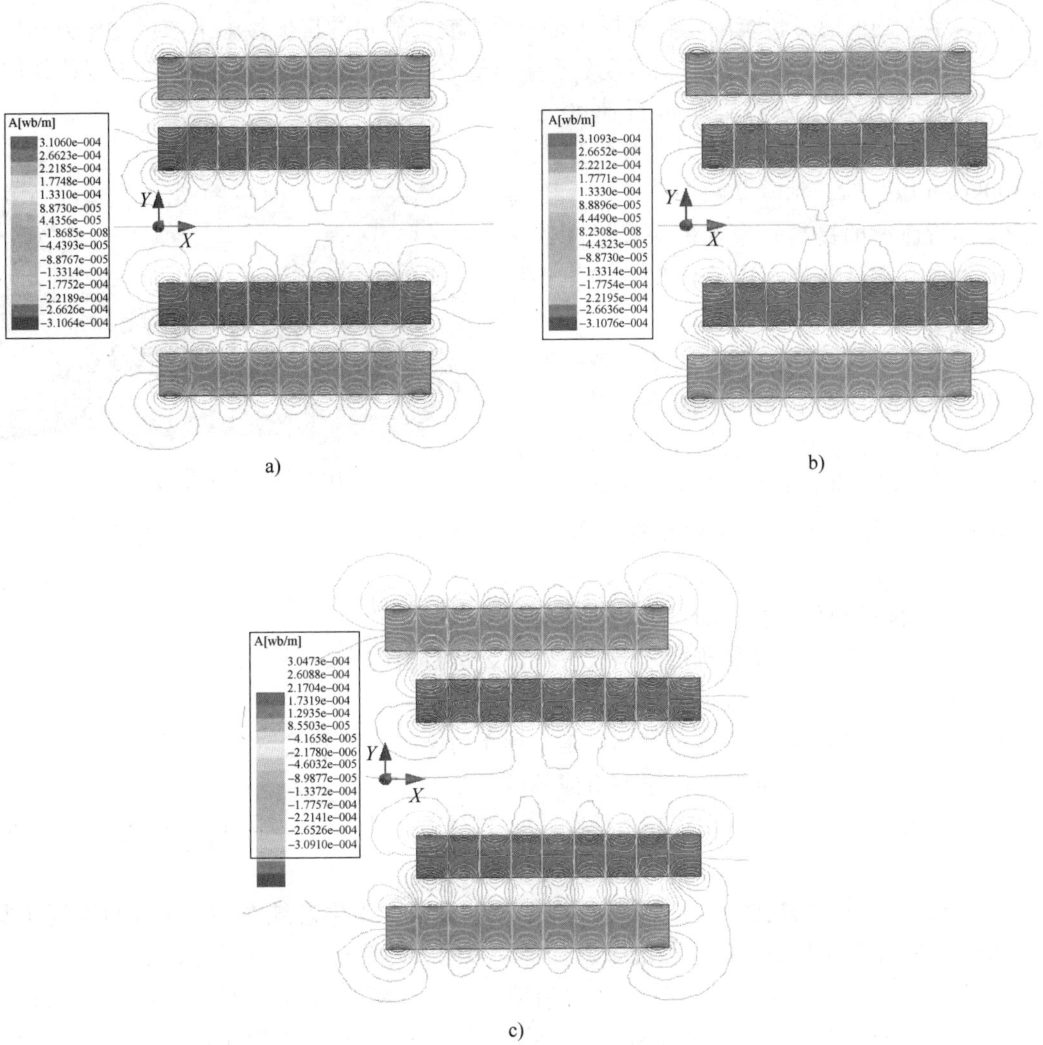

图 9-10　磁力线分布图

a）dz=0mm 且 dr=0mm 时磁力线分布图　b）dz=0.5mm 且 dr=0mm 时磁力线分布图

c）dz=1mm 且 dr=0mm 时磁力线分布图

通过磁场分析可以得到，当 dr 不变时，随着轴向偏移 dz 的变化，定转子之间气隙的磁场中出现耦合磁场且耦合程度与轴向偏移有关。说明磁轴承转子在两侧的气隙磁场中受斥力和吸力相互影响。随着轴向偏移的变大，气隙磁场耦合程度变大，至于对磁悬浮转子和定子间的影响是有利还是有害，要看具体需要而定。本例是对全永磁体的磁悬浮装置进行的磁场数值仿真分析，根据需要还可以设置 dr 的变化，进一步分析磁场的变化。

9.2.5 磁悬浮列车中的电磁系统

1. 磁悬浮列车

列车的发展由蒸汽机车、内燃机车到电力机车，使列车的运能和运行速度得到了很大的提高，但还远不能满足人们对高速度的要求。因此，如何提高列车运行速度的问题，就摆在了各国科学家的面前。传统的轮轨式机车是依靠车轮与轨道的机械接触来产生支撑力和导向力的，其牵引力通过轮轨之间的粘着现象产生，这种粘着驱动方式在很大程度上受轮轨间粘着状况好坏的限制。随着机车运行速度的提高，轮轨间粘着系数就会下降，尤其当速度达到300km/h以上时，粘着系数急剧下降，阻碍了列车运行速度的提高。为了进一步提高铁路的运行速度，磁悬浮列车应运而生，如图9-11所示。

图9-11 磁悬浮列车

磁悬浮列车也简称为磁浮列车，是一种新型的非接触式地面轨道交通运输工具。其最大的特点是磁悬浮车辆上取消了传统车辆赖以转动的轮子，从而实现了非粘着牵引和无接触运行。

无接触运行和非粘着牵引给磁悬浮列车带来一些新的特点，如振动小、加减速快等。磁悬浮列车还具有以下主要优点：

1）无机械接触和齿轮传动，电动机传动效率高。

2）在运行过程中车体和轨道之间没有摩擦，运行阻力小。

3）磁悬浮的能效高，维护成本低。

4）磁悬浮列车不会产生温室气体，是一种无污染的交通方式。

5）运行的噪声低，尤其适用于城市或郊区。

6）磁悬浮还是一种安全的交通工具，列车在导轨上发生碰撞的可能性远低于轮轨交通。

由于磁悬浮列车的这些特点以及与环境的兼容，被称为生态纯净的陆上绿色交通工具，特别是在一次性能源日益枯竭的情况下，受到许多国家的关注并开始研究。

上海磁悬浮列车工程项目2001年1月启动，历时五年，2006年4月开通示范运营。上海磁悬浮列车是世界上第一条投入商业化运营的磁悬浮示范线，它的线路西起地铁2号线龙阳路站，东至浦东国际机场，全长30km，最高运行速度为430km/h，单程行驶大约需要8min。上海磁悬浮列车对推动相关高精尖技术及企业和产业的发展、对促进我国轨道交通多样化建设及相关工业技术的跨越式发展具有重要意义。

磁悬浮列车主要由三部分组成：磁悬浮系统、磁推进系统和磁导向系统，如图9-12所示，下面将分别介绍。

2. 磁悬浮列车的类型

磁悬浮列车的悬浮系统可分为电磁悬浮（EMS，Electro Magnetic Suspension）和电动悬浮（EDS，Electro Dynamic Suspension）两种基本的悬浮方式。

（1）电磁悬浮

电磁悬浮又称常导型悬浮，是电磁力主动控制悬浮。它利用常规的电磁铁与铁磁轨道相吸引的原理，置于导轨下方的悬浮电磁铁线圈提供电流产生电磁场，与轨道上的铁磁性导轨相互作用，产生吸引力实现悬浮。但由于电磁吸引力与气隙大小成近似平方反比的非线性关系，悬浮的气隙较小，一般为 8～10mm。这种悬浮还必须通过精确快速的反馈控制才能保证列车可靠稳定地悬浮。控制的关键是通过对悬浮气隙的检测实现电磁铁电流的精确快速控制，从而控制电磁吸力，使磁铁与导轨之间保持稳定的悬浮气隙，图 9-13 为电磁悬浮列车系统。

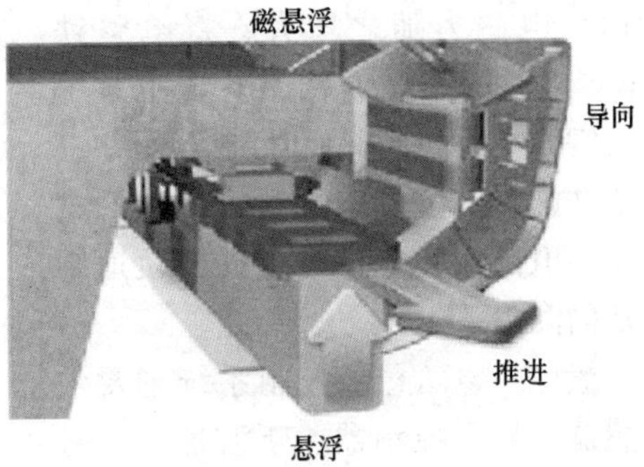

图 9-12　磁悬浮列车的推进、悬浮、导向示意图

（2）电动悬浮

电动悬浮又称超导型悬浮，其原理是在磁悬浮列车的车体上安装超导线圈，而在轨道上分布有按一定规则排列的短路线圈，当列车以一定速度前进时，超导线圈产生的强磁场就在轨道的短路线圈内产生感应电流，感应电流的磁场与超导线圈的磁场相互排斥而产生上浮力。列车速度愈大，这个排斥力就愈大，当速度超过一定值时，列车就脱离路轨表面而实现悬浮，高度可达 100～150mm。由于是斥力悬浮，悬浮是自稳定，不需要任何反馈控制系统来保证其悬浮系统的稳定性，控制系统可以大为简化。但悬浮的高度与列车速度有关，列车必须达到一定的速度才能被抬离轨道，因此必须在车上安装辅助的机械支撑轮装置，以保证列车在起动、低速运行或停车时，能安全可靠地着地。图 9-14 为电动悬浮列车系统。

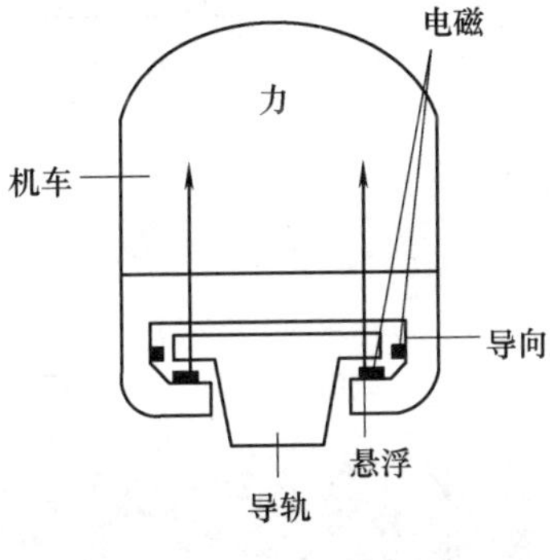

图 9-13　电磁悬浮列车系统

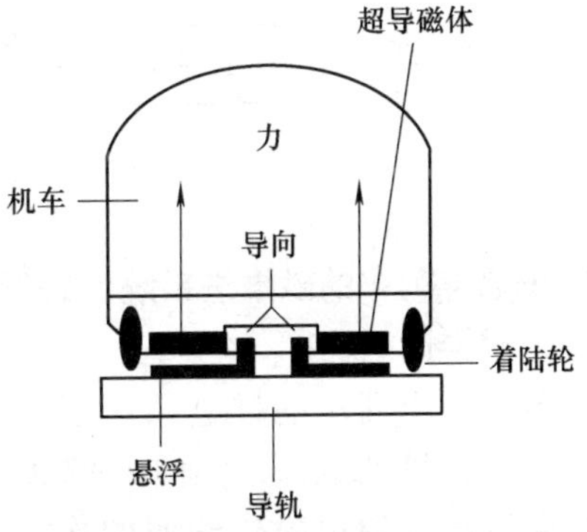

图 9-14　电动悬浮列车系统

3. 磁悬浮列车的电磁悬浮系统

在刚性轨道条件下，以电磁悬浮为例介绍磁悬浮列车悬浮系统的悬浮原理。电磁悬浮原理示意图如图 9-15 所示，并结合图 9-15 说明悬浮电磁力的调节过程。

首先向电磁铁施加一定的电压，根据右手定则，线圈绕组中流过的电流会产生一定的磁场，磁力线从线圈绕组环绕的电磁铁铁心出发，经间隙 1 到达轨道，然后穿越轨道经过间隙 2 返回磁铁铁心。该磁场在电磁铁与轨道之间产生吸引型的电磁力。当线圈绕组中的电流足够大时，电磁力随之增大，将电磁铁（列车）悬浮起来，磁悬浮系统正常工作的关键是计算出合适的控制电压，只要电磁铁施加的控制电压合适，线圈电流产生的电磁力将使得电磁铁与轨道维持固定的间隙。

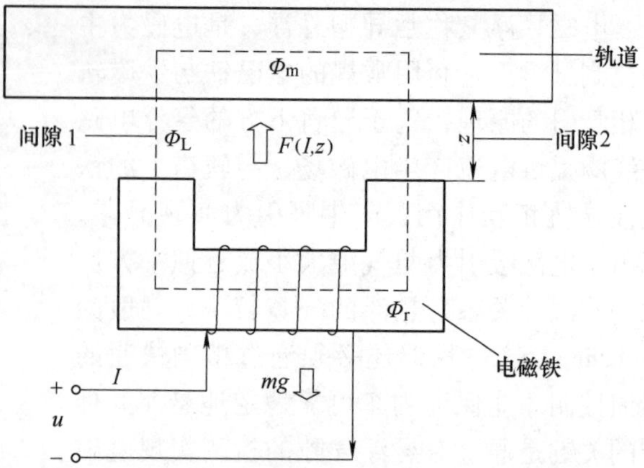

图 9-15 基于刚性轨道的电磁悬浮原理示意图

一般地，电磁悬浮控制系统主要包括传感器、悬浮控制器、斩波器、电磁铁等单元，其中悬浮控制器是整个系统的核心部分。电磁悬浮控制系统结构框图如图 9-16 所示。悬浮反馈控制系统中的传感器将测量得到的电磁铁与轨道之间的间隙、电磁铁的加速度和线圈绕组的电流等信号反馈至悬浮控制器的输入端，悬浮控制器将测量得到的信号和设定值进行比较，根据比较信号实时计算新的控制量，及时地校正线圈绕组的电流，使得电磁铁与轨道维持恒定的间隙，进而实现列车的稳定悬浮。

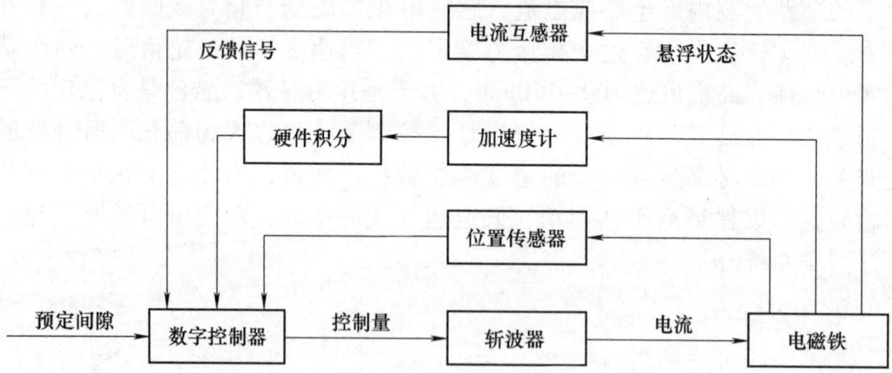

图 9-16 电磁悬浮控制系统结构框图

4. 磁悬浮列车的磁推进系统和磁导向系统

（1）磁推进系统

常导磁悬浮列车的推进系统运用同步直线电动机的原理，如图 9-17 所示。车辆下部支撑电磁铁线圈的作用就像同步直线电动机的励磁线圈，地面轨道内侧的三相移动磁场驱动绕组起到电枢的作用，它就像同步直线电动机的长定子绕组。从电动机的工作原理可以知道，当作为定子的电枢线圈有电时产生磁场，由于电磁感应而推动电动机的转子转动。同样，当沿线布置的变电所向轨道内侧的驱动绕组提供三相调频调

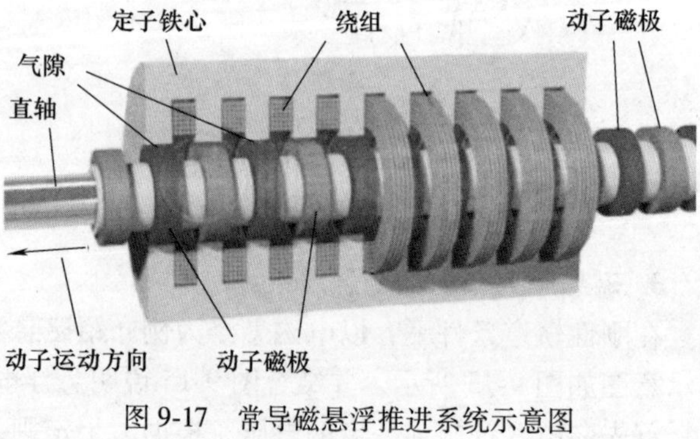

图 9-17 常导磁悬浮推进系统示意图

幅电力时，由于电磁感应作用，承载系统连同列车一起就像电动机的“转子”一样被推动做直线运动，从而在悬浮状态下，列车可以完全实现非接触的牵引和制动。

(2) 磁导向系统

磁导向系统是磁悬浮列车上的重要部件之一，由它在电流作用下产生的电磁力来完成列车的导向功能，其工作性能直接影响着整车的技术性能和列车的运行安全。磁悬浮列车导向系统每节车配有12个整体导向电磁铁，左右两侧各分布6个。每个整体导向磁铁包含6个单体磁铁，根据导向磁铁在车辆的不同安装位置，6个单体磁铁分别分为2组或3组。每个导向点对应一套导向斩波器、一套导向传感器和一套导向控制器。图9-18为导向系统体系结构工作示意图，在导向电磁铁的两端安装有间隙传感器，两侧传感器的信号同时送给导向控制器，导向控制器根据它们的差值生成导向控制命令，驱动两个斩波器，从而调整两侧电磁铁的电流，达到调节导向电磁力大小的目的。

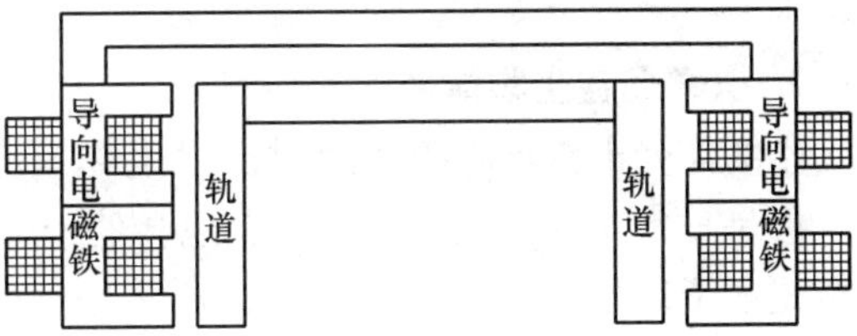

图9-18　导向系统的体系结构工作示意图

9.3　电磁辐射生物效应机理研究中的计算电磁学方法

9.3.1　电磁场与电磁辐射

自然界中只要存在电荷，就会存在电场（Electro Field）；电荷的运动产生磁场（Magnetic Field），电磁场（Electro Magnetic Field，EMF）存在于大自然中，人造电子设备在工作时都会辐射电磁场。电磁波以相互垂直的电场和磁场随时间的变化而传递能量，能量以电磁波的形式通过空间传播的现象称为电磁能辐射或电磁辐射。电源和家用电器是低频电磁场的主要来源。移动电话、电视、无线发射台和雷达等是射频电磁场的主要来源。射频电磁场会在人体内产生感应电流，如果场的强度足够大，还会产生热冲击、电冲击等效应。频率越高，能量越大。

1. 电磁辐射对人体的影响

1）热效应：辐射功率密度 $S>10\text{mW/cm}^2$（$E>194\text{V/m}$），人体吸收的辐射能转化为热量，超过人体体温调节能力时，会引起人体（或局部组织）体温明显升高，或引起生理功能紊乱（人的体温每升高一度，基础代谢增加约5~14%，组织中的氧的需求量增加50~100%）。热效应首先损伤人体上对热比较敏感的器官，例如眼睛、大脑、男性生殖器等，也可导致白内障（$>300\text{mW/cm}^2$）。

2）非热效应：$S<1\text{mW/cm}^2$（$E<61.4\text{V/m}$），长时间照射也不会引起体温明显的升高，但会出现烦躁、头晕、疲劳、失眠、记忆力减退、脱发、白血球升高、植物神经功能紊乱、脑电图和心电图变化等症状。这些一般称为电磁辐射的非热效应，这些症状在脱离辐射源后一般是可以逐渐恢复的。

3）三致作用（致癌、致畸、致突变作用）：这是电磁辐射的远期效应，在国内外已经引起了重视，但尚无一致的意见。一些研究者的实验表明：长时间的电磁辐射可能诱发癌症，也可能引起染色体的畸变，具有致畸、致突变作用。

4）治病健身：一定量、一定频率的辐射对人体是有益的，医疗上的烤电、理疗等方法都是利用适量电磁波来治病健身。事实上，电磁波也如同大气和水资源一样，只有当人们规划、使用不当时会造成危害。

当前，在电磁场（波）与人体相互作用的研究中都是从电磁场对人体的热效应出发分析人体对电磁的吸收水平，并以单位质量的人体组织所吸收的电磁功率即比吸收率（Specific Absorption Rate，SAR）作为电磁场（波）对人体的作用的电磁吸收多少的一个衡量标准。

2. 电磁场在生物体内的感应场强

生物体受电磁场曝露作用时产生生物效应的最主要原因是在机体内部存在外场的感应场。但是日常生活中人们不可避免地会处于电力线（包括室内工频输电线）、通信信号以及便携式电子用具产生的电磁场中，这些场在我们的生活中无处不在。诸多不同类型的电磁场，频率越高，穿透生物机体的能力就越低，极低频（0~300Hz）电场暴露会在人体中感应出明显的电场和电流，剂量学测量中还阐述了外场和人体内感应场和电流密度的关系。在低频时，生物体是良导体，外部电力线近似地与生物体的表面垂直，机体表面会感应出交变电荷，继而在机体内感应出电流。关于电场暴露剂量学研究的关键特性有：机体内感应场通常要远小于外场5~6个数量级，对于一定的外场，机体内不同部位的感应场大小不同，取决于机体的大小和形状，各种器官和组织中的感应电流的分布与电导率有关，感应场的分布也与电导率相关，但相关程度极小。但是对于高频情况来说，体内的感应场与频率有较大的关系，因为高频电场的穿透能力比低频电磁场要弱。

人体组织的介电常数在低频范围内对于频率有较强的依赖性，尤其是组织的介电率随着频率的变化、组织内可导电离子分数的增大而显著增大，例如手掌部位由于比手背部位有较多的汗腺而具有较高的电导率，这对于在低频范围内进行电磁场生物效应的研究是极其重要的。生物组织对于电磁辐射的吸收和反射特性是研究计算电磁辐射的比吸收率（SAR）的重要内容，研究电磁辐射生物效应的一个根本问题就是明确生物组织对于电磁辐射的SAR问题。考虑电磁波E垂直入射皮肤的情况，由Fresnel公式

$$\frac{E'}{E}=\frac{\sqrt{\varepsilon_0}\cos\theta-\sqrt{\varepsilon}\cos\theta''}{\sqrt{\varepsilon_0}\cos\theta+\sqrt{\varepsilon}\cos\theta''} \tag{9-10}$$

$$\frac{E''}{E}=\frac{2\sqrt{\varepsilon}\cos\theta}{\sqrt{\varepsilon_0}\cos\theta+\sqrt{\varepsilon}\cos\theta''} \tag{9-11}$$

式中，ε为介电常数，ε_0为真空介电常数；E'为反射电场，E''为折射电场。因为生物组织呈现极强的非线性，所以利用Fresnel公式计算SAR可能会带来一定的误差，但是计算结果对于生物组织电磁辐射比吸收率的实验结果可提供一定的参考作用。由式(9-10)和式(9-11)可计算人体处于不同辐射情况下皮肤组织对于电磁波的反射特性，皮肤组织对于电磁波的反射特性与其生物效应的发生有着密切的关系。无论其对于电磁波的反射特性还是吸收特性，均与其内部结构相关，既与外场频率有关，也与组织所在的部位有关。不同频率时皮肤组织E''/E的值如图9-19所示。

图9-19明确了不同组织对于不同频率的电磁辐射的反射与折射特性，进而可以在此基

础上结合人体组织电学性计算不同组织对于不同频率电磁辐射的 SAR，在理论上明确不同频率电磁辐射的生物效应的量效关系。通过计算发现，在所计算的频率范围内，皮肤组织对于电磁波的折射的比例介于 2%~15% 之间，并且随着外场频率的增加，折射比例也相应地增加。

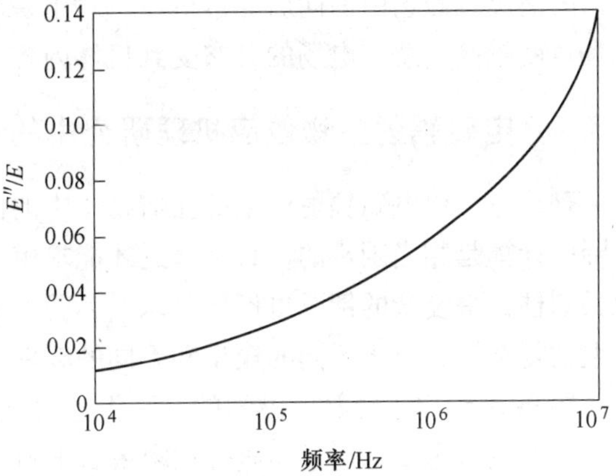

图 9-19　不同频率时皮肤组织 E''/E 的值

此外，在考虑电磁波在人体内传播时，人体内电磁波满足亥姆霍兹方程：$\nabla^2 E + k^2 E = 0$，令 $k = \beta + i\alpha$，则人体内的电磁波还可以表示为

$$E(x,\ t) = E_0 e^{-\alpha x + i(\beta x - \omega t)} \tag{9-12}$$

式(9-12) 中的 α 表示电磁波在人体内传播的衰减常数，β 为相位常数，再引入生物组织的复介电常数：$\varepsilon' = \varepsilon + i\sigma/\omega$，则可以得出机体内电磁波传播过程中的衰减特性对于人体组织电磁参数的依赖特性如下：

$$\alpha = \omega\sqrt{\mu\varepsilon}\left[\frac{1}{2}\left(\sqrt{1 + \frac{\sigma^2}{\varepsilon^2\omega^2}} - 1\right)\right]^{1/2} \tag{9-13}$$

电磁波对生物组织加热的过程就是自身能量不断损失的过程。到底其能量损失多少，就失去了再加热的能力，具体说来也就是对生物组织加热的深度是多少。当电磁场能量衰减至初始值的 $1/e^2$时，传播的距离叫作穿透深度，具体的穿透深度可用如下公式来表示：

$$d = \frac{1}{\omega\sqrt{\left[\frac{1}{2}\mu\varepsilon\left(\sqrt{1 + \frac{\sigma^2}{\varepsilon^2\omega^2}} - 1\right)\right]}} \tag{9-14}$$

式中，σ 表示频率为 ω 时的组织的电导率，ε 为组织在频率为 ω 时的介电常数。

图 9-20 显示皮肤对于不同频率暴露作用的穿透深度从 10kHz 时的 27.62m 降低到 10MHz 时的 0.67m。说明频率高于 10MHz 的电磁波在生物体中传播的衰减特性非常明显，并且含水量多的生物组织穿透深度较小。肌肉与其他生物组织相比含水量较多，电磁波在其内部传播时，强度衰减较快，穿透深度较浅。

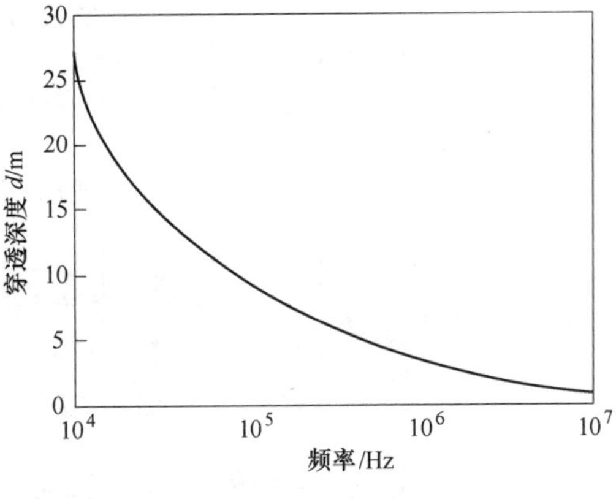

图 9-20　皮肤对于不同频率暴露作用的穿透深度

但是对于磁场来说，生物组织的磁导率和空气一样，因此组织中场强的大小与外部空间一样，生物组织的特点对于磁场不会造成显著的改变，磁场所产生的生物作用主要是对于运动的生物分子会产生一个外部作用力，同时导电组织中还会产生法拉第感应和相对应的电流。关于极低频磁场剂量学的研究主要问题有：感应电场和电流取决于外部磁场的方向，但对于非线性极强的生物体来说，感应电场

最大的情况是磁场由前向后穿过机体。对于一个给定方向的磁场，机体的体积越大，感应的电场也就越高。感应电场的分布受到机体内各种器官和电导率的影响。

9.3.2 电磁辐射生物效应机理研究中的计算电磁学方法

理论上，由电磁辐射产生的任何物体中的内部场都可以通过解 Maxwell 方程得到。但是实际中计算是相当困难的，直到最近才能求解非常特殊的情况（理想模型）。例如球体和无限长圆柱，最复杂的情况也仅仅是求解六层球体构成的头部模型。由于求解 SAR 在数学计算上的复杂性，对于不同的模型和不同的频率，采用不同的计算方法来求解 SAR。

图 9-21 给出了计算电磁学的方法汇总。反演方法是求解电磁逆问题的方法，在生物电磁学中的应用主要是通过脑电位来求解脑电流。这类问题因为涉及到求解欠定方程，得到解的精度一般会比较有限。高频方法应用得很少，因为频率越高，趋肤深度越浅。而电磁剂量学定义的 SAR 是在 10g 组织质量下取平均，10g 肌肉组织的立方体对应的线性维度是 21.5mm，明显高于趋肤深度。对于可见光所引起的效应完全是对皮肤表层产生的热效应，测量一般采用温度照相机，照出体表的温度分布。

- 计算电磁学（CEM）
  - 正演方法
    - 高频方法
      - GO——几何光学法
      - PO——物理光学法
      - GTD——几何绕射理论
      - PTD——物理绕射理论
      - UTD——线性几何绕射理论
      - OT——复射线法
      - SBR——弹跳射线法
    - 解析方法
      - 柱体近似
      - Mile 散射
      - 保角变换
    - 低频方法
      - 基于积分方程的方法
        - SIEM——表面积分方程法
        - VIEM——体积积分方程法
        - IETD——时域积分方程
        - AIM——自适应积分方法
        - IM——阻抗方法
        - EBCM——拓展边界条件方法
      - 基于微分方程的方法
        - FDM——有限差分法
        - FEM——有限单元法
        - TLM——传输线矩阵法
      - 混合方法
        - 高频/低频混合方法
        - 积分方程/微分方程混合方法
        - 数值解析混合方法
  - 反演方法
    - 线性反演方法
    - 非线性反演方法
      - BIM——波昂迭代法
      - DBIM——变形波昂迭代法
      - 牛顿法
      - 蒙特卡洛反演方法

图 9-21 计算电磁学方法汇总

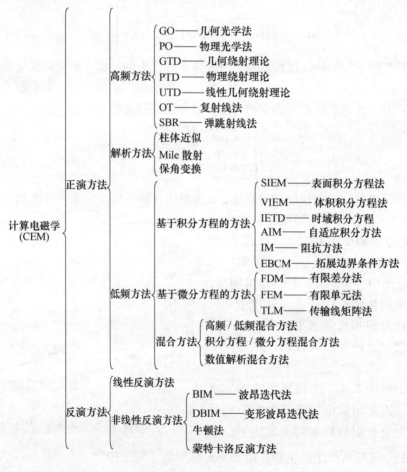

当频率在 30MHz 左右时，在求解人体尺寸的目标情况下采用长波长近似方法。扩展边界条件方法（EBCM）可以用来计算类似球体的人体模型暴露在上限频率为 80MHz 的情况。迭代扩展边界条件方法（IEBCM）作为 EBCM 方法的扩展可以用来计算 400MHz 的类球体模型。通过 Maxwell 方程的经典解圆柱形物体可以来计算 E 极化的频率范围从 500MHz 至 7GHz，H 极化的频率范围从 100MHz 至 7GHz，求解的结果可以得到平均 SAR。通过矩量法求解格林函数的积分方程可以对人体内的电场计算到频率达 400MHz 的情况。

数值仿真技术现在可以确定暴露在远场和近场源下的高复杂度毫米量级解析度解剖人体模型中的 SAR 和电流分布。大量的数值方法，包括矩量法、有限元法、有限元时域方法（FETD）、广义多极子技术（GMT）、体积积分方程法（VIEM）、导纳和阻抗方法、时域有限差分法等，被广泛地应用在从几兆赫兹至几吉赫兹的生物电磁学应用中。FDTD 方法的拓展，频率依赖的时域有限差分法［$(FD)^2TD$］考虑了组织在频率上的色散效应，可以仿真宽带的生物电磁学问题。该方法被用来计算暴露在频带宽度达 16Hz 的超短平面波脉冲下体内的 SAR 和电流分布。

9.3.3　应用时域有限差分法计算电磁辐射在生物组织中的比吸收率

在应用 FDTD 方法计算电磁辐射对人体器官和组织的影响时，将人体划分为近场区和远场区。近场区也称感应场，是指一个波长之内的区域，其电磁强度比较大，但电场和磁场没有明确的比例关系，需要分别测量。远场区又称辐射区，是指一个波长之外的空间区域。在远场区电磁场能量脱离辐射体，以电磁波形式向外发散，电场和磁场的运行方向互相垂直，并都垂直电磁波传播的方向。在计算区域的截断边界处采用 PML 吸收边界。PML 的优势是能吸收入射电磁波，具有很小的反射，缩小计算规模，提高计算精度。

应用比吸收率（SAR）定量分析人体对电磁波的吸收情况。SAR 的定义有以下两种：

1）给定密度的体积中由质量所吸收能量的增量对时间的导数，即

$$\mathrm{SAR}=\frac{\sigma_{\mathrm{eff}}}{\rho}E^2 \tag{9-15}$$

式中，σ 是电导率；ρ 是生物组织的密度；SAR 的单位为 W/kg。

2）Poljak D 推导了另外一个计算 SAR 的表达式

$$\mathrm{SAR}=\frac{\mathrm{d}}{\mathrm{d}t}\frac{\mathrm{d}W}{\mathrm{d}m}=\frac{\mathrm{d}}{\mathrm{d}t}\frac{\mathrm{d}W}{\rho\mathrm{d}V} \tag{9-16}$$

式中，W 是指组织所吸收的电磁波能量；m 是组织的质量。物理上，两种定义是等价的。

应用 FDTD 方法计算得到的使用手机通话时人体头部 SAR 值见表 9-1，计算过程中所采用的人体电磁参数见表 9-2。

表 9-1　基于 FDTD 方法的头部 SAR 值

	眼部		脑部接近手机处
	无金属框架眼镜	有金属框架眼镜	
SAR/(W/kg)	0.007~0.21	0.008~0.27	0.12~0.83

表 9-2 人体头部电磁参数

器官或组织	相对介电常数	电导率 S/m
骨骼和脂肪	9.99~17.40	0.037
皮肤	35.40	1.4
脑部	43.6068~45.7691	0.769~1.1355
颅骨组织	48~55	0.037~1.4

图 9-22 计算了生物组织对于入射强度为 10V/m 和 30V/m 的不同频率正弦电磁波的比吸收率，通过实际计算的结果得出在外场为 10V/m 的情况下，皮肤组织在频率为 10^4 Hz 时的 SAR 为 0.138×10^{-5} W/kg，频率为 10^7 Hz 时的 SAR 为 0.358×10^{-3} W/kg。在频率低于 10^6Hz 时，皮肤组织对于电磁辐射的 SAR 值基本稳定，稍微呈现上升的趋势；而当频率大于 10^6Hz 时，组织对于电磁辐射的 SAR 值上升较为明显，显示了在高频作用下生物组织的热效应为主的特性。

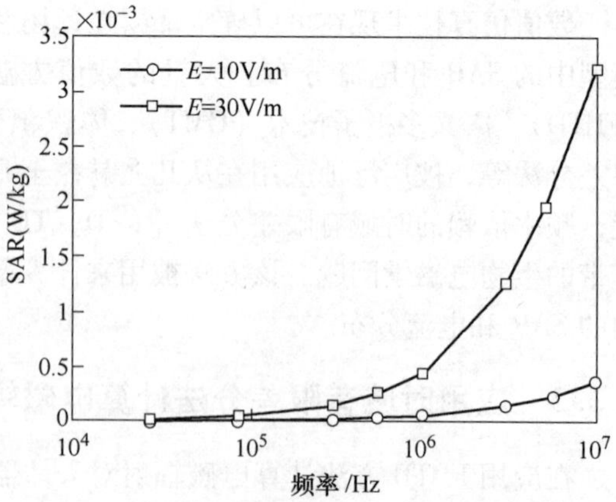

图 9-22 由折射强度计算不同外场强度的 SAR

9.4 电磁兼容技术

9.4.1 电磁兼容的基本概念及其发展

1. 电磁兼容的基本概念

电磁兼容性（Electro Magnetic Compatibility，EMC），按国家标准 GB/T 4365—2003《电工术语—电磁兼容》的定义：设备或系统在其电磁环境中能正常工作且不对该环境中任何事物构成不能承受的电磁干扰的能力。

国际电工委员会（IEC）的定义：电磁兼容是设备的一种能力，设备在其电磁环境中能完成它的功能，而不至于在其环境中产生不允许的干扰。

美国电气电子工程师学会（IEEE）的定义：一个装置能在其所处的电磁环境中满意地工作，同时又不向该环境及同一环境中的其他装置排放超过允许范围的电磁扰动。

上述 3 个电磁兼容的定义虽措辞不同，但反映的都是设备或系统承受电磁干扰时能正常工作，同时在该环境中又不产生超过规定限值的电磁干扰。

其中上述定义中的电磁环境（Electromagnetic Environment）是指存在于给定场所的所有电磁现象的总和。“给定场所”即给定的空间或环境，“所有电磁现象”是指包括了在这个空间或环境中，任何时候所遇到的任何电磁现象。可以简单地理解成电磁场现象，即环境中普遍存在的电磁感应、干扰现象。电磁环境由空间、时间和频谱三个要素组成。

2. 电磁兼容的发展

人们很早就发现了电磁干扰现象。1864 年麦克斯韦总结出电磁场理论，这为认识和研究电磁干扰现象奠定了理论基础。1881 年英国科学家希维赛德发表了“论干扰”的文章，标志着研究干扰问题的开端。1888 年赫兹成功地接收到电磁波，验证了麦克斯韦的电磁场理论，并从此开始了电磁干扰的实验研究。1889 年英国邮电部门研究了通信干扰问题，使干扰问题的研究开始着眼于工程实际问题。

20 世纪以来，随着通信、广播等的发展，人们逐渐认识到需要对各种电磁干扰进行控制，工业发达国家成立了国家及国际间的组织，如德国电气工程师协会、国际电工委员会（IEC）、国际无线电干扰特别委员会（CISPR）等，在世界范围内开始有组织地对电磁干扰问题进行研究。为了解决干扰问题，保证设备或系统的高可靠性，20 世纪 40 年代初，人们提出了电磁兼容性的概念。1944 年，德国电气工程师协会制定了世界上第一个电磁兼容性规范——VDE 0878，美国则在 1945 年颁布了最早的军用规范——JAN-I-225。

在研究、控制电磁干扰的过程中，人们逐步了解和掌握了电磁干扰产生的原因、干扰的性质、干扰的传播途径及耦合机理，系统地提出了抑制干扰的技术措施，制定了电磁兼容的系列标准和规范，建立了电磁兼容试验和测量体系，解决了电磁兼容分析、设计及预测的一系列理论和技术问题。电磁干扰问题也由单纯排除干扰，逐步发展成在理论上和技术上全面考虑电气、电子设备及其电磁环境的系统工程，电磁兼容成为新兴的综合性学科。

在我国，电磁兼容的研究起步较晚，但发展很快。20 世纪 80 年代初开始研究并制定国家级和行业级的电磁兼容标准和规范，国内电磁兼容组织纷纷成立，学术活动频繁开展。1987 年召开了第一届全国电磁兼容性学术会议，1990 年在北京第一次成功举办了电磁兼容国际学术会议，它标志着我国的电磁兼容开始参与世界交流。2000 年 7 月成立了全国电磁兼容标准化技术委员会（相当于中国的 TC77），秘书处设在武汉高压研究所。到目前为止，我国已制、修订近百个 EMC 标准。21 世纪以来，几乎每年都举办与电磁兼容技术相关的学术研讨会，不断对这项技术进行质的提升。随着国民经济和高科技的迅速发展，电磁兼容技术受到格外重视，在航空、航天、通信、电子、电力等部门投入了大量的人力、财力，建立了一批电磁兼容试验测试中心，引进了许多先进的电磁发射及电磁敏感度自动测试系统和试验设备。在电磁兼容工程设计和预测分析方面也开展了一系列研究，并逐渐投入实际应用。还制定了一系列电磁兼容标准，并已进入实施阶段。

9.4.2　电磁干扰源及电磁干扰的传播

电磁干扰，英文名称为 Electro Magnetic Interference，简称 EMI，是指任何在传导或者在有电磁场伴随着电压、电流的作用下而产生会降低某个装置、设备或系统的性能，还有可能对生物或者物质产生不良影响的电磁现象。

1. 电磁干扰源

电磁干扰按照干扰源性质可分为自然干扰和人为干扰。

自然干扰源是指由于自然电磁现象而产生的电磁噪声。包括以下三种。

1）大气噪声：如雷电，或者是由于大气尘埃、雨点等微粒与高速通过的飞机、飞船表面摩擦而产生的火花放电、电晕放电。

2）宇宙噪声：包括太空背景噪声和太阳、月亮等发射的无线电噪声。

3）热噪声：指处于一定热力学状态下的导体所出现的无规则电起伏，是由导体中的自由电子无规则运动引起的，如电阻热噪声、气体放电噪声等。

人为干扰源有电气电子设备和其他人工装置产生的电磁干扰。这又可分为有意发射干扰源和无意发射干扰源。

(1) 有意发射干扰源

有意发射干扰源是专用于辐射电磁能的设备，例如广播、电视、通信、雷达、导航等发射设备，是通过向空间发射有用信号的电磁能量来工作的，它们对不需要这些信号的电子系统或设备构成功能性干扰，而且是电磁环境的重要污染源。

(2) 无意发射干扰源

有许多装置都无意地发射电磁能量，例如汽车的点火系统，各种不用的用电装置和带电动机的装置，照明装置，霓虹灯广告，高压电力线，工业、科学和医用设备以及接收机的本机振荡辐射等都在无意地发射电磁能量。这种发射可能是向空间的辐射，也可能沿导线传导发射，所发射的电磁能有可能是规则的或随机的，一般占有非常宽的频带或离散频谱，所发射的功率可从微微瓦到兆瓦级。无意发射的干扰源主要有以下几种：

1) 工业、科学、医疗及生活中的高功率设备：如感应加热设备、高频电焊机、X光机、高频理疗设备等。它们的特点是功率高、数量大，一般输出功率可达千瓦甚至是兆瓦，而且其数量还在逐年递增，工作时的电磁泄漏会造成很强的干扰。

2) 汽车等机动车辆：汽车等机动车辆的点火系统、发电机、风扇、风挡刮雨器马达等，都会对外辐射电磁能量产生干扰。其中汽车点火系统是最强的宽带干扰源，它在10~100MHz范围内具有很大的干扰强度。

3) 其他一些无意发射设备干扰源：主要有：电动机中由于火花放电产生的干扰，这类干扰具有较宽的频带；照明设备中由于气体放电、弧光放电、辉光放电及伴随放电产生的高频振荡造成的干扰；高压输电线的电晕和绝缘子断裂等接触不良产生的微弧和受污染导线表面上的电火花。电气化铁路、公共电源及高速数字电路设备也都会向外辐射或传导电磁能量形成干扰源。

4) 静电放电干扰：这是一种有害的电磁干扰源，它有可能引起火灾，导致易燃、易爆物引爆，或者导致测量、控制系统失灵或发生故障，也可能导致计算机程序出错、集成电路芯片损坏。

5) 核爆炸电磁脉冲：核爆炸时会产生极强的电磁脉冲，其强度可达105V/m以上，分布范围极广。高空核爆炸的影响半径可达数千公里。核电磁脉冲对于武器、航天飞行器、舰船、地面无线电指挥系统、工业控制系统、电力电子设备都会造成严重的干扰和破坏。

2. 电磁干扰的传播

任何电磁干扰的发生都必然存在干扰能量的传输和传输途径（或传输通道）。通常认为电磁干扰传输有两种方式：一种是传导耦合传输方式；另一种是辐射耦合传输方式。

传导耦合是指电磁噪声的能量在电路中以电压或电流的形式，通过金属导线或其他元件（如电容器、电感器、变压器等）耦合至被干扰设备（电路）。根据电磁噪声的耦合特点，传导耦合可分为直接传导耦合、公共阻抗耦合和转移阻抗耦合三种。

直接传导耦合是指电磁噪声直接通过导线、金属体、电阻器、电容器、电感器或变压器等实际元件耦合到被干扰设备（电路），包括三种类型：电导性耦合、电感性耦合及电容性耦合。

公共阻抗传导耦合是指电磁噪声通过印制板电路和机壳接地线、设备的公共安全接地线以及接地网络中的公共地阻抗产生公共地阻抗耦合，以及电磁噪声通过交流供电电源及直流供电电源的公共电源阻抗时，产生公共电源阻抗耦合。

转移阻抗耦合是指干扰源发出的电磁噪声，不是直接传送至被干扰对象，而是通过转移阻抗，将噪声电流（或电压）转变为被干扰设备（电路）的干扰电压（或电流）。从本质上说，它是直接传导耦合和公共阻抗传导耦合的某种特例，只是用转移阻抗的概念来分析比较方便。

辐射耦合是指电磁噪声的能量以电磁场能量的形式，通过空间辐射传播耦合到被干扰设备（电路）。根据电磁噪声的频率、电磁干扰源与被干扰设备（电路）的距离，辐射耦合可分为远场耦合和近场耦合两种情况。

9.4.3 电磁干扰抑制

所有的电磁干扰都是由三个基本要素产生的：电磁干扰源、对该干扰能量发生响应的设备以及将电磁干扰能量传输到受干扰设备的通道或媒介。对电磁干扰的抑制技术，大体可分为如下六类。

1）传输通道的抑制：具体方法有滤波、屏蔽、接地、搭接、电路板合理布线。滤波技术是采用滤波器来抑制电气、电子设备传导电磁干扰，提高电气、电子设备传导抗干扰度水平的主要手段。滤波器的作用是允许有用信号通过，而对非有用信号（电磁骚扰）有很大的衰减作用，使产生干扰的机会减为最小。常用的滤波元件主要是电感、电容及铁氧体 EMI 抑制元件，滤波电路也分为有源滤波和无源滤波。

屏蔽技术用来抑制电磁噪声沿着空间传播，即切断辐射电磁噪声的传播途径。通常以某种材料（导电或导磁材料）制成屏蔽壳体，将需要屏蔽的区域封闭起来，形成电磁隔离，使该区域内外的电磁能量不能进出或进出受到很大衰减，根据应用目的不同分为主动屏蔽和被动屏蔽。主动屏蔽的目的是为了防止噪声源向外辐射而屏蔽噪声源。被动屏蔽是防止敏感设备受到噪声辐射场的干扰而屏蔽敏感设备。电磁屏蔽按其原理可分为电场屏蔽、磁场屏蔽和电磁场屏蔽。电场屏蔽包含静电屏蔽和交变电场屏蔽；磁场屏蔽包含低频磁场屏蔽和高频磁场屏蔽。

接地技术是电磁兼容技术中的一项重要技术，是任何电子、电气设备或系统正常工作时必须采取的技术，它不仅是保护设施安全和人身安全的必要手段，也是抑制电磁干扰，保障设备或系统电磁兼容性，提高设备或系统可靠性的重要技术措施。通常，电路、用电设备的接地按其作用可分为安全接地和信号接地两大类。其中安全接地又分为工作接地、接零保护接地和防雷接地等，信号接地又分为单点接地、多点接地、混合接地和悬浮接地。应当注意的是，任何作为公共导线的地线都有一定的阻抗（包括电阻和电抗），导致两个接地点间会形成一定的电压，从而产生接地干扰。理想的接地，不但要尽量减低多电路公共接地阻抗上所产生的干扰电压，同时还要尽量避免形成不必要的地回路。

搭接技术是指两个金属物体之间通过机械、化学或物理的方法实现结构连接，以建立稳定的低阻抗电气通路的工艺过程。从一个设备机箱到另一个设备机箱，从设备机箱到接地平面，信号回路与地回路之间，电源回路和地回路之间、屏蔽层与地回路之间，滤波器与机箱之间，接地平面与连接大地的地网或地桩之间，都要进行搭接。其目的在于为电流的流动提供一个均匀的结构面和低阻抗通道，以避免在相互连接的两金属件间形成电位差，因为这种电位差对所有的频率都有可能引起电磁干扰。

布线是印制电路板（PCB）电磁兼容性设计的关键技术。要选择正确的元件布置方式、合理的信号流向、合理的导线宽度，采取正确的布线策略，如加粗地线、避免将地线闭合成环路、减少导线的不连续、采用多层PCB等。

2）空间分离：地点位置控制、自然地形隔离、方位角控制、电场矢量方向控制。空间分离主要指加大骚扰源和敏感设备之间的空间距离，或者是在空间有限的情况下，对骚扰源辐射方向的方位进行调整、骚扰源电场矢量与磁场矢量的空间取向进行控制，从而抑制空间辐射骚扰和感应耦合骚扰。

3）时间分割：时间共用准则、雷达脉冲同步、主动时间分割、被动时间分割。

4）频谱管理：频谱、制定标准规范、频率管制等。

5）电气隔离：变压器隔离、光电隔离、继电器隔离、DC-DC变换。

6）其他技术。

除上述技术外，电磁干扰控制还有其他技术，如对消和限幅技术、功率控制技术、自适应技术、数字化（传输、调制）技术等。

9.4.4 电磁兼容测试技术

为了确保电磁兼容设计的正确性和可靠性，科学地评价设备的电磁兼容性能，就必须在研制的整个过程中对各种干扰源的干扰量、传输特性和敏感器件的敏感度进行定量测量，验证设备是否符合电磁兼容标准和规范，找出设备设计及生产过程中在电磁兼容方面的薄弱环节，为用户安装和使用设备提供有效的数据，因此电磁兼容测试是电磁兼容设计所必不可少的重要内容。由于电磁兼容分析与设计的复杂性，以及各种杂散发射千差万别，很难控制，因此对于电磁兼容技术来说，其理论计算结果更加需要实际测量来检验。至今在电磁兼容领域对大多数情况仍主要依靠测试来分析、判断、解决问题。美国肯塔基大学Dr. Paul曾说过“对于最后的成功验证，也许没有任何其他领域像电磁兼容领域那样强烈地依赖于测量。”并且随着电磁兼容理论研究的不断发展，测试技术、测试项目也在不断地拓展。

任一个电子设备既可能是一个干扰源，也可能是敏感设备，因此电磁兼容测试分为传导发射测试和辐射发射测试两大类，通常再细分为2类：电磁干扰（EMI）发射测试、电磁敏感度（EMS）测试，如图9-23所示。

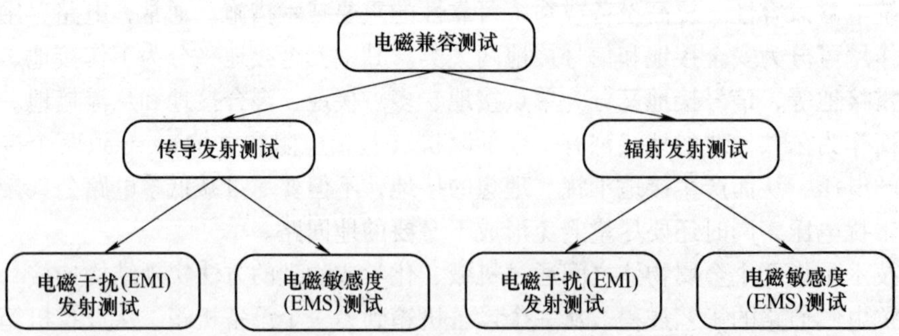

图9-23 电磁兼容测试内容

辐射发射测试考察被测设备经空间发射的信号，这类测试的典型频率范围为10kHz~

1GHz。但对于磁场测量，要求频率低至 25Hz，而对于工作在微波频段的设备，要测到 40GHz。

传导发射测试考察在交、直流电源线上存在由被测设备产生的干扰信号，这类测试的频率范围通常为 25Hz~30MHz。

辐射敏感度（抗扰度）考察设备防范辐射电磁场的能力。

传导敏感度（抗扰度）考察设备防范来自电源线或数据线上的电磁干扰的能力。

电磁兼容技术是和测试场地的不断发展和改进息息相关的。开阔试验场地是精确测定受试设备辐射发射值的理想场地。但现在城市里电磁环境复杂，已经很难找到合适的场地了，因此模拟开阔试验场的电波暗室便应运而生；由于电波暗室的造价仍然很高，于是 GTEM 小室出现了。为了适应尺寸很大的设备高频高场强的要求，混响室技术逐渐成熟并走向实用。

一个基本的电磁兼容测试的基本步骤如图 9-24 所示。

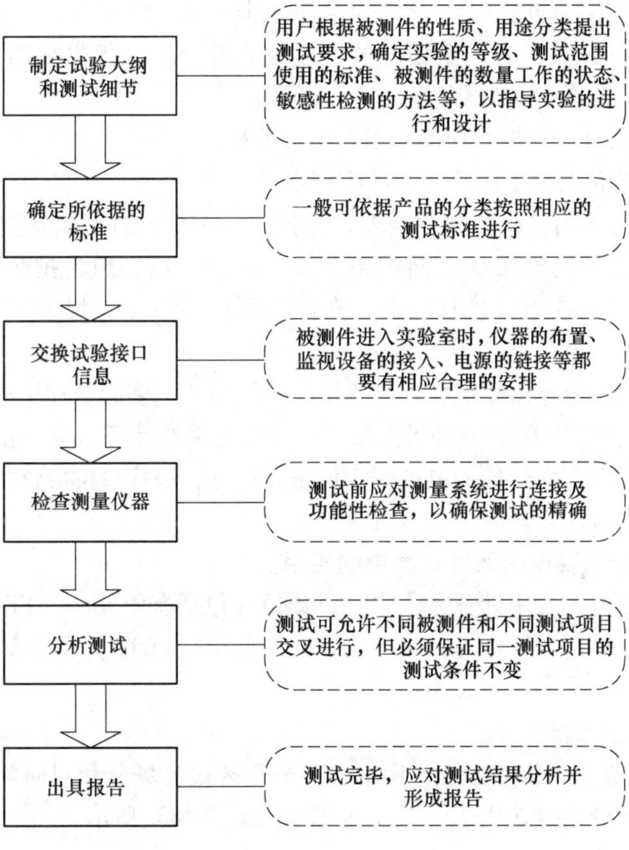

图 9-24　电磁兼容测试的基本步骤

9.4.5　电磁兼容的应用

1. 电磁兼容技术在电子医疗设备中的应用

近年来，越来越多的医院进行现代化建设，引进了大批先进的电子医疗设备，例如心电图、CT、电子心脏起搏器、电子胃镜、电子注射泵等。但是，由于各种电子设备的广泛应用，例如手机、iPad等，这些随身携带的电子设备很可能对电子医疗设备造成干扰，影响检查或治疗结果，使电子医疗设备暴露在更复杂的电磁环境当中。

根据诸多医生的反馈及调查报告，电磁干扰对电子医疗设备的主要危害事件有：

1）使心电图机或呼吸机显示错误的波形。

2）电子监视器发生错误的报警信息。

3）心肺复苏机突然停止工作等。

解决电子医疗设备电磁兼容问题的具体措施如下：

（1）提高电子医疗设备的电磁兼容能力

- 在进行电子电路设计时，做相应的电磁兼容性分析；采用屏蔽层屏蔽干扰，滤波器辅助屏蔽干扰的方法。
- 在进行电源电路设计的时候，做相应的电磁兼容性分析；对医疗用电源增加过电压、过电流、过热保护电路，同时还要另外安装辅助电源。
- 在进行电路设计显示时，做相应的电磁兼容性分析；优先采用LCD显示，而不是CRT显示器，从源头上杜绝电磁辐射。
- 在进行机箱设计时，做相应的电磁兼容性分析。

（2）提高医疗单位对电子医疗设备的应用水平

医疗单位应该制定相对应的规章制度，保护电子医疗设备远离辐射源。例如，规定在特定区域内禁止使用手机等无线上网设备，禁止医护人员、患者携带无线设备靠近电子医疗设备，设置专门区域用来接打电话，在电子医疗设备上张贴告示，禁止无线上网设备靠近等。

随着医院积极引进电子医疗设备，电磁干扰已经造成了多起医疗事故，电磁兼容问题研究已经刻不容缓。利用FTDT时域分析方法可以简单直接地计算出电磁量，再应用抗电磁干扰技术，设计出电磁兼容性较佳的电子医疗设备。另外，医疗单位应该加强对电子医疗设备的管理，禁止一切干扰源靠近电子医疗设备。

2. 时域有限差分法在电磁兼容计算中的应用

数值法是电磁兼容的常用计算方法之一，数值法包括有限元法（FEM）、时域有限差分法（FDTD）和矩量法（MOM）等，而时域有限差分法（FDTD）是最简单最直观最容易掌握的数值分析法。

FDTD的一般求解步骤如下：

1）列出时域麦克斯韦旋度方程，用中心差分法替代各场分量对时间、空间的微分，从而得到正交坐标系下的差分迭代式，如式(9-17)、式(9-18) 所示。

麦克斯韦旋度方程：

$$\begin{aligned} \nabla H &= \frac{\partial D}{\partial t} + J \\ \nabla E &= -\left(\frac{\partial D}{\partial t} + J_{\mathrm{m}}\right) \end{aligned} \tag{9-17}$$

式中，$D=\varepsilon E$，$B=\mu H$，$J=\gamma E$，$J_{\mathrm{m}}=\gamma_{\mathrm{m}}E$。

得到6个标量方程：

$$\left.\begin{aligned}\frac{\partial H_z}{\partial y}-\frac{\partial H_y}{\partial z}=\varepsilon\frac{\partial E_x}{\partial t}+\gamma E_x\\\frac{\partial H_x}{\partial z}-\frac{\partial H_z}{\partial x}=\varepsilon\frac{\partial E_y}{\partial t}+\gamma E_y\\\frac{\partial H_y}{\partial x}-\frac{\partial H_x}{\partial y}=\varepsilon\frac{\partial E_z}{\partial t}+\gamma E_z\end{aligned}\right\}\tag{9-18}$$

$$\left.\begin{aligned}\frac{\partial E_z}{\partial y}-\frac{\partial E_y}{\partial z}=-\varepsilon\frac{\partial H_x}{\partial t}-\gamma H_x\\\frac{\partial E_y}{\partial z}-\frac{\partial E_z}{\partial x}=-\varepsilon\frac{\partial H_y}{\partial t}-\gamma H_y\\\frac{\partial E_y}{\partial x}-\frac{\partial E_x}{\partial y}=-\varepsilon\frac{\partial H_z}{\partial t}-\gamma H_z\end{aligned}\right\}\tag{9-19}$$

2）选择合适的网格尺寸，要求 $\lambda_{\min}\geqslant 10\Delta$，$\Delta=\min(\Delta x，\Delta y，z)$。

3）选择合适的时间步长 Δt。

4）确定计算空间大小。

5）设置边界条件。

6）确定激励源。

7）确定总时间步数。

通过上述步骤，应用时域有限差分法（FDTD）求出电场和磁场的量值，具体计算可参考本书第8章8.2.2小节。

3. 抗电磁干扰设计

（1）屏蔽技术

电磁屏蔽是抑制电磁干扰的最常用也是最重要的方法。它是利用屏蔽体对电磁干扰能量隔离的特性，阻挡电磁干扰能量传播的一种技术。电磁屏蔽效能是衡量电磁屏蔽效果的物理量，用 S_e 表示，是指加屏蔽前后的场强之比。通常，其计算公式为

$$S_e=20\lg\left|\frac{E_0}{E}\right|\tag{9-20}$$

式中，E 表示加屏蔽前的电场强度；E_0表示加屏蔽后的电场强度。

（2）滤波技术

滤波技术是为了抑制电磁干扰的传导，它是对屏蔽能力的重要辅助，主要应用在以下领域：

- 在高频系统中，主要抑制非工作频段的干扰；
- 在信号线路中，主要是消除不相关的频谱分量；
- 在电源电路中，主要是消除控制或转换电路中发生的干扰。

4. 电磁兼容技术在电力系统自动化设备中的应用

随着我国国民经济的发展和科学技术水平的提升，国内电磁兼容技术，特别是电磁兼容

技术在电力系统自动化设备中的应用，得到了广泛关注。电力系统的自动化设备，对于我国各个领域的生产都具有十分重要的意义。电磁兼容技术的合理应用，能够降低外界环境中电磁的干扰与影响，以此确保系统和设备可以在相对稳定的环境中运行。

（1）电磁兼容技术的应用问题

在实际的操作环节，设备运行过程中会出现相互干扰。在电力系统当中，大部分为一次和二次设备。一般情况下，自动化设备均为二次设备。设备当中的各个元件所产生的电磁波，以及外部电路当中的电磁波，都会对自动化设备产生较为明显的影响。在电磁波过大的情况下，可能会导致系统设备无法正常运行。

（2）电磁兼容技术在电力系统自动化设备中的优化方案

电磁兼容技术在电力系统自动化设备中的应用效率，可以从以下几个方面进行优化设计。

1）设置隔离干扰线路。设置干扰线路，可以优化隔离干扰技术，同时在这一过程中，配合隔离元件，能够充分地提升系统的抗干扰能力。在实际工作中，重点关注平衡线路、保护线路以及其他与线路有关的技术与设备。将干扰线路与其他线路进行隔离，屏蔽高频导线。

2）提高接地技术。为了提高设备的安全性和稳定性，在实际工作中还要充分且合理地优化接地技术。一般情况下，信号接地可以分为单点接地和多点接地两种不同的形式。此外，还有较为特殊的混合接地形式。为了提高接地技术，在实际的操作中，工作人员要对接地点、设备和接地的形式进行优化调整。提高接地技术，能够对设备接地电压进行合理的控制，使其始终保持在相对稳定的范围之内。提高接地技术，可以将接地设备当中的干扰电流导入到大地，以此减少干扰源的传播能量。

3）优化屏蔽技术。目前，国内电力系统自动化设备中主要采取的屏蔽技术有电磁屏蔽、电屏蔽和磁屏蔽等三种不同的形式。将电磁能范围控制在合理区域之内，利用屏蔽体对磁场当中的能量进行削弱，最终能够有效地降低电磁干扰带来的负面影响。采用合理的屏蔽方式，结合实际情况，优化电磁兼容技术。

9.5 科技前沿

Magnetic bearing (MB) possesses many advantages against the conventional mechanical bearing, such as no lubrication requirement, negligible friction loss, less maintenance, and extending a limit of rotational speed. These advantages make the MB popular in industrial applications such as turbo compressor, vacuum technology, flywheel technology, and so on.

In the conventional axial MB, a thrust disk with a very large diameter compared with other parts of the rotor is used for generating axial force. However, the large thrust disk will cause many problems such as limiting rotational speed, increasing the maximum material strain and rotor unbalance, increasing the wind friction loss, and also making assembly and disassembly especially difficult. In addition, in the conventional magnetically suspended motor, two radial MBs and one axial MB are adopted to achieve the five degrees of freedom full suspension. However, the three MBs occupy too much space of the rotor shaft. Generally, the longer the rotor length, the lower is the bending critical frequency. Therefore, the rotation speed of the motor is constrained by the axial length of the three MBs. To overcome these drawbacks of the existing MB system, especially in the high-speed application, a structure of 3-DOF MB with permanent-magnet (PM) biased has been applied to high-speed motor progressively for their advantages of small thrust disk and compact structure.

摘自 LE Yun, SUN Jinji, HAN Bangcheng, et al. Modeling and design of 3-dof magnetic bearing for high-speed motor including eddy-current effects and leakage effects [J]. IEEE Transactions on Industrial Electronics, 2016, 63 (6): 3656-3665.

附 录

附录 A　电磁量及其国际制单位

量的符号	量的名称	国际制单位	备　注
$\boldsymbol{A}$	矢量磁位/动态矢量位	Wb/m	
$\boldsymbol{B}$	磁感应强度/磁通密度	T(Wb/m^2)	
C	电容	F	
$\boldsymbol{D}$	电位移/电通量密度	C/m^2	
d	电磁波透入深度	m	
$\boldsymbol{E}$	电场强度	V/m(N/C)	
$\boldsymbol{E}_{\mathrm{e}}$	局外场强	V/m	
$\boldsymbol{E}_{\mathrm{i}}$	感应场强	V/m	
e	电动势	V	
e_{m}	磁动势	A	A·匝
$\boldsymbol{F}$	力	N	
f	频率	Hz	
G	电导	S(1/Ω)	
$\boldsymbol{H}$	磁场强度	A/m	
I, i	电流	A	
$\boldsymbol{J}$	［体］电流密度/电流面密度	A/m^2	
$\boldsymbol{J}_{\mathrm{c}}$	传导电流密度	A/m^2	
$\boldsymbol{J}_{\mathrm{d}}$	位移电流密度	A/m^2	
$\boldsymbol{J}_{\mathrm{m}}$	磁化电流密度	A/m^2	
$\boldsymbol{K}$	面电流密度/电流线密度	A/m	
$\boldsymbol{K}_{\mathrm{m}}$	磁化面电流密度	A/m	
k	传播常数	1/m	
L	自感	H	
l	长度/距离	m	
M	互感	H	
$\boldsymbol{M}$	磁化强度	A/m	
$\boldsymbol{m}$	磁偶极矩	A·m^2	
m	质量	kg	

（续）

量的符号	量的名称	国际制单位	备注
N	线匝数	—	
$\boldsymbol{P}$	电极化强度	C/m^2	
$\boldsymbol{p}$	电偶极矩	C·m	
Q，q	电荷	C	
R	电阻	Ω	
R_m	磁阻	1/H	
$\dot{\boldsymbol{S}}$	坡印亭矢量的复数形式	W/m^2	
$\boldsymbol{S}$	坡印亭矢量	W/m^2	
S	面积	m^2	
$\boldsymbol{T}$	力矩	N·m	
T	周期，投射系数	—	
t	时间	s	
U，u	电压	V	
V	体积	m^3	
v	速度，相速度	m/s	
W	功，能	J	
W_e	电场能量	J	
W_m	磁场能量	J	
W'_e	电场能量密度	J/m^3	
W'_m	磁场能量密度	J/m^3	
X	电抗	Ω	
Y	导纳	Ω	
Z	阻抗	Ω	
Z_0	波阻抗，特性阻抗	Ω	
Z_{in}	入端阻抗	Ω	
α	衰减常数	1/m	
β	相位常数	1/m	
χ_e	电极化率	—	
χ_m	磁化率	—	
ε	介电常数/电容率	F/m	
ε_0	真空介电常数	F/m	
ε_r	相对介电常数	—	
$\boldsymbol{\Phi}$	磁通量	Wb	
$\boldsymbol{\Gamma}$	电磁波反射系数	—	
γ	电导率	S/m[1/(Ω·m)]	
φ	电位/动态标量位	V	

（续）

量的符号	量的名称	国际制单位	备注
φ_m	标量磁位	A	
λ	波长	m	
μ	磁导率	H/m	
μ_0	真空的磁导率($\mu_0 = 4\pi \times 10^{-7}$N/m)	H/m	
μ_r	相对磁导率	—	
ρ	[体]电荷密度 电阻率	C/m^3 Ω·m	
σ	面电荷密度	C/m^2	
τ	线电荷密度	C/m	
ω	角频率	Rad/s	
Ψ	磁链	Wb	
Ψ_D	电通量	C	

附录 B　一些常用材料的基本常量

1. 普通绝缘材料的相对介电常数 ε_r 和损耗角正切 $\tan\delta=\gamma/(\omega\varepsilon)$ 在正常室温和湿度以及很低音频下的代表性数值

材　料	ε_r	$\gamma/(\omega\varepsilon)$	材　料	ε_r	$\gamma/(\omega\varepsilon)$
空气	1.0006		瓷	6	0.014
酒精	25	0.1	比拉脑	4.4	0.0005
氧化铝	8.8	0.0006	硼硅酸玻璃	4	0.0006
琥珀	2.7	0.002	石英（融化的）	3.8	0.00075
酚醛塑料	4.74	0.022	橡胶	2.5~3	0.002
钛酸钡	1200	0.013	二氧化硅	3.8	0.00075
二氧化碳	1.001		矽	11.8	
锗	16		雪	3.3	0.5
玻璃	4~7	0.001	氯化钠（食盐）	5.9	0.0001
冰	4.2	0.1	土壤（干燥）	2.8	0.07
云母	5.4	0.0006	冻石	5.8	0.003
氯丁橡胶	6.6	0.011	特氟隆	2.1	0.0003
尼龙	3.5	0.02	二氧化钛	100	0.0015
纸	3	0.008	水（未蒸馏的）	80	0.04
有机玻璃	3.45	0.04	海水		4
聚乙烯	2.26	0.0002	木材（干燥的）	1.5~4	0.01
聚丙烯	2.25	0.0003	苯乙烯泡沫	1.03	0.0001
聚苯丙烯	2.55	0.00005			

2. 一些金属导电材料和绝缘材料在频率为零和室温条件下的电导率 γ

材　料	γ/(S/m)	材　料	γ/(S/m)
银	6.17×10^7	磷青铜	1×10^7
铜	5.80×10^7	焊料	0.7×10^7
金	4.10×10^7	碳钢	0.6×10^7
铝	3.82×10^7	德国银	0.3×10^7
钨	1.82×10^7	锰	0.227×10^7
锌	1.67×10^7	康铜	0.226×10^7
黄铜	1.5×10^7	锗	0.22×10^7
镍	1.45×10^7	不锈钢	0.11×10^7
铁	1.03×10^7	镍铬铁合金	0.1×10^7

（续）

材　料	$\gamma/(\mathrm{S/m})$	材　料	$\gamma/(\mathrm{S/m})$
石墨	7×10^{7}	沙土	10^{-5}
矽	1200	花岗岩	10^{-6}
铁氧体	100	大理石	10^{-8}
海水	5	胶木	10^{-9}
石灰石	10^{-2}	瓷	10^{-10}
黏土	5×10^{-3}	金刚石	2×10^{-3}
新鲜水	10^{-3}	聚苯乙烯	10^{-16}
水（未蒸馏的）	10^{-4}	石英	10^{-17}

3. 不同性质材料相对磁导率μ_r

材　料	μ_r	材　料	μ_r
铋	0. 9999986	铁粉	100
石蜡	0. 99999942	机器钢	300
木材	0. 9999995	铁氧体	1000
银	0. 99999981	坡莫合金45	2500
铝	1. 00000065	变压器钢	3000
铍	1. 00000079	矽铁	3500
氯化镍	1. 00004	纯铁	4000
硫酸锰	1. 0001	磁性合金	20000
镍	50	铝硅铁分	30000
铸铁	60	镍铁钼导磁合金	100000
钴	60		

4. 五个物理常数的值

物理常数	数　值
电子的电荷	$e=(1.6021892\pm0.0000046)\times10^{-19}\mathrm{C}$
电子质量	$m_e=(9.109534\pm0.000047)\times10^{-31}\mathrm{kg}$
真空介电常数	$\varepsilon_0=(8.854187818\pm0.000000071)\times10^{-12}\mathrm{F/m}$
真空磁导率	$\mu_0=4\pi\times10^{-7}\mathrm{H/m}$
光速（真空中）	$c=(2.997924574\pm0.000000011)\times10^{8}\mathrm{m/s}$

参 考 文 献

[1] 孟昭敦. 电磁场导论［M］. 北京：中国电力出版社，2008.
[2] 冯慈璋，马西奎．工程电磁场导论［M］. 北京：高等教育出版社，2000.
[3] 倪光正．工程电磁场原理［M］. 北京：高等教育出版社，2002.
[4] 王月清，吴桂生，王石．工程电磁场导论［M］. 北京：电子工业出版社，2005.
[5] 王泽忠，全玉生，卢斌先．工程电磁场［M］. 北京：清华大学出版社，2004.
[6] Law，Kelton. 电磁学及其应用［M］. 5 版．北京：清华大学出版社，2003.
[7] GURU B S，HIZIROGLU H R. 电磁场与电磁波［M］. 周克定，等译．北京：机械工业出版社，2000.
[8] 郭辉萍，刘学观．电磁场与电磁波［M］. 西安：西安电子科技大学出版社，2003.
[9] 马西奎，刘补生，邱捷，等．电磁场要点与解题［M］. 西安：西安交通大学出版社，2006.
[10] 马西奎．电磁场重点难点及典型题精解［M］. 西安：西安交通大学出版社，2001.
[11] 谢志萍．传感器与检测技术［M］. 北京：电子工业出版社，2006.
[12] 杨德麟．红外测距仪原理及检测［M］. 北京：测绘出版社，1989.
[13] 倪光正，杨仕友，钱秀英，等．工程电磁场数值计算［M］. 北京：机械工业出版社，2004.
[14] 施韦策 G，布鲁勒 H，特拉克斯勒 A. 主动磁轴承：基础、性能及应用［M］. 虞烈，袁崇军，译．北京：新时代出版社，1997.
[15] 何宏．电磁兼容原理与技术［M］. 西安：西安电子科技大学出版社，2008.
[16] 王长清，祝西里．带内磁场计算中的时域有限差分法［M］. 北京：北京大学出版社，1994.
[17] 吕英华．计算电磁学的数值方法［M］. 北京：清华大学出版社，2006.
[18] 侯建强，牛中奇，等．手机辐射与人体头颅相互作用的仿真分析［J］. 中国生物医学工程学报，2009，28（5）：713-718.
[19] 刘淑琴，徐华，曹建荣，等．推力电磁轴承的电磁场分析［J］. 摩擦学学报，2000，20（1）：42-45.
[20] 韩邦成，李也凡，贾宏光，等．利用有限元法计算径向磁轴承性能［J］. 摩擦学学报，2004，24（2）：160-163.
[21] 王守三．电磁兼容测试的技术和技巧［M］. 北京：机械工业出版社，2009.
[22] 钱照明，程肇基．电力电子系统电磁兼容设计基础及干扰抑制技术［M］. 杭州：浙江大学出版社，2000.
[23] 杨克俊．电磁兼容原理与设计技术［M］. 北京：人民邮电出版社，2004.
[24] 赵博．Ansoft 12 在工程电磁场中的应用［M］. 北京：中国水利水电出版社，2010.
[25] 杨儒贵．电磁场与电磁波［M］. 2 版．北京：高等教育出版社，2011.
[26] 刘长利．ALGOR 有限元分析软件实例教程［M］. 北京：人民交通出版社，2005.
[27] 王虎．磁悬浮人工心脏泵用永磁无刷直流电机及其控制的设计研究［D］. 济南：山东大学，2017.
[28] 李滚．生物组织电学特性及其在电磁场曝露后的变化研究［D］. 成都：电子科技大学，2012.
[29] 梁振光．电磁兼容原理、技术及应用［M］. 北京：机械工业出版社，2017.
[30] 刘少克，龙长林，陈贵荣，等．高速磁悬浮列车新型导向电磁铁分析［J］. 机车电传动，2010（1）：49-51.
[31] 黎松奇．EMS 磁浮列车悬浮系统振动机理及抑制方法研究［D］. 成都：西南交通大学，2016.
[32] 王春明．电子医疗设备电磁兼容研究［J］. 医疗电子，2018（11）：258.